Staffan Müller-Wille

BOTANIK UND WELTWEITER HANDEL

Studien zur Theorie der Biologie

Herausgegeben von

Olaf Breidbach & Michael Weingarten

Band 3

ISSN 1435-7836

Staffan Müller-Wille

BOTANIK UND WELTWEITER HANDEL

Zur Begründung eines Natürlichen Systems
der Pflanzen durch Carl von Linné (1707-78)

VWB – Verlag für Wissenschaft und Bildung
1999

Die Deutsche Bibliothek – CIP-Einheitsaufnahme

Müller-Wille, Staffan:
Botanik und weltweiter Handel : zur Begründung eines
natürlichen Systems der Pflanzen durch Carl von Linné
(1707-78) / Staffan Müller-Wille. - Berlin, Verl. für
Wiss. und Bildung, 1999
(Studien zur Theorie der Biologie ; Bd. 3)
ISBN 3-86135-350-4

ISSN 1435-7836

Verlag und Vertrieb:
VWB – Verlag für Wissenschaft und Bildung
Amand Aglaster • Postfach 11 03 68 • 10833 Berlin
Besselstr. 13 • 10969 Berlin
Tel. 030 - 251 04 15 • Fax 030 - 251 11 36

Druck:
GAM-Media GmbH, Berlin

Copyright:
© VWB – Verlag für Wissenschaft und Bildung, 1999

Botanico necessaria sunt Commercia per totum orbem.
C. v. LINNÉ Hortus Cliffortianus 1737

So entstehen die allgemeinsten Abstraktionen überhaupt nur bei der reichsten konkreten Entwicklung, wo eines vielen gemeinsam erscheint, allen gemein. Dann hört es auf, nur in besonderer Form gedacht werden zu können.
K. MARX Einleitung zur Kritik der politischen Ökonomie 1859

VORWORT

Die vorliegende Untersuchung ist im Laufe der letzten sechs Jahre als Dissertation zur Erlangung des Doktorgrades an der Universität Bielefeld, Fachbereich Geschichtswissenschaften und Philosophie, entstanden. Ursprünglich hatte ich vor, die klassifizierende Naturgeschichte des gesamten 18. Jahrhunderts bis zu ihrem Umschlag in die vergleichende Morphologie um 1800 in den Blick zu nehmen. Schon früh stieß ich allerdings auf ein Werk, das eine besondere Anziehungskraft auf mich ausübte: Carl von Linnés *Philosophia botanica*. Gegliedert in 12 Kapitel und 365 durchnummerierte, stichwortartig kommentierte Sätze, sprach aus dieser Schrift ein ebenso manisch-einseitiger wie flexibelkomplizierter Geist. Ich stand vor der klassifizierenden Naturgeschichte in ihrer angeblichen Reinform. Aber statt sich in Klarheit und Einfachheit zu präsentieren, erging sie sich in barocker Rabulistik. Es schien mir, daß sich hier ein Bewußtsein um die Komplexität der praktischen Seite des Klassifizierens äußerte, das der modernen Taxonomie längst in Fleisch und Blut übergegangen und so zur scheinbaren Selbstverständlichkeit geworden war.

Ich machte mich an das Exzerpieren, Übersetzen und Auslegen der *Philosophia botanica* – mit der Zeit wohl mit einer ähnlichen Spitzfindigkeit, wie sie aus den Quellen sprach. Auf das Ergebnis, die vorliegende Arbeit, hat dies sicherlich abgefärbt: Die Argumentation ist vielfach ungelenk, Probleme werden eher eingekreist, statt benannt, der „methodische Ansatz" bleibt vermutlich undurchsichtig. Wenn dennoch deutlich werden sollte, daß zum Klassifizieren immer Dinge zusammenzubringen sind, die ansonsten nie zusammenkämen, daß Klassifizieren nicht nur willkürliches Gedankenspiel, sondern immer auch Tat ist, und daß Naturgeschichte in der Zirkulation von Belegmaterial ebenso ihre praktische Seite hat wie andere Lebenswissenschaften im Experimentieren, dann ist für mich die Hauptsache, für den Leser hoffentlich etwas gewonnen.

Am Zustandekommen dieser Arbeit waren, wie immer, viele beteiligt. An erster Stelle gilt mein Dank den zwei Betreuern meiner Dissertation, die immer Zeit für mich hatten: Wolgang Lefèvre, ohne dessen sachkundige und vor allem richtungsweisende Kritik, aber auch ermutigende und tatkräftige Unterstützung sie nie zustandegekommen wäre; sowie Michael Wolff, dessen oft hartes, aber immer offenherziges Beharren auf Schwachstellen in der Argumentation verhinderte, daß ich mir die Sache zu leicht machte. Danken möchte ich außerdem ganz besonders A. J. Cain, James L. Larson, Ilse Jahn, Peter F. Stevens und Jean-Marc Drouin, die mir in Briefen und Gesprächen wertvolle und kenntnisreiche Anregungen gaben, mich vor allem aber gerade dann zur Weiterverfolgung meiner Linie ermutigten, wenn diese gegen ihre eigenen Überzeugungen gerichtet war. Auch Tomas Anfält, Gunnar Broberg, Gunnar Eriksson und Tore Frängsmyr, die mich bei einem Forschungsaufenthalt in Uppsala unterstützten, sei ausdrücklich an dieser Stelle gedankt. Ich denke vor allem an die in jeder Hinsicht anregenden Abende zurück, die ich Tomas Anfälts Gastfreundschaft verdanke. Desweiteren verdanke ich vielfältige Anregung und Unterstützung in Wort, Schrift und Tat: Daniel A. Alexandrov, Alan W. Armstrong, Darryl Arnold, Michael Becker, Peter Beurton, Christophe Bonneuil, Christine Brouwer, Peter Damerow, Lorraine Daston, Richard Drayton, Berna Eden, Ludwig Fahrbach, Gideon Freudenthal, Petra Goedecke, Gerd Graßhoff, Michael Hagner, Anke te Heesen, Rainer Hohlfeld, Hans Werner Ingensieb, Ragnar Insulander, Marco Iorio, Thomas Jüngling, Ursula Klein, Karin Knorr-Cetina, Lisbeth Körner, Wolfgang Küttler, Maria Luz Lopez-Terrada, Abigail Lustig, Martin Mahnert, Deborah Meijers, Andrew Mendelsohn, Ohad Parnes, Ineke Phaf-Rheinberger, Brian Ogilvie, Dorinda Outram, Antje Radeck, Marc Ratcliff, Karen Reeds, Jürgen Renn, Hans-Jörg Rheinberger, Jim Ritter, Jürgen Roth, Wolfgang Schäffner, Jochen Schneider, Urs Schöpflin, Otto Sibum, Emma Spary, Friedrich Steinle, Bernhard Thöle, Klaus A. Vogel, Peter Weingart, Michael Weingarten, Renate Wahsner, Mary P. Winsor, Falk Wunderlich, und allen Kollegiaten des Graduiertenkollegs „Genese, Strukturen und Folgen von Wissenschaft und Technik", Universität Bielefeld, sowie allen Mitarbeitern des Max-Planck-Institutes für Wissenschaftsgeschichte, Berlin. Für finanzielle Förderung durch Stipendien danke ich der Deutschen Forschungsgemeinschaft, dem Deutschen Akademischen Austauschdienst und der Max-Planck-Gesellschaft. Der Svenska Linné-Sällskapet danke ich für einen Zuschuß zu den Druckkosten aus dem Linné-Fond. Schließlich bleibt auch die aufopferungsvolle Geduld und warme Unterstützung unvergessen, die mir meine Lebensgefährtin und meine Eltern in den zurückliegenden Jahren entgegengebracht haben.

INHALT

EINLEITUNG NATURGESCHICHTE UND ABSTRAKTION 9

Anmerkungen zum Umgang mit den Quellen 18

TEIL I *UTI TERRITORIUM IN MAPPA GEOGRAPHICA*
STRUKTUR UND FUNKTION DES NATÜRLICHEN SYSTEMS 21

1. Kapitel Carl von Linnés Stellung in der inneren Geschichte der Biologie
1.1 Praktisch revolutionär, theoretisch bedeutungslos? 27
1.2 Enkapsis und Kombinatorik 33
1.3 Ein epistemischer Bruch 40

2. Kapitel Linnés Natürliches System – Eine Richtigstellung
2.1 Eine unzureichende Erklärung 45
2.2 Linné als Aristoteliker 46
2.3. 'Werk der Kunst' und 'Werk der Natur' 53
   2.3.1 Die Kombinatorik des Sexualsystems 2.3.2 Zerrüttete Gattungen
   2.3.3 'Künstlich' vs 'Natürlich' – Diagnose vs Beschreibung

3. Kapitel Das Natürliche System als Karte 89

TEIL II *THEORIA SCIENTIÆ BOTANICES*
DER KONTEXT DES NATÜRLICHEN SYSTEMS 99

4. Kapitel Linnés Wissenschaftsklassifikation
4.1 'Naturwissenschaft', 'Physik' und 'Geschichte' 105
4.2 Botanik, Lithologie und Zoologie 115

5. Kapitel Pflanzenliebhaber
5.1 Nicht von Namen, sondern von Eigenschaften der Pflanzen 133
5.2. Der Ausschluß 'physikalischer' Forschung aus der Botanik 138
   5.2.1 Botanik und Medizin 5.2.2 Botanik und Gartenbaulehre 5.2.3 Botanik und Anatomie

6. Kapitel Wahrhafte Botaniker
  6.1 Sammler   157
  6.1.1 Zeichnung und Beschreibung 6.1.2. Herbarium 6.1.3 Gartenkatalog und Flora 6.1.4 Reisen
  6.2. Methodiker   173
  6.2.1 Theorie der Botanik 6.2.2 Theoretische und praktische Klassifikation

7. Kapitel Peripherie und Zentrum   185

TEIL III *DEUS CREAVIT, LINNAEUS DISPOSUIT*
ZUR BEGRÜNDUNG DES NATÜRLICHEN SYSTEMS   **193**

8. Kapitel Linnés Kritik an traditionellen Klassifikationsverfahren
  8.1 „Gesetze der Einteilung" oder „Ablesen der Merkmale"?   199
  8.2 Die Kritik an Tourneforts Gattungskennzeichnungen   210
  8.3 Das Begründungsproblem   218

9. Kapitel Das Wesen der Pflanzen
  9.1. Kollation der Arten   223
  9.1.1 Merkmalsanalyse und Habitus 9.1.2 Kennzeichnende Merkmale 9.1.3 Das Alphabet der Pflanzen
  9.2 Angenehme Schauspiele   250
  9.3 Symmetrie aller Teile   259

10. Kapitel Die Natur der Pflanzen
  10.1. Gesetze der Hervorbringung   267
  10.1.1. Ökonomie der Natur 10.1.2 Theorie der Artkonstanz 10.1.3 Artentstehung durch Hybridisierung
  10.2 Varietäten auf Arten zurückführen   284
  10.3 Verfremdungen und Deformationen   297

SCHLUSS BOTANIK UND WELTWEITER HANDEL   **309**

Literaturverzeichnis   318

Namensindex   342

Stellenindex   344

Wortindex   346

Einleitung

Naturgeschichte und Abstraktion

Linnaeus lived and worked surrounded by his material, thousands of plant and animal forms, and in that sense he remained an empiricist. [But ...] Order was required: the system must be created, and with that Linnaeus reached the fateful dividing line where construction took over. Nature was remolded by art.

STEN LINDROTH *The Two Faces of Linnaeus* 1983

Nach einer vielbeachteten These Michel Foucaults kennt die Biologiegeschichtsschreibung ein entscheidendes Datum: Erst mit Beginn des 19. Jahrhunderts soll „Biologie" zu existieren begonnen haben, und zwar, wie Foucault meinte, „aus einem ziemlich einfachen Grund: das Leben selbst existierte nicht. Es existierten lediglich Lebewesen, die durch ein von der Naturgeschichte gebildetes Denkraster erschienen".[1] Dieses „Denkraster (grille de savoir)" bestimmte Foucault über den „Ort" seiner „Dokumente" als ein wesentlich klassifikatorisches und nomenklatorisches: „Herbarien, Naturalienkabinette, Gärten" bildeten „ein zeitloses Rechteck, in dem die Wesen, jeden Kommentars und jeder sie umgebenden Sprache bar, sich nebeneinander mit ihren sichtbaren Oberflächen darstellen, gemäß ihnen gemeinsamen Zügen aneinandergerückt, und dadurch bereits virtuell analysiert und Träger allein ihres Namens"[2]. Man kann sich zur Sachgemäßheit der Thesen Foucaults stellen wie man will – überwiegend werden sie in dieser Untersuchung zumindest in Bezug auf Linné zurückgewiesen –, sie haben doch ein Verdienst: Für den Zeitraum des „klassischen Zeitalters" (also dem Zeitraum von Anfang des 17. bis Ende des 18. Jahrhunderts, in dem sich ungefähr der Prozeß abgespielt hat, den man gemeinhin als d i e wissenschaftliche Revolution bezeichnet) haben sie auf ein Feld naturwissenschaftlicher Aktivitäten aufmerksam gemacht, dessen eigentümliche Epistemologie nach wie vor wenig verstanden ist.[3] Und dieses mangelhafte Verständnis hat seinen Grund: Wenn auch die Wissenschaftsforschung der letzten drei Jahrzehnte durch das Bemühen gekennzeichnet war, den Mythos von einer einheitlichen, sich progressiv gegen sozial bedingtes Vorurteil durchsetzenden wissenschaftlichen Ratio aufzulösen, und an Stelle dessen die grundsätzliche, sozialhistorische

---

1   FOUCAULT (1966: 139); zit. nach FOUCAULT (1966/1978: 168).

2   A.a.O.: 172.

3   Dies hebt Foucault selbst im Vorwort zur deutschen Ausgabe als seine Leistung hervor (a.a.O. 9)

Kontingenz wissenschaftlichen Wissens herauszuarbeiten, so hat sie sich doch zu diesem Geschäft der Betrachtung von Wissenschaften zugewandt, die zugleich Ursprung und Gegenstand des genannten Mythos waren: den experimentell verfahrenden und kausal-naturgesetzlich erklärenden Wissenschaften, paradigmatisch vertreten durch Physik und, in neuerer Zeit, durch Molekularbiologie.[4] Naturgeschichte aber – in biologischen Subdisziplinen wie Systematik, Morphologie, Biogeographie, Paläontologie und Ökologie durchaus noch lebendig – entzieht sich diesem Blick. Sie verfährt nicht experimentell, sondern sammelnd; ihr institutioneller Ort ist nicht das Labor, sondern die Sammlung, sei es das Naturalienkabinett, das Herbarium oder der botanische Garten; und schließlich gilt ihr Erkenntnisinteresse nicht Kausalrelationen, sondern Äquivalenzrelationen: Sie widmet sich, grob umschrieben, in erster Linie den beiden Fragen „Welcher Art verschiedene Lebewesen gibt es?" und „Wie verteilen sich Lebewesen auf Raum und Zeit?".[5] Gelten der historischen Wissenschaftsforschung aber nach wie vor Experiment und naturgesetzliche Erklärung als Kern dessen, was Wissenschaft, und damit auch Biologie, zu einem epistemologisch interessanten Phänomen macht, so scheint die Naturgeschichte der Lebewesen in Bezug auf diesen Kern ein vernachlässigbares, am Rande liegendes Feld biologischer Betätigung zu sein: Sie scheint für die experimentelle Erforschung und naturgesetzliche Erklärung von Lebenserscheinungen bloße Vorarbeit zu leisten, indem sie diesen Tätigkeiten ein Erfahrungsmaterial zur

---

[4] Meine Diagnose muß eine wichtige Ausnahme gelten lassen: Die große Aufmerksamkeit, die Darwins Evolutionstheorie gewidmet worden ist, einer Theorie, die ihre historische Bedeutung in der integrierenden Erklärungskraft gewann, die sie für verschiedene naturgeschichtliche Disziplinen (Systematik, Morphologie, Biogeographie, Paläontologie) besaß (cf. LEFÈVRE 1984: 257-259). Die Diagnose gilt genau genommen auch nicht mehr für die neueste Zeit. Im letzten Jahr sind allein drei Aufsatzsammlungen erschienen – JARDINE ET AL. (eds 1996), MILLER & REILL (eds 1996) und LECOQ (ed. 1996) – die die epistemologische Eigenständigkeit der Naturgeschichte zur Geltung haben kommen lassen. Denkanstöße für diese neue, fruchtbare Zuwendung zur Geschichte der Naturgeschichte hat nach meinem Eindruck vor allem LATOUR (1988) geliefert. Seine Konzepte von „immutable mobiles", „action at a distance", „centres of calculation" und „cycles of accumulation", entwickelt an einem Falbeispiel aus der Geschichte der Kartographie (vgl. LATOUR 1987: 215-257), haben auch für meine Arbeit, insbesondere den zweiten Teil, eine wichtige Rolle gespielt. Allerdings stellt sich meine Untersuchung gerade die Frage, der Latour systematisch auszuweichen scheint: Was genau ließ sich eigentlich mit Repräsentationen, die aus allen Weltgegenden zusammengetragen wurden, b e g r ü n d e n ?

[5] Vgl. JACOB (1970: 14-16 & 196-198) und MAYR (1969/1975: 14/15).

Verfügung stellt, das so vorgeordnet und beschrieben ist, daß es einen Überblick über die Mannigfaltigkeit der Lebewesen erlaubt.[6] So besehen, scheint die Entdeckung einiger zusätzlicher „neuer" Arten von Lebewesen in der „Neuen Welt" dann in der Tat nur die vergleichsweise uninteressante biologiehistorische Bedeutung gehabt zu haben, daß sie die Erfahrungsgrundlage der Wissenschaften vom Leben verbreitete – ohne dieselbe von sich aus zu vertiefen, zu restrukturieren oder gar zu revolutionieren. Naturgeschichte scheint nur der geordneten Beschreibung und Klassifikation von Einzeldingen fähig und für sich genommen gänzlich abstraktions u n fähig zu sein. So nimmt es nicht Wunder, das wissenschaftstheoretische Arbeiten in der Klassifikation bloß eine Vorstufe zu eigentlich wissenschaftlichen (metrischen und komparativen) Begriffsbildungen thematisieren.[7]

Dieser Beurteilung steht allerdings ein Sachverhalt entgegen: Wenn der Naturgeschichte das Experiment als Abstraktionsverfahren auch fremd ist, so verfügt sie doch über ein ihr eigentümliches Abstraktionsprodukt: Das sogenannte Natürliche System der Lebewesen. Zu Zwecken dieser Einleitung braucht von diesem nur festgehalten zu werden, das es eine Abstraktion darstellt, insofern es gewisse Äquivalenzbeziehungen unter Lebewesen klassifikatorisch und nomenklatorisch als solche auszeichnet, die unter Lebewesen auch dann bestehen, wenn sie sich in anderen Hinsichten unterscheiden: Wale mögen sich hinsichtlich des Lebensraumes und gewisser Gestaltmerkmale von den meisten oder auch allen Säugetieren unterscheiden (und mit Fischen übereinstimmen), sie bilden mit diesen eine Einheit des Natürlichen Systems, eben die Säugetiere (und sind nicht etwa Fische). Für experimentell verfahrende Naturwissenschaften steht mittlerweile eine Logik der Forschung bereit, die deren spezifische Abstraktionsprodukte – typischerweise naturgesetzliche Kausalrelationen – in ihrer historischen Kontingenz verständlich werden läßt. Gedacht ist an Ansätze, die die Bedingungen theoretischen Wissens in die real abstrahierende, d. h. Wirkungen isolierende und Ur-

---

6   KUHN (1970: 15/16) hat „Naturgeschichte (natural history)" geradezu mit einem vorparadigmatischen, bloß Fakten anhäufenden Stadium der Wissenschaft identifiziert, dessen Resultate man „kaum wissenschaftlich" nennen könne.

7   HEMPLE (1952: 54-58), NAGEL (1961: 31) und STEGMÜLLER (1970: 19-27). Allerdings hat Klassifikation – im Gefolge der Quine-Duhem-These und der späteren Arbeiten Kuhns – auch in wissenschaftstheoretischen Arbeiten zur Physik in der letzten Zeit wieder eine größere Rolle gespielt, so z. B. in BUCHWALD 1992. Erinnert sei jedoch daran, daß es bei DUHEM (1906/1978: 25-27) um die Klassifikation von Gesetzen ging, nicht – wie in der Naturgeschichte – um die von Formen.

sachen substituierende Praxis des Experimentierens legen, und damit weder einseitig auf die Seite des Erkenntnissubjekts noch einseitig auf die Seite des Erkenntnisobjekts schlagen[8]. Für das Natürliche System – als Abstraktionsprodukt naturgeschichtlicher Forschung, das Äquivalenz- statt Kausalbeziehungen umfaßt – steht eine solche Forschungslogik meines Erachtens bisher aus.

Mit meiner Untersuchung beabsichtige ich, diese Forschungslücke zu schließen, indem ich mich um eine Rekonstruktion derjenigen Begründung eines Natürlichen Systems bemühe, welcher dasselbe sich als *terminus technicus* verdankt: der Begründung eines von ihm selbst so genannten „Natürlichen Systems" der Pflanzen durch Carl von Linné (1707-1778).[9] Die bisherige Literatur zu dieser Begründungsleistung kann in besonderem Maße die Existenz der gerade aufgewiesenen Forschungslücke belegen. Auf der einen Seite stehen Arbeiten, die Linnés Begründung als bloß empirische erscheinen lassen: Linné soll sich ein- fach der Verfahren bedient haben, die auch heutigen Botanikern noch als selbstverständlich konstitutiv für die empirische Ermittlung von Ord- nungsbeziehungen unter Pflanzen gelten: Er begab sich auf Forschungs- reisen, legte Herbarien an, arbeitete täglich im botanischen Garten, hielt die natürlichen Lebensräume der Pflanzen fest, verglich Pflanzen mitein- ander, registrierte Merkmale unter ihnen, klassifizierte sie dann nach diesen Merkmalen und belegte sie schließlich mit Namen.[10] Auf der anderen Seite stehen Arbeiten, die diese Begründungsleistung als eine bloß spekulative erscheinen lassen: Linné habe, allein um einer rational nachvollziehbaren Ordnung willen und geleitet von metaphysischen Überzeugungen, mit seinem *Natürlichen System* willkürliche, empirisch nicht zu rechtfertigende Unterscheidungen in den Gegenstandsbereich

---

[8] Konkret denke ich dabei an die Ansätze, die DAMEROW & LEFÈVRE (1981), HACKING (1983) und RHEINBERGER (1995) vorgelegt haben. Zum Stand solcher Ansätze s. RHEINBERGER & HAGNER (1997).

[9] Die von mir insgesamt durchgehaltene Beschränkung auf die Begründung eines *Natürlichen Systems* der P f l a n z e n hat ihren Grund darin, daß die Geschichte der Zoologie (zumindest bis weit in das 19. Jahrhundert, wenn nicht bis heute) spezifisch anderen Bedingungen gehorcht, als die Geschichte der Botanik; s. dazu die aufschlußreiche Diskussion in DAUDIN (1926b: 48-65).

[10] Zu den klassischen Untersuchungen, die Linnés biologiehistorische Bedeutung in der Hauptsache unter diesem Aspekt zur Geltung kommen ließen, gehören SVENSSON (1945) und STEARN (1957).

Naturgeschichte und Abstraktion 15

der Botanik hineingetragen.[11] Linné „der Empiriker" steht Linné „dem Systematiker" in den Ergebnissen der bisherigen biologiehistoriographischen Forschung genauso unvermittelt gegenüber, wie die erfahrbare Mannigfaltigkeit verschiedenartiger Pflanzen jeweils dem Abstraktionsprodukt naturgeschichtlicher Forschung entgegengesetzt wird: Entweder man hält das *Natürliche System* für eine unvermittelte Repräsentation sinnlich gegebener, die Mannigfaltigkeit der Pflanzen betreffender Sachverhalte oder für eine ebenso unvermittelte Projektion konventioneller Unterscheidungen in eine Mannigfaltigkeit, der diese Unterscheidungen an sich fremd sind.[12]

Meine Untersuchung begreift diesen Forschungsstand als Mißstand, und versucht ihm auf drei Ebenen zu begegnen: Auf einer ersten Ebene versucht sie gewisse Auffassungen der Biologiehistoriographie zur Begründungsleistung Linnés zu korrigieren. Dabei muß sie für sich selbst sprechen können. Auf zweiter Ebene versucht sie, das Werk Linnés als ein Fenster zu nutzen, das einen begrenzten und vorstrukturierten Ausblick auf ein Segment der Geschichte der Naturgeschichte bietet, in dem sich gewisse Grundelemente und -bewegungen einer historischen Epistemologie der Naturgeschichte abzeichnen. Auf Grund dieser Beschränkung auf ein einzelnes, historisches Werk läßt sich das analytische Vorgehen meiner Untersuchung schlecht allgemein und im Vorhinein begründen: Es muß sich von der Eigenart der Quellen leiten lassen.[13] Bemerkt sei nur, daß mit den drei Teilen meiner Untersuchung die analytische Perspektive systematisch wechselt (Den jeweiligen Teilen sind daher selbstständige

---

[11] Klassisch sind in dieser Beziehung die Untersuchungen von SACHS (1875) und CAIN (1958) zu nennen.

[12] Insbesondere LINDROTH (1983: 21-31) hat „Linné den Empiriker" mit „Linné dem Systematiker" in diesem Sinne kontrastiert, und zwar in einem Aufsatz, der den Forschungsstand zu seiner Zeit zu synthetisieren beanspruchte. S. das dieser Einleitung vorangestellte Motto.

[13] Wie wenig das umgekehrte Vorgehen zumindest dann fruchtet, wenn man sich nicht auf die genaue Interpretation von Primärquellen einläßt, zeigt das, was STEMMERDING (1991) in einer ansonsten hervorragenden Untersuchung mit dem Untertitel „Natural History in the Light of Latour´s Science in Action and Foucault´s Order of Things" im Kapitel zu Linnés Naturgeschichte herausgearbeitet hat: Trotz seines durchaus originellen und wertvollen theoretischen Ansatzes ist Stemmerding meines Erachtens nicht über den Forschungsstand zur Naturgeschichte Linnés hinausgekommen, sondern hat diesen, gestützt auf Sekundärliteratur, nur in anderen Worten reproduziert. Dasselbe möchte ich ausdrücklich nicht für seine Analysen zu Buffons und Curviers Naturgeschichte behaupten; vgl. STEMMERDING (1993).

Einleitungen vorangestellt): Im ersten Teil geht es mir darum, die spezifische, hierarchische Struktur aufzudecken, die das *Natürliche System* der Pflanzen erst seit und mit Linnés Systemvorschlägen besessen hat, und die keineswegs trivial ist (Kapitel 1). Dies wird zwei wichtige Nebeneffekte haben: Es wird sich zeigen lassen, daß die bisherige Auffassung der Biologiehistoriographie nicht trägt, nach der Linnés *Natürliches System* Resultat einer bereits seit dem 16. Jahrhundert bestehenden Tradition von Begründungsversuchen war, sondern mit dieser Tradition brach (Kapitel 2). Und es wird sich zeigen lassen, daß die spezifische Struktur des *Natürlichen Systems* an einen spezifischen Begründungskontext geknüpft war: Das *Natürliche System* der Pflanzen galt Linné als eine Repräsentation von Ordnungsbeziehungen unter Pflanzen, die ihre Begründung erst im und für den Kontext einer botanischen Forschungspraxis erfuhr (Kapitel 3). Im zweiten Teil wechselt die Perspektive meiner Untersuchung daher zur Betrachtung dieses Kontextes. Unter „Kontext" ist dabei die Rekonstruktion dessen zu verstehen, was nach Aussagen Linnés als „Botanik" zu gelten hatte, und zwar in drei Hinsichten: a) in Hinsicht auf die formale Definition der Botanik (Kapitel 4); b) in Hinsicht auf wissenschaftliche Tätigkeiten, die aus der so verstandenen Botanik ausgeschlossen waren (Kapitel 5); und c) in Hinsicht auf diejenigen wissenschaftlichen Tätigkeiten, die für die so verstandene *Botanik* konstitutiv waren (Kapitel 6). Diese Analyse führt zur Bestimmung des institutionellen Ortes, an dem es in der Botanik Linnés durch Zusammenführung der verschiedenen, botanischen Forschungstätigkeiten zur Begründung eines *Natürlichen Systems* der Pflanzen kam: dem botanischen Garten (Kapitel 7). Der dritte Teil macht sich schließlich – unter Voraussetzung der Ergebnisse des zweiten Teils – an die Rekonstruktion dieser Begründung. Den Ausgangspunkt dieser Rekonstruktion bildet die Interpretation der meines Wissens einzigen (und bisher nicht von der Biologiehistoriographie wahrgenommenen) Textstelle im Werk Linnés, die in Form einer Kritik an historisch vorgängigen Begründungsversuchen allgemeine Anforderungen an die Begründung eines *Natürlichen Systems* stellte. Diese Anforderungen liefen im Kern darauf hinaus, daß das *Natürliche System* unter Berücksichtigung einer Fortpflanzungstheorie genealogisch – d. h. aus dem Zusammenhang von Eltern und Nachkommen – und funktionsmorphologisch zu begründen war (Kapitel 8). Anschließend wird gezeigt, wie das Verfahren, das Linné zur Begründung des *Natürlichen Systems* vorschrieb, diesem Anspruch durch Operationen gerecht wurde, die nur in und unter botanischen Gärten möglich waren: der „Kollation der Arten" (Kapitel 9) und der „Zurückführung von Varietäten auf ihre Arten" (Kapitel 10). Im Ergebnis wird

Naturgeschichte und Abstraktion

sich die Begründung eines *Natürlichen Systems* der Pflanzen durch Linné als eine Begründung universeller Äquivalenzbeziehungen unter Pflanzen herausstellen, die ihre sachliche Voraussetzung darin fand, daß sich in Gestalt botanischer Gärten ein System institutioneller Orte zwischen die Mannigfaltigkeit der Pflanzen und die wissenschaftliche Gemeinschaft der Botaniker schob, in welches Pflanzen aus aller Welt Eingang fanden und in dem diese in Form von Samen zirkulierten, die ausgetauscht und in jeweiligen Gärten angebaut wurden. In dieser Zirkulation mochten – auf Grund äußerer Umstände – Unterschiede zwischen Pflanzen auftauchen oder verschwinden, es trat in jedem Fall eben diejenige Äquivalenzbeziehung unter Pflanzen hervor, die in dieser Bewegung selbst gesetzt war und aus der Linnés sein *Natürliches System* in letzter Instanz begründet sehen wollte: der genealogische Zusammenhang unter Pflanzen.

Mit diesem Ergebnis ist eine dritte Ebene meiner Untersuchung angesprochen, die auf Grund ihrer Beschränkung auf das Werk Linnés weitgehend implizit bleiben muß: Es geht mir darum, zu zeigen – soweit dies der Blick auf Linnés Begründung eines *Natürlichen Systems* der Pflanzen eben zuläßt –, daß auch die Naturgeschichte die Gegenstände ihrer theoretischen Reflektion nicht unmittelbar als empirische Gegebenheiten vorfindet und nach einem abgeschlossenen, rationalen Verfahren registriert und verarbeitet. Wie experimentell verfahrende Wissenschaftsbereiche erzeugt die Naturgeschichte diese Gegenstände vielmehr erst selbst als unvorwegnehmbare Resultate einer ihr eigentümlichen Forschungspraxis. Das „zeitlose Rechteck", von dem Foucault als „Denkraster" der Naturgeschichte spricht, war zwar in dem Sinne zeitlos, als seine Elemente (etwa Herbarpflanzen) jeglicher Einbindung in einen historisch gewachsenen Textkorpus verlustig gegangen waren. Aber in seinem Inneren war dieses „Rechteck" durchaus nicht „zeitlos", sondern von einer beständigen Unruhe erfüllt: Pflanzen traten in dasselbe ein und aus, wurden unter kontrollierten Bedingungen reproduziert und rekonfiguriert, und vollführten dabei oft unvorgesehene Sprünge. Diese Bewegungen haben zwar Ähnlichkeit mit denen einer experimentellen Forschungspraxis, aber es geht mit ihnen nicht um eine Herstellung von Neuartigem in Analogie zu Praktiken der Produktionssphäre, sondern um ein Sammeln von Verschiedenartigem in Analogie zu Praktiken der Zirkulationssphäre. Dies mag an die an die bekannte These Sohn-Rethels erinnern, wonach die Warenform einer gegebenen Gesellschaftsformation sich in ihren Denkformen wiederspiegelt.[14] In zwei Hinsichten unterscheidet sich meine These jedoch von dieser: Zum einen ist es nicht „die" Warenform „des" 18. Jahrhunderts, die der Linnéschen Botanik als Grundlage für Realabstraktionen diente. Der Austausch botanischen Materials erfolgte vielmehr nach Regeln einer (durchaus archaische Züge tragenden) „Ökonomie" der Botanik selbst – unter den Händen statt hinter dem Rücken der Botaniker – und damit zwar eingebettet in, aber weitgehend unabhängig von globalen gesellschaftlichen Zusammenhängen. Und zum zweiten erkennt diese Untersuchung an, daß es neben Realabstraktionen im Tauschakt auch Realabstraktionen in der (experimentellen) Arbeit geben kann.[15] Von einer Einheit d e r Naturwissenschaft kann genausowenig die Rede sein, wie von einer Einheit d e r Gesellschaft – wohl aber von einer Einheit der Naturwissenschaft e n , welche in dem eigentlich trivialen Sachverhalt begründet ist, daß auch diese, wie jede menschliche Tätigkeit, ihr jeweiliges Feld nur vergesellschaftet bestellen können.

Anmerkungen zum Umgang mit den Quellen

Diese Untersuchung stützt sich in erster Linie auf die Übersetzung und Interpretation von Texten Linnés (einschließlich eigener, posthum publizierter Schriften und nicht publizierten Manuskripten und Mitschriften zu seinen Vorlesungen; sämtliche Übersetzungen stammen, wenn nicht anders angegeben, von mir, und grundsätzlich sind die Originaltexte in den Fußnoten wiedergegeben). Dabei hat man es mit einem besonderen Problem zu tun: Linnés Publikationen lassen sich in aller Regel nicht linear lesen. Man kann sich in Ihnen zwar wie in einem Nachschlagwerk von Ort zu Ort bewegen, aber es macht keinen Sinn, sie als fortlaufende Texte zu betrachten, die es entsprechend fortlaufend zu interpretieren gilt. Es handelt sich vielmehr um zweidimensionale, durch zahllose Querverweise vernetzte Anordnungen von „Aphorismen" – kurzen, meist definitorischen Sätzen –, deren Bedeutung sich jeweils erst aus ihrer Vernetzung ergibt. Nummerierungen und Typographie des Originals, die der genannten Vernetzung dienen sollten, sind in den vom laufenden Text abgehobenen Zitaten daher grundsätzlich wiedergegeben. Aus demselben Grund sind auch Abbildungen aus den Originalausgaben in den Text aufgenommen worden.

---

14   SOHN-RETHEL (1985)
15   Vgl. die Kritik an Sohn-Rethel in LEFÈVRE (1978: 158, n.51).

Naturgeschichte und Abstraktion

Zwei weitere Anmerkungen sind wichtig: Die erste betrifft die Tatsache, daß Linnés Publikationen in mehreren Auflagen erschienen. Bei Querverweisen im Original habe ich mich daher bemüht, die Auflagen zu benutzen, auf die verwiesen wird, oder (wenn der Verweis nicht eindeutig ist) die jeweils letzte Auflage. Ein besonderes Problem bereiteten mir in dieser Hinsicht jedoch die zahlreichen Dissertationen Linnés: Es war mir nicht möglich, bei der Verfolgung von Querverweisen zu jedem Zeitpunkt meiner Arbeit auf die Originalausgaben der Dissertationen zurückzugreifen. In der Regel stand mir entweder nur die noch von Linné selbst veranstaltete Sammelausgabe unter dem Titel *Amoenitates academicae* oder gar nur posthume Ausgaben zur Verfügung. In jedem Fall wurden allerdings nur Textausgaben genutzt, die explizit beabsichtigten, textgetreu zu sein. Einige Worte sind schließlich noch zur Verfasserschaft der Dissertationen nötig: In allen Fällen handelte es sich um Dissertationen *pro exercitio*, für deren Inhalt der *praeses* voll verantwortlich war (dem Respondenten kam allein die Aufgabe zu, eine Privatvorlesung beim *praeses* zu besuchen und zu bezahlen, diese dann in die Form und Sprache einer akademischen Abhandlung zu bringen, sie öffentlich vorzutragen, und schließlich ihren Druck zu bezahlen). Der dennoch nicht auszuschließende Fall, daß einige der Dissertationen, die unter Linnés Vorsitz entstanden, unter maßgeblicher inhaltlicher Beteiligung der Respondenten zustandekamen, ist im Rahmen meiner Untersuchung nicht von Belang. In den *Amoenitates academicae* veröffentlichte Linné sämtliche Dissertationen unter seinem Namen, und die persönliche Beteiligung eines seiner Schüler an deren Zustandekommen ändert nichts daran, daß dieselben Bestandteil des Werkes waren, das Linné und seine Zeitgenossen als sein eigenes betrachteten.

Ich danke den Bibliothekaren der Universitätsbibliothek Bielefeld, der Staatsbibliothek Berlin, der Universitätsbibliothek Uppsala (insbesondere T. Anfält) und des Max-Planck-Instituts für Wissenschaftsgeschichte in Berlin für stets hilfsbereite und freundliche Unterstützung. Der Staatsbibliothek Berlin danke ich darüber hinaus für die Überlassung photographischer Reproduktionen aus Linnés Werken.

Teil I
Uti Territorium in Mappa Geographica

Struktur und Funktion des Natürlichen Systems

> *Wie wir gesehen haben, versuchen Naturhistoriker die Arten, Gattungen und Familien in jeder Klasse nach dem anzuordnen, was sie das Natürliche System nennen. Aber was ist mit diesem System gemeint? [...D]er Sinnreichtum und die Nützlichkeit dieses Systems sind unbestreitbar. Aber viele Naturhistoriker denken, daß etwas anderes mit dem Natürlichen System gemeint ist; sie glauben, daß es den Plan des Schöpfers offenlegt. Es scheint mir aber, daß unserem Wissen damit nichts hinzugefügt wird, solange nicht genauer angegeben wird, ob mit dem Plan des Schöpfers eine Ordnung in der Zeit, eine im Raum, oder beides gemeint ist. Aussagen, wie die berühmte von Linnaeus, welcher wir oft in mehr oder weniger verdeckter Form begegnen, nämlich daß die Merkmale nicht die Gattung liefern, sondern die Gattung die Merkmale, scheinen zu beinhalten, daß eine tieferreichende Beziehung in unsere Klassifikationen eingeht, als bloße Ähnlichkeit.*
>
> CHARLES DARWIN *The Origin of Species* 1859

Das *Natürliche System* der Lebewesen, das von der modernen Biologie bereitgestellt wird, bezieht seinen Systemcharakter daraus, daß die Beziehungen unter seinen Elementen – Taxa (Einzahl Taxon), d. h. mit Eigennamen versehene Klassen von Lebewesen – genau geregelt sind: Es gliedert sich in Taxa (Arten, Gattungen, Ordnungen etc.), die in streng hierarchischen Beziehungen zueinander stehen. Idealerweise ist der (bekannte) Gegenstandsbereich der Lebewesen in einem solchen System erschöpft und idealerweise läßt sich jedes einzelne Lebewesen einem ganz bestimmten Ort in diesem System zuordnen. Mengentheoretisch handelt es sich bei dem Natürlichen System also um eine Zerlegung des Gegenstandsbereichs der Biologie. Diese Struktur wird in vielfältiger Weise in geschriebenen Systemen zum Ausdruck gebracht: graphisch in Verzweigungs- oder Einschachtelungsdiagrammen, aber auch typographisch durch Zeileneinrückungen, Verwendung unterschiedlicher Typen u.s.w. Jeder Blick in eine taxonomische Publikation überzeugt davon, mit welcher außerordentlichen, bis in das kleinste Detail gehenden Strenge und Präzision diese Struktur fixiert wird.

Vielleicht ist es diese Darstellungsstrenge, die dazu verleitet, in dem hierarchischen System der Lebewesen gewöhnlich den strukturellen Typus einer jeden wissenschaftlichen Klassifikation zu sehen.[16] Dem

---

[16] Vgl. STEGMÜLLER (1970: 20). Stegmüller bemerkt in seinen anschließenden Überlegungen allerdings selbst, daß die in der Biologie vorherrschende klassifika-

dadurch erweckten Schein, daß man sich mit den historischen Ursprüngen dieser begrifflichen Struktur gar nicht erst zu befassen brauche, da sie ohnehin die ideale Form wissenschaftlicher Klassifikation sei, läßt sich allerdings durch einen einfachen Hinweis begegnen: Vergleicht man das hierarchische System der Biologie mit dem Periodensystem der Chemie, so springt sofort die Differenz zweier struktureller Typen von Klassifikationen ins Auge: Das Periodensystem der Elemente ist keine Begriffshierarchie, sondern eine systematische Überlagerung zweier gleichrangiger Klassifikationen (der Klassifikation zu „Perioden" in der Senkrechten des Systems und der Klassifikation zu „Haupt- und Nebengruppen" in der Waagerechten des Systems); und dennoch verliert das Periodensystem der Chemie damit nicht an wissenschaftlichem Wert.[17]

In diesem ersten Teil meiner Untersuchung wird es mir darum gehen, Linnés Stellung in der inneren Geschichte der Biologie neu zu bewerten. Mit „innerer Geschichte" ist das Ergebnis einer retrospektiven Konstruktion gemeint, deren Notwendigkeit mir erläuterungsbedürftig zu sein scheint, wenn sie sich nicht dem geläufigen Vorwurf aussetzen will, bloße „whig history" zu schreiben. Dargelegt werden soll, inwiefern sich Linnés Werk als ein epistemologisch interessanter Beitrag zur modernen Biologie verstehen läßt, und zwar in spezifischer Hinsicht auf die Festlegung der modernen Biologie auf die einleitend skizzierte hierarchische Struktur des Natürlichen Systems. Selbstverständlich bleibt eine solche Darlegung eine an sich nicht erklärungskräftige, historische Projektion: Linnés Werk enstand zu seiner Zeit ganz sicher nicht, um einen Beitrag zur modernen Biologie zu leisten. Als ein solcher Beitrag erscheint dieses Werk nur im Rahmen der historischen Abfolge von intellektuellen Leistungen, die sich gemäß heutiger Maßstäbe als Leistungen für die moderne Biologie bewerten lassen, eben im Rahmen einer „inneren" Geschichte der Biologie.[18] In eben dem Maße aber, wie sich die innere

---

torische Form einer „Begriffspyramide" nicht logisch notwendig ist, sondern „ein Naturgesetz ausdrückt".

[17] Mengentheoretisch stellt das Periodensystem der Elemente auf der Ebene seiner Elemente (eben den „Elementen") eine Zerlegung dar, auf der Ebene der Perioden sowie Haupt- und Nebengruppen aber eine systematische Schnittmengenbildung unter zwei Zerlegungen. Vermutlich ist dies die allgemeiner verbreitete Struktur wissenschaftlicher Klassifikationen, und nicht die Begriffshierarchie der Biologie.

[18] In der Unterscheidung von innerer und äußerer Wissenschaftsgeschichte folge ich WOLFF (1981). Diese Unterscheidung bezieht sich nicht auf einen historisch realen Unterschied zwischen „internen" und „externen" Faktoren der Wissenschaftsentwicklung (zu einer Kritik dieser Unterscheidung s. MIKULINSKI 1978, KROHN 1979

Einleitung 25

Geschichte einer Wissenschaft als retrospektive Projektion zu erkennen gibt, wirft sie aber auch allererst die Frage auf, wie es eigentlich zu dem kommen konnte, was einer Wissenschaft als Bestandteil ihrer inneren Geschichte erscheint. Erst mit dieser Frage eröffnet sich die Perspektive einer „äußeren" Wissenschaftsgeschichte, unter der die Genese einer Wissenschaft nicht mehr als zwangsläufiger und gradliniger Durchsetzungsprozeß einer ahistorisch gedachten *ratio* erscheint, als Fortschritt auf ein Ziel hin, das diesen Fortschritt immer schon motivierte und dem Subjekt derselben, etwa „der" Biologie, immer schon seine Einheit gab. Und erst so hat die Wissenschaftshistoriographie Anlaß, sich über bruchhafte Veränderungen in der Wissenschaftsentwicklung zu wundern und nach dem weiten und heterogenen Feld historisch wirksamer Bedingungen zu fragen, auf das diese Bewegungen zurückgehen. Soweit sich einer so verstandenen, „äußeren" Wissenschaftsgeschichtsschreibung also die ihr eigentümliche Perspektive eröffnen soll, soweit hat sie auch die „innere" Geschichte einer Wissenschaft zu Voraussetzung. Diese ist es nämlich nur, die der „äußeren" Wissenschaftshistoriographie einen eigentümlichen und fest umrissenen Erklärungsgegenstand liefert.

Gewöhnlich steht nun hinreichend fest, welches die entscheidenden Etappen und Protagonisten der inneren Geschichte einer Wissenschaft sind. Die äußere Wissenschaftsgeschichtsschreibung braucht sich nur denunziativ gegen solche Rekonstruktionen zu wenden, und kann dann unmittelbar beginnen, diese im Aufweis historisch wirksamer Bedingungen zu „dekonstruieren".[19] Im Falle Linnés ist dies anders. Nach einhelliger und unbestrittener Meinung verdankt die Biologie ihm zwar viel, nämlich ein Inventar von Verfahrensregeln, das erstmalig die Repräsentation von Ordnungsbeziehungen unter Lebewesen regulierte. Aber dieser Beitrag gilt gewöhnlich bloß als ein technischer, nicht als ein theoretischer Beitrag zur modernen Biologie. Gegen diese Auffassung wendet sich dieser erste Teil meiner Untersuchung: Die moderne Biologie – so meine diesbezügliche These – verdankt Linné nicht nur ein Inventar von Verfahrensregeln, sondern diese Verfahrensregeln legten das *Natürliche System* zugleich auf eine nicht-triviale – d.h. weder für die Alltags-

---

und LATOUR 1992). Zu den methodologischen Problemen, die der Wissenschaftshistoriographie aus der Notwendigkeit erwachsen, eine „innere Geschichte" ihres Gegenstandes vorauszusetzen s. CANGUILHEM (1976/1978).

19 Ein schönes Beispiel für dieses – durchaus berechtigte – Vorgehen liefert BOWLER (1989: 1-21).

erfahrung evidente, noch aus Gründen logischer Konsistenz zwingende
– Klassifikationsform fest, die für die Biologie Erkenntniswert besessen
hat. Im Übergang zu dieser Form – und nicht bloß in der Einführung
technischer Regeln – liegt der eigentlich bemerkenswerte und erklärungsbedürftige epistemische Bruch, der sich mit dem Namen Linné verknüpft.[20] Diese Einsicht werde ich im zweiten Kapitel noch verschärfen, indem ich zeige, daß die bisher dominante Auffassung, wonach diese Form bereits in der Botanik des 16. Jahrhunderts voll ausgebildete Vorläufer besaß, nicht trägt: Ihrer eigentümlich hierarchischen Struktur nach können Linnés Vorschläge zu einem (wie er es eben auch nannte) *Natürlichen System* der Pflanzen n i c h t, wie bislang behauptet, als letzter Niederschlag einer bereits im 16. Jahrhundert ausgeprägten Tradition gelten. Linné stellte sein *Natürliches System* vielmehr allen vorgängigen, eben anders strukturierten Systemvorschlägen als eine historisch neuartige Alternative entgegen. Dabei wird sich zeigen, daß diese Alternative an eine Unterscheidung von Funktionen der Klassifikation geknüpft war: Im Gegensatz zu vorgängigen Systemen sollte Linnés *Natürliches System* in der Lage sein, Pflanzen auch zu Zwecken naturhistorischer Forschung zu klassifizieren. Dieses Ergebnis wird mich im dritten Kapitel in die Lage versetzen, die Frage nach der Begründung eines *Natürlichen Systems* der Pflanzen durch Carl von Linné in neuer Form zu stellen, nämlich als Frage nach den historisch wirksamen Bedingungen, die es Linné erlaubten, in und mit seiner Forschungspraxis von lokalen Beziehungen unter Pflanzen zu abstrahieren.

---

[20] Von epistemischen Brüchen ist hier im Sinne Gaston Bachelards die Rede, also nicht nur im Sinne relativ plötzlicher, historischer Ereignisse, sondern vor allem im Sinne von Bewegungen der Wissenschaftsgeschichte, die sich typischerweise g e g e n Evidenzen durchzusetzen haben (BACHELARD 1938/1984: 54-58).

1. KAPITEL
CARL VON LINNÉS STELLUNG IN DER INNEREN GESCHICHTE DER BIOLOGIE

1.1 Praktisch revolutionär, theoretisch bedeutungslos?

Für die moderne Biologie knüpft sich Carl von Linnés Name vor allem an zwei Innovationen, die beide mit der Art und Weise zu tun haben, in der die Ordnungsbeziehungen im System der Lebewesen zum Ausdruck gebracht werden.

1. Dem Ausdruck der hierarchischen Ordnungsbeziehungen im System der Lebewesen dient das folgende terminologische Hilfsmittel: Jedem Taxon ist immer ein Ausdruck zuzuordnen, der allgemein als *Kategorie* bezeichnet wird und den relativen Rang angibt, den das jeweilige Taxon in einer Hierarchie vollständiger Inklusionsbeziehungen einnimmt. Linné verdankt sich die erstmalige Festlegung der relativen Bedeutungen einiger dieser Kategorien: Auf der untersten Ebene der Linnéschen Hierarchie (so der heute gebräuchliche Ausdruck) gehören Taxa gemeinsam der Kategorie *Varietät* an, jede dieser Varietäten ist dann jeweils einem (und nur einem) Taxon der nächsten, als *Art* bezeichneten Kategorie vollständig subsumiert, jede dieser Arten ihrerseits einem (und nur einem) Taxon der Kategorie *Gattung*, jede dieser Gattungen ihrerseits einem (und nur einem) Taxon der Kategorie *Ordnung* und jede dieser Ordnungen ihrerseits einem (und nur einem) Taxon der Kategorie *Klasse*.[21]

2. Mit der Einführung einer Hierarchie von Kategorien eng verbunden war die zweite Innovation Linnés, die Einführung der sogenannten

---

[21] Die Linnésche Hierarchie ist später durch Einfügung von Kategorien wie „Unterart", „Familie", „Überordnung", „Stamm" etc. erheblich verfeinert worden. In der Botanik gewann insbesondere die von Michel Adanson 1764 eingeführte Kategorie der „Familie" an Bedeutung, insofern sie an die Stelle der „natürlichen Ordnung" Linnés trat. Letztere hatte nämlich – wie noch zu sehen sein wird – insofern für Verwirrung gesorgt, als Linné auch „künstliche Ordnungen" kannte.

binominalen Nomenklatur. Dabei handelt es sich um ein Regelwerk, das die Art und Weise festlegt, in der Taxa benannt werden. Die wesentlichen Elemente dieses Regelwerks sind die folgenden zwei Vorschriften:

a) die Vorschrift, daß eine bestimmte Art von Lebewesen immer durch den Namen der Gattung, zu der diese Art gehören soll, und einem dem Gattungsnamen angehängten Artepitheton zu bezeichnen ist, so daß nur Gattungsname und Artepitheton gemeinsam den vollständigen Artnamen bilden (wie etwa *Homo sapiens*);

b) die Vorschrift, daß ein gegebener Organismus der Art nach immer nur durch einen einzigen, dieser Art eindeutig zugeordneten und auch keiner anderen Art zukommenden Artnamen zu bezeichnen ist. Die eindeutige Zuordnung eines Artnamens wird folgendermaßen bewerkstelligt: Bei der erstmaligen Benennung einer bislang nicht regelrecht benannten Art wird dieser ein bisher für keine andere Art verwendeter Artname zugeordnet. Es greift dann die sogenannte Prioritätsregel, welche besagt, daß in der Folgezeit nur noch dieser zuerst vergebene Artname für die Bezeichnung all derjenigen Organismen „Gültigkeit" besitzt, die nach dem jeweiligen Kenntnisstand der Systematik von derselben Art sind, wie die, denen die Erstbenennung galt. Sollten seit der Erstbenennung – aus welchen Gründen auch immer – noch andere Namen zur Bezeichnung dieser Art verwendet worden sein, so sind diese dem „gültigen" Namen synonyme, aber eben „ungültige" Bezeichnungen. Analoge Regeln sorgen für die Eindeutigkeit der Namen der Gattungen und Taxa höherer Ränge, allerdings bleiben diese uninominal, d. h. es ist zu ihrer Vollständigkeit nicht erforderlich, den Namen des Taxons nächsthöherer Kategorie voranzuschicken. Linné hat dieses Regelwerk 1751 in einer Publikation mit dem Titel *Philosophia botanica* formuliert und erstmals 1753 in seinen *Species plantarum* für ca. 8000 Pflanzenarten zur Anwendung gebracht. Dieses Werk gilt der Botanik daher als absoluter Ausgangspunkt für die Fixierung der Gültigkeit von Pflanzennamen gemäß der Prioritätsregel.[22]

---

[22] Meine Darstellung der Nomenklaturregeln folgt SUDHAUS & REHFELD (1992: 12-17), und den ausführlichen Kommentaren zu den „Internationalen Nomenklaturregeln" in MAYR (1969/1977: 273-325) und WILEY (1981: 383-400). „Internatio-

Da die binominale Benennung von Taxa und die kategoriale Zuordnung miteinander einhergehen, möchte ich im Folgenden beides zusammenfassend als „binominales Nomenklaturverfahren" bezeichnen. Dieses Verfahren erzeugt im geschriebenen System der Lebewesen notwendig Ordnungsbeziehungen, deren besondere Struktur ich noch einmal präzisieren möchte, da sie in diesem Teil eine wichtige Rolle spielen wird: In diesem System kann niemals ein Taxon auftreten, das zwei verschiedenen Taxa angehört, ohne daß eines der letzteren in einer vollständigen Inklusionsbeziehung zum anderen steht. Oder anders gesagt: In diesem System kann ein Taxon niemals zwei höherrangigen Taxa angehören, die gleichen Ranges wären. Oder noch einmal anders gesagt: In diesem System besitzen Taxa gleichen Ranges niemals gemeinsame Elemente (Taxa niedrigeren Ranges). Bildlich läßt sich diese Struktur – die ich im Folgenden „enkaptisch" nennen will – mit einem System ineinander geschachtelter, fester Kästen von unterschiedlicher Größe vergleichen (s. Abb. 1a).[23] Die enkaptische Struktur hängt in der folgenden Weise von dem erläuterten binominalen Nomenklaturverfahren ab: An einzelne Arten von Lebewesen immer einen Artnamen zu knüpfen, der aus einem einzigen Gattungsnamen u n d einem einzigen Artepitheton gebildet wird, bedeutet, jede Art dem Namen nach einer und nur einer Gattung und niemals zwei Gattungen zugleich zuzuordnen. Und jedem benannten Taxon mit seiner Benennung zugleich einen bestimmten Rang in einer Hierarchie vollständiger Inklusionsbeziehungen zuzuweisen, verbietet ganz allgemein jede namentliche Zugehörigkeit eines Taxons niederer Kategorie zu zwei höherrangigen Taxa, die nicht in einer vollständigen Inklusionsbeziehung zueinander stehen. Sobald man letzteres zulassen wollte – sobald man z. B. die Verwendung zweier verschiedener Gattungsnamen zur Bezeichnung ein und derselben Art von Lebewesen zulassen wollte – hätte man es mit einem System von Klassen zu tun, in

---

nale Nomenklaturregeln" sind seit Mitte des 19. Jahrhunderts für jeden Zoologen und Botaniker verbindlich vorgeschrieben und weichen in einzelnen interessanten Punkten (v. a. die Bedeutung taxonomischer Namen betreffend) von Linnés Formulierungen ab (cf. MCOUAT 1996). Der hier zugrunde gelegte Inhalt der Regeln ist allerdings ohne Zweifel schon von Linné formuliert worden (vgl. LINNÉ *Phil. bot.* 1751: §§211-219, §257; s. dazu STEARN 1959).

23 Zur enkaptischen Struktur des Systems der Lebewesen s. GREGG (1954) und BECKNER (1959: 55/56), sowie die kritische Zusammenfassung dieser Arbeiten in SIMPSON (1961: 16-21) und SUPPE (1974). Vgl. auch die Charakterisierung von „scientific kinds" in BUCHWALD (1992). Mit der Bezeichnung „enkaptisch" folge ich GRUNER (1980: 33). Im englischsprachigen Raum ist bezeichnenderweise der Ausdruck „Linnean hierarchy" üblich (so z.B. SIMPSON 1961: 16).

dem es zu teilweisen Überschneidungen unter gleichrangigen Taxa käme. Systeme, die derartige Verhältnisse aufweisen, werde ich im Unterschied zu enkaptischen Systemen als „kombinatorisch" bezeichnen.

Das binominale Nomenklaturverfahren ist der einzige Beitrag Linnés, der seit dem Ende des 18. Jahrhunderts unumstritten als historisch origineller und grundlegender, ja als „revolutionärer" Beitrag zu den Wissenschaften von den Lebewesen gilt.[24] In dieser Beurteilung hat sich jedoch seit Mitte des 19. Jahrhunderts eine bezeichnende Einschränkung bemerkbar gemacht: Die Einführung der binominalen Nomenklatur wird überwiegend als ein bloß t e c h n i s c h e r Beitrag zu den Grundlagen der modernen Biologie verstanden, wirkliche t h e o r e t i s c h e Beiträge seien Linné dagegen nicht zu verdanken, ja er sei vielmehr einem reaktionären, „aristotelisch-scholastischen" Wissenschaftsideal verpflichtet gewesen. Dies ist so zu verstehen, daß die binominale Nomenklatur gewöhnlich als eine Errungenschaft beurteilt wird, die bloß dem besonderen Bedürfnis der Biologie nach einer übersichtlichen, eindeutigen und daher konfliktvermeidenden Ordnung ihres Gegenstandsbereichs entgegenkommt. Sie erscheint in dieser Perspektive als das offenkundig zweckmäßige Mittel, um Organismen namentlich zu identifizieren und

---

[24] Die meines Wissens erste Würdigung von Linnés Leistungen als „revolutionär" stammt von CONDORCET (1781/1847: 341). Ausdrücklich als revolutionäre Leistung bezeichnet wurde die Einführung der binominalen Nomenklatur außerdem noch von VICQ-D´AZYR (1780/1805: 182), JUSSIEU Meth. nat. (1824: 469), FRIES (1878: 14/15), STEARN (1957 vol. I: 75), und STAFLEU (1971: 28). Linné selbst wertete seine Leistungen auf dem Gebiet der Botanik als eine „totale Reformation" (LINNÉ Vita 1957: 146). Der grundlegende Charakter der binominalen Nomenklatur äußert sich in einem historisch-programmatischen Aufsatz zur Naturgeschichte, den SMITH (1791) dem ersten Band der *Transactions of the Linnean Society of London* voranschickte, der ersten wissenschaftlichen Zeitschrift, die sich speziell und ausschließlich der Naturgeschichte widmete. Darin wird die genaueste Befolgung der von ihm formulierten „Gesetze und Grundsätze (laws and principles)" zur unverzichtbaren Grundlage jeder Arbeit auf dem Gebiet der Naturgeschichte erhoben (a.a.O.: 53). Grundlegende Werke in der frühen Geschichte der Systematik enthalten ganz ähnliche Aussagen (etwa JUSSIEU *Gen. plant.* 1789 Introd.: xxiii, CUVIER *Règn. anim.* 1817 Préf.: xvii, CANDOLLE *Theor. elem. bot.* 1819: 40), ebenso moderne Lehrbücher der Systematik (wie GRUNER 1980: 20/21 und SUDHAUS & REHFELD 1992: 11-14). Die im 19. Jahrhundert entstandenen ersten Monographien zur Geschichte der Botanik und Zoologie ordnen Linné auf eben dieser Grundlage in die Geschichte der Biologie ein (wie JESSEN 1864: 290-292, CARUS 1875: 521, SACHS 1875: 98), so wie dies auch in neueren Überblickswerken zur Geschichte der Biologie geschieht (etwa in MAYR 1982: 173, und JAHN ET AL. 1982: 272/273). Zur Geschichte des Linné-Bildes in der Biologiehistoriographie s. FRANZÉN (1964) und LINDROTH (1966b).

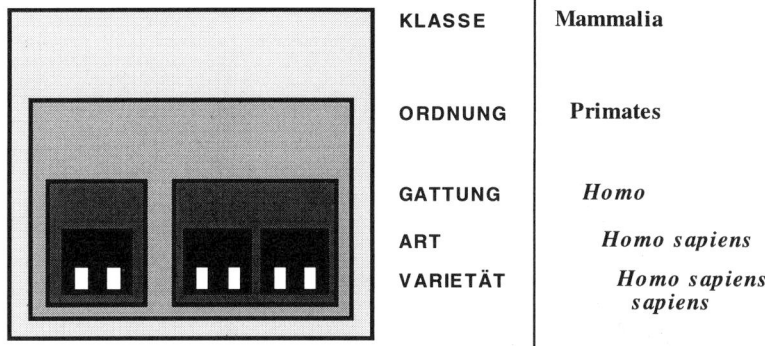

Abb. 1a: Das enkaptische System. Links ein Schema der enkaptischen Struktur. Rechts davon die Linnéschen Kategorien in ihrer Zuordnung zu den Ebenen des Systems und ganz rechts beispielhaft Namen für Taxa der jeweiligen Kategorie, die nach den Regeln der binominalen Nomenklatur gebildet sind (angelehnt an Sudhaus & Rehfeld 1992).

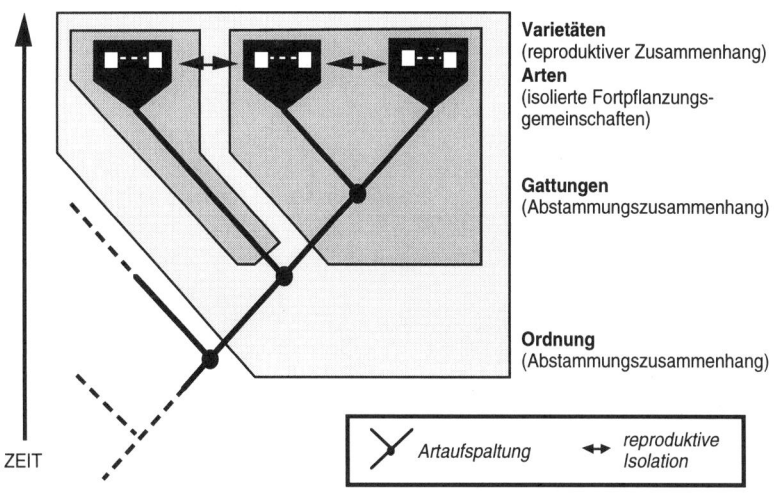

Abb. 1b: Das enkaptische System als Abstammungsbeziehungen repräsentierendes Verzweigungsschema (Phylogramm).

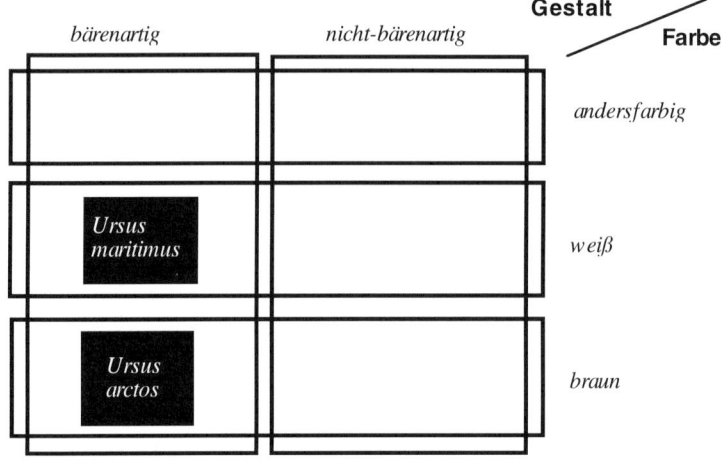

Abb. 2a: Illustration der kombinatorischen Struktur biologischer Bestimmungsschlüssel: Schwarz unterlegt sind die zu bestimmenden Taxa des Natürlichen Systems, in diesem Falle zwei Arten (angelehnt an Simpson 1961).

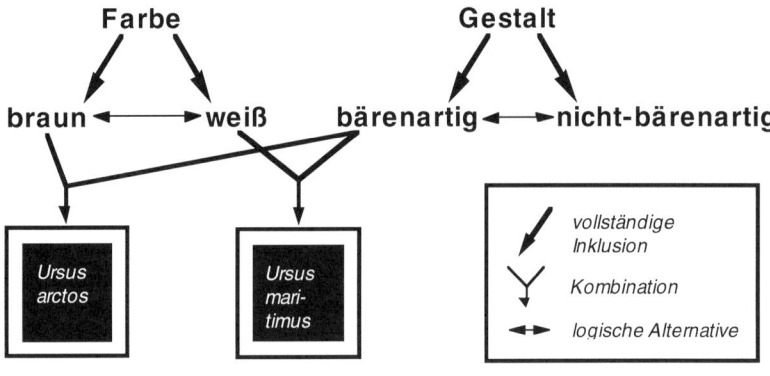

Abb. 2b: Ein kombinatorischer Bestimmungsschlüssel als Verzweigungsschema, das begriffslogische Beziehungen repräsentiert.

so Zugang zu allen Informationen zu erhalten, die unter diesem Namen bereits Eingang in die Literatur gefunden haben. So verstanden, kann Linné in der Tat als ein Protagonist der Biologiegeschichte erscheinen, der zwar die Technik bleibend und grundlegend revolutionierte, in der die von der Biologie erarbeiteten Wissensbestände über Lebewesen organisiert werden, aber nicht den theoretischen Gehalt dieser Wissensbestände. Linné gab den Wissenschaften vom Leben zwar „ein neues Gesicht, aber keine neue Seele".[25]

Diese Beurteilung ruht auf einer impliziten Voraussetzung: auf der Voraussetzung nämlich, daß die enkaptische Struktur, die das binominale Nomenklaturverfahren dem System der Lebewesen notwendig aufprägt, ohne jeden spezifischen Erkenntniswert für die Biologie ist. Sollte diese Voraussetzung nicht zutreffen, so ließe sich die erstmalige Einführung dieses Benennungsverfahrens nicht mehr bloß als eine technische Leistung ansehen. Sie hätte auch als erstmalige Bereitstellung eines Instrumentariums zu gelten, daß Erkenntnisbedürfnissen der Biologie entgegenkam. Linné wäre dann nicht nur „Erfinder" eines Instrumentariums gewesen, sondern mit Anwendung desselben auch zum „Entdecker" einer biologischen Gesetzmäßigkeit geworden. Im folgenden Abschnitt will ich zeigen, daß letzteres der Fall ist.

1.2 Enkapsis und Kombinatorik

Mit der Beisteuerung des Systems der Lebewesen erfüllt die Systematik eine wichtige und keinesfalls triviale Aufgabe für die Biologie: Sie ordnet die Mannigfaltigkeit der Lebewesen durch Klassifikation und Benennung so, daß die wissenschaftliche Gemeinschaft der Biologen über historische Zeiträume hinweg die Möglichkeit hat, sich in ihrer Forschung durch Namensnennung eindeutig auf bestimmte Klassen von Lebewesen zu beziehen bzw. bereits erbrachte Forschungsergebnisse den darin genannten Namen nach eindeutig bestimmten Klassen zuzu-

---

[25] LINDROTH (1966a: 77; ähnlich auch STAFLEU 1971: 23-31, MAYR 1982: 173, JAHN & SENGLAUB 1978: 103-122, ERIKSSON 1979, HEYWOOD 1985, LARSON 1994: 32/33). Auf der Grundlage dieser Forschungsergebnisse hat FRÄNGSMYR (1988: 167/168) bezweifelt, daß es Sinn macht, von einer durch Linné ausgelösten, wissenschaftlichen Revolution zu sprechen, ungeachtet der revolutionären Wirkung, die sein Werk offenkundig hatte.

ordnen.[26] In ihrem Selbstverständnis geht die Systematik aber weit über eine Bestimmung ihrer Tätigkeit aus derartigen Ordnungsfunktionen hinaus. Nach der geläufigsten Definition von G. G. Simpson aus dem Jahre 1961 soll ihre Aufgabe nämlich in der „wissenschaftlichen Untersuchung der Sorten sowie der Mannigfaltigkeit der Organismen und sämtlicher [!] Beziehungen unter ihnen" bestehen.[27] Diese Definition scheint zwar auf den ersten Blick eine Definition der Biologie überhaupt zu sein, sie läßt sich aber damit rechtfertigen, daß der Systematik nicht nur eine Ordnungsfunktion für alle übrigen Teildisziplinen der Biologie zukommt, sondern daß ihr aus dieser Ordnungsfunktion auch eine theoretische Funktion für alle übrigen Teildisziplinen der Biologie erwächst. In dem Maße nämlich, in dem sie in ihrer Ordnungsfunktion a l l e n übrigen Teildisziplinen nur e i n System „gültiger" Bezeichnungen für Klassen von Lebewesen stellt, in dem Maße stellt sie diesen auch unmittelbar und zugleich nur e i n Bezugssystem für theoretische Aussagen bereit. Das Resultat ihrer ordnenden Tätigkeit – das System benannter Taxa – muß daher für diejenigen Organismengruppen stehen können, über die sich gesetzesartige Aussagen der Biologie mit Erfolg verallgemeinern lassen, und zwar zu Zwecken der theoretischen Einsicht in die Mannigfaltigkeit des Lebens durch die Biologie insgesamt. Kurz, die von der Systematik bereitgestellten Taxa müssen für die Biologie insgesamt theoretische Relevanz besitzen. Das System der Lebewesen, das diesem Anspruch an theoretischer Relevanz gerecht wird, wird als *Natürliches System* bezeichnet und macht das eigentümliche Erkenntnisziel der Systematik aus. Sich um die Etablierung eines *Natürlichen Systems* in dieser Funktion zu bemühen setzt aber von seiten der Systematik voraus, daß sie den Kenntnisstand der Biologie insgesamt berücksichtigt. Sie trägt so nicht nur Züge einer Teildisziplin der Biologie, sondern auch Züge einer Grundlagendisziplin, welche zur Integration einer Vielzahl

---

[26] Dies sind die Anforderungen, die die Systematik laut den Internationalen Nomenklaturregeln an sich selbst stellt: intersubjektiv eindeutige, über die Zeit stabile und universale (d.h. in allen Teildisziplinen der Biologie anwendbare) Namen für Klassen von Lebewesen bereitzustellen; vgl. MAYR (1969/1977: 280-286.

[27] SIMPSON (1961: 7):

Systematics is the scientific study of the kinds and diversity of organisms and of any and all relationships among them.

An diese Definition lehnen sich bis heute Systematiker unterschiedlichster Schulen an: MAYR (1969/1977: 14), SNEATH & SOKAL (1973: 1), SUDHAUS & REHFELD (1992: 11); eine ähnliche Definition findet sich schon bei HENNIG (1950: 3).

wissenschaftlicher, auf Lebewesen gerichteter Aktivitäten in e i n e Wissenschaft vom Leben beiträgt: Auf der Grundlage der Systematik ist es Biologen aller Teildisziplinen möglich, sich in ihrer Forschungstätigkeit auf ein und dieselben allgemeinen Gegenstände zu beziehen.[28]

Diese theoretische Funktion der Systematik hat Konsequenzen für ihre im vorigen Abschnitt referierte Begrifflichkeit: Die nomenklatorisch erzeugten Subsumptionsbeziehungen erlangen im *Natürlichen System* über ihre formallogische Bedeutung hinaus s p e z i f i s c h b i o l o g i s c h e Bedeutungen, und zwar konkret Bedeutungen im Sinne der Evolutionstheorie. Dies betrifft insbesondere die Bedeutung der Kategorien: Unter Varietäten versteht die Systematik heute nicht bloß den Arten subsumierte Taxa, sondern morphologisch, ökologisch, biogeographisch oder populationsgenetisch distinkte Gruppen von Lebewesen; unter Arten eben nicht bloß den Gattungen subsumierte Taxa, sondern reproduktiv gegenüber anderen Arten isolierte Fortpflanzungsgemeinschaften; und unter Gattungen, Ordnungen und Klassen eben nicht bloß weitere, in bestimmten Subsumptionsbeziehungen zueinander stehende Taxa, sondern geschlossene Abstammungsgemeinschaften, d.h. Gruppen von Arten, welche evolutiv aus einer Stammart hervorgegangen sind. Das *Natürliche System* gilt der Systematik also nicht nur als ein System benannter Klassen, sondern als eine Repräsentation von Abstammungsbeziehungen unter Organismen. Die Systematik wird zur „Phylogenetik", d.h. zu einer Teildisziplin der Biologie, die sich der Rekonstruktion von Stammbäumen widmet (vgl. Abb. 1b). So aber ist die enkaptische Struktur des Systems nicht nur Ordnungszwecken angemessen, sondern eben so sehr diejenige Form, die Abstammungsbeziehungen unter Lebewesen angemessen repräsentiert: Jeder Teil des *Natürlichen Systems* kann sich als ein Schema verstehen lassen, das Abstammungsbeziehungen repräsentiert, und jedes Taxon als Abstammungseinheit.[29] In diesem Sinne ist aber schließlich auch die binominale Nomenklatur als ein

---

[28] In allgemeiner Form wurde diese theoretische Funktion wissenschaftlicher Klassifikationen von John Stuart Mill formuliert. Zu ausführlichen Diskussionen der theoretischen Funktionen des *Natürlichen Systems* für die Biologie s. GILMOUR (1940), HENNIG (1950: 9-35), BECKNER (1959: 58-69), SIMPSON (1961: 23-28) und SUPPE (1974: 225-232). Zur disziplinären Verortung der Systematik vgl. LÖTHER (1972: 44-54). LEFÈVRE (1984: 18) diskutiert einen analogen Doppelcharakter der Evolutionsbiologie als Teil- und Grundlagendisziplin der Biologie.

[29] Vgl. WILEY (1981: 74-76) und SUDHAUS & REHFELD (1992: 11-13).

Instrument zu verstehen, das theoretischen Bedürfnissen der Biologie gerecht wird.

Um darüber hinaus beurteilen zu können, inwieweit die Einführung der binominalen Nomenklatur durch Linné auch theoretische Bedeutung für die moderne Biologie besaß, ist allerdings noch ein Punkt zu klären: Ist nicht eine enkaptische Struktur das Resultat schlechthin jeden Ordnungsversuchs? Trotz des gerade erläuterten, in der heutigen Biologie bestehenden Zusammenhangs zwischen der binominalen Nomenklatur und der theoretischen Annahme, daß die Ordnungsbeziehungen unter Lebewesen im *Natürlichen System* das Resultat von Abstammungsbeziehungen sind, könnte es ja sein, daß ohnehin j e d e r Versuch, in den Gegenstandsbereich einer Wissenschaft eine Ordnungsbedürfnissen entgegenkommende Struktur hineinzutragen, in einem enkaptischen System benannter Klassen resultiert. Und die Festlegung auf diese Struktur durch Linnés Nomenklatur wäre in diesem Falle eben nicht von s p e z i f i s c h e m Erkenntniswert für die Biologie gewesen.

Dem steht allerdings entgegen, daß die biologische Systematik zu reinen Ordnungszwecken selbst Klassifikationssysteme erzeugt, die nicht von enkaptischer, sondern von kombinatorischer Struktur sind. Die Existenz solcher Klassifikationssysteme verdankt sich folgendem Umstand: Bloß zu Zwecken der Diagnose bzw. Identifikation gegebener Organismen kann sich das von der Systematik bereitgestellte *Natürliche System* für Nichtspezialisten als ungeeignet erweisen, weil die Merkmale, die ein jeweiliges Taxon als Einheit des *Natürlichen Systems* auszeichnen, sich oft nur unter Voraussetzung von Spezialkenntnissen, mit viel Übung oder erheblichen apparativem Aufwand diagnostizieren lassen. In diesen Fällen stellt die Systematik neben dem *Natürlichem System* noch Klassifikationssysteme bereit, die ausdrücklich nur diagnostischen Zwecken dienen: sogenannte *Bestimmungsschlüssel*. Gegenstände dieser Systeme sind nach den Nomenklaturregeln benannte Taxa des *Natürlichen Systems*. Klassifiziert werden diese nach einzelnen, leicht erkennbaren Merkmalen, unter denen gewisse logische Beziehungen bestehen: Mehrere Merkmale sind als Merkmalsalternativen einer Merkmalskategorie notwendig subsumiert (in dem Sinne, daß jedem Lebewesen, dem eine der Merkmalsalternativen zuzuschreiben ist, auch die Merkmalskategorie zugeschrieben werden muß), und alle einer Merkmalskategorie subsumierten Merkmalsalternativen schließen sich gegenseitig logisch aus (in dem Sinne, daß zwei oder mehr Merkmalsalternativen nicht gleichzeitig von ein und demselben Subjekt ausgesagt werden können). Die einzelnen zu einer Merkmalskategorie gebildeten

Merkmalsalternativen können dann selbst wieder als Merkmalskategorien fungieren, zu denen dann wiederum Merkmalsalternativen gebildet werden, so daß sich die logischen Beziehungen über mehrere „Einteilungsschritte" fortsetzen können. Im Folgenden bezeichne ich Systeme von Merkmalen, die in derartigen logischen Beziehungen zueinander stehen, als „Merkmalsdichotomien".

Von den logischen Beziehungen unter Klassen von Lebewesen, die durch eine solche Merkmalsdichotomie unterschieden werden, gilt nun folgendes: Jede durch eine einzelne Merkmalsalternative ausgezeichnete Klasse von Lebewesen ist derjenigen Klasse von Lebewesen vollständig subsumiert, die durch die Merkmalskategorie ausgezeichnet ist, und kann keiner derjenigen Klassen angehören, die durch eine der anderen Merkmalsalternativen unter derselben Merkmalskategorie ausgezeichnet sind. Eine einzelne Merkmalsdichotomie erzeugt also ein Klassifikationssystem, das von enkaptischer Struktur ist. Zur Konstruktion eines Bestimmungsschlüssel werden aber in der folgenden, an einem vereinfachten Beispiel illustrierten Weise meistens mehrere Merkmalsdichotomien kombiniert: Nehmen wir an, daß die Arten *Ursus arctos* (Braunbär) und *Ursus maritimus* (Eisbär) im *Natürlichen System* durch Merkmale unterschieden sind, die der Nichtspezialist nur schwer diagnostizieren kann. Um nun ein diagnostisches Hilfsmittel zu liefern, läßt sich mit Hilfe von Merkmalsdichotomien der folgende Bestimmungsschlüssel konzipieren: Zu der Merkmalskategorie „Gestalt" wird die Merkmalsalternative „bärenartig" – „nicht-bärenartig" gebildet (jedes Tier ist seiner Gestalt nach entweder bärenartig oder nicht-bärenartig) und der Anwender des Bestimmungsschlüssels aufgefordert, zu entscheiden, ob es sich bei dem gegebenen Tier seiner Gestalt nach um ein bärenartiges oder ein nicht-bärenartiges handelt. In einem zweiten Schritt wird zu der Merkmalskategorie „Farbe" die Merkmalsalternative „weiß" – „braun" – „von einer anderen Farbe als weiß oder braun" gebildet (jedes Tier ist seiner Farbe nach entweder weiß oder braun oder von einer anderen Farbe) und wieder die entsprechende Entscheidung verlangt. Unter der Voraussetzung, daß es nur eine Art weißer und bärenartiger Tiere (nämlich *Ursus maritimus*) und nur eine Art brauner und bärenartiger Tiere (nämlich *Ursus arctos*) gibt, führt dieses Verfahren notwendig zu einer eindeutigen Entscheidung über die Zugehörigkeit eines gegebenen Organismus zu einer dieser beiden Arten: Es muß sich den verwendeten Merkmalen nach e n t w e d e r um einen Vertreter der Art *Ursus arctos* o d e r um einen Vertreter der Art *Ursus maritimus* o d e r um einen

Vertreter keiner dieser beiden Arten handeln (etwa um ein „weißes und nicht-bärenartiges Tier" wie den Polarfuchs).

Wie schon angedeutet läßt sich ein solcher, zu diagnostischen Zwekken entworfener Bestimmungsschlüssel als ein System von Klassen von Lebewesen verstehen, welche jeweils durch die in den Merkmalsdichotomien auftretenden Merkmale ausgezeichnet sind. Aber das gewählte Beispiel zeigt, daß ein solches Klassifikationssystem zu dem ansonsten von der Systematik bereitgestelltem *Natürlichen System* einen entscheidenden, strukturellen Unterschied aufweist: Der Bestimmungsschlüssel muß n i c h t in einem System von enkaptischer Struktur resultieren. So gehört etwa die in unserem Beispiel auftretende Klasse „weißer, bärenartiger Tiere" sowohl der Klasse der „weißen" Tiere als auch der Klasse der „bärenartigen Tiere" an, aber o h n e daß eine dieser Klassen der anderen vollständig subsumiert wäre. Das resultierende System von Klassen ist kombinatorischer Struktur (vgl. Abb. 2a). Der Grund hierfür ist, daß es bei der Konstruktion von Bestimmungsschlüsseln allein auf die Etablierung logischer Identitäts- und Auschlußbeziehungen ankommt. Kombiniert man zu diesem Zweck Merkmalskategorien, die logisch voneinander unabhängig sind, insofern sie nicht in analytischer Beziehung zueinander stehen – und dies steht grundsätzlich frei, ohne daß der resultierende Bestimmungsschlüssel etwa an Eindeutigkeit verlöre oder gar Widersprüche beinhaltete – so bestehen in dem Bestimmungsschlüssel nicht mehr in jedem Fall Beziehungen der vollständigen Inklusion: Eine bestimmte Gestalt impliziert eben nicht notwendig eine bestimmte Farbe, ebensowenig wie eine bestimmte Farbe eine bestimmte Gestalt ausschließt (vgl. Abb. 2b). Anders im enkaptischen *Natürlichen System*: Die hier eingehenden Ordnungsbeziehungen sind eben nicht nur von logischer, sondern darüber hinaus auch von genauer phylogenetischer Bedeutung. So beinhaltet die Behauptung, daß Wale Wassertiere und Lebendgebärende sind – oder daß sie ovipare und aquatische Organismen sind, um Ausdrücke zu verwenden, die die moderne Biologie in durchaus klassifikatorischer Absicht bereitstellt – zwar keinesfalls einen Widerspruch. Phylogenetisch verstanden wäre dieselbe Aussage allerdings widersprüchlich: sie würde behaupten, daß eine Abstammungsgemeinschaft zwei Abstammungsgeschichten hinter sich hat.[30]

---

[30] Zur Konstruktion von Bestimmungsschlüsseln und den formalen Unterschieden zwischen diesen und dem *Natürlichen System* in der Biologie vgl. SIMPSON (1961:

Die Festlegung des *Natürlichen Systems* auf eine enkaptische Struktur ist also nicht in seiner reinen Ordnungsfunktion begründet, ja diese Festlegung führt sogar zum Verlust von Freiheiten, welche dieser Funktion dienlich wären. Die erstmalige Einführung und Anwendung der binominalen Nomenklatur ist damit – unabhängig von ihrer tatsächlichen historischen Motivation und Begründung – für die Biologie nicht bloß eine technische Errungenschaft zur Befriedigung ihres Ordnungsbedürfnisses gewesen, sondern legte im geschriebenen System zugleich eine Ordnungsstruktur offen, die in einem inneren Verhältnis zu theoretischen Überzeugungen der modernen Biologie steht: Seit ihrer Durchsetzung führt die Linnésche Nomenklatur den Wissenschaften vom Leben die spezifische, eben enkaptische Ordnungsstruktur des *Natürlichen Systems* in geschriebenen Systemen vor Augen, und mit jeder Anwendung stellt sich seitdem die nur theoretisch zu beantwortende Frage nach ihrer Angemessenheit. Anders gesagt: A l s Ausdruck einer (durchaus problematischen) Gesetzmäßigkeit und f ü r die Wissenschaften vom Leben existiert das *Natürliche System* erst seit Einführung des Linnéschen Nomenklaturverfahrens. Mit der „Erfindung" der

---

11-16); zur biologischen Bedeutungslosigkeit diagnostischer Merkmalsbeziehungen vgl. SUDHAUS & REHFELD (1992: 127/128) und WILEY (1981: 381-383).

Man könnte der Meinung sein, das theoretisch relevante Klassifikationssysteme im Unterschied zu diagnostisch relevanten immer von enkaptischer Struktur sein müssen. Dies scheint z. B. BUCHWALD (1992: 41/42) zu meinen, wenn er schreibt:

Scientific practice (at least) is characterized by the seperation of whatever scientists [..] investigate into special groups of scientific kinds [..]. The kinds that form such a scientific group differ from categories in general in (at least) one important respect: namely, that kinds can completely contain other kinds, but partial overlap is forbidden. [..N]othing which is embraced by a given class within a particular group of scientific kinds can be both an a-thing and a b-thing, where a and b are group kinds, unless all a-things are b-things or vice versa.

Um diese Behauptung nur ein einfaches Gegenbeispiel entgegenzuhalten: Selbstverständlich kann Salz eine Natriumverbindung und ein Chlorid sein, ohne das alle Natriumverbindungen Chloride oder *vice versa* sind – und dennoch handelt es sich bei diesen Klassen um Bestandteile einer durchaus wissenschaftlichen Klassifikation. Das strukturelle Kriterium, daß Buchwald anführt, um daran eine Rekonstruktion der Debatte um Klassifikationen des Lichts nach seinen Polarisationseigenschaften im 19. Jahrhundert anzuschließen, reicht zu diesem Zweck nicht hin. Um Anlaß zu Debatten geben zu können, muß die gleichzeitige Prädikation zweier Begriffe einen Widerspruch beinhalten – und dies ist auch bei wissenschaftlichen Begriffen keineswegs immer, sondern nur unter bestimmten theoretischen Voraussetzungen der Fall. In der Tat handelte es sich um eine Debatte um die Welle- bzw. Teilchennatur des Lichts.

binominalen Nomenklatur war zugleich eine biologische Gesetzmäßigkeit „entdeckt".[31]

1.3 Ein epistemischer Bruch

Es wird in dieser Untersuchung nicht um die historische Genese der Linnéschen Nomenklatur gehen, sondern um die Genese der begrifflichen Struktur, auf die sich dieses Benennungsverfahren bezog. Der im Vorangehenden exponierte formale Zusammenhang von binominaler Nomenklatur und der Annahme eines enkaptisch strukturierten *Natürlichen Systems* sollte bei der Bewertung von Linnés Stellung in der inneren Geschichte der Biologie über eine Schwierigkeit hinweg helfen, die die bisherige Literatur belastet hat. Häufig ist Linné nämlich mit einer weiteren fundamentalen Innovation für die moderne Biologie in Verbindung gebracht worden: Er sei es gewesen, der erstmalig das *Natürliche System* als eines der Erkenntnisziele der Biologie bestimmt und von anderen möglichen, aber als „künstlich" bewerteten Klassifikationssystemen der Lebewesen klar unterschieden habe.[32] Die Schwierigkeit besteht nun darin, daß der Begriff „Natürliches System" gerade wegen seiner theoretischen Funktion ebenso vielfältige Bedeutungsverschiebungen erfahren hat, wie die Begrifflichkeit der Wissenschaften vom Leben insgesamt.[33] Vor diesem Hintergrund überrascht es nicht, wenn Biologiehistoriographen feststellen müssen, daß Linné dem *Natürlichen System* nicht dieselbe Bedeutung beilegte, wie die Biologie heute, und seine Unterscheidung desselben von *künstlichen* Systemen in diesem Sinne auch keine wirkliche Innovation für die moderne Biologie war.[34] Was aber kann dann (wenn nicht die bloße terminologische Äquivalenz)

---

[31] Zum inneren Zusammenhang zwischen binominaler Nomenklatur und der theoretischen Einsicht in die Spezifik der unter Lebewesen bestehenden Ordnungsbeziehungen vgl. die Bemerkungen in SIMPSON (1961: 27) und GRUNER (1980: 30).

[32] Diese Leistung wurde ihm bereits von JUSSIEU *Gen. plant.* (1789: xxvi) und CANDOLLE *Theor. elem. bot.* (1819: 52) zugeschrieben; ähnlich WHEWELL (1857: 267/268), AGARDH (1885: 17/18), SACHS (1875: 8/9 & 98/99), LINDMANN (1907: 53-55), CASSIRER (1957/1973, vol. IV: 136), BREMEKAMP (1956: 47), CALLOT (1965: 403), LÖTHER (1972: 90-96), JAHN & SENGLAUB (1978: 52-54).

[33] Vgl. RHEINBERGER (1986: 238), der dasselbe in Bezug auf den für die Systematik fundamentalen Begriff der „organismischen Ähnlichkeit" festhält.

[34] Festgestellt haben dies SACHS (1875: 113-115), CAIN (1958: 162), JAHN & SENGLAUB (1978: 53/54), und MAYR (1982: 199/200). Selbstverständlich handelt es sich um etwas, das festzustellen wert ist.

dazu berechtigen, diese Unterscheidung Linnés in der Retr(fundamentale Innovation zu bezeichnen?

Das *Natürliche System* war in diesem Kapitel in drei F aufgetaucht: Zum ersten in einer strukturellen Bestimmung, System benannter Klassen von Lebewesen, das in ganz spezifischer Weise, nämlich enkaptisch, strukturiert ist; zum zweiten in einer funktionalen Bestimmung, als dasjenige System der Lebewesen, auf das sich Biologen aller Teildisziplinen in ihren Forschungstätigkeiten beziehen können; und zum dritten in einer semantischen Bestimmung, als dasjenige System, welches Abstammungsbeziehungen unter Lebewesen repräsentiert. Die ersten dieser beiden Bestimmungen allein und ihr wechselseitiger Zusammenhang sind es nun, in deren Sinne sich Linnés Unterscheidung eines *Natürlichen Systems* gegenüber anderen, „künstlichen" Systemen durchaus als eine fundamentale Innovation für die moderne Biologie verstehen läßt, ohne dem Untersuchungsgegenstand von vornherein die moderne, evolutionsbiologische Bedeutung des *Natürlichen Systems* beilegen zu müssen: Es ist hinlänglich bekannt und untersucht, mit welcher Geschwindigkeit sich Linnés Nomenklaturverfahren durchsetzte, so daß noch zu seinen Lebzeiten eine Situation eintrat, in der einerseits keine Publikation zu Lebewesen als genuiner Beitrag zur Naturgeschichte gelten konnte, wenn er sich nicht der Linnéschen Nomenklatur bediente, und in der sich andrerseits nahezu jeder – unter Voraussetzung einer leicht zu bewältigenden Vorbildung im nomenklatorischen, klassifikatorischen und deskriptiven Begriffs- und Regelinventar der Linnéschen Naturgeschichte – mit eigenen, partikulären Beiträgen durch Bezug auf diese Namen an die Naturgeschichte anschließen konnte.[35] Es bildete sich so ein weites Feld

---

[35] STEARN (1957: 3), spricht von einer Durchsetzung „within twenty-five years". Einen quantitativen Eindruck von Ausmaß und Geschwindigkeit dieses Prozesses liefert die umfangreiche Bibliographie von Soulsby, die Linnés eigene Werke zusammenstellt, aber auch naturhistorische Publikationen, die in expliziter Anlehnung an seine Methode im 18. und frühen 19. Jahrhundert entstanden: Für das systematische Hauptwerk Linnés, das *Systema naturae*, listet Soulsby von 1735 bis 1838 nicht weniger als 92 vollständige und teilweise Wiederauflagen auf. Linnés Regelwerk zur Nomenklatur und Systematik, die *Fundamenta botanica*, erfuhren ebenfalls bis Anfang des 19. Jahrhundert zahlreiche Neuauflagen, Übersetzungen und freie Übertragungen (SOULSBY 1933: passim). Einen Überblick zur Rezeption und Popularisierung der Linnéschen Naturgeschichte im 18. Jahrhundert liefert STAFLEU (1971); speziell zur Rezeption in England s. GREENE (1914: 229-276), und STEARN (1957: 75-80), zu der in Frankreich DURIS (1995),

naturhistorischer Forschungsaktivitäten, das in seinen Forschungsergebnissen zumindest in einem Sinne Voraussetzungscharakter für die Etablierung der modernen Wissenschaftsdisziplin „Biologie" besaß: in dem Sinne nämlich, daß sich diese Forschungsergebnisse schon auf einen Gegenstandsbereich bezogen, dem durch die binominale Nomenklatur diejenige klassifikatorische Struktur gegeben war, die auch heute noch im *Natürlichen System* vorherrscht. Man kann diese Auffassung von Linnés Stellung in der inneren Geschichte der Biologie folgendermaßen pointieren: Durch Linnés Innovationen auf dem Gebiet der Systematik und ihrer Übernahme durch die Naturgeschichte des 18. Jahrhunderts konnten sich die allgemeinen Gegenstände der Biologie in einem Netz wechselseitiger Ordnungsbeziehungen so verfestigen, daß Charles Darwin ein gutes Jahrhundert später nach der „Entstehung der Arten" fragte – und nicht etwa nach der „Entstehung der Lebewesen" oder „des Lebendigen".[36]

Versteht man Linnés Stellung in der inneren Geschichte der Biologie in diesem Sinne, so stellt sich der durch ihn ausgelöste Wandel aus der Perspektive einer äußeren Wissenschaftsgeschichtsschreibung aber gerade als einer der paradoxen Brüche dar, die für die Geschichte der Wissenschaften so charakteristisch sind. Mit der binominalen Nomenklatur war, wie gesehen, die nomenklatorische und klassifikatorische Form gefunden, die es der Biologie heute gestattet, theoretisch relevante Ordnungsbeziehungen unter Organismen zu repräsentieren. Aber zunächst auch nur diese Form – nicht dagegen schon die begrifflichen Bestimmungen, welche diese Ordnungsbeziehungen später als adäquate Repräsentation eines objektiv bestehenden Ordnungszusammenhanges unter Lebewesen erscheinen lassen sollten.[37] Mit diesem Wandel war

---

speziell zur Entomologie WINSOR (1976: 57-67), zur „Primatologie" SLOAN (1995: 120-126).

[36] Ähnlich hat DROUIN (1989: 327-329), Linnés Leistungen im Vorlauf zu Darwins Theorie beurteilt. Darwin selbst thematisiert die enkaptische Struktur des „Natürlichen Systems" als eine der Voraussetzungen seiner Evolutionstheorie, und zwar unter explizitem Bezug auf Linné (DARWIN *Orig. spec.* 1859/o.J.: 318-320; s. das diesem Teil vorangestellte Motto).

[37] Vgl. LEFÈVRE (1984: 200/201). Wie Lefèvre (a.a.O. 210-218) so arbeitet auch LARSON (1994: 28-60; in Anlehnung an DAUDIN 1926a, vol. 2: 239-275), die vor diesem Hintergrund erstaunliche Tatsache heraus, daß erst mit der Wende zum 19. Jahrhundert – also ein gutes halbes Jahrhundert n a c h Einführung und Durchsetzung der binominalen Nomenklatur – die Voraussetzungen geschaffen waren, unter denen Naturhistoriker die enkaptische Struktur des Systems der

Linnés Stellung in der inneren Geschichte der Biologie

auch, wie gesehen, ein Instrumentarium gefunden, das es der Biologie heute erlaubt, sich als einheitliche Wissenschaft auf einen spezifisch strukturierten Gegenstandsbereich zu beziehen. Aber zunächst auch bloß dieses Instrumentarium – nicht dagegen schon „die Biologie" als eine den Lebenserscheinungen gewidmete Forschungsdisziplin, welche nach derzeitigem Kenntnisstand erst seit der ersten Hälfte des 19. Jahrhunderts Bestand hat.[38] So sehr die binominale Nomenklatur eine der begrifflichen Voraussetzungen der modernen Biologie schuf, so sehr scheint sie ihre wirkliche Begründung auch nur im Kontext der modernen Biologie zu finden. Wenn unter diesen Umständen die binominale Nomenklatur aber auch nicht – wie in diesem Kapitel deutlich geworden sein sollte – aus reinen Ordnungsbedürfnissen zu motivieren ist, so ist die plötzliche und durchgreifende Festlegung der Botanik des 18. Jahrhunderts auf das von Linné bereitgestellte nomenklatorische Inventar ein Rätsel. Es stellt sich die Frage, was im Kontext der Linnéschen Naturgeschichte die historischen Bedingungen ausmachte, unter denen ein *Natürliches System* von ganz bestimmter, nämlich enkaptischer Struktur als adäquates Abbild der Mannigfaltigkeit der Lebewesen erscheinen konnte.

Lebewesen als die allgemeine Form des *Natürlichen System* der Lebewesen akzeptierte.

[38] Daß vor Ende des 18. Jahrhunderts von einer in Erkenntnisinteresse und Methode auf „den Organismus" gerichteten „Biologie" noch nicht die Rede sein kann, ist eine der meist beachteten biolligiegeschichtlichen Thesen in Foucaults „Les mots et les choses" gewesen (s. FOUCAULT 1966: 137-158; vgl. JACOB 1970: 95-100). Es hat seit dieser Publikation verschiedene Versuche gegeben, die Entstehung der Biologie näher einzugrenzen (zusammenfassende Überblicke dazu und eigene Antworten haben in den letzten Jahren CARON 1988 und LARSON 1994 geliefert). So sehr sich Foucaults These auch inhaltlich kritisieren läßt – etwa die darin eingehenden, zentralen Behauptungen, daß „im 18. Jahrhundert die Naturgeschichte sich nicht als Biologie konstituieren konnte", da „bis zum Ende des 18. Jahrhundert das Leben selbst nicht existierte" (FOUCAULT 1966: 173), und daß schon mit der vergleichenden Anatomie Cuviers zu Beginn des 19. Jahrhunderts die Biologie als Wissenschaft des „Organismus" auf den Plan trat (a.a.O.: 150) – sie hat doch das Verdienst, darauf aufmerksam gemacht zu haben, daß in einer historischen Epistemologie der Wissenschaften vom Leben nicht jeder wissenschaftlichen Beschäftigung mit Lebewesen in der Vergangenheit schon die der modernen Biologie eigentümlichen Erkenntnisinteressen und -verfahren unterstellt werden dürfen (cf. PRATT 1985). In diesem Sinne hat schon CASSIRER (1957/1973, vol. 4: 127/128) festgehalten, daß vor Kant „Physik entweder auf die Biologie oder diese auf jene gegründet wurde", von Biologie im Sinne einer Einzelwissenschaft also nicht die Rede sein konnte.

Bevor sich ein Weg zur Beantwortung dieser Frage eröffnen läßt, wird es nötig sein, auf die Antworten einzugehen, die die bisherige Forschung auf diese Frage geliefert hat. Die prominenteste und nahezu allein dastehende Antwort wird sich dabei als unzureichend herausstellen: Sie sieht die Festlegung auf ein *Natürliches System* von enkaptischer Struktur in einem Ensemble von Überzeugungen und Praktiken begründet, das die Botanik schon vor Linné zu einem einheitlich und kumulativ fortschreitenden Unternehmen zusammengeführt hatte. Wie das folgende Kapitel zeigen soll, ist es jedoch gerade diese Tradition, mit der Linné bei seinen Bemühungen um ein *Natürliches System* der Pflanzen brach.

2. KAPITEL
LINNÉS NATÜRLICHES SYSTEM – EINE RICHTIGSTELLUNG

2.1 Eine unzureichende Erklärung

Einer Antwort auf die Frage nach den historischen Bedingungen, die im 18. Jahrhundert zur Festlegung auf ein enkaptisches System der Lebewesen führten, begegnet man in nahezu jeder Biologiegeschichte, soweit sie diese Frage überhaupt streift: Es sei ein zu dieser Zeit dringendes Bedürfnis gewesen, Organismen in einem System wohldefinierter und eindeutig benannter Arten und Gattungen ordnend zu erfassen. Denn hatten es Antike und Mittelalter noch mit einigen hundert bekannten Arten von Tieren und Pflanzen zu tun gehabt, so brach mit der Entdeckung der neuen Welt im Laufe des 16. und 17. Jahrhundert eine Flut von Informationen zu zahllosen, exotischen Lebewesen über Europa herein. Diese Flut resultierte in einem nomenklatorischen und klassifikatorischen Chaos, da verschiedene Verfasser dieselben Pflanzen mit verschiedenen Namen belegten bzw. unterschiedlich klassifizierten. Erst Linné sei es gelungen, mit seinem System eindeutig benannter Arten und Gattungen für eine vernünftige Ordnung zu sorgen.

Damit diese Erklärung standhält, muß qualifiziert werden, in welcher Beziehung „Chaos" geherrscht und warum dieses notwendig als ein Mangel empfunden worden sein soll. Der Bezug dürfte nach dem vorangegangenen Kapitel klar sein: „Chaos" soll offenbar insofern geherrscht haben, als Pflanzen und Tiere eben nicht zu einem einheitlichen, enkaptischen System bestimmter Arten und Gattungen von Lebewesen klassifiziert und diese Arten und Gattungen mit eindeutigen Namen belegt wurden.[39] Unmöglich wird es allerdings zu begründen, warum dieses „Chaos" allein in Folge eines quantitativen Anwachsens der empirischen Information über Lebewesen als ein Mangel verspürt

---

[39] Zu Darstellungen dieser Verhältnisse s. LINDMANN (1907) und LÖNNBERG & AURIVILIUS (1907).

worden sein soll. Denn wie im vorangehenden Kapitel gezeigt, besteht keine Notwendigkeit, die Mannigfaltigkeit der Lebewesen ausgerechnet so zu klassifizieren und zu benennen, wie dies die Systematik seit Linné tut. Ein noch so gewaltiges Ausmaß empirischer Informationen über Lebewesen kann daran nichts ändern, denn die schiere M e n g e an Informationen zu einer Mannigfaltigkeit liefert noch keine hinreichenden Anhaltspunkte dafür, welche spezifische F o r m der Repräsentation dieser Mannigfaltigkeit im System zu geben ist. Das dem 16., 17. und 18. Jahrhundert gewöhnlich pauschal unterstellte Bedürfnis, die anwachsende Menge empirischer Informationen über Lebewesen ausgerechnet in Form eines enkaptischen Systems zu verarbeiten, muß daher – wenn die genannte Erklärung standhalten soll – von der theoretischen Überzeugung motiviert gewesen sein, daß die Ordnungsbeziehungen unter Lebewesen von eben dieser Form sind.[40]

2.2 Linné als Aristoteliker

Bei den Schwächen der gerade dargestellten Erklärung nimmt es nicht Wunder, daß die vorliegende Literatur zu Linné gewöhnlich schnell dazu übergeht, nach zusätzlichen, vorzugsweise theoretischen Gründen

---

[40] Vor allem zwei wichtige Arbeiten haben versucht, aus dieser Erklärung systematisch Gewinn zu schlagen. LEPENIES (1978) hat einen im Lauf des 17. und 18. Jahrhundert angestiegenen „Erfahrungsdruck" für die Entstehung und schließliche Verzeitlichung enkaptischer Ordnungsvorstellungen der Naturgeschichte verantwortlich gemacht. Man kann sich nicht genug darüber wundern, warum ein bloß quantitativ charakterisierter „Erfahrungsdruck" (a.a.O.: 16/17) ausschließlich in Richtung auf enkaptische Klassifikationssysteme gewirkt und sich schließlich sogar in ihrer Verzeitlichung entladen haben soll (die Chemie kennt vermutlich mehr Stoffarten als die Biologie Arten von Lebewesen, sieht sich aber weder zu enkaptischen Ordnungsvorstellungen noch zu einer Verzeitlichung derselben gezwungen; vgl. die Kritik an Lepenies in LEFÈVRE 1984: 216). BÖHME & VAN DEN DAELE (1977: 206-214) haben Linnés Bemühungen um ein System der Lebewesen als Bestandteil eines vorparadigmatischen, methodischen Empirismus gedeutet, wie er mit der „experimental philosophy" des 17. Jahrhunderts Programm wurde: Linné sei es im Rahmen dieses Programms um eine „Systematik" gegangen, „mit der die Vielfalt des empirischen Materials vollständig aufgeschlossen werden kann". Dieses Bemühen erklären die Autoren aber allein aus der „Notwendigkeit, Übersicht über eine wachsende Fülle einzelnen Wissens zu behalten". Gerade das von ihnen als analoger Fall angeführte Periodensystem der Chemie zeigt aber, daß Ordnungsstrukturen von enkaptischer Struktur nicht das Resultat eines solchen Programms sein müssen. PRATT (1985) liefert eine allgemeine Kritik an Auffassungen, nach denen Linnés Systematik als vorbereitende Tätigkeit im Rahmen eines baconischen Forschungsprogramms anzusehen ist.

Linnés Natürliches System 47

für seine Festlegung auf ein System von enkaptischer Struktur zu suchen. Als vorläufig abschließender Versuch in dieser Richtung kann nach wie vor eine Arbeit von James L. Larson aus dem Jahre 1971 mit dem Titel „Reason and Experience. The Representation of Natural Order in the Work of Carl von Linné" gelten[41].

Larson beschränkt sich in seiner Untersuchung auf die Botanik Linnés und versucht nachzuweisen, daß die in ihr stattfindende Festlegung auf ein enkaptisches System von Klassen, Ordnungen, Gattungen, Arten und Varietäten der Pflanzen das Resultat einer auf das 16. Jahrhundert zurückreichenden, „aristotelisch" geprägten Tradition der Naturgeschichte war. Das klassifikatorische Bemühen dieser Tradition soll grundsätzlich zwei Momente umfaßt haben:

- Einerseits ein t h e o r e t i s c h e s , bei dem es darum gegangen sei, Pflanzen nach intuitiv wahrgenommenen, ihre Gesamtgestalt betreffenden Ähnlichkeitsbeziehungen ("affinities"; ich werde im Folgenden von „Gestaltähnlichkeiten" reden) zu gruppieren. Dabei sei die „aristotelische Vorstellung" leitend gewesen, daß Naturkörper eine kontinuierliche Stufenfolge (*scala naturae*) bilden, eine „Serie, in der natürliche Formen durch vielfältige Verwandtschaften in einer kontinuierlichen Abfolge verknüpft sind (a series linking natural forms by multiple affinities in a continuous sequence)", und zwar in einer hierarchischen Abfolge von einfachen zu komplexen Naturkörpern.[42]

---

[41] LARSON (1971: 1-5) bezieht sich seinerseits auf klassische Arbeiten zur Geschichte der Systematik im Allgemeinen und zu Linné im Besonderen, nämlich SACHS (1875: 84-115), LINDMANN (1907), CASSIRER (1957/1973: vol. 4: 127-144), DAUDIN (1926b), MALMESTRÖM (1926), SVENSSON (1945), STEARN (1957) und CAIN (1958). Seiner Darstellung ist meines Wissens bisher nicht widersprochen worden und die einzige Monographie zu Linnés Klassifikationstheorie geblieben. Spätere wichtige Beiträge zur Linné-Forschung, stützen sich uneingeschränkt auf Larsons Publikation (wie etwa BROBERG 1975: 9, MAYR 1982: 173 n.15, und STEMMERDING 1991: 53) oder decken sich inhaltlich weitgehend mit Larsons Auffassungen (wie STAFLEU 1971 und HEYWOOD 1985). Letzteres gilt auch für LINDROTH (1966a) und GUYÉNOT (1941), Arbeiten, die Larson in seiner Publikation nicht berücksichtigt. Die in diesem Kapitel erfolgende Kritik orientiert sich daher an Larsons besonders prägnanten Thesen, gilt aber Auffassungen, die allgemein verbreitet und erstaunlich unkontrovers geblieben sind.

[42] LARSON (1971: 8-42). Hinter der Behauptung, daß es mit Klassifikationen um die Reproduktion intuitiv wahrgenommener Ordnungsbeziehungen unter Pflanzen ging, verbirgt sich ein epistemologisches Problem: Was berechtigt zu der Annahme, daß die intuitive Wahrnehmung von Gestaltähnlichkeiten überhaupt zu intersubjektiv vergleichbaren und historisch stabilen Resultaten führte? Für die

- Andrerseits ein p r a g m a t i s c h e s , bei dem es darum gegangen sei, Pflanzen so zu klassifizieren, daß jede Pflanze eindeutig und leicht nachvollziehbar als Pflanze einer bestimmten Gattung oder Art identifiziert werden konnte, wozu das ebenfalls aus der aristotelischen Tradition stammende Verfahren der D i h a i r e s e übernommen worden sei. Ziel dieses Verfahrens sei es gewesen, Klassifikationssysteme so zu erstellen, daß die darin klassifizierten Gegenstände durch einzelne, sich gegenseitig ausschließende Merkmale (*differentiae*) eindeutig voneinander unterschieden bzw. durch einzelne Merkmale (*nota communes*) eindeutig miteinander identifiziert wurden. Unter Verwendung derartiger Merkmale wurde dann so definiert, daß in dem resultierenden System von Klassenbegriffen allgemein jeder durch *nota communes* bestimmte Oberbegriff (*genus*) durch Zuschreibung von *differentiae* in Unterbegriffe (*species*) unterteilt war. Die *differentiae* jedes sukzessiven Einteilungsschrittes eines *genus* in seine *species* sollten dabei nicht beziehungslos aufeinander folgen, sondern als Unterschiede zu einer zum Einteilungsgrund (*fundamentum divisionis*) gewählten Merkmalskategorie. So konnte jedem Element des Gegenstandsbereichs in einer Hierarchie von Klassenbegriffen ein Ort zugewiesen werden, der sich mit Nennung des jeweiligen Oberbegriffs und des spezfizierenden Merkmalsunterschiedes eindeutig bestimmen ließ (*definitio per genus et differentiam*).[43]

Wie leicht zu sehen ist, gleichen die nach diesem Verfahren gebildeten Begriffshierarchien den Merkmalsdichotomien, welche bei der Konstruktion von Bestimmungsschlüsseln auch noch in der modernen Biologie

---

Berechtigung dieser Annahme können zahlreiche neuere ethnobotanische und -zoologische Arbeiten sprechen, die im interkulturellen Vergleich weitreichende Übereinstimmungen in der Struktur alltagssprachlicher Klassifikationen von Pflanzen und Tieren aufdecken konnten (s. ATRAN 1990 und BERLIN 1992), und zwar bis hin zu Übereinstimmungen mit modernen Taxonomien (zu solchen Übereinstimmungen in Bezug auf die von Linné vorgeschlagenen *natürlichen Ordnungen* der Pflanzen s. CAIN 1995). Für meine Untersuchung erübrigt sich eine Diskussion des genannten Problems, denn mir wird es um die Prozesse gehen, in denen die Klassifikation von Lebewesen innerhalb eines kulturell und zeitlich eng umgrenzten Raums eine bestimmte b e g r i f f l i c h e Form annahm, welche sich strukturell keinesfalls mit den Anschauungsformen decken muß, die ein gleichzeitiger, wie auch immer gearteter intuitiver Prozeß liefert. Auf die Rolle, die Linné selbst der Intuition zuschrieb, werde ich in Kap. 9 zurückkommen.

[43] LARSON (1971: 8-33). Larson liefert nicht selbst eine weitere Beschreibung des Verfahrens der Dihairese, sondern setzt seinen Erörterungen die klassische Beschreibung desselben von DAUDIN (1926b: 6-19) voraus (vgl. LARSON 1971: 22).

Verwendung finden (vgl. Abschnitt 1.2). Aber anders als bei diesem Konstruktionsverfahren, blieb nach Larson das Verfahren der Dihairese in der pflanzlichen Naturgeschichte des 16. und 17. Jahrhundert nicht allein auf die Aufgabe beschränkt, Zwecke der eindeutigen Diagnose und Identifikation zu erfüllen. Es galt gleichzeitig als dasjenige Verfahren, mit dessen Hilfe sich die durch Gestaltähnlichkeit zusammengeschlossenen, pflanzlichen Einheiten der *scala naturae* zur Darstellung bringen ließen. Auf Grund der Vielfalt möglicher Merkmalsdichotomien in Bezug auf Pflanzen bedurfte das Verfahren der Dihairese dazu jedoch eines zusätzlichen Kriteriums, das eine Selektion der zum *fundamentum divisionis* zu wählenden Merkmalskategorien erlaubte. Ein solches Kriterium habe Andrea Caesalpinus (1519-1603) auf der Grundlage naturphilosophischer und erkenntnistheoretischer Überlegungen geliefert: Als wesentliche und zum Einteilungsgrund zu erhebende Merkmalskategorien hätten Eigenschaften bestimmter Pflanzenorgane zu gelten, nämlich Eigenschaften der Organe, welche von der größten Bedeutung für die Gewährleistung derjenigen Aktivitäten sind, durch welche sich Pflanzen realisieren ("Caesalpinus' Regel"). Für Caesalpinus habe dies etwa bedeutet, zunächst Unterschiede zur Klassifikation der Pflanzen heranzuziehen, die Eigenschaften des Stammes betreffen (da ihm dieser als wesentlich für die Gewährleistung der Ernährungfunktion galt, durch die sich Pflanzen dem Individuum nach realisieren) und dann Unterschiede, die Eigenschaften der Frucht betreffen (da ihm diese als wesentlich für die Gewährleistung der Fortpflanzungsfunktion galt, durch welche sich Pflanzen der Art nach realisieren). Das dihairetische Vorgehen nach dieser Maßgabe habe zweierlei gewährleisten können: Zum einen standen die resultierenden Klassenbegriffe in den logischen Beziehungen einer Begriffshierarchie zueinander, in der sich jede Pflanze eindeutig der Gattung und Art nach identifizieren bzw. von anderen Pflanzen unterscheiden ließ. Und zum anderen waren in den Definitionen *per genus et differentiam* Merkmalsunterschiede derjenigen Organe aufgehoben, welche die wesentlichen Pflanzenorgane betrafen, durch die sich Pflanzen auf der *scala naturae* realisierten.[44]

---

[44] A. a. O.: 21-30. Mit der Formulierung „Caesalpinus' Regel" lehne ich mich an DAUDIN (1926b: 25/26) an. Im Anschluß an Daudin und im expliziten Gegensatz zu SACHS (1875) und vor allem MAYR (1968; vgl. MAYR 1982: 147/148) versteht Larson das Gruppieren nach Gestaltähnlichkeiten und die Dihairese nicht als Verfahren, die einander im Sinne eines empirisch-induktiven und eines apriorischdeduktiven Verfahrens entgegengesetzt sind, sondern als Momente ein und desselben Bemühens der pflanzliche Naturgeschichte des 16. und 17. Jahrhundert,

Vor dem Hintergrund der so ausgemachten Tradition macht Larson sich nun an den Nachweis der konstitutiven Rolle, die diese für Linnés Botanik gespielt haben soll. Wie schon für die Naturhistoriker vor ihm weist er auch für Linné nach, daß es ihm in seinem klassifikatorischen Bemühen darum gegangen sei, intuitiv wahrgenommene Gestaltähnlichkeiten unter Pflanzen zu erfassen[45], und daß er sich zu diesem Zweck eines dihairetischen Verfahrens bediente, wobei er in Anlehnung an Caesalpinus' Regel den Fortpflanzungsapparat der Pflanzen (Blüte und Frucht) zum Einteilungsgrund erhob. Auf den unteren kategorialen Ebenen seines Systems sei er damit auch erfolgreich gewesen: Hier sei es ihm gelungen, Merkmale des Fortpflanzungsapparates jeweils so zu Definitionen zusammenzustellen, daß durch letztere nur Pflanzen gekennzeichnet waren, die ihm auch als gestaltähnlich galten. Als „natürlich" konnten ihm die Gattungen und Arten damit in einem doppelten Sinne gelten: zum einen, insofern sie gestaltähnliche Pflanzen umfaßten; zum anderen, insofern in ihren Definitionen ihr jeweils art- bzw. gattungseigentümliches Wesen *(essentia)* erfaßt war.[46] Aber auf den höheren Ebenen seines Systems scheiterte er bei diesem Versuch: Hier gelang es ihm nach eigenem Eingeständnis nicht, auf dihairetischem Wege Merkmale des Fortpflanzungsapparates zu finden, die unter jede Klasse bzw. Ordnung nur diejenigen Pflanzengattungen gebracht hätten, die ihm auch durch Gestaltähnlichkeiten zusammengeschlossen zu sein schienen. In einer einfach nachzuvollziehenden Weise sei so die Divergenz zum Tragen gekommen, die Linné in der Unterscheidung des

---

in dem beobachtungsbezogene und spekulative Überzeugungen sowie pragmatische und wissenschaftsmethodologische Erwägungen zu einer kohärenten Tradition zusammenwirkten. Zusammenfassend hält er in diesem Sinne fest (LARSON 1971: 6/7, 19/20, 33; vgl. DAUDIN 1926b: 27/28 und GREENE 1971):

> Admittedly, the great achievement of the period was laborious compilation. This compilation, however, stabilized the tensions set up by theoretical requirements, scientific traditions, technical factors, and professional needs long enough to set the past in order, and to provide a method and a mass of coordinated facts basic to the development of the science. The integrity of the period is best measured, not against its repeated failure to achieve the natural method, but against its discussions of the problems involved in essential definition, category stabilization, and class structure.

Allerdings haben SLOAN (1972) und ATRAN (1990: 158-179) erhebliche methodologische und epistemologische Differenzen unter Naturhistorikern des ausgehenden 17. Jahrhunderts beschrieben.

[45] LARSON (1971: 62, 73, 95); für Klassen, Ordnungen, Gattungen und Arten.

[46] A.a.O.: 73, 119.

„Natürlichen" von den „künstlichen Systemen" zum Ausdruck brachte: Das durch eine Dihairese nach Merkmalen des Fortpflanzungsapparats gewonnene *Sexualsystem* (*Systema sexualis*) der Pflanzen ließ sich auf den Ebenen der Klassen und Ordnungen zwar dadurch rechtfertigen, daß es eine Identifikation der *natürlichen* Gattungen und Arten der Pflanzen erlaubte und dazu nur Merkmale der funktional wesentlichen Fortpflanzungsorgane der Pflanzen heranzog. Aber in seiner Beziehung auf die *natürlichen Ordnungen* (*ordines naturales*) der Pflanzen – zu denen Linné die Gattungen der Pflanzen auf der Grundlage von Gestaltähnlichkeiten in einer n e b e n das Sexualsystem gestellten und als „Bruchstücke eines Natürlichen Systems (Fragmenta Methodi Naturalis)" betitelten Klassifikation zusammenschloß[47] – mußte ihm sein Sexualsystem als ein „künstliches" System erscheinen, da es die Einheiten des *Natürlichen Systems* nicht in jedem Fall als solche reproduzierte.[48]

Nach Larson hat Linné nun trotz dieser unbefriedigenden Divergenz zwischen Sexualsystem und *Natürlichem System* immer daran festgehalten, daß eine Repräsentation der Ordnungsbeziehungen unter Pflanzen nur durch eine Dihairese nach Merkmalen des Fortpflanzungsapparates zu gewährleisten sei. Dieses Festhalten sei, so glaubt Larson zusammenfassend zeigen zu können, letztendlich durch eine metaphysische Überzeugung motiviert gewesen, die wieder in der aristotelischen Tradition der Naturgeschichte wurzelte, nämlich, daß eine „Analogie zwischen logischen Formen und natürlichen Formen" besteht: So wie sich in einer Dihairese „logische Formen" so realisieren, daß auf der Grundlage eines einmal gewählten *fundamentum divisionis* jeder Begriff über *differentiae* zu den unter ihm enthaltenen Begriffen spezifiziert wird, so realisieren sich auch die „natürlichen Formen" der Pflanzen auf der *scala naturae* durch ein „bestimmendes Muster, das in einer Mannigfaltigkeit von Individuen aktiv ist (a determining pattern active in a manifold of individuals)", nämlich durch den als „wesentlich" gesetzten Fortpflanzungsapparat.[49] Diese metaphysische Überzeugung einerseits und die nachweisliche Brauchbarkeit seines Systems zu diagnostischen Zwecken andrerseits, so faßt Larson die Ergebnisse seiner

---

[47] Die Ausdrücke „Methode (methodus)" und „System (systema)" hat Linné synonym verwendet (cf. STEVENS 1994: 12 & 403, n. 44). Um Verwirrung zu vermeiden, werde ich überall da, wo sich der Ausdruck „methodus" eindeutig auf Klassifikationssysteme bezieht, die Übersetzung „System" vorziehen.

[48] LARSON (1971: 61-72).

[49] A.a.O.: 144.

Untersuchung zusammen, führte Linné dazu, sich bei der Konstruktion seines Sexualsystems allein auf Merkmalsunterschiede der „wesentlichen" Teile des Fortpflanzungsapparates zu beschränken, dies führte ihn dazu, seiner Klassifikation der Pflanzen grundsätzlich die Form eines *emboîtement* (Larsons Ausdruck für die enkaptische Struktur) zu geben und dies führte ihn schließlich – in Anlehnung an die Zweigliedrigkeit der *definitio per genus et differentiam* – zur binominalen Nomenklatur.[50]

Larsons Interpretation stellt Linnés Leistungen für die moderne Systematik in den Bedingungszusammenhang einer Tradition der Naturgeschichte, die noch zu seinen Lebzeiten ihr Ende gefunden haben soll, und zwar mit Vorschlägen zu neuen, die ganze Vielfalt von Ähnlichkeitsbeziehungen unter Lebewesen erfassenden Klassifikationsverfahren.[51] Das mit der Vollendung dieser Tradition Innovationen verbunden gewesen sein sollen, die, wie im ersten Kapitel gesehen, fundamental für die moderne Biologie waren, ist an sich nicht merkwürdig. Merkwürdig ist eine eigentümliche Verkehrung gegenüber den Verhältnissen in der modernen Systematik: In Larsons Interpretation ist es die metaphysisch und pragmatisch begründete Beschränkung auf ein dihairetisches Klassifikationsverfahren, welche Linné zur Festlegung auf eine enkaptische Ordnungsstruktur geführt haben soll, während sich die intuitiv als „natürlich" aufgefaßten Ordnungsbeziehungen unter Pflanzen unter eben dieser Beschränkung der klassifikatorischen Erfassung entzogen. In der modernen Systematik verhält sich dies exakt umgekehrt: Einerseits erscheint ihr bei der Konstruktion von Bestimmungsschlüsseln – also von Klassifikationen, die nach einem Verfahren konstruiert werden, das zumindest in seinen Einzelschritten der Dihairese gleichkommt – eine Festlegung auf enkaptische Ordnungsstrukturen gerade nicht nötig; und andrerseits ist sie der Überzeugung, daß die Ordnungsbeziehungen im *Natürlichen System* der Lebewesen nur in einem enkaptischen System ihren angemessenen Ausdruck finden.[52]

---

[50] A.a.O.: 146-149.

[51] Dieses Ende wird in den meisten Darstellungen zur Geschichte der Systematik mit dem Erscheinen von Adansons *Familles des Plantes* 1763 identifiziert (so z.B. LARSON 1971: 146 und MAYR 1982: 196). Adanson schlug ein merkmalskombinatorisches Verfahren vor, daß nicht einzelne ausgewählte, sondern eine große Zahl von Merkmalen einbezog.

[52] Larson ist diese Verkehrung in seiner 1994 erschienenen Monographie zur Naturgeschichte des 18. Jahrhunderts n a c h Linné durchaus aufgefallen (LARSON

Diese Verkehrung ist nun nicht etwa eine der seltsamen Bewegungen, auf die man zuweilen im Gang der Wissenschaftsgeschichte trifft. Sie ist vielmehr das Resultat einer Unterstellung: Larsons Interpretation unterstellt, daß Linnés Systemvorschläge einheitlich in Praktiken und Erwägungen begründet waren, die schon dem 16. und 17. Jahrhundert angehörten, und daß sich die selbst eingestandene „Künstlichkeit" dieser Systemvorschläge einfach aus einem Scheitern dieser Tradition ergab. So muß sich sein Ergebnis aber schon an der Antwort auf die Frage messen lassen, ob die von Linné jeweils als „künstlich" bzw. „natürlich" bewerteten Bestandteile seiner Systementwürfe ihre Begründung tatsächlich in einem einheitlichen Klassifikationsverfahren fanden. Der nächste Abschnitt wird über eine Darstellung der Heterogenität der Linnéschen Systementwürfe zeigen, daß dies n i c h t der Fall ist.

2.3. 'Werk der Kunst' und 'Werk der Natur'

Es war bereits die Rede davon, daß sich Linnés Pflanzensystem in fünf kategoriale Ebenen gliederte – Klassen, Ordnungen, Gattungen, Arten und Varietäten – und daß er diese unterschiedlich bewertete, nämlich als „künstlich" bzw. „natürlich". In seinen 1736 publizierten *Fundamenta botanica* – einer methodologischen Grundlegung der Botanik – heißt es dazu konkret:

> Die Art und die Gattung sind immer das Werk der Natur, die Varietät oft das Werk des Anbaus und die Klasse und Ordnung das Werk der Kunst und Natur.[53]

1994: 28-60; vgl. Fußn. 37). Die Vermutung, das mit dieser Verkehrung etwas nicht stimmt, verstärkt sich, wenn man neuere Ergebnisse zur ursprünglichen Funktion der Dihairese in antiken naturkundlichen Schriften zur Kenntnis nimmt. Demnach ging es mit diesem Verfahren nie um die Etablierung einer klassifikatorischen Struktur, die dem System der modernen Biologie gliche. Zuletzt hat BALME (1987: 88) dies herausgearbeitet:

> Aristotle's purpose [..] is made clear: to find the 'causes' of animals' parts, and of their generation and growth. In doing so it seems that an important part of his method is to look for significant differentiae and combinations of differentiae; he constantly groups and regroups them to focus on particular questions.

Eine ähnliche Methode vertritt THEOPHRAST *Hist. plant.* 1968 I.ii.4: 19). PELLEGRIN (1982: 161) hebt nach einer monographischen Untersuchung der aristotelischen Tierkunde sogar hervor: „[..] on ne pourrait lui [i. e. bei Aristoteles] trouver une parenté, même lointaine, avec la methode botanique de Linné [..]."

53 LINNÉ *Fund. bot.* (1736 §162: 19):

Bereits in dieser Bewertung wird eine Heterogenität der Einheiten der jeweiligen Systemebenen zum Ausdruck gebracht. Zum näheren Nachweis derselben will ich mich der Bewertung allerdings nicht unmittelbar zuwenden, sondern einen weiteren Sachverhalt zum Ausgangspunkt wählen, in dem die Heterogenität des Linnéschen Pflanzensystems zum Ausdruck kam: Linné machte die Einheiten der unterschiedenen Systemebenen jeweils zu Gegenständen verschiedener Publikationen, die 1735 bis 1738 in dichter Folge erschienen. Diese Publikationen und ihr jeweiliger Gegenstand seien für eine erste Orientierung zunächst nur aufgezählt:

- 1735 erschien das *Systema naturae*, welches eine Klassifikation bloß namentlich aufgeführter Pflanzengattungen zu den K l a s s e n und O r d n u n g e n des Sexualsystems enthielt. Das Sexualsystem wurde im *Systema naturae* ausdrücklich als „k ü n s t l i c h " bezeichnet[54];

- In den *Classes plantarum* von 1738 wurde der Systemvorschlag von 1735 noch einmal reproduziert, diesmal aber älteren Systemvorschlägen einerseits und einer Aufteilung von Gattungsnamen auf 65 *natürliche* O r d n u n g e n (oder „Bruchstücke eines Natürlichen Systems"[55]) andererseits gegenübergestellt;

---

162. Naturæ opus semper est species (157) & genus (159), Culturæ sæpius variatio (158), Artis & Naturae Classis (160) ac ordo (161).

Bisher ist diese Aussage meist als eine allgemeine Behauptung zum allgemeinen ontologischen Status der Kategorien gelesen worden (so etwa von SACHS 1875: 107, DAUDIN 1926b: 47/48, CAIN 1958: 152, STAFLEU 1971: 66-68, und MAYR (1982: 175). Es wird sich zeigen, daß sie in Bezug auf Linnés eigene Systemvorschläge einen sehr viel spezifischeren Sinn erhält.

[54] LINNÉ *Syst. nat. 1* (1735 Obs. Regn. Veg. §12: [8]):

12. Es ist bisher kein Natürliches System der Pflanzen errichtet worden, wenngleich das eine oder andere demselben näher kommt; und ich halte auch dieses System hier nicht etwa für ein solches (vielleicht liefere ich einmal Bruchstücke desselben an anderer Stelle); [..].Solange jedoch das Natürliche noch fehlt, sind künstliche Systeme unbedingt nötig

12. Nullum Systema naturale, licet unum vel alterum propius accedat, adhucdum constructum est; nec ego heic Systema quoddam Naturale contendo (forte alia vice ejus Fragmenta exhibebo); [..]. Interim tamen Systemata artificialia, in defectu Naturalis, omnino necessaria sunt.

[55] So der Titel des entsprechenden Systems in LINNÉ *Cl. plant.* (1738/1907). Als „natürliche Ordnungen (ordines naturales)" werden die Einheiten dieses Systemvorschlags im Kommentar zu den „Bruchstücken" bezeichnet (a.a.O.: 485-488).

- In den *Genera plantarum* von 1737 führte Linné 935 der schlechthin als „n a t ü r l i c h " bewerteten Pflanzen g a t t u n g e n mit ihren Definitionen auf. Noch im selben Jahr erschien eine Ergänzung zu dieser Publikation unter dem Titel *Corollarium generum plantarum*, mit der sich die Zahl definierter Gattungen auf 994 erhöhte;
- Die ebenfalls schlechthin als „ n a t ü r l i c h " bewerteten Pflanzen - a r t e n wurden schließlich Gegenstände zweier Publikationen: dem *Hortus cliffortianus* und der ebenfalls 1737 publizierten *Flora Lapponica*. Beide Werke führen Definitionen für Arten und diesen zugeordneten Varietäten auf, ersteres für ca. 2500, im privaten botanischen Garten des holländischen Bankiers George Clifford repräsentierte Pflanzenarten, letzteres für Arten, die Linné auf einer 1732 unternommenen Lapplandreise angetroffen hatte.

Im Folgenden will ich den Inhalt dieser Werke im Einzelnen betrachten, und mein Hauptaugenmerk wird dabei dem Sachverhalt gelten, daß sich die Dichotomie zwischen *natürlichen* und *künstlichen* Systembestandteilen in einer Divergenz niederschlägt, welche die so bewerteten Bestandteile hinsichtlich ihrer begrifflichen Struktur aufweisen: Die als „künstlich" bewerteten Klassen und Ordnungen des Sexualsystems sind von kombinatorischer Struktur; dagegen formieren die als „natürlich" bewerteten Arten, Gattungen und Ordnungen ein strikt enkaptisches System. Dabei wird zu konstatieren sein, daß diese strukturelle Divergenz mit einer funktionalen zusammenfällt: „Künstliche" Systembestandteile sind nur von diagnostischem Wert, „natürliche" darüber hinaus auch noch von beschreibendem.

2.3.1 Die Kombinatorik des Sexualsystems

Linnés Klassifikation der Pflanzen nach Klassen und Ordnungen im *Systema naturae* von 1735 kam auf nicht mehr als drei Folioseiten zur Darstellung, von denen die erste ein mit „Schlüssel des Sexualsystems (Clavis Systematis sexualis)" überschriebenes Verzweigungsschema darbot und die beiden folgenden eine mit „Das Reich der Pflanzen des Carolus Linnaeus (Caroli Linnaei Regnum vegetabile)" überschriebene, tabellarischee Auflistung von Gattungsnamen.[56] Der Schlüssel läßt sich geradezu als paradigmatisches Beispiel für eine dihairetisch entwickelte Klassifikation lesen (vgl. Abb. 3). In zwei kurzen Sätzen hält er den

---

[56] Erste handschriftliche Darstellungen des Sexualsystems durch Linné sind bereits aus dem Jahre 1730 überliefert (cf. MALMESTRÖM 1961).

Einteilungsgrund der durchzuführenden Dihairese, nämlich die Blüte (*Flos*), und dessen funktionale Wesentlichkeit fest. Dieser Einteilungsgrund wird dann an der Basis des von links nach rechts verlaufenden Verzweigungsschemas noch einmal zum Ausdruck gebracht, wobei sich die anschließenden Verzweigungen als aufeinanderfolgende Einteilungsschritte einer Dihairese lesen lassen: In einem ersten Schritt werden die Pflanzen danach eingeteilt, ob ihre Blüten mit dem bloßen Auge erkennbar sind – *Publicae* ("Öffentliche") – oder nicht – *Clandestinae* ("Heimliche"). Pflanzen der letzteren Art lassen sich wegen ihrer negativen Bestimmung begriffsanalytisch nicht mehr weiter unterteilen und entsprechen unmittelbar der 24. Klasse des Sexualsystems, den *Cryptogamia* (etwa: „heimlich Hochzeit feiernde"). Dagegen lassen sich aus der positiven Bestimmung der *Publicae* begriffsanalytisch weitere Einteilungsschritte aus dem unterstellten Begriff der Blüte entwickeln: Nach Linnés Definition der Blüte besteht diese nämlich wesentlich aus männlichen) und weiblichen Geschlechtsorganen – den Staubblättern (*stamina*) bzw. den Stempeln (*pistilla*)[57]. Die *Publicae* können so nach der Art unterschieden werden, in der sich diese Geschlechtsorgane auf einzelne Blüten verteilen: *Monoclinia* ("Einkammrige"), bei denen „hermaphrodite" Blüten sowohl männliche als auch weibliche Geschlechtsorgane enthalten bzw. *Diclinia* ("Zweikammrige"), bei denen die Geschlechtsorgane zumindest teilweise auf verschiedene, „männliche" bzw. „weibliche" Blüten verteilt sind. Die *Diclinia* werden weiterhin nach der Art unterschieden, in der weibliche, männliche und hermaphrodite Blüten auf einzelne Pflanzenindividuen verteilt sind: in die 21. Klasse, die *Monoecia* ("Einhäusigen"), mit männlichen und weiblichen Blüten auf einem Pflanzenindividuum, die 22. Klasse, *Dioecia* ("Zweihäusige"), mit *männlichen* und *weiblichen* Blüten auf verschiedenen Pflanzenindividuen

---

[57] Dies hält einer der Aphorismen fest, die dem „Clavis systematis sexualis" und dem „Caroli Linnaei regnum vegetabile" unter der Überschrift „Beobachtungen zum Reich der Pflanzen (Observationes in regnum vegetabile)" beigefügt sind (LINNÉ *Syst. nat.* 1 (1735 Obs. Regn. Veg. §6: [8]):

6. Das Wesen [..] der *Blüte* [besteht] in Staubblatt und Stempel; [..].

(6. Essentia [..] Floris [consistit] in Stamine & Pistillo; [..].)

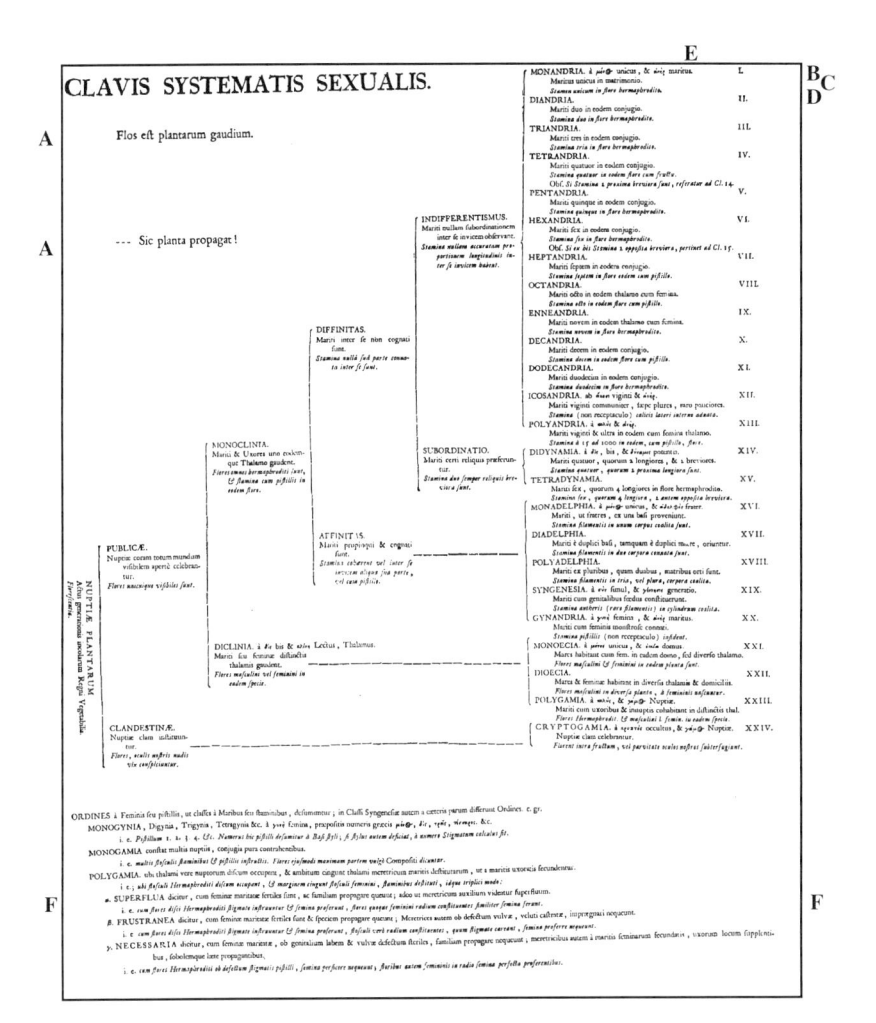

Abb. 3: Linnés "Schlüssel zum Sexualsystem (Clavis Systematis sexualis)" aus dem *Systema naturae*, Leyden 1735. Die beiden Sätze oben links (A) lauten in deutscher Übersetzung: "Die Blüte ist das Vergnügen der Pflanzen" und "So pflanzt sich die Pflanze fort!". Zu jedem Einteilungsschritt sind die *differentiae* in dreifach angegeben: in Großbuchstaben ein "Name", der die jeweilige Merkmalsalternative andeutet (B); darunter eine Beschreibung derselben in anthropomorpher Metaphorik (C); darunter, kursiv gesetzt, eine Beschreibung in botanischer Terminologie (D). Ganz rechts die mit römischen Ziffern durchnummerierten Klassen des Sexualsystems (E). Unter dem Verzweigungsschema erfolgt die analoge dihairetische Bestimmung der Ordnungen. Die Einteilungsschritte sind hier durch Zeileneinrückungen symbolisiert (F).

und die 23. Klasse, *Polygamia* (etwa: „mehrfach Hochzeit feiernde"), mit männlichen, weiblichen und hermaphroditen Blüten auf verschiedenen Pflanzenindividuen. Bei den *Monoclinia* erfolgen die weiteren Einteilungsschritte dagegen nach Unterschieden, die nicht die Lageverhältnisse männlicher und weiblicher Geschlechtsorgane, sondern nur noch Eigenschaften der männlichen Geschlechtsorgane im Einzelnen betreffen: Zunächst werden die *Monoclinia* danach unterschieden, ob diese Organe miteinander verwachsen sind (*Affinitas*) oder nicht (*Diffinitas*). Die Pflanzen, die eine Verwachsung der Staubblätter aufweisen, werden dann nach der Art der Verwachsung in die 16. bis 20. Klasse unterschieden (*Monadelphia, Diadelphia, Polyadelphia, Syngenesia* und *Gynandria*). Die Pflanzen, die keine derartige Verwachsung aufweisen, werden nach dem Größenverhältnis der Staubblätter untereinander unterschieden: *Indifferentismus* ("Gleichgestelltheit") bzw. *Subordinatio* ("Unterordnung"). Besteht „Unterordnung", so werden diese Pflanzen nach der Art derselben in die 14. Klasse und die 15. Klasse unterschieden (*Didynamia* bzw. *Tetradynamia*). Besteht „Gleichgestelltheit" so erlangen die Pflanzen der ersten 13 Klassen schließlich ihre dihairetische Bestimmung schlicht nach der Anzahl ihrer Staubblätter (*Monandria, Diandria, Triandria* usw.).

Unter dieses Verzweigungsschema ist noch ein Text gesetzt, der sich ebenfalls als Wiedergabe einer Dihairese lesen läßt, wobei die Einteilungsschritte nicht durch Verzweigungen, sondern durch Zeileneinrückungen zum Ausdruck gebracht werden. In der ersten Zeile wird der Einteilungsgrund und Zweck dieser Einteilung, daneben aber auch der Einteilungsgrund und Zweck der gerade erläuterten, im Verzweigungsschema niedergelegten Einteilung zum Ausdruck gebracht: So wie in diesem die „Klassen von den Männern oder Staubblättern", sollen in jener die „Ordnungen von den Frauen oder Stempeln" bezogen werden. Konkret wird dann ein erster, zur Differenzierung der Ordnungen des *Sexualsystems* führender Einteilungsschritt aus der Anzahl der Stempel in einer Blüte bezogen (*Monogynia, Digynia, Trigynia* etc.) und in den folgenden Zeilen dann eine weitere, über zwei Schritte erfolgende Einteilung vorgenommen, die in speziellem Bezug auf Pflanzen der 19. Klasse des Sexualsystems erfolgt und die Art und Weise zum Einteilungsgrund nimmt, in der sich hermaphrodite sowie „fruchtbar" bzw. „unfruchtbar" weibliche Einzelblüten zu einer Blütenscheibe zusammensetzen.

Mit der Zweiteiligkeit des Schlüssels wird schon deutlich, daß es sich bei dem Sexualsystem nicht um das Ergebnis einer einzigen Dihairese handelt. Es ist vielmehr aus einer Kombination z w e i e r Dihairesen nach logisch voneinander unabhängigen Einteilungsgründen gewonnen: Insofern es sich bei den Staubblättern und Griffeln um verschiedene T e i l e der Blüte handelt, impliziert keine der Eigenschaften, die einem dieser Teile zugeschrieben werden kann, mit logischer Notwendigkeit eine der Eigenschaften, die dem anderen Teil zugeschrieben werden kann.[58] Die Definitionen der Ordnungen stehen nicht in begriffsanalytischen Beziehungen zu denen der Klassen und so ist die entscheidende Bedingung für die dihairetische Erzeugung eines enkaptischen Klassifikationssystems nicht mehr erfüllt und daher auch nicht mehr ausgeschlossen, daß das resultierende System der Klassen und Ordnungen der Pflanzen eine kombinatorische Struktur aufweist.

Achtet man auf die Subsumptionsbeziehungen, die den Namen nach unter den Klassen und Ordnungen in der zweiten, tabellarischen Darstellung des Sexualsystems bestehen, so offenbart sich tatsächlich dessen kombinatorische Struktur (vgl. Abb. 5a und b): Namentlich identische Ordnungen sind mehreren, namentlich unterschiedenen Klassen subsumiert. Am augenfälligsten wird dies bei den ersten dreizehn Klassen, denn jeder einzelnen dieser Klassen ist eine Ordnung *Monogynia* untergeordnet. Sieht man sich in dieser Weise die Subsumptionsbeziehungen im „Reich der Pflanzen" genauer an, so zerbricht dessen scheinbare Kohärenz in einem enkaptischen System nahezu vollständig. So fällt z.B. auf, daß die Bezeichnungen für die ersten 13 Klassen zugleich die Bezeichnungen für Ordnungen innerhalb der Klassen der *Gyandria, Monoecia,* und *Polygamia* liefern, und daß die Bezeichnungen für die 21. und 22. Klasse auch der Bezeichnung von Ordnungen innerhalb der 23. Klasse dienen. Das *Sexualsystem* gewinnt seine scheinbare enkaptische Struktur allein dadurch, daß eine komplexe Überlagerung dihairetisch gewonnener Zerlegungen in eine lineare Folge von Einteilungsschritten aufgelöst wird, welche jeweils mit einem Wechsel des Einteilungsgrundes verbunden sind. Linnés Sexualsystem ist auf den Ebenen der Klassen und Ordnungen nicht von enkaptischer, sondern von kombinatorischer Struktur (Vgl. Abb. 4).

---

[58] Genau besehen gehen sogar die beiden erläuterten Dihairesen nicht nach einem einzigen Einteilungsgrund vor; Linnés Behauptung, daß die erste sich auf die Staubblätter, die zweite auf die Griffel beziehe, ist vielmehr eine grobe Vereinfachung. Tatsächlich bezieht sich nämlich ein großer Teil der Einteilungsschritte nicht auf Eigenschaften, die diese Organe im Einzelnen betreffen, sondern auf ihre gegenseitigen Lageverhältnisse. Auch diese Eigenschaften haben keine die Eigenschaften der Geschlechtsorgane selbst betreffenden Implikationen.

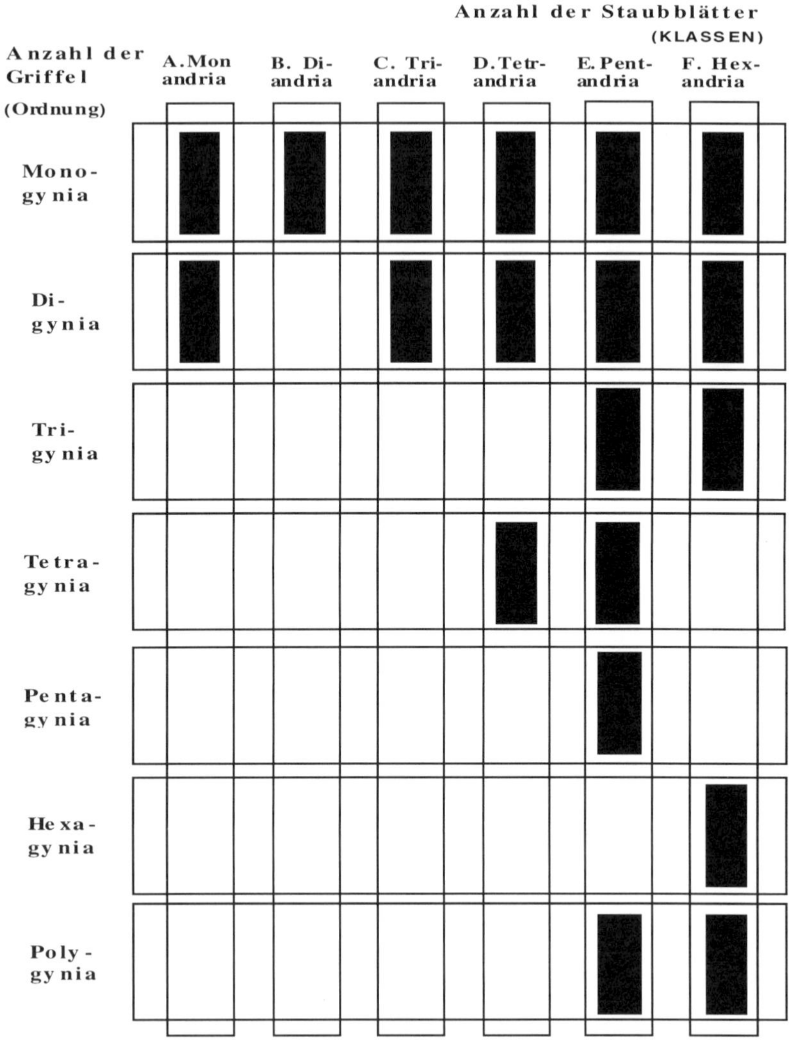

Abb. 4: Die kombinatorische Struktur von Linnés Sexualsystem, dargestellt an den ersten 6 Klassen und den ihnen untergeordneten Ordnungen. In der oberen Reihe und der linken Spalte sind die von Linné verwendeten Namen für die Klassen und Ordnungen angeführt. Die schwarzen Flächen symbolisieren diejenigen Bereiche des Systems, die in Pflanzengattungen realisiert sind.

Larsons Interpretation, wonach die Festlegung Linnés auf ein enkaptisches System der Tradition dihairetischer Klassifikationsverfahren entstammt, sieht sich so schon mit einem schwerwiegenden Einwand konfrontiert: Linnés Sexualsystem kann zwar durchaus als Resultat eines dihairetischen Vorgehens verstanden werden, aber es ist gerade nicht von enkaptischer, sondern von kombinatorischer Struktur. Daran ändert auch die Tatsache nichts, daß in diesem System alle Merkmalsunterschiede oder *differentiae* zu Eigenschaften ein und desselben Organsystems der Pflanzen, nämlich der Blüte, gewonnen werden. Zwar kann man sinnvoll behaupten, daß die zur Anwendung gekommenen *differentiae* in ihren jeweiligen Kombinationen gemeinsam spezifizieren, in welchen besonderen, sich gegenseitig logisch ausschließenden Weisen die Blüten verschiedener Pflanzengattungen organisiert sind. Aber ein derartiges Spezifikationsverhältniss kann nicht für das Verhältnis der Ordnungen zu den übergeordneten Klassen behauptet werden: Die Aussage etwa, daß die Blüten gewisser Pflanzen mit nur einem Stempel ausgestattet sind, fügt der Aussage, daß die Blüten gewisser Pflanzen mit nur einem Staubblatt ausgestattet sind, nichts hinzu, was sich streng genommen als Spezifikation der ersten Aussage bezeichnen läßt. Die Behauptung Larsons, daß „jeder subordinierte Begriff [in Linnés System] den unmittelbar übergeordneten Begriff modifiziert und zu einer spezifischen Weise wird, in der der übergeordnete Begriff existiert" ist in Bezug auf die Klassen und Ordnungen des Sexualsystems schlicht falsch. Tatsächlich trifft auf diesen Ebenen genau das zu, was Larson seiner Behauptung als Alternative entgegensetzt, nämlich „daß Linné Pflanzen zu einer Gattung führt, weil sie in bestimmten Merkmalen übereinstimmen, und dann zu einer Art dieser Gattung, weil sie in anderen Merkmalen übereinstimmen, welche mit den ersteren keine Verbindung haben".[59]

---

[59] LARSON (1971: 148). Dasselbe gilt auch für die pflanzlichen Klassifikationssysteme derjenigen Vorgänger Linnés – u. a. Caesalpinus, Ray, Rivinus und Tournefort –, die Larson als Protagonisten der von ihm rekonstruierten Tradition anführt – zumindest dann, wenn man der retrospektiven Darstellung dieser Systeme vertraut, die Linné selbst in den *Classes plantarum* von 1738 lieferte. Die Darstellung erfolgt für jedes dieser Systeme wie im *Systema naturae*: Auf einen „Schlüssel zu den Klassen (Clavis classium)" folgt eine tabellarische, nach Klassen und Ordnungen gegliederte Auflistung von Gattungsnamen. Setzt man die sachliche Richtigkeit dieser Darstellungen voraus, so läßt sich an Hand derselben bequem überprüfen, inwieweit das, was von der Struktur des Sexualsystems gilt, auch von den Systemen der Vorgänger Linnés gilt. Und tatsächlich deckt schon eine flüchtige Überprüfung auf, daß sich nicht ein einziges der

2.3.2 Zerrüttete Gattungen

In einem bestimmten Sinne wäre Larsons Interpretation immer noch aufrechtzuerhalten: Es könnte sein, daß Linné die Kombination von Dihairesen zwar nicht für ein Verfahren hielt, daß eine begriffliche Repräsentation enkaptischer Ordnungsbeziehungen auf den Systemebenen der Klassen und Ordnungen erlaubte, aber doch für eines, daß derartigen Ordnungsbeziehungen auf den Ebenen *natürlicher* Arten und Gattungen zumindest insofern gerecht wurde, als es diese in der Kombinatorik des Systems nicht auflöste. Um zu zeigen, daß auch dem nicht so ist – daß Linné die Dihairese vielmehr grundsätzlich für ungeeignet hielt, um Ordnungsbeziehungen im *Natürlichen System* zu repräsentieren –, möchte ich nun das Verhältnis betrachten, in dem die *natürlichen* Gattungen zum Sexualsystem stehen.

Wie bereits erwähnt, erfuhren die Gattungen der Pflanzen im *Systema naturae* nur eine listenförmige, namentliche Erwähnung. In dieser Auflistung unter Klassen und Ordnungen könnte man nun das geglückte Resultat des Versuchs erblicken, die Einheit der *natürlichen* Gattungen und die Ordnungsbeziehungen unter ihnen zwar nicht begrifflich zu repräsentieren, aber doch immerhin im System der Klassen und Ordnungen unbeschadet zu lassen – wenn dem nicht ein seltsames und nur mühsam zu durchschauendes System von Querverweisen entgegenstünde. Betrachtet man das Sexualsystem im *Systema naturae* genauer, so bemerkt man, daß einer nicht unbeträchtlichen Zahl von Gattungsnamen Kombinationen römischer und arabischer Ziffern angefügt sind, welche die Legende an Hand eines Beispieles folgendermaßen erläutert (vgl. Tafel I):

> VI.100.: Siehe Hexandria Hexagynia, wo ich VI. 100. *Alism[a] Damason[ium]* hingesetzt habe, das heißt: Das Damasonium des Tournefort ist von derselben Gattung wie Alisma unter den Hexand[ria] Polygynia.

Dieser Erläuterung ist zunächst zu entnehmen, daß die Ziffernkombinationen Querverweise unter bestimmten Positionen im Sexualsystem herstellen, an denen namentliche Bezeichnungen für Pflanzen zu finden sind, die der Gattung nach identisch sein sollen. Um die Bedeutung der so hergestellten Identitätsbeziehungen näher zu verstehen, muß man

---

aufgeführten Systeme konsequent an die dihairetische Entwicklung eines einzigen Einteilungsgrundes hält, sondern Dihairesen zu logisch voneinander unabhängigen Einteilungsgründen kombiniert (und zwar gewöhnlich, wie bei Linné, Dihairesen zu Blüten- bzw. Fruchtorganen).

Linnés Natürliches System 63

sehr sorgfältig auf die Art und Weise achten, in der die zitierte Erläuterung namentliche Bezeichnungen für die erwähnten Pflanzen bildet und wie diese im System selbst wieder auftauchen: Der zuerst erwähnte, unter der Klasse *Hexandria*, Ordnung *Hexagynia* aufgeführte und mit dem Querverweis „VI.100" versehene Name „*Alism. Damason.*" ist zweiteilig, kursiv gesetzt und im System mit einem nachgestellten „T." versehen. Der erste Teil dieses Namens ("*Alism[a]*") ist identisch mit einem einteiligen, normal gesetzten Namen ("Alisma"), der sich an der Stelle des Systems findet, auf die verwiesen wird, nämlich unter der Klasse *Hexandria*, Ordnung *Polygynia* („100" galt Linné offenbar schon als „viel"). Und der zweite Teil des zuerst aufgeführten Namens („*Damason[ium]*") ist identisch mit einem einteiligen Namen, den Tournefort zur Bezeichnung gewisser Pflanzen verwendet hatte ("Das Damasonium des Tournefort"; daher auch das nachgestellte „T.").[60] Die nähere Bedeutung dieses Querverweises kann demnach folgendermaßen verstanden werden: Es gibt eine Art der Gattung *Alisma* (von Linné mit „*Alis[ma] Damason[ium]* T[ournefortii]*", von Tournefort dagegen mit „Damasonium" bezeichnet), die im Sexualsystem der Ordnung nach von gewissen anderen Arten derselben Gattung (von Linné ebenfalls mit „Alisma" bezeichnet) unterschieden ist. Aber dennoch ist diese Art – entgegen der im Sexualsystem getroffenen Unterscheidung – der Gattung nach mit den anderen Arten identisch, weshalb sie auch entsprechend bezeichnet wird.[61] Ein weiteres Beispiel kann illustrieren, welche Komplexität diese durch Querverweise etablierten Identitätsbeziehungen zuweilen annehmen können: Im *Hortus cliffortianus* werden innerhalb der Gattung *Urtica* Arten unterschieden, von denen zwei als „einhäusig" (*Androgyna*; das *Systema naturae* nennt die *Monoecia* „Plantae Androgynae"), eine dritte aber als „zweihäusig" (*Dioica*; vgl. Abb. 8) bezeichnet wird. Nach dem Sexualsystem müßten diese Arten damit aber auf zwei verschiedene Klassen verteilt werden, und tatsächlich findet sich dieser Gattungsname im *Systema naturae* von 1735 sowohl in der Klasse *Monoecia* als auch in der Klasse *Dioecia*, und zwar in beiden Fällen jeweils unter der Ordnung *Tetrandria*. Beiden Na-

---

[60] Tatsächlich findet man in TOURNEFORT (1700: 256) eine Gattung dieses Namens.

[61] Diese Interpretation findet zusätzliche Unterstützung in dem Sachverhalt, daß der Name „Damasonium" in LINNÉ *Spec. plant.* (1753: 342) als Artepitheton zur Bezeichnung einer A r t der Gattung „Alisma" dienen sollte. HELLER (1983: 72-75), hält das im *Systema naturae* von 1735 zur Anwendung kommende, bibliographische Verweissystem auf bestimmte Pflanzenarten für das Modell, nach dem Linné später die binominalen Artnamen gestalten sollte, und nicht die vielfach dafür gehaltene, zweigliedrige *definitio per genus et differentiam*.

mensnennungen sind wieder Ziffernkombinationen zugeordnet ("V. 4."), welche diesmal aber nicht (wie bei *Alisma*) aufeinander, sondern auf eine dritte Position im Sexualsystem – die Ordnung *Tetragynia* in der Klasse *Pentandria* – verweisen, und zwar ohne, daß an dieser Stelle ein Name mit einem entsprechenden Rückverweis auftaucht. Hier dürfte der Verweis bedeuten, daß in der Gattung *Urtica* zuweilen einzelne Pflanzenindividuen auftreten, die hermaphrodite (statt getrenntgeschlechtliche) Blüten und/oder Blüten mit fünf (statt 4) Staubblättern tragen.[62] Im Ganzen läßt sich also sagen, daß die Klassen und Ordnungen des Sexualsystems, erzeugt durch eine Kombination logisch unabhängiger Dihairesen, nicht in jedem Falle die Einheit der *natürlichen* Gattungen und Arten bewahrt, und daß in diesen Fällen den Einteilungen in Klassen und Ordnungen ein komplexes Netz von Querverweisen unterlegt ist, mit dem die Einheit der *natürlichen* Gattungen wiederhergestellt wird.

Der Fall *Urtica* verdient besonderes Interesse, denn in der Einleitung zu den *Genera plantarum* von 1737 taucht er als ein Beispiel für die Konsequenzen eines Klassifikationsverfahrens auf, welches Linné einer bereits vor ihm bestehenden Tradition zuordnet und in den folgenden Worten kritisiert:

> Verschiedene [Botaniker] haben verschiedene Teile der Fruchtbildung als systematischen Grundsatz angenommen, und sind mit ihm Gesetzen der Teilung folgend von den Klassen über die Ordnungen bis hin zu den Arten hinabgestiegen, und durch diese hypothetischen und dazu willkürlichen Prinzipien haben sie die natürlichen Gattungen zerbrochen und zerrüttet; und der Natur Gewalt angetan: Einer z.B. verneint von der *Frucht* her, daß man Persica und Amygdalum vereinigen kann; ein anderer verneint von der *Regelmäßigkeit der Blütenblätter* her, daß die Capraria des Boerh[aave] und des Fevillaeus, noch ein anderer von der *Anzahl* [der Blütenblätter] her, daß Linum und die Radiola des Dill[en], wieder ein anderer von den *Staubkammern* her, daß das Agrifolium des T[ournefort] und die Dodonaea des Pl[umier]; und noch ein anderer vom *Geschlecht* her, daß die zwittrige und die getrenntgeschlechtliche Urtica der Gattung nach miteinander vereinigt werden können; [...].[63]

---

62 Zur Bezeichnung e i n z e l n e r Pflanzenindividuen stellt die Nomenklatur Linnés kein Mittel zur Verfügung. Es gibt noch einen weiteren Fall, in dem der Querverweis im *Regnum Vegetabile* solcherart ins Leere läuft. Querverweise der erläuterten Art durchziehen auch die nach dem Sexualsystem angeordnete Auflistung von Arten in LINNÉ *Fl. lapp.* (1737).

63 LINNÉ *Gen. plant.* (1737 Rat. op. §8: [4/5]):

Linnés Natürliches System

Die Kritik Linnés äußert sich hier in den negativen Konnotationen der Konsequenzen des angesprochenen Klassifikationsverfahrens: Es soll dazu führen, daß „natürliche und nicht willkürliche" Gattungen „zerbrochen und zerrüttet" und damit der „Natur Gewalt angetan" wird. Der genaue Sinn dieser Behauptung ergibt sich, wenn man das u. a. angeführte Beispiel von der „zwittrigen" und „getrenntgeschlechtlichen" *Urtica* als eine Konsequenz ins Auge faßt, die sich in Linnés eigenem Sexualsystem ergibt. Bezogen auf dieses gibt sich das kritisierte, nur in vagen Ausdrücken beschriebene Klassifikationsverfahren klar als das Verfahren der Dihairese zu erkennen: Zur Unterscheidung der Klassen und Ordnungen dienen im Sexualsystems tatsächlich ausschließlich Eigenschaften ganz bestimmter „Teile der Fruchtbildung", nämlich der Geschlechtsorgane (Staubblätter und Stempel), und der Schlüssel läßt sich, wie gesehen, in der Tat so lesen, als ob man von einem „angenommenen systematischen Grundsatz" (eben den genannten Teilen) in regelhafter Weise („Gesetzen der Teilung folgend"[64]) von einer Unterscheidung umfangreicherer Klassen (den „Klassen") zu weniger umfangreichen Klassen (den „Ordnungen") voranschreitet („hinabsteigt"). Und dieses Vorgehen hat im Sexualsystem für die „zwittrige" und die „getrenntgeschlechtliche" *Urtica* die angegebene Konsequenz: Nach dem „Geschlecht" als „angenommenen systematischen Grundsatz" sind, wie gesehen, Arten der Gattung *Urtica* der Klasse nach unter-

---

Assumserunt enim Varii diversas partes fructificationis pro principio Systematico, & cum eo secundum divisionis leges a Classibus per Ordines descenderunt ad Species usque, & hypotheticis ac arbitrariis his principiis fregerunt & dilacerarunt naturalia, nec arbitraria (6) genera; naturæque vim intulerunt: e. gr. alius a Fructu negat genere conjungi posse Persicam & Amygdalum; alius a regularitate Petalorum negat Caprariam Boerh. & Fevillæi; alius a Numero negat Linum & Radiolam Dill.; alius a Loculis Agrifolium T. & Dodonæam Pl.; alius a Sexu negat Urticam androgynam & sexu distinctam, &c. Genere inter se combinari posse; [.].

(Die Auslassung formuliert ein Argument für die Negation der Gattungseinheit in den genannten Fällen, gegen das sich Linné dann im Folgenden wendet. Zu dieser Argumentation s. Kap. 8)

64 Mit *Gesetzen der Teilung (leges divisionis)* sind vermutlich nicht allgemeine logische Prinzipien gemeint, sondern die konkreten Vorschriften, welche ein *Schlüssel* seinem Anwender liefert. So heißt es zumindest in Erläuterung zu einem vereinfachten Schema des *Schlüssels* in den *Genera plantarum* von 1737, daß der Leser sich zu näherer Information „den Gesetzen der Einteilung unseres Systems, die in unserem System der Natur klar entfaltet werden," zuwenden soll ("Vide leges divisionis Methodi nostrae, dilucide in Systema nostro Naturae, Lugd. Bat. 1735, explicantur"; LINNÉ *Gen. plant.* (1737 Clavis classium: [unpag.]).

schieden, so daß die Einheit dieser Gattung durch einen Querverweis wiederhergestellt werden muß. So läßt sich schließlich verstehen, wie die Gattung *Urtica* in dem kritisierten Verfahren „zerbrochen" und „zerrüttet" wird: Sie wird nicht einfach nur zerteilt (das ist sie immer schon, nämlich in Arten), sondern ihre Elemente, die Arten, werden im System auf verschiedene Klassen höheren u n d gleichen Ranges, also auf ein k o m b i n a t o r i s c h e s System verteilt.[65]

---

[65] Seine Kritik hat Linné verständlicherweise nicht auf das eigene Sexualsystem beschränken wollen. Auch wenn er sie unpersönlich formuliert, so läßt sich doch an Hand seiner *Classes plantarum* und den genannten Beispielen leicht überprüfen, inwiefern sie der Sache nach auch den Systemvorschlägen seiner Vorgänger galt. Und tatsächlich deckt eine solche Überprüfung für jedes der genannten Beispiele eben dieselben, für das Beispiel „Urtica" rekonstruierten Verhältnisse auf. Im Einzelnen lassen sich die Beispiele folgendermaßen rekonstruieren:

1. (Amygdalum – Persica) In allen dargestellten Systemen (mit Ausnahme der Systeme Linnés) tritt die kritisierte Unterscheidung von *Persica* (Pfirsich) und *Amygdalum* (Mandel) auf. Sie läßt sich als Konsequenz aus der besonderen Berücksichtigung von Eigenschaften der Frucht verstehen. Der Fruchthülle nach weisen Pfirsich und Mandel nämlich einen eklatanten Unterschied auf: Zwar sind beide Steinfrüchte, diese sind jedoch äußerlich sehr verschieden, da die Fruchthülle der Mandel nicht, wie beim Pfirsich, fleischig ausgebildet ist, sondern während der Reifung gewissermaßen austrocknet, so daß sie eher an eine Nuß als an eine Steinfrucht erinnert (ENGLER 1964: 218). Daß die Unterscheidung von *Persica* und *Amygdalum* auf der augenfälligen Verschiedenheit der Früchte ruht, macht Caesalpinus' Diskussion der Beziehungen unter diesen beiden Pflanzen deutlich: *Amygdalum* rechnet er zu den Pflanzen, „denen die Fruchthülle fehlt" und sie ist daher „zum Teil von den Alten unter die Nüsse gerechnet worden [und wäre daher eigentlich in dem vorangehenden Kapitel z u behandeln], [..] zum Teil scheint es so, daß sie auf die Gattung zu beziehen ist, die wir nun behandeln, wegen der Ähnlichkeit der Blüten und der Art und Weise des Keimens". *Amygdalum* bezeichnet Caesalpinus deshalb als einen „mittleren Baum (arbor mediocris)". Von *Persica* wiederum weiß er zu berichten, daß sie „Blätter wie Amygdalum" trägt, ja daß sie auf eine *Amygdalum*-Pflanze aufgepfropft, „frühreife (praecoccis)" Früchte trägt, die unter dem Namen „Nußpfirsiche (Nucipersica)" bekannt sind. (CAESALPINUS *De plantis* 1583 lib. II, cap. xiii & xvii). Auch RAY *Hist. plant.* (1686 lib. XXVII, cap. iii: 1519), und Christian Knaut – vgl. Abb. 7 – unterscheiden *Persica* und *Amygdalum* nach Merkmalen der Frucht).

2. (Capraria des Boerh[aave] und des Fevillaeus). In der Darstellung des Pflanzensystems von Christian Gottlieb Ludwig in den *Classes plantarum* taucht die Gattung *Capraria* auf, und zwar unter der Klasse der „Regelmäßigen, Einblütenblättrigen (Regulares Monopetali)". Außerdem findet sich *Capraria* aber noch in einem „System nach den Arten des Blütenkelches (Methodus a Calycis Speciebus)", welches von Linné als Alternative zu seinem Sexualsystem konzipiert wurde. Hier findet sich *Capraria* aber unter den „Ungleichförmigen, Einblütenblättrigen (inaequales monopetali)", welche zu einem

Das traditionelle, dihairetische Verfahren galt Linné demnach als ein Verfahren, das grundsätzlich nicht in der Lage ist, *natürliche* Ordnungsbeziehungen unter Pflanzen wiederzugeben, indem es sie vielmehr in seiner Merkmalskombinatorik auflöst. Was aber hat Linné auf der Systemebene der *natürlichen* Gattungen an die Stelle dihairetisch entwickelter Klassifikationen setzen wollen, um zu Gattungsbestimmungen zu gelangen, in denen die im *Sexualsystem* zur Anwendung gekommenen Merkmalsunterscheidungen aufgehoben waren?

2.3.3 'Künstlich' vs 'Natürlich' – Diagnose vs Beschreibung

Schon der vollständige Titel der *Genera plantarum* lenkt die Aufmerksamkeit auf einen strukturellen Unterschied zwischen den Definitionen der Klassen und Ordnungen im *Systema naturae* und den Definitionen der

---

    großen Teil Pflanzengattungen umfassen, die in Ludwigs System den „Unregelmäßigen" zugeordnet werden. Es ist daher zu vermuten, daß Linné unter der Gattung *Capraria* sowohl Pflanzen mit regelmäßigem als auch unregelmäßigem Blütenbau subsumierte, welche sowohl in seinem „System nach dem Kelch" als auch nach Ludwigs „System nach den Blütenblättern" eigentlich der Klasse nach zu unterscheiden wären.

3. (Linum und die Radiola des Dill[en]). Bei diesem Beispiel soll es die alleinige Berücksichtigung der Anzahl der Blütenblätter sein, die zur „Zerrüttung" einer *natürlichen* Gattung geführt hat. Dieses Beispiel ist interessant, weil auch nach heutigen taxonomischen Kriterien eine Gattung *Radiola* von einer Gattung *Linum* unterschieden wird, und zwar auf Grund eines Unterschieds, der hinsichtlich der Blütensymmetrie besteht: Die einzige Art *Radiola* (*R. linoides*) wird nach der Vierzähligkeit ihrer Blüte von den fünfzähligen Blüten der über 200 *Linum*-Arten unterschieden (ENGLER 1964: 254, CRONQUIST 1981: 760). Da die Zähligkeit der Blütensymmetrie auch die Staubblätter von *Radiola linoides* und den *Linum*-Arten betrifft, wären diese im Sexualsystem zu unterscheiden und in der Tat findet sich unter den *Tetrandria Tetragynia* der Querverweis „§V.5. Lin. Radiola D[illen]" und unter den *Pentandria Pentagynia* der Querverweis „Linum IV.4." Auch dieses Beispiel betrifft also das *Sexualsystem*.

4. (Agrifolium des Tournefort und das Dodonaeum des Plumier). Für den Eintrag „Dodonaeum" kennen die *Classes plantarum* nur eine eindeutige Position in Linnés Sexualsystem. In LINNÉ *Hort. Cliff.* (1737: 40), wird *Agrifolium [..] Tournef[ort]* allerdings als Synonym für eine Art der Gattung *Ilex* angeführt, während *Dodonaea* eine gänzlich neue Bedeutung zugewiesen wird (a.a.O.: 144): „Weil die Dodonaea des Plumier aber eine Art der Ilex ist, habe ich sie [aus der Gattung Dodonaea] ausgeschlossen und damit es nicht so scheine, als wolle ich diesem besten Manne [d. i. Dodonaeus] das Gedenken und die Verdienste entziehen, habe ich unter demselben Namen eine neue Gattung eingeführt". Linné hat also wieder zwei von seinen Vorgängern nach einer einzelnen Merkmalsdifferenz unterschiedene Gattungen zu einer einzigen Gattung *Ilex* zusammengezogen.

Die Entschlüsselung der Abkürzungen für Autoren folgt HELLER (1983: 135ff.)

generell als „natürlich" bewerteten Gattungen: Anders als im *Systema naturae*, in dem die Klassen und Ordnungen des Sexualsystems ihre Bestimmungen in einer Kombination von Merkmalsunterschieden zu e i n z e l n e n Teilen der Blüte fanden, verspricht der Titel der *Genera plantarum* die Gattungen der Pflanzen mit ihren „natürlichen Kennzeichnungen nach der Anzahl, der Gestalt, der Lage und dem Größenverhältnis a l l e r Teile der Fruchtbildung" aufzuführen (meine Hervorhebung; mit „Fruchtbildung (fructificatio)" bezeichnet Linné die Blüten- und Fruchtorgane in ihrer Gesamtheit).[66] „Natürliche Kennzeichnung (character naturalis)" nannte Linné eine bestimmte Art der Definition[67] und derartige Definitionen will er, wie er selbst ausdrücklich hervorhebt, als erster erstellt haben.[68] Sie bieten sich im Text als geschlossene Textblöcke dar, die jedem einzelnen der aufgeführten Gattungsnamen nachgestellt und sämtlich nach einem einheitlichen, strikt durchgehalten syntaktischen Muster gebildet sind: Sie gliedern sich jeweils in kurze Absätze, die durch abgekürzte, in Kapitälchen gesetzte, substantivische Ausdrücke eröffnet werden. Diese Ausdrücke erscheinen immer in derselben Reihenfolge und stehen für eines der sieben, von Linné unterschiedenen Hauptorgane der Fruchtbildung. Daraufhin folgt in jedem Absatz eine kurze Phrase in der kursive, substantivische Bezeichnungen für Arten bzw. Teilorgane des jeweiligen Haupttorgans hinsichtlich ihrer

---

[66] Der vollständige Titel lautet „Genera plantarum Eorumque characteres naturales Secundum numerum, figuram, situm, proportionem Omnium fructificationis Partium". Zum Ausdruck „fructificatio" s. Kap. 8 und 9.

[67] LINNÉ *Fund. bot.* (1736 §186: 21):

186. Die *Kennzeichnung* ist dasselbe wie die Gattungsdefinition, von welcher es drei gibt: die künstliche, die wesentliche und die natürliche.

(186. *Character* idem est ac definitio generica (159), qui triplex datur: Factitius, Essentialis & Naturalis.)

Dieser Aphorismus wird in LINNÉ *Gen. plant.* (1737 Rat. op. §15: [8]), in Erläuterung des Ausdrucks „character" zitiert. Ursprünglich bedeutete dieser as dem Griechischen entlehnte Ausdruck „das Werkzeug zum Einbrennen, Einschneiden", metonymisch auch „das eingebrannte, eingestochene Zeichen" (nach Georges lateinisch-deutschem Handwörterbuch); die Metonymie versuche ich in meiner Übersetzung mit „Kennzeichnung " beizubehalten.

[68] LINNÉ *Gen. plant.* (1737 Rat. op. §18: [9]): „Derartige [i.e. *natürliche Kennzeichnungen*] hat, soweit ich weiß, bisher keiner geliefert (Tales, quantum novi, dedit nullus)." Allerdings läßt Linné (a.a.O. §11 & 18) mit Einschränkungen Vorläufer gelten: Joseph Pitton de Tournefort und „all die, die sich mit seinen Kleidern bedeckten". Darauf wird an geeigneter Stelle zurückzukommen sein (s. Abschnitt 8.2).

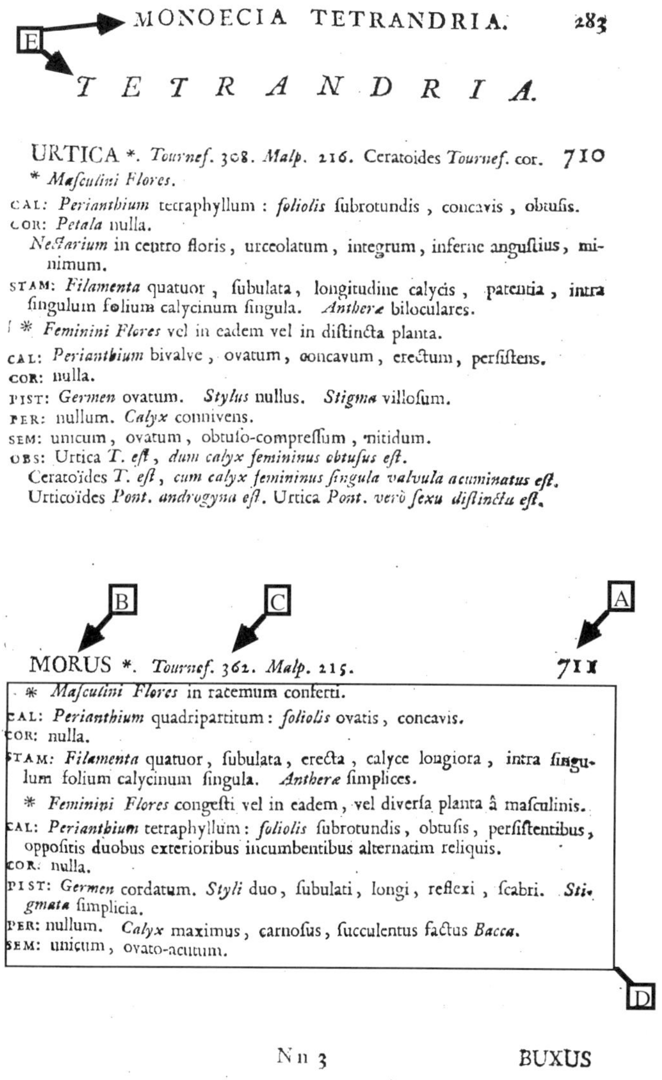

MONOECIA TETRANDRIA. 283

TETRANDRIA.

URTICA *. *Tournef.* 308. *Malp.* 216. Ceratoides *Tournef.* cor. 710
* *Masculini Flores.*
CAL: *Perianthium* tetraphyllum : *foliolis* subrotundis, concavis, obtusis.
COR: *Petala* nulla.
Nectarium in centro floris, urceolatum, integrum, inferne angustius, minimum.
STAM: *Filamenta* quatuor, subulata, longitudine calycis, patentia, intra singulum folium calycinum singula. *Antheræ* biloculares.
¦ * *Feminini Flores* vel in eadem vel in distincta planta.
CAL: *Perianthium* bivalve, ovatum, concavum, erectum, persistens.
COR: nulla.
PIST: *Germen* ovatum. *Stylus* nullus. *Stigma* villosum.
PER: nullum. *Calyx* connivens.
SEM: unicum, ovatum, obtuso-compressum, nitidum.
OBS: Urtica *T. est, dum calyx femininus obtusus est.*
Ceratoïdes *T. est, cum calyx femininus singula valvula acuminatus est.*
Urticoïdes *Pont. androgyna est.* Urtica *Pont. vero sexu distincta est.*

MORUS *. *Tournef.* 362. *Malp.* 215. 711
* *Masculini Flores* in racemum conferti.
CAL: *Perianthium* quadripartitum: *foliolis* ovatis, concavis.
COR: nulla.
STAM: *Filamenta* quatuor, subulata, erecta, calyce longiora, intra singulum folium calycinum singula. *Antheræ* simplices.
* *Feminini Flores* congesti vel in eadem, vel diversa planta â masculinis.
CAL: *Perianthium* tetraphyllum: *foliolis* subrotundis, obtusis, persistentibus, oppositis duobus exterioribus incumbentibus alternatim reliquis.
COR: nulla.
PIST: *Germen* cordatum. *Styli* duo, subulati, longi, reflexi, scabri. *Stigmata* simplicia.
PER: nullum. *Calyx* maximus, carnosus, succulentus factus *Bacca.*
SEM: unicum, ovato-acutum.

BUXUS

Abb. 6: Darstellung der Gattung *Urtica* in den *Genera plantarum*. Wie jede dieser Darstellungen (s. Kasten darunter) besteht sie aus vier Elementen: Einer Ordnungsnummer (A), dem Gattungsnamen (B), Literaturhinweisen (C) und der natürlichen Kennzeichnung (D). Die Gattungsliste ist durch Überschriften gegliedert, welche Ordnung und Klasse des Sexualsystems angeben, zu denen die aufgelisteten Gattungen zu rechnen sind (E).

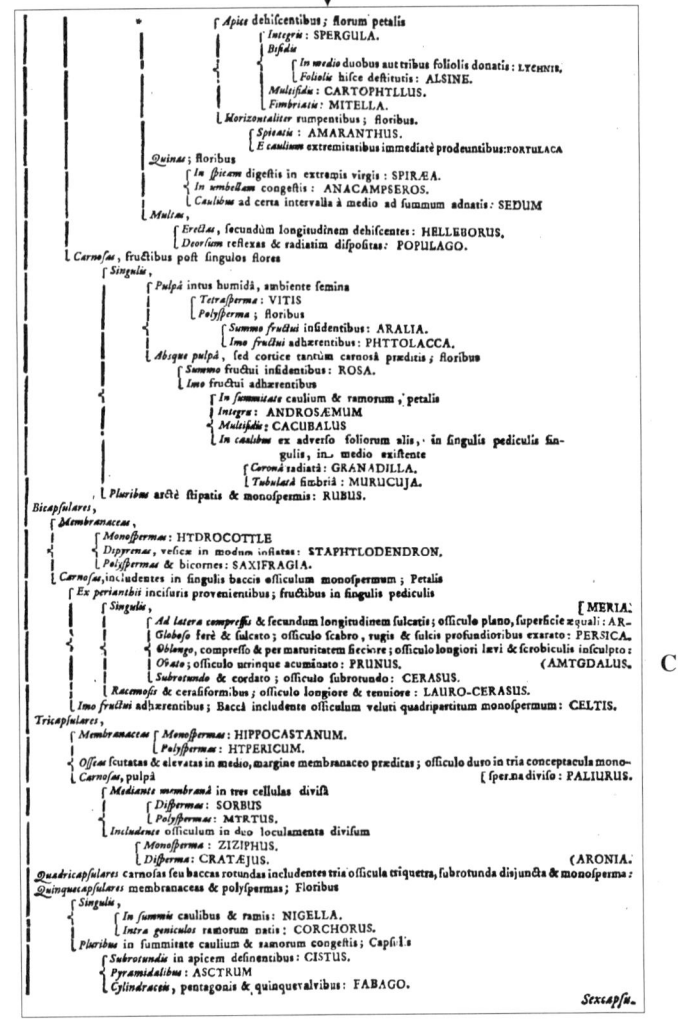

```
                    A     B ↓
              ⎡ Apice dehiscentibus ; florum petalis
              ⎢  ⎡ Integris : SPERGULA.
              ⎢  ⎢ Bifidis
              ⎢  ⎨   ⎡ In medio duobus aut tribus foliolis donatis : LYCHNIS.
              ⎢  ⎢   ⎣ Foliolis hisce destitutis : ALSINE.
              ⎢  ⎢ Multifidis : CARYOPHYLLUS.
              ⎢  ⎣ Fimbriatis : MITELLA.
              ⎣ Horizontaliter rumpentibus ; floribus.
                ⎡ Spicatis : AMARANTHUS.
                ⎣ E caulium extremitatibus immediatè prodeuntibus : PORTULACA.
       Quinis ; floribus
              ⎡ In spicam digestis in extremis virgis : SPIRÆA.
              ⎨ In umbellam congestis : ANACAMPSEROS.
              ⎣ Caulibus ad certa intervalla à medio ad summum adnatis : SEDUM
       Multis ,
              ⎡ Erectis , secundùm longitudinem dehiscentes : HELLEBORUS.
              ⎣ Deorsum reflexas & radiatim dispositas : POPULAGO.
   Carnosis , fructibus post singulos flores
      ⎡ Singulis ,
      ⎢  ⎡ Pulpâ intus humidâ , ambiente femina
      ⎢  ⎢   ⎡ Tetraspermis : VITIS
      ⎢  ⎢   ⎣ Polyspermis ; floribus
      ⎢  ⎢       ⎡ Summo fructui insidentibus : ARALIA.
      ⎢  ⎢       ⎣ Imo fructui adhærentibus : PHYTOLACCA.
      ⎢  ⎢ Absque pulpâ , sed cortice tantùm carnosâ præditis ; floribus
      ⎢  ⎢   ⎡ Summo fructui insidentibus : ROSA.
      ⎢  ⎢   ⎣ Imo fructui adhærentibus
      ⎢  ⎨       ⎡ In summitate caulium & ramorum ,' petalis
      ⎢  ⎢       ⎢  ⎡ Integris : ANDROSÆMUM
      ⎢  ⎢       ⎢  ⎣ Multifidis : CACUBALUS
      ⎢  ⎢       ⎣ In caulibus ex adverso foliorum alis , · in singulis pediculis sin-
      ⎢  ⎢           gulis , in medio existente
      ⎢  ⎢             ⎡ Coronâ radiatâ : GRANADILLA.
      ⎢  ⎣             ⎣ Tubulatâ fimbriâ : MURUCUJA.
      ⎣ Pluribus arctè stipatis & monospermis : RUBUS.
  Bicapsulares ,
      ⎡ Membranaceæ
      ⎢   ⎡ Monospermæ : HYDROCOTYLE
      ⎨   ⎨ Dispermæ , vesicæ in modum inflatæ : STAPHYLODENDRON.
      ⎢   ⎣ Polyspermæ & bicornes : SAXIFRAGIA.
      ⎣ Carnosæ , includentes in singulis baccis osciculum monospermum ; Petalis
          ⎡ Ex perianthii incisuris provenientibus ; fructibus in singulis pediculis
          ⎢  ⎡ Singulis ,                                                  [ MERIA.
          ⎢  ⎢   ⎡ Ad latera compressis & secundùm longitudinem sulcatis ; osciculo plano , superficie æquali : AR-
          ⎢  ⎢   ⎢ Globoso ferè & sulcato ; osciculo scabro , rugis & sulcis profundioribus exarato : PERSICA.
          ⎨  ⎨   ⎨ Oblongo , compresso & per maturitatem siccior ; osciculo longiori lævi & scrobiculis insculpto :
          ⎢  ⎢   ⎢ Ovato ; osciculo utrinque acuminato : PRUNUS.                      (AMYGDALUS.
          ⎢  ⎢   ⎣ Subrotundo & cordato ; osciculo subrotundo : CERASUS.
          ⎢  ⎣ Racemosis & cerasiformibus ; osciculo longiore & tenuiore : LAURO-CERASUS.
          ⎣ Imo fructui adhærentibus ; Baccâ includente osciculum veluti quadripartitum monospermum : CELTIS.
  Tricapsulares ,
      ⎡ Membranaceæ ⎡ Monospermæ : HIPPOCASTANUM.
      ⎢             ⎣ Polyspermæ : HYPERICUM.
      ⎨ Osseæ scutatas & elevatas in medio , margine membranaceo præditas ; osciculo duro in tria conceptacula mono-
      ⎢ Carnosæ , pulpâ                                  ⎣ sperma divisa : PALIURUS.
      ⎢   ⎡ Mediante membranâ in tres cellulas divisâ
      ⎢   ⎢  ⎡ Dispermis : SORBUS.
      ⎣   ⎨  ⎣ Polyspermis : MYRTUS.
          ⎢ Includente osciculum in duo loculamenta divisum
          ⎢  ⎡ Monosperma : ZIZIPHUS.
          ⎣  ⎣ Disperma : CRATÆUS.                                           (ARONIA.
  Quadricapsulares carnosæ seu baccas rotundas includentes tria oscicula triquetra , subrotunda disjuncta & monosperma :
  Quinquecapsulares membranaceæ & polyspermæ ; Floribus
      ⎡ Singulis ,
      ⎢   ⎡ In summis caulibus & ramis : NIGELLA.
      ⎨   ⎣ Intra geniculos ramorum natis : CORCHORUS.
      ⎣ Pluribus in summitate caulium & ramorum congestis ; Capsulis
          ⎡ Subrotundis in apicem definentibus : CISTUS.
          ⎨ Pyramidalibus : ASCYRUM
          ⎣ Cylindraceis , pentagonis & quinquevalvibus : FABAGO.
                                                                         Sexcapsu-
```
                                                                                    C

Abb. 7: Ausschnitt aus Christian Knauts *Methodus plantarum genuina* (1716). Die Merkmalsalternativen sind kursiv gesetzt (A) und werden z. T. in normal gesetzten Ausdrücken erläutert (B). Im Falle eines Wechsels des Einteilungsgrundes wird dessen Formulierung durch ein Semikolon gegenüber der vorgängig entwickelten Merkmalsalternative abgesetzt (Pfeil). Die in Großbuchstaben gesetzen Gattungsnamen stehen am Ende der Zeilen (C). Das abgebildete Verzweigungsschema setzt sich nach oben und unten noch über mehrere Seiten fort.

Anzahl, ihrer individuellen geometrischen Gestalt, ihrer Lage in Relation zu anderen Organen und ihrem Größenverhältnis zu anderen Organen adjektivisch charakterisiert werden. Für *Urtica* liest sich eine *natürliche* Kennzeichnung in deutscher Übersetzung so (vgl. Abb. 6):

> **URTICA.*** *Tournef.* 308. *Malp.* 216. *Ceratoides Tournef.* cor.   710
>
>   **. Männliche Blüten.*
> Kel[ch] *Blumenhülse* vierblättrig; *Blättchen* etwas rund, konkav, stumpf.
> Kro[ne] *Blütenblätter* keine.
>   *Nektar* in der Mitte der Blüte, krugförmig, ganz, unten enger, äußerst klein.
> Sta[ubblätter] *Staubfäden* vier, pfriemförmig, von der Länge des Kelches, offen, einzeln zwischen den einzelnen Blättern des Kelches. *Staubgefäße* zweikammrig.
>
>   **.Weibliche Blüten* entweder in derselben oder in einer verschiedenen Pflanze.
> Kel[ch] *Blumenhülse* zweiflügelig, eiförmig, konkav, aufrecht, dauernd.
> Kro[ne] keine.
> Ste[mpel] *Fruchtknoten* eiförmig. *Griffel* keiner. *Narbe* zottig.
> Fru[chthülle] keine. *Kelch* sich schließend [statt einer Fruchhülle].
> Sam[en] ein einziger, eiförmig, stumpf-zusammengedrückt, glatt.

Man sieht sofort, wie die im Sexualsystem zu Anwendung gekommenen Merkmalsunterschiede in einer solchen Gattungsdefinition aufgehoben sind: Sie sind schlicht als Unterschiede benannt, die eben in dieser Gattung bestehen („Weibliche Blküten entweder in derselben oder in einer verschiedenen Pflanze"). Darüber hinaus kann die Eigentümlichkeit *natürlicher* Kennzeichnungen deutlicher gemacht werden, wenn man beachtet, daß Linné noch eine andere Art Kennzeichnung kannte, die er als „künstliche (character factitius)" nannte (allerdings nie selbst für seine Gattungen ausarbeitete). In der Einleitung zu den *Genera plantarum* heißt es zu dieser:

> Die *künstliche* Kennzeichnung legt einer Gattung ein einziges Merkmal bei, durch welches erreicht wird, daß die eine [Gattung] von den übrigen, unter derselben Ordnung aufgeführten [Gattungen] unterschieden wird (und nicht von anderen). Eine derartige Kennzeichnung ist dem Verstand von allen [Kennzeichnungsarten] die leichteste, und ist durch Dichotomien oder synoptischen Tafeln aufgestellt worden, wie

die, die von Ray (in den der Synopsis vorhergehenden Publikationen), Knaut und Kramer geliefert wurden.[69]

Die entscheidenden Stichwörter liefern in dieser Passage die Ausdrücke „Dichotomien (Dichotomiae)" und „synoptische Tafeln (Tabulae synopticae)". Wie ein Vergleich mit den zitierten Werken zeigt, legte Linné selbst eine solche „Dichotomie" oder „synoptische Tafel" im *Systema naturae* vor, nämlich mit dem Verzweigungsschema im *Clavis systematis sexualis*, wobei allerdings ein entscheidender Unterschied zu den Verzweigungsschemata der zitierten Vorgänger besteht: Während Linnés „Schlüssel" nur bis zu einer begrifflichen Bestimmung der Ordnungen führt, reichen die entsprechenden Verzweigungsschemata in den zitierten Werken bis zu den Gattungen (vgl. Abb.7).[70] Einer Gattung ist

---

[69] A.a.O. §16: [8]:

> 16. *Factitius* (15) Character unicam notam generi imponit, qua unum reliquis sub eodem Ordine exhibitis (non ab aliis) distinguere tenetur. Character eiusmodi est intellectu omnium facillimus, & instituitur per Dichotomias seu Tabulas Synopticas, uti a Rajo (in praecedentibus Synopsis editionibus), Knautio, Kramero dati.

Außer der *künstlichen* kennt Linné noch eine „wesentliche Kennzeichnung (character essentialis)", die ebenfalls durch Zuschreibung eines „einzigen", aber „höchst eigentümlichen Merkmals (notam unicam propriissimam)" gewährleistet wird. Er bezweifelt jedoch, „daß man jemals eine wesentliche Kennzeichnung] in allen Gattungen erhalten könne" (a.a.O. §17: [9]). In der kommentierten Fassung der *Fundamenta botanica*, der *Philosophia botanica* von 1751, wird die „wesentliche Kennzeichnung" noch zusätzlich dadurch bestimmt, daß sie „eine Gattung durch eine einziges Merkmal von allen anderen Angehörigen ein und derselben natürlichen Ordnung unterscheidet". Die „wesentliche" Kennzeichnung hängt so aber von der Etablierung *natürlicher* Ordnungen ab, welche ihrerseits, wie ich im Folgenden zeigen werde, nur über *natürliche* Kennzeichnungen zu gewährleisten ist. Die wesentliche Kennzeichnung läßt sich in dem hier interessierenden Zusammenhang daher als Spezialfall der *künstlichen* betrachten: als eine, die wie die künstliche nur einzelne Merkmalsunterschiede berücksichtigt, dies aber unter Voraussetzung einer vollständigen Kenntnis des *Natürlichen Systems* tun kann, wobei zweifelhaft bleibt, ob eine solche je erreicht werden kann. Auf Linnés Klassifikation von Definitionsarten werde ich noch einmal im Abschnitt 9.3 eingehen.

[70] Bei den von Linné sehr ungenau zitierten Werken handelt es sich um RAY *Meth. plant. nov.* (1682), KNAUT *Meth. plant. gen.* (1716) und KRAMER *Tent. bot.* (1728). Knauts Publikation enthält Verzweigungsschemata, wie sie in Abb. 7 wiedergegeben sind, und auch in RAY *Hist. plant.* (1686) eingegangen sind. Auf derartige Darstellungen verzichtete Ray aber in den ab 1690 erschienen Auflagen seiner *Synopsis stirpium britannicorum* (cf. RAY *Synops. stirp. brit.* 1724/1973). Daher zitiert Linné nur die dem Erscheinen dieses Werkes „vorangehenden Publikationen". Kramers Publikation schließlich enthält Verzweigungsschemata,

mit einer *künstlichen* Kennzeichnung folglich ein Merkmal beigelegt, das sich als Alternative zu Merkmalen genau derjenigen Gattungen verhält, die mit der in Frage stehenden Gattung gemeinsam in vorangegangenen Einteilungsschritten von allen anderen Gattungen unterschieden wurden. Entsprechend enthalten *künstliche* Kennzeichnungen – ganz im Gegensatz zu *natürlichen*, in denen Ausdrücke wie „oder", „meist", „vier bis fünf" vorkommen können – auch keine Alternativen. Sie identifizieren eine Pflanze mit einem Merkmal und unterscheiden sie dadurch eindeutig von gewissen anderen, ihr entgegengesetzten Pflanzen, den Trägern der jeweiligen Merkmalsalternativen. In *künstliche* Kennzeichnungen treten Merkmale, kurz gesagt, nur in diagnostischer Funktion.

Im Kontrast zu derartigen Definitionen drängt sich für die *natürlichen* Kennzeichnungen damit aber ein anderes Vorbild auf, als die von Larson und anderen vielfach beschworene *definitio per genus et differentiam* – und zwar ein Vorbild mit dem man auf die unterste der Systemebenen geführt wird, die Linné schlechthin als „natürlich" bewertete: Die „natürlichen" Kennzeichnungen erinnern in ihrem Aufbau an die nach bestimmten Beschreibungsgesichtspunkten (Morphologie der einzelnen Teile der Pflanze, Attribute wie Farbe, Geruch, Geschmack, Lebensraum, medizinische Wirkungen u.ä.) gegliederten Beschreibungen einzelner Pflanzenarten, welche bereits lange vor Linné Eingang in die naturhistorische Literatur gefunden hatten.[71] Tatsächlich ist dies ein Vergleich, den Linné selbst zur Erläuterung der historischen Originalität seiner Gattungsdefinitionen gezogen hat, und zwar in der Einleitung zu einem kleinen Ergänzungsband der *Genera plantarum*, dem *Corollarium generum plantarum* von 1737. Dort heißt es, daß zwischen Linnés *natürlichen* Gattungskennzeichnungen und anderen Definitionen derselbe Unterschied besteht, „wie zwischen den Artbeschreibungen und den Artnamen".

Um die Bedeutung dieses Vergleichs verstehen zu können, muß zunächst die Unterscheidung von *Artbeschreibungen* (descriptio speciei) und *Art-*

---

welche sich laut Titel nach der „tournefort-rivinischen Methode" richten. Diese Schemata sind jeweils getrennt nach „Kräutern, Sträuchern und Bäumen" und nach den Blütemonaten der darin erfaßten Pflanzenarten aufgeführt. Eine Darstellung des Tournefortschen Systems in einem Verzweigungsschema, nämlich VALENTINI *Tournef. contr.* (1715), lag Linnés erstem Unterricht in der Botanik zu Grunde (cf. MALMESTRÖM 1964: 32). Sie kann als das unmittelbare Vorbild für das *Systema naturae* gelten.

71 Zur Geschichte systematisch gegliederter Artbeschreibungen vgl. HOPPE (1978) und JACOBS (1980: 167).

namen (nomen specificum) geklärt werden. In seinen frühen Veröffentlichungen bezeichnete Linné nicht etwa die von ihm erst 1751 eingeführten binominalen Artbezeichnungen als „Artnamen", sondern den Gattungsnamen und kurze Phrasen oder „spezifische Unterschiede (*differentiae specificae*)", die diesem angehängt wurden. Die Phrasen brachten in adjektivischer Erweiterung des Gattungsnamens einzelne Merkmale zum Ausdruck, nach denen sich die bezeichnete Pflanzenart von allen anderen Pflanzenarten derselben Gattung unterscheiden sollte (aber nicht notwendig von Angehörigen irgend einer anderen Gattung). Entsprechend heißt es in den *Fundamenta botanica*:

> 257. Der Artname unterscheidet eine Pflanze von *allen* anderen derselben Gattung (159).

> 258. Der Artname offenbart auf den ersten Blick seine Pflanze, weil er den der *Pflanze selbst eingeschriebenen* Unterschied zu den anderen, derselben Gattung angehörenden [Arten] enthält.[72]

Als Beispiele für solche Artnamen seien hier die angeführt, die im *Hortus cliffortianus* unter den Gattungen *Urtica* und *Betula* aufgeführt sind (zur Verdeutlichung wieder in deutscher Übersetzung; vgl. Abb. 8):

URTICA *g. pl.* 710.
1. URTICA mit kugelförmigen, fruchttragenden Kätzchen. *Androgyn*.
2. URTICA mit ovalen Blättern. *Androgyn*.
3. URTICA mit länglich herzförmigen Blättern. *Zweihäusig*.
4. URTICA mit runden Blättern, beidseitig zugespitzt und unten gepolstert.
5. URTICA mit herzförmig ovalen Blättern und verzweigten, zweireihigen, aufrechten Kätzchen

Diese Beispiele zeigen, daß Linnés Artnamen – wie die Klassen und Ordnungen des Sexualsystems und die *künstlichen* Kennzeichnungen der Gattungen – aus einer Kombination logisch voneinander unabhängiger Merkmalsalternativen gewonnen sind: Bei *Urtica* ergeben sich die spezifischen Unterschiede etwa aus einer Kombination von Merkmalsunterschieden, welche die Verteilung männlicher und weiblicher Blüten,

---

[72] LINNÉ *Fund. bot.* (1736 §257/258: 26):

> 257. Nomen specificum plantam ab *omnibus* congeneribus (159) distinguit.

> 258. Nomen specificum primo intuitu plantam suam manifestabit, cum differentiam (257), *ipsi plantae inscriptam*, contineat.

Zu Linnés Art"namen" cf. STEARN (1959) und LARSON (1971: 132-136).

TETRANDRIA.

URTICA. g. pl. 710.

A 1. URTICA amentis fructiferis globosis. *Androgyna.*
B Urtica ureus pilulas ferens. *Bauh. pin.* 231. diofcoridis femine lini. *Boerb. lugdb.* 2. p. 105.
   Urtica pilulifera, facie urticæ vulgaris, femine lini. *Morif. hift.* 3. p. 435. f. 11. t. 25. f. 5.
   Urtica pilulifera, folio profundius urticæ majoris in modum ferrato, femine magno lini. *Raj. fyn.* 140.
   Urtica romana five mas cum globulis. *Bauh. hift.* 3. p. 445.
   Urtica ureus prior. *Dod. pempt.* 151.
   Urtica romana. *Lob. hift.* 281.
   Urtica prima. *Cæfalp. fyft.* 156.
C α Urtica romana, facie urticæ vulgaris. *Boerb.*
   β Urtica pilulifera, folio anguftiori, caule viridi, balearica. *Boerb.*
   γ Urtica pilulifera, parietariæ facie, femine lini. *Morif. hift.* 3. p. 435.
   Crefcit in pratis Bafileæ; Monfpelii *in fepibus; rarius in* Anglia.

2. URTICA foliis ovalibus. *Androgyna.*
   Urtica foliis ovatis, amentis cylindraceis. *Fl. lapp.* 375.
   Urtica urens minor. *Bauh. pin.* 232. *Morif. hift.* 3. p. 435. f. 11. t. 25. f. 4. *Boerb. lugdb.* 2. p. 105.
   Urtica urens minima. *Dod. pempt.* 152.
   Urtica minor acrior. *Lob. hift.* 182.
   Urtica minor annua. *Bauh. hift.* 2. p. 446.
   Urtica 3 matthioli. *Daiecb. hift.* 1244.
   Crefcit vulgatiffima per Europam *in fimetis & ruderatis.*

3. URTICA foliis oblongo-cordatis. *Dioica.*
   Urtica foliis cordatis, amentis cylindraceis, fexu diftincta. *Fl. lapp.* 374.

   Mas.
   Urtica urens maxima fterilis. *Pont. anth.* 210.

   Fœmina.
   Urtica urens maxima fertilis. *Pont. anth.* 210.
   Urtica urens maxima. *Bauh. pin.* 232. *Morif. hift.* 3. p. 434. f. 11. t. 25. f. 1. *Boerb. lugdb.* 2. p. 105.
   Urtica vulgaris major. *Bauh. hift.* 3. p. 445.
   Urtica urens altera. *Dod. pempt.* 151.

D *Crefcit circa pagos, domos, in ruderatis vulgaris per* Europam.

4. URTICA foliis orbiculatis utrinque acutis fubtus tomentofis.
   Urtica racemifera maxima finarum, foliis fubtus argentea lanugine villofis. *Pluk. amalt.* 212.
   Crefcit in China, *facies tamen americana eft.*

5. URTICA foliis cordato-ovatis, amentis ramofis diftichis erectis.
   Urtica maxima racemofa canadenfis. *Morif. blef.* 323. *Boerb. lugdb.* 2. p. 105.
   Urtica canadenfis racemofa mitior five minus urens. *Morif. hift.* 3. p. 434. f. 11. t. 25. f. 2.
   Verbena botryoides major canadenfis. *Munt. hift.* 784.
   Crefcit in Canada.
   Amenta huic ramofa, difticha, erecta.

MORUS.

Abb. 8: Listen von diagnostischen Art-"namen" für die Gattung *Urtica* aus dem *Hortus cliffortianus* von 1737. Der Art-"name", bestehend aus dem Gattungsnamen in Kapitälchen und der *differentia specifica*, ist jeweils in der ersten, mit einer Ordnungsnummer versehenen Zeile angegeben (A). Es folgt eine Auflistung von synonymen Art-"namen" und entsprechenden Verweisen auf Literaturstellen, an denen diese erwähnt wurden (B), in einigen Fällen noch zusätzlich eine nach dem griechischen Alphabet durchnummerierte Auflistung von Varietäten (C). Zuweilen folgen noch Angaben zur Herkunft der Pflanzenart (D). Über der Artenliste ist der Gattungsname mit der Ordnungsnummer aus den *Genera plantarum* angeführt (Pfeil; cf. Abb. 5). In der Kopfzeile die Klasse des Sexualsystems, zu der die Gattung zu rechnen ist.

MONOECIA. TETRANDRIA. 267

antecedenti Betula, habuere. Ego autem bona fide adfero & contcitor diftinctiffimam ab antecedente effe fpeciem arbufculam noftram, nec vlla ratione eam coniungi debere cum priori.

2. Defcriptio hæc eft:
Radix lignofa, ramofa.
Caules fruticis plurimi, lignofi, virgati, procumbentes, glabri; nigricantes: *Ramis* alternis, longis, anguftis, diffufis.
Folia orbiculata, diametro transuerfali fæpius fuperante longitudinalem, fuperius glabra viridia nitida, inferius pallide viridia, per marginem vndique, excepta bafi, crenis notata. Crenæ hæ funt decem vfque ad quatuordecim, vix æquales, mediæ feu ad apicem folii profundiores, omnes obtufæ. Petiolis propriis vix manifeftis infident folia, & e fingula gemma tria communiter prodeunt, fæpe itidem duo, quatuor vel quinque.
Flores amentacei, erecti, feffiles, femunciales, eodem tempore, quo folia erumpere incipiunt, vigent. *Masculini* compofiti funt, craffitie pennæ anferinæ, *feminini* longe tenuiores, piftillis purpureis notabiles.

➤ Figuram plantæ refpondentem vide Tab. VI. f. 4.

5. Variat admodum hæc planta.
  a. In *Alpibus* lapponicis vix duarum fpithamarum altitudinem attingit, fed vndique ferpit & foliis minutiffimis gaudet, qualia fcilicet in figura exhibentur, eaque magnitudine, qua Tab. VI. a. videre eft.
  b. In fyluis Lapponiæ, Norlandiæ, Smolandiæ, vbi in paludibus crefcit, folia maiora gerit & caules humanæ longitudinis exferit decumbentes; foliorum figuram magnitudine naturali exhibemus Tab. VI. fig. b.
  c. In hortum fuum eandem retulit Cel. S. Th. D. Celfius, vbi, licet in loco ficco, læte viguit, &
folia

Abb. 9: Die Beschreibung der Art *Betula foliis orbiculatis crenatis* aus der *Flora lapponica* (1737). Die Beschreibung ist durch einen Abbildungsverweis ergänzt (Pfeil; vgl. Abb. 14) und in einen Text integriert, der nacheinander die Synonyme, die Entdeckungsgeschichte, die taxonomische Stellung, die Varietäten, die Wuchsorte, die Beziehungen zu anderen Lebewesen und den Gebrauch dieser Art durch die Einwohner Lapplands behandelt.

die Blattform und die Form der *Kätzchen* betreffen.[73] Anders die Artbeschreibung, zu der es in den *Fundamenta botanica* heißt:

> 326. Die Beschreibung wird über eine wahrhafte Entwicklung *aller* äußeren *Teile* der Pflanze erstellt, wobei die Fruchtbildung am wenigsten vernachlässigt wird.
> 327. Die Beschreibung zeichnet in äußerst abgekürzter und dennoch vollendeter Weise sowie allein in Kunstausdrücken, wenn diese hinreichen, die Teile [der Pflanze] nach *Anzahl, Gestalt, Größenverhältnis und Lage* ab.[74]

Eine solche Artbeschreibung ist der *natürlichen* Gattungskennzeichnung insofern analog, als sie nach einem bestimmten syntaktischen Muster (in „wahrhafter Entwicklung" und „nach Anzahl, Gestalt, Größenverhältnis und Lage") Merkmale „aller Teile" zu einem strukturierten Merkmalsensemble zusammenfaßt und nicht – wie im Artnamen bzw. in der *künstlichen* Gattungskennzeichnung – bloß in ihrer diagnostischen Funktion in die Kennzeichnung eintreten läßt. Wie das folgende, aus der *Flora lapponica* stammende Beispiel für zeigt, kann eine solche Beschreibung – wieder in Analogie zur *natürlichen* Gattungskennzeichnung – dabei auch Merkmalsunterschiede umfassen, deren alternatives Auftreten mit Ausdrücken wie „oft", „meist", usf. charakterisiert wird (wieder in deutscher Übersetzung; vgl. Abb. 9):

---

[73] So kennen die *Fundamenta botanica* in Analogie zu den *künstlichen* und *wesentlichen* Gattungskennzeichnungen auch zwei verschiedene Sorten von „Artnamen" (LINNÉ *Fund. bot.* 1736 §289/290: 28):

> 289. Der *synoptische* Artname (288) legt Pflanzen ein und derselben Gattung (159) nahezu dichotome Merkmale auf.
> 290. Der *wesentliche* Artname (288) eröffnet ein einzigartiges, unterscheidendes, seiner Art in jeder Hinsicht eigentümliches Merkmal.
> 289. Nomen specificum *Synopticum* (288) plantis congeneribus (159) notas semidichotomas imponit.
> 290. Nomen specificum *essentiale* (288) notam differentem singularem, suaeque speciei tantummodo propriam, exhibet.

[74] A.a.O. §§ 326/327: 32:

> 326. Descriptio (325) per *omnium partium* externarum plantae veram explicationem (81-85), Fructificatione (86) minime neglecta (92-131), instituitur.
> 327. Descriptio compendiosissime, tamen perfecte, terminis tantum artis (V), si sufficientes, partes depingat, secundum *numerum, figuram, proportionem & situm*.

δ. Die Beschreibung [von der BETULA mit runden, gekerbten Blättern] ist diese:
Wurzel holzig, ästig.
Stämme meist strauchig, aus Ruten bestehend, biegsam, glatt, schwärzlich: *Äste* abwechselnd, lang, schmal, sich ausbreitend.
Blätter rund, mit einem Durchmesser, der die Länge oft überschreitet, oberhalb glatt, grün, glänzend, unterhalb bleich-grün, am Rand beiderseits mit Kerben gezeichnet, außer an der Basis. Diese Kerben sind 10 bis 24 an der Zahl, kaum ebenmäßig, in der Mitte und an der Spitze der Blätter zahlreicher, alle stumpf. Die Blätter sitzen auf ihren eigenen, kaum wahrnehmbaren Blattstielen, und aus einer einzelnen Knospe gehen gewöhnlich drei [Blätter] gemeinsam hervor, oft aber auch zwei, vier und fünf.
Blüten kätzchenartig, aufrecht, festsitzend, ärmlich [semunciales?], sie beleben sich zu derselben Zeit, wie die Blätter hervorzubrechen beginnen. Die *männlichen* sind zusammengesetzt, von der Dicke einer Gänsefeder, die *weiblichen* weitaus zarter, bemerkenswert wegen purpurroter Stempel.

Vor diesem Hintergrund läßt sich nun der Vergleich der natürlichen Gattungskennzeichnung mit der Artbeschreibung im *Corollarium generum plantarum* genauer ins Auge fassen:

Weil nun diese Kennzeichnungen [i.e. die im *Corollarium Genera plantarum* aufgeführten *natürlichen* Kennzeichnungen von Pflanzengattungen] nichts anderes als Beschreibungen der Gattungen sind, wird jedem klar, welcher Unterschied zwischen unseren [natürlichen Kennzeichnungen] und [den Kennzeichnungen] Anderer besteht: Derselbe nämlich, wie zwischen den Artbeschreibungen und den Artnamen; spezifische Unterschiede stellen [im Artnamen] nämlich nur eben so viele Merkmale auf, wie notwendig gebraucht werden, um entdeckte Arten von anderen Arten derselben Gattung zu unterscheiden; wenn sie aber mehr [Merkmale] zulassen, unterläuft ein Fehler. Artbeschreibungen dagegen überliefern alle Unterschiede, die bestehen, so daß die Beschreibung immer unerschüttert bleibt, selbst wenn unzählige neue Arten entdeckt würden, während der Artname, welcher nur die eben bekannten Arten voneinander absondert, sich durch neu entdeckte Arten als unzureichend erweist – um nicht zu sagen, daß die Beschreibung einer Art , wenn sie in sich selbst abgeschlossen ist, die Grundlage für alle unterscheidenden Artnamen enthält. In ähnlicher Weise verhält es sich mit den Kennzeichnungen [der Gattungen], welche wie unsere Beschreibungen sind: Sofern sie abgeschlossen sind, unterliegen sie keiner Veränderung auf Grund zukünftig zu entdeckender, neuer Gattungen, während andere [Kennzeichnungen] –

Linnés Natürliches System 79

welche nicht mehr Merkmale an die Hand geben, als notwendig gebraucht werden, um eine gegebene Gattung von anderen nur eben bekannten [Gattungen] zu unterscheiden – nicht anders können, als durch neu entdeckte, nicht vorausgesehene Gattungen entkräftet zu werden.[75]

Die entscheidende, rhetorisch hervorgehobene Qualität einer *natürlichen* Kennzeichnung betrifft nicht nur ihre innere Struktur, sondern darüber hinaus auch das wechselseitige Verhältnis von Arten bzw. Gattungen, das aus dieser inneren Struktur resultiert: Die *natürliche* Kennzeichnung bzw. Beschreibung einer Gattung oder Art ist nicht nur dadurch ausgezeichnet, daß in sie unterscheidende Merkmale in syntaktisch geregelter Weise eintreten, sondern auch dadurch, daß die Kennzeichnung, wenn dies der Fall ist – „wenn sie in sich selbst abgeschlossen ist" – „die Grundlage für alle unterscheidenden Artnamen enthält". Man kann sich leicht vor Augen führen, wie dies zu verstehen ist: Konfrontiert man ein System von Artnamen bzw. *künstlichen* Gattungskennzeichnungen mit einer Pflanze bzw. -gattung, die als Vertreter einer bisher unbe-

---

[75] LINNÉ *Coroll. gen. plant.* (1737 Lect. bot.: [1]:

> Cum Characteres hi [i.e. die im Corollarium zusammengestellten „characteres naturales"] nil nisi descriptiones generum sint, cuique patet, quae nostros aliorumque intercedat differentia: eadem scilicet, quae specierum Descriptiones cum Nominibus Specificis; Differentiae enim specificae tot modo notas sistunt, quot necessario requirantur ad distinguendas species detectas a congeneribus: si vero plures admittant, culpam incurrunt; descriptiones vero specierum exhibent omnes differentias quae existunt, adeoque persistit inconcussa descriptio semper, licet myriades novarum detegeruntur specierum, dum Nomen Specificum, quod exclusit modo notas species a novis detectis, insufficiens evadit; ne dicam quod descriptio speciei, si in se ipsa perfecta sit, fundamentum contineat omnis differentiae nominis specifici. Pari modo se habent characteres, qui, si uti nostri, descriptiones sunt, nullam subeunt (quatenus perfecti sunt) metamorphosin ob nova detegenda in futurum genera, dum alii, qui non plures notas suppeditant, quam necessaria requirentur ad distinguendam propositum genus ab aliis modo notis, non possunt non deficere, novis detectis, nec praevisis, generibus.

Die zuletzt hervorgehobene Stabilität wird auch in LINNÉ *Gen. plant.* (1737 Rat. op. §18: [9] als „Nutzen und Vorteil (Usus & praerogativa)" der *natürlichen* Gattungskennzeichnungen diskutiert; s. a. LINNÉ *Phil. bot.* (1751 §190: 130). Die terminologisch etwas verwischte Analogie zwischen Artbeschreibung und *natürlicher* Kennzeichnung einer Gattung hat Linné im Kommentar zum §258 der *Philosophia botanica* noch einmal explizit festgehalten: „Die natürliche Kennzeichnung der Art ist die Beschreibung. (Character naturalis speciei est Descriptio)" (a. a. O. § 258: 205).

kannten, „neuen" Art bzw. Gattung beurteilt wird, so wird nur selten der Fall eintreten, daß diese ausgerechnet ein Merkmal trägt, das sich im System bereits erfaßter Arten bzw. Gattungen als eine bislang noch nicht aufgetretene Merkmalsalternative verhält. Häufiger wird einer der beiden folgenden Fälle eintreten: Entweder wird die neue Art bzw. Gattung den dihairetisch gewonnenen Definitionen zu Folge ganz einfach mit einer schon bekannten Art bzw. Gattung zu identifizieren sein, oder sie wird Merkmale aufweisen, die diesen Definitionen gegenüber nicht als Alternative zu bestimmen sind (etwa eine variable Zahl von Staubblättern). In beiden Fällen bliebe die neue Art bzw. Gattung unbestimmt, so daß zu ihrer Bestimmung ein neues, unter Umständen vollständig umgestaltetes System dihairetischer Unterscheidungen zu etablieren wäre. Dihairetisch entwickelte Art- und Gattungsdefinitionen besitzen ihre Unterscheidungskraft ausschließlich im Kontext einer Konstellation bestimmter, einander entgegengesetzter Arten und Gattungen, eben den Trägern jeweiliger Merkmalsalternativen, so daß nicht ausgeschlossen ist, daß sie ihre Unterscheidungskraft gegenüber noch zu entdeckenden, in ihren Merkmalen nicht vorwegnehmbaren Arten bzw. Gattungen verlieren. Eine *natürliche* Kennzeichnung dagegen ordnet einer Art bzw. Gattung der Pflanzen einen Merkmalskomplex zu, der unabhängig von der Unterscheidungskraft der eingehenden Merkmale allein dem Beschreibungsverfahren eigenen Ansprüchen an Wohlgeformtheit und Vollständigkeit zu gehorchen hat ("in sich selbst abgeschlossen" zu sein hat). Auf Grund der daraus resultierenden einheitlichen inneren Struktur *natürlicher* Kennzeichnungen sind die eingegangenen Merkmale allerdings Punkt für Punkt als Alternativen korreliert, so daß die so gekennzeichneten Arten und Gattungen auf ihren jeweiligen Systemebenen allseitig durch Merkmalsalternativen voneinander abgegrenzt sind – und zwar auch gegenüber jeder möglichen neuen Art bzw. Gattung, solange sich diese überhaupt nur der Beschreibung fügt.[76] Erst mit dem Verfahren der *natürlichen* Kennzeichnung kann sich also auf den Ebenen der *natürlichen* Arten und Gattungen der

---

[76] So ist wohl auch die wohl knappste Formulierung der Kennzeichnungsarten zu verstehen, die Linné in einer handschriftlichen Notiz dem § 188 im eigenen Exemplar der *Philosophia botanica* anfügte (LSL, Linn. Coll., *Phil. bot.*):

Die künstliche [Kennzeichnung] unterscheidet durch Synopsis. Die wesentliche durch ein einziges Merkmal. Die natürliche durch alle möglichen.
(Factitius synopsia distinguit. Essentialis nota unica. Naturalis ōibus possibilibus.)

Pflanzen ein Verhältnis des vollständigen, wechselseitigen Ausschlußes stabilisieren und damit die enkaptische Struktur zu tage treten, auf die die binominale Nomenklatur referiert – und gerade nicht in dem Verfahren der *definitio per genus et differentiam*, bei dem Artbezeichnungen immer dann ihre Referenz verlieren, wenn sich Merkmalsalternativen gegenüber neu entdeckten Arten nicht mehr als unterscheidungskräftig erweisen und einer neuen Merkmalskombinatorik weichen müssen.

Ein Punkt bleibt damit noch aufzuklären: Es war schon der Behauptung zu begegnen, daß es Linné nie gelungen sei, *natürliche* Systemeinheiten oberhalb der Gattungsebene anders zu erfassen als in den Klassen und Ordnungen des *Sexualsystems*. Tatsächlich versprachen sowohl das *Systema naturae* von 1735 als auch die *Fundamenta botanica* von 1736, in naher Zukunft „Bruchstücke eines natürlichen Systems (Fragmenta Methodi naturalis)" vorzulegen[77] – als dies jedoch 1738 in den *Classes plantarum* geschah, stellten sich diese „Bruchstücke" als eine bloße Liste von Gattungsnamen heraus, die in durchnummerierte „natürliche Ordnungen (ordines naturales)" gegliedert waren – ohne jeden sichtbaren Versuch, diese *natürlichen* Ordnungen in Definitionen zu kennzeichnen. Bisher ist dieser Sachverhalt so interpretiert worden, daß Linné eine Charakterisierung der *natürlichen* Ordnungen nach einem Verfahren vorschwebte, das demjenigen analog gewesen wäre, das sich in der Konstruktion des Sexualsystems niederschlug, daß ihm dies nicht gelang, und daß er daher mit dem *künstlichen* Sexualsystem als vorläufigem Ersatz für ein irgend wann einmal dihairetisch zu etablierendes *Natürliches System* vorlieb nahm.[78]

---

[77] LINNÉ *Fund. bot.* (1736 §77: 7):

   77. Wir haben vor, Bruchstücke einer Natürlichen Methode vorzulegen.
   (77. Nos naturalis methodi fragmenta exhibere conabimur.)
   (Zum Zitat aus dem *Systema naturae* s. Fußn. 54.)

[78] LARSON (1971: 61-68; vgl. DAUDIN 1926b: 38-40, LINDROTH 1966a: 75-77, STAFLEU 1971: 118-133, CAIN 1993). In diesem Sinne ist v. a. folgende, Aussage Linnés verstanden worden (LINNÉ *Cl. plant.* 1738/1907 Praef.: [2]):

   [..]; es ist eine allgemeine Regel, daß ein künstliches System nur stellvertretend für ein natürliches ist, und daß es dem natürlichen weichen muß, sobald dieses entdeckt ist.
   [..]; perpetuum est, quod methodus artificialis sit tantum naturalis succedanea, nec possit non cedere naturali, si detegeretur.

In einem bestimmten Sinne läßt sich das Sexualsystem auch als Ersatz für ein einmal zu etablierendes *Natürliches System* lesen und so verstehen, warum Linné Klassen und Ordnungen als „Werke der Kunst u n d Natur" bezeichnete: In weiten Teilen des Sexualsystems korrespondiert die Reihenfolge der Gattungen mit der Reihenfolge der Gattungen in den *natürlichen* Ordnungen der „Bruchstücke" (vgl. Abb. 11).[79] Bei diesen Korrespondenzen kommt es manchmal zu einem Spezialfall: eine Klasse bzw. Ordnung des Sexualsystems deckt sich den darunter enthaltenen Gattungsnamen nach vollständig mit einer *natürlichen* Ordnung. *Natürliche* Ordnungen scheinen in diesen Fällen also durchaus erfolgreich durch das dihairetisch erzeugte Sexualsystem bestimmt worden zu sein. Warum setzte Linné in seinen „Bruchstücken" dann aber gänzlich definitions- und namenlose Listen von Gattungsnamen an Stelle der korrespendierenden Klassen und Ordnungen des Sexualsystems?[80] Die Antwort ist einfach: Auch die *natürlichen* Ordnungen waren nicht durch dihairetisch erzeugte Merkmalskombinationen, sondern nur durch *natürliche* Kennzeichnungen zu bestimmen – und solche hat Linné auch tatsächlich vorgelegt, ein Sachverhalt der meines Wissens der Biologiehistoriographie bisher entgangen ist.[81] In den *Genera plantarum* von 1737 finden sich nämlich für jede Einheit des Sexualsystems, die mit *natürlichen* Ordnungen korrespondiert „natürliche Kennzeichnungen", deren Aufbau genau mit dem *natürlicher* Gattungskennzeichnungen übereinstimmt, wobei zusätzlich Anmerkungen beigefügt sind, welche die Natürlichkeit dieser Einheiten noch einmal nachdrücklich behaupten und deren Beziehungen zu anderen *natürlichen* Ordnungseinheiten diskutieren – und zwar wieder, wie bei den *natürlichen* Gattungen, Beziehungen, die entgegen den Unterscheidungen im Sexualsystem

---

[79] CAIN (1995) ist den Korrespondenzen zwischen dem *Sexualsystem* und den verschiedenen Versionen der *Bruchstücke* detailliert nachgegangen, die gleich zu besprechende Existenz *natürlicher* Kennzeichnungen für *natürliche* Klassen und Ordnungen ist allerdings auch ihm entgangen. Dasselbe gilt für HELLER & STEARN (1959: 93-96).

[80] Dieselbe Frage stellt sich angesichts des Sachverhalts, daß Linné für ROYEN *Fl. leyd.* (1740) einen dihairetisch entwickelten *Clavis classium* für „natürliche Ordnungen" erstellte – diesen in seinen eigenen Schriften aber nie reproduzierte (s. HELLER & STEARN 1959: 96 und STAFLEU 1971: 129).

[81] Daß Linné solche Kennzeichnungen in Vorlesungen thematisierte, ist ihr allerdings nicht entgangen; s. SCHUSTER (ed. 1928).

bestehen sollen.[82] Zur Veranschaulichung wieder ein Beispiel in deutscher Übersetzung (vgl. Abb. 10):

---

[82] Damit hängt auch der Sachverhalt zusammen, daß Linné in den *Bruchstücken* nicht die Namen verwendete, die er im Sexualsystem entwickelt hatte. Die Namen für die Klassen und Ordnungen des Sexualsystems brachten die dihairetisch entwickelten Merkmale zum Ausdruck, die sie im Rahmen des Sexualsystem voneinander unterschieden – aber auch nur in diesem Rahmen. An Stelle dieser Namen – bei denen es sich weniger um echte Eigennamen als um den Linnéschen „Artnamen" analoge, „künstliche" Kennzeichnungen handelt – treten in den „Bruchstücken" zunächst bloße Ordnungsnummern, und in LINNÉ *Phil. bot.* (1751: §77: 27-36) schließlich Eigennamen. Wie bei den Gattungen und Arten findet Linnés Nomenklatur auch hier ihr Referenzsystem nur durch die *natürliche* Kennzeichnung. In einem 1737 publiziertem Kommentar zu einem entsprechenden, die Namen der *natürlichen* Klassen betreffenden Aphorismus der *Fundamenta botanica* heißt es in diesem Sinne (LINNÉ *Crit. bot.* (1737 §254: 142):

> Wenn wir künstliche Systeme errichten, nehmen wir nach Belieben irgend einen Grundsatz an, nach dem wir unsere Einteilungen machen, so daß in diesen die Definitionen leicht sind, und daher noch leichter wesentliche Namen [d.h. Namen, die klassen- und ordnungspezifische Merkmale zum Ausdruck bringen]. Aber im Natürlichen System werden die wesentlichen Definitionen sehr viel schwerer aufgestöbert und so auch ihre wesentlichen Namen; ich glaube deshalb, daß bei diesen Namen zu ertragen sind, welche keiner Verbindung mit einem System unterliegen. Von solchen Namen nämlich wird es nicht so sehr viele geben und sie werden nicht nach dem Begriff der Botaniker veränderlich sein, sondern allen dieselben; anders verhält es sich mit hypothetischen und künstlichen Namen.
>
> (Cum Systemata artificialia construimus principium aliquod assumimus pro lubito, secundum quod nostras divisiones facimus, adeoque faciles in his characteres, faciliora proinde nomina essentialia. At in Systemate Naturali longe difficilius & eruuntur essentiales characteres, & eorum nomina essentialia; puto itaque in his perferanda esse nomina, quae nullam cum Systemate servant combinationem. Haec enim nomina non adeo multa erint, nec ex conceptu Botanici mobilia, sed omnibus eadem, aliter se habet cum hypotheticis & artificialibus nominibus.)

(Als Beispiele für die kritisierten Namensbildungen führt Linné im vorangehenden Paragraphen explizit Bezeichnungen aus seinem Sexualsystem an.)

Klasse XIX
SYNGENESIA

SYNGENESIA*. Compositi Tournef. Riv. Raj. Herm. &c.

Die Natürliche Kennzeichnung der EINZELBLÜTE

KELCH. Samenkrone, der Spitze des Fruchtknotens aufsitzend; *siehe Samenkrone*.

KRONE einblütenblättrig, mit äußerst enger, langer *Röhre*, dem Fruchtknoten aufsitzend: *sie ist entweder*

α. RÖHRENFÖRMIG: mit glockenförmigen, fünffach gespaltenem *Blütensaum*: mit zurückgebogen-freien *Zipfeln*.

β. ZUNGENFÖRMIG: mit gestrecktem, ebenem, nach außen gebogenem, mit ganzer Spitze versehenem, drei- oder fünfzähnigem, abgeschnittenem *Blütensaum*.

γ. KEINE: ohne *Blütensaum*, und eine Röhre oft entbehrend.

STAUBBLÄTTER. *Staubfäden* fünf, haarfein, äußerst kurz, dem Hals der Krönchen eingesetzt. *Staubgefäße* ebenso viele, gestreckt, aufrecht, mit den Seiten zu einem röhrenförmigen, fünfgezähnten Zylinder von der Länge des Blütensaums verwachsen.

STEMPEL. *Fruchtknoten* länglich, dem Blütenboden der Einzelblüten unterworfen. *Stempel* fadenförmig, aufrecht, von der Länge der Staubblätter, den Zylinder der Staubgefäße durchbrechend. *Narbe* zweigeteilt, *Zipfel* zurückgebogen, frei.

FRUCHTHÜLLE keine wirkliche, bei einigen freilich eine ledrige *Kruste*.

SAMEN ein einziger, länglich, oft vierkantig [terragonum?], an der Basis oft schmaler.

Gekrönt durch eine SAMENKRONE mit zahlreichen *einfachen*, oder *ausstrahlenden*, oder *verzweigten Speichen*: und diese Samenkrone entweder *aufsitzend* oder kleinen Stämmchen eingefügt.

durch eine kleine BLUMENHÜLSE, oft fünfgezähnt, dauernd.

Der *Krone* beraubt.

ZU BEACHTENDES.

Diese Klasse *ist natürlich, außer daß die letzte Ordnung* [die „Syngenesia monogamia"[83]] *hinzutritt, notwendig an diesem Ort wegen der angenommenen systematischen Grundsätze*.

---

[83] Diese Ordnung wird in den *Genera plantarum* als letzte Ordnung der Klasse *Syngenesia* aufgeführt; die Gattungen dieser Ordnung korrespondieren nur teilweise mit einer der *natürlichen* Ordnungen, und diese ist verschieden von derjenigen, die mit den übrigen Ordnungen der *Syngenesia* im Sexualsystem korrespondiert (vgl. die Angaben in CAIN 1995).

SYNGENESIA.

Claſſis XIX.

SYNGENESIA.

SYNGENESIA *. *Compoſiti* Tournef. Riv. Raj. Herm. &c.
    Flosculi Character Naturalis.
calyx. Corona ſeminis, apici germinis inſidens. *vide ſeminis coronam.*

corolla monopetala, *Tubo* anguſtiſſimo, longo, germini inſidens: *eſt vel*
  α. tubulata: *Limbo* campanulato, quinquefido : *laciniis* reflexo-patentibus.
  β. ligulata : *Limbo* lineari plano, extrorſum verſo, apice integro, tridentato vel quinquedentato, truncato.
  γ. nulla: *Limbo* deſtituta, *tuboque* ſæpe carens.

stamina. *Filamenta* quinque, capillaria, breviſſima, collo corollulæ inſerta. *Antheræ* totidem, lineares, erectæ, lateribus coalitæ in cylindrum tubulatum, quinquedentatum, longitudine limbi.

pistillum. *Germen* oblongum, receptaculo floſculi ſubjectum. *Stylus* filiformis, erectus, ſtaminum longitudine, Antherarum cylindrum perforans. *Stigma* bipartitum, *laciniis* revolutis, patentibus.

pericarpium verum nullum, licet in quibusdam *Cruſta* coriacea.
  semen unicum, oblongum, ſæpe quadragonum, baſi ſæpius anguſtiore.

Coronatum pappo *radiis* plurimis in orbem poſitis *ſimplicibus*, vel *radiatis*,
                vel *ramoſis* : eoque pappo vel *ſeſſili* vel *ſtipiti*
                inſidente.
      perianthio parvo, ſæpe quinquedentato, perſiſtente.
Coronâ deſtitutum.

Abb. 10: Die „*natürliche* Kennzeichnung" der Klasse *Syngenesia*, eine der Klassen des Sexualsystems, deren Gattungen mit denen einer *natürlichen* Ordnung der *Bruchstücke des Natürlichen Systems* weitgehend korrespondiert (vgl. Abb. 11). Neben dem Namen "Syngenesia" ist in der Titelzeile noch der traditionelle Name "Compositi" angegeben. Die darauf folgende *natürliche* Kennzeichnung entspricht ihrer Grundstruktur nach den *natürlichen* Kennzeichnungen der Gattungen (vgl. Abb. 6).

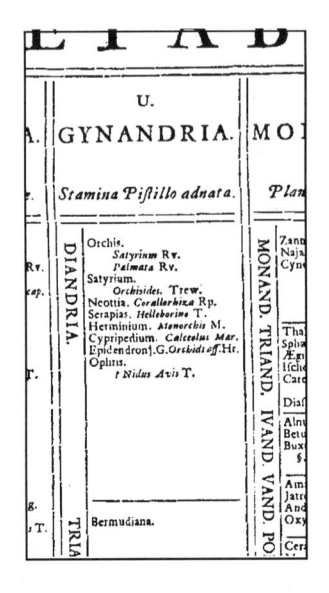

Abb. 11: Eine der Korrepondenzen in der Reihenfolge von Gattungen zwischen einer Ordnung des Sexualsystems (links; Ausriß aus dem *Systema naturae* von 1735) und einer der *natürlichen* Ordnungen aus den *Bruchstücken eines Natürlichen Systems* (rechts; Ausriß aus den *Classes plantarum* von 1738). Unten ist die „natürliche Kennzeichnung" dieser Ordnung aus den *Genera plantarum* von 1737 wiedergegeben.

Man hat es bei der Unterscheidung zwischen dem *Natürlichen System* und den *künstlichen* Systemen, die in Linnés Werk aufzubrechen beginnt, damit definitiv nicht – wie bisher behauptet – mit dem letzten Ausdruck eines Scheiterns der Botanik bei dem Versuch zu tun, intuitiv wahrgenommene Ordnungsbeziehungen begrifflich präzise nach dem Modell der *definitio per genus et differentiam* zu reproduzieren. Die Ordnungseinheiten, die Linné als „natürlich" bewertete, fanden einerseits durchaus ihren begrifflich präzisen Ausdruck in einem System von Artbeschreibungen und *natürlichen* Gattungs- bzw. Ordnungskennzeichnungen, während andrerseits „künstliche" Systemeinheiten (Artnamen, künstliche Gattungskennzeichnungen, sowie das *Sexualsystem*) durchaus in der Lage waren, die Einheit *natürlicher* Arten, Gattungen und Ordnungen dihairetisch zu reproduzieren. Linnés Unterscheidung von „natürlichen" und „künstlichen" Systemeinheiten galt nicht in erster Linie einer epistemologischen Divergenz zwischen Produkten der Intuition und begrifflichen Reflektion; auch nicht einer ontologischen Divergenz zwischen bloß menschengemachten und naturgegebenen, irgendwie „wirklicheren" Einheiten. Sie galt in erster Linie einer funktionalen Divergenz: Dihairetische Klassifikationsverfahren, die immer in *künstlichen* Systemeinheiten resultieren, lassen Merkmale in ausschließlich diagnostischer Funktion in Definitionen eintreten, die Klassifikation durch „natürliche" Kennzeichnung dagegen, welche auf die Etablierung des *Natürlichen Systems* gerichtet ist, läßt ein strukturiertes Merkmalsensemble über die diagnostische Funktion hinaus auch in beschreibender Funktion in Definitionen eintreten. So hieß es dann auch kurz und knapp in der zweiten Auflage der *Genera plantarum* von 1764:

> Die natürlichen Ordnungen gelten von der Natur der Pflanzen. Die künstlichen der Unterscheidung der Pflanzen.[84]

---

84 Linné Gen. plant. 2 (1764: Ord. nat. § 10: [unpag.]):
  Ordines naturales valent de natura plantarum. Artificialis in diagnosi plantarum.

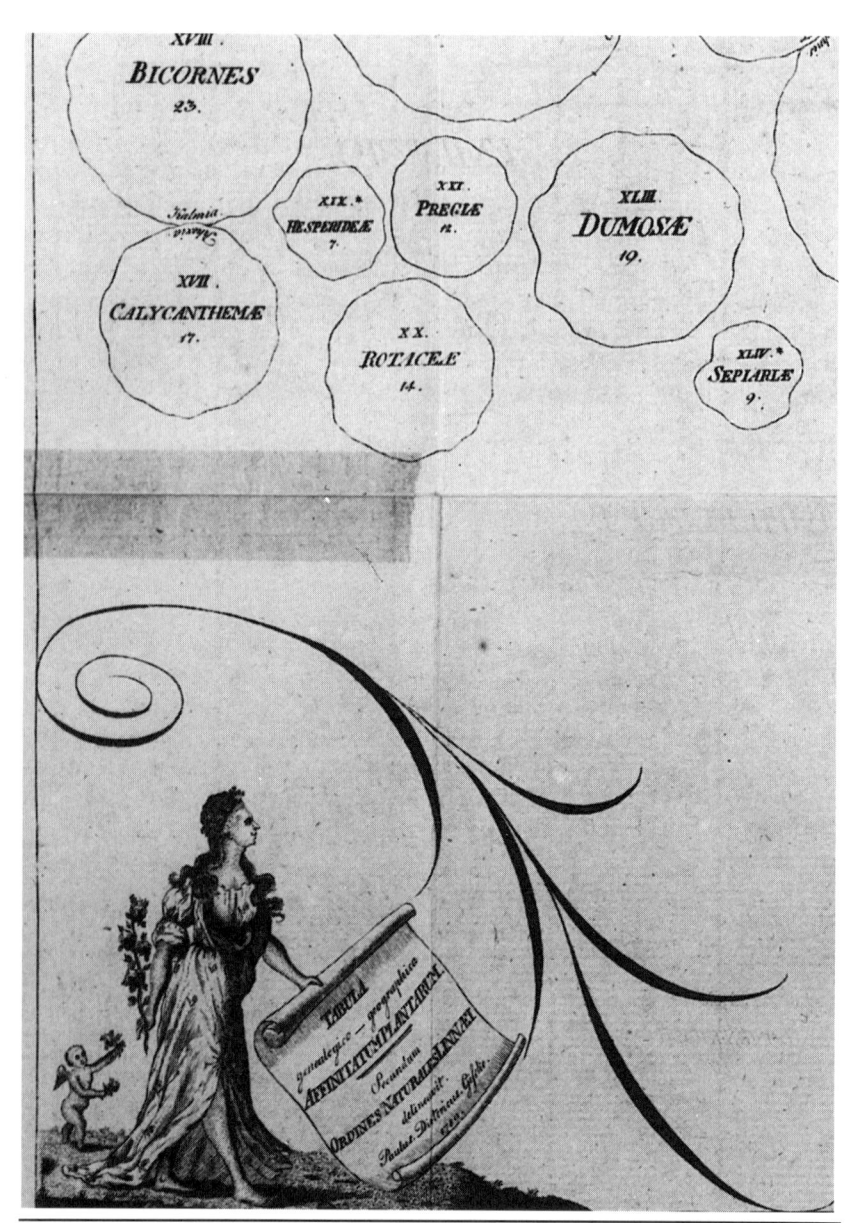

Abb. 12: Die "genalogisch-geographische Tafel der Verwandtschaften der Pflanzen" aus Linnés *Praelectiones in Ordines naturales plantarum* (ed. P. D. Giesecke, 1792). Jede Ordnung ist durch einen unregelmäßig umrandeten Kreis symbolisiert, in dessen Mitte untereinander die Ordnungsnummer, der Name und der Umfang (gemessen an der Zahl enthaltener Gattungen) der jeweiligen Ordnung angeführt ist. Zusätzlich sind an Punkten, an denen sich zwei Ordnungen "berühren", Gattungsnamen am "Rand" beider Ordnungen eingeschrieben.

3. KAPITEL
DAS NATÜRLICHE SYSTEM ALS KARTE

Bisher habe ich mich auf die Betrachtung der besonderen Struktur und Funktion des Linnéschen *Natürlichen Systems* der Pflanzen beschränkt und zwar um nachzuweisen, daß es derart ausgezeichnet weder als Resultat eines jeden Bemühens um Ordnung, noch als Resultat einer seit Mitte des 16. Jahrhunderts bestehenden Tradition der Klassifikation mittels Dihairese zu begreifen ist. Bei dieser Beschränkung konnte die Semantik des *Natürlichen Systems* naturgemäß noch nicht ins Spiel kommen. Gerade in dieser Hinsicht stellt sich nun aber eine entscheidende Frage: Wie konnte die Mannigfaltigkeit der Pflanzen für Linné eine Gestalt annehmen, in der Arten und Gattungen der Pflanzen als wohl gegeneinander abgegrenzte Gegenstände „naturgemäßer" Beschreibung gelten konnten, und nicht als Produkte definitorischer Setzungen? Um Linnés eigene Worte zu wählen: In welchem Sinne läßt sich für seine *natürlichen* Gattungen tatsächlich behaupten, daß „die Gattung die Kennzeichnung zustande bringt und nicht die Kennzeichnung die Gattung", daß „die Kennzeichnung aus der Gattung, und nicht die Gattung aus der Kennzeichnung fließt", und schließlich „daß die Kennzeichnung dazu da ist, daß die Gattung erkannt wird, und nicht, daß sie entsteht"[85]?

---

[85] LINNÉ *Phil. bot.* (1751 §169: 119):

    Scias   Characterem non constituere Genus, sed Genus Characterem.
                  Characterem fluere e genere, non genus e Charactere.
                  Characterem non esse, ut genus fiat, sed ut Genus noscatur.

Dieses Zitat steht Im Kontext von mehreren Aphorismen, die allesamt – in Konsequenz der Ablehnung eines dihairetischen und der Bevorzugung eines *beschreibenden* Verfahrens – vor der ausschließlichen Berücksichtigung bestimmter Merkmalskategorien bei der Erstellung von Gattungskennzeichnungen warnen: „Kennzeichnende Merkmale (Nota characteristica)", welche für die eine Gattung

Nach den Ergebnissen des vorangehenden Kapitels dürfte zumindest eines klar sein: Die Frage nach dem Sinn der zitierten Aussagen wird sich nicht dadurch beantworten lassen, daß man diese erneut im Kontext zeitgenössischer Positionen einer metaphysisch informierten Logik interpretiert. Zwar verglich Linné in einer viel zitierten Passage seiner *Philosophia botanica* die Ebenen seines Systems mit den logischen Kategorien „genus summum, genus intermedium, genus proximum, species" und „individuum" – aber in konkretem Bezug auf seine Entwürfe zu einem *Natürlichen System* bleibt dieser Vergleich weitgehend inhaltslos, indem er einzig und allein auf die darin herrschenden, abstrakten Subsumptionsverhältnisse verweist. Linnés Klassifikation der Pflanzen hat gerade so viel (und so wenig) mit Logik zu tun, wie trivialerweise in jede begriffliche Repräsentation logische Beziehungen einfließen. Sehr viel konkretere Bedeutung erlangt ein anderer Vergleich, den er neben den gerade genannten stellte: „Klasse, Ordnung, Gattung, Art und Varietät" sollen sich in der Botanik nicht nur wie Kategorien der Logik zueinander verhalten, sondern auch wie „Reich, Provinz, Bezirk, Gemeinde und Dorf"; denn dieser Vergleich referiert auf den vollen Reichtum der Ordnungsbeziehungen im *Natürlichen System*: Nach einer weiteren Aussage Linnés weisen im *Natürlichen System* nämlich „alle Pflanzen untereinander wechselseitige Verwandtschaften auf, w i e e i n   G e b i e t   i n   e i n e r   g e o g r a p h i s c h e n   K a r t e"[86].

---

von Wert sind, können für eine andere Gattung von sehr viel geringerem Wert sein (a.a.O. § 169: 119); selten sei eine Gattung zu beobachten, bei der Merkmale „nicht abweichen (non aberrat)" (a.a.O. §170: 121); und auch wenn ein „gattungseigentümliches Merkmal (nota sui generis propria)" nicht in allen Arten einer Gattung auftritt, so habe man sich dennoch davor zu hüten, „mehr Gattungen anzuhäufen (plura genera accumulentur cavendum)" (a.a.O. §172: 122); u. s. w. . (Zu einer Übersetzung und Interpretation dieser Warnungen s. SVENSSON 1945: 288-292; s. a. LINDMANN 1907: 40, LARSON 1971: 72-74 und ERIKSSON 1983: 91/92).

[86] Der zitierte Vergleich der Kategorien des botanischen Systems mit Kategorien „anderer Wissenschaften" findet sich in LINNÉ *Phil. bot.* (1751 §155: 98):

155. Systema (153) Classes per 5 approbiata membra resolvit: *Classes, Ordines, Genera, Species, Varietates.*

Exempla haec illustrant in variis scientiis.

Geogr.	*Regnum*	*Provincia*	*Territorium*	*Paroecia*	*Pagus*
Milit.	*Legio*	*Cohors*	*Manipulus*	*Contubernium*	*Miles*
Phil.	*G. summum*	*Intermedium*	*Proximum*	*Species*	*Individ.*
Botan	*Classis*	*Ordo*	*Genus*	*Species*	*Varietas*

Das System als Karte 91

Ich möchte die Kartenanalogie nutzen, um die Resultate des ersten Teils zusammenzufassen und im Anschluß daran einen neuen Weg zu einem historischen Verständnis der Begründung der eigentümlichen begrifflichen Struktur einzuschlagen, die mit Linnés *Natürlichem System* in der Biologiegeschichte aufzutauchen begann. Zur Hand nehmen läßt sich dazu eine Repräsentation des *Natürlichen System*, die zwar nicht von Linné selbst stammt, aber doch nach Angaben Linnés erstellt wurde, und seine Kartenanalogie soweit ernst nahm, daß sie diese in eine entsprechende Darstellung umsetzte: Die Rede ist von der „Genalogisch-geographischen Tafel der Verwandtschaften der Pflanzen (Tabula genealogico-geographica Affinitatum plantarum)", die 1792 in einer posthum von einem Zuhörer (P. D. Giseke) veranstalteten Ausgabe der Vorlesungen Linnés zu den *natürlichen* Ordnungen der Pflanzen erschien. Zwei Aspekte der Analogie des *Natürlichen Systems* mit einer geographischen Karte lassen sich in Bezug auf diese Darstellung herausarbeiten (vgl. Abb. 12):

Zunächst einmal zeigt die Kartenanalogie, daß es Linné mit dem *Natürlichen System* um die Repräsentation eines Zusammenhangs unter Pflanzen ging, der nicht von der Form einer linear und aufsteigend gedachten *scala naturae* war.[87] Die strukturelle Spezifik dieses

---

Aus der *Philosophia botanica* stammt auch der Vergleich der Ordnungsbeziehungen im *Natürlichen System* der Pflanzen mit denen in einer geographischen Karte (a.a.O. §77: 27):

Plantae omnes utrinque affinitatem monstrant, uti territorium in Mappa geographica.

Daß sich dieser Vergleich auf das *Natürliche System* bezieht, ergibt sich daraus, daß er die Aufforderung erläutert, „daß die Bruchstücke des Natürlichen Systems fleißig zu aufzusuchen sind (Methodi naturalis Fragmenta studiose inquirenda sunt)." KÖRNER (1996: 146) und STEVENS (1994: 27) führen Belege an, nach denen auch Zeitgenossen Linnés seine Systemvorschläge als „Karten" begriffen.

[87] Darauf weisen nicht nur die zahllosen, in LINNÉ *Crit. bot.* (1737) eingestreuten Bemerkungen hin, nach denen es unzulässig sei, Pflanzennamen aus Namen anderer Pflanzen zu bilden, da man eine „Mitte zwischen unterschiedenen Gattungen nicht kenne (Medium inter Genera distincta novi nullum)" (z.B. a.a.O. §224: 29), sondern auch Linnés Kritik an zeitgenössischen Vorstellungen einer *scala naturae* (LINNÉ *Phil. bot.* 1751 §153: 97/98):

Die Natur selbst vereinigt und verknüpft *Steine* und *Pflanzen*, *Pflanzen* und *Tiere*; aber indem sie dies macht, verbindet sie nicht die vollkommensten Pflanzen mit den sogenannten unvollkommensten Tieren, sondern fügt unvollkommene Tiere an unvollkommene Pflanzen [..].

Zusammenhangs habe ich schon deutlich zu machen versucht, und die Analogie zur Karte kann helfen, die Ergebnisse noch einmal zu pointieren: In einer Karte ist jedes dargestellte Element über zweidimensionale Lagebeziehungen mit jedem anderen Element korreliert. Exakt dasselbe Verhältnis ergibt sich für die Einheiten des *Natürlichen Systems* auf seinen jeweiligen Systemebenen: Soweit diese nämlich in *natürlichen* Kennzeichnungen erfaßt sind, sind sie durch Merkmalsidentitäten bzw. -differenzen mit jeder anderen Einheit auf ihrer jeweiligen Systemebene korreliert und nicht nur, wie in dihairetisch entwickelten Klassifikationen, ganz bestimmten anderen Pflanzen – den Trägern jeweiliger Merkmalsalternativen – entgegengesetzt. Man hat diese Struktur bereits vielfach in Worte gekleidet – sie als „eine Ordnung der Differenzen" bezeichnet, in der die „Naturgeschichte einen Raum sichtbarer, gleichzeitiger und begleitender Variablen durchläuft"[88], als eine „netzartige Ähnlichkeitsordnung", die sich „more mathematico" auf die „numerischen, geometrischen und topologischen Dimensionen von Strukturähnlichkeiten konzentriert"[89], als eine „Ordnung der sichtbaren Dinge", reflektiert „in einer Totalität unabhängiger, sprachlicher Zeichen"[90], als einen „Ausdruck der Suche nach einer Mathesis oder universellen Wissenschaft der Messung und der Ordnung"[91]. Aber all diese Explikationen bleiben weitgehend bloße Beschreibungen, solange unbestimmt ist, wie das *Natürliche System* Linnés über konkrete Referenzpunkte in der pflanzlichen Wirklichkeit verankert war – oder, um im Bild zu bleiben, wie Linné die „Karte" zum Reich der Pflanzen über ein System „trigonometrischer Punkte" und ein einheitliches „Projektionsverfahren" in Bezug zu einer (wie auch immer beschaffenen) pflanzlichen „Geographie" setzen konnte. In Gisekes Tafel sind diese Referenzpunkte dargestellt: An Stellen, die für die wechselseitigen

---

Natura ipsa sociat & conjugit *Lapides & Plantas, Plantas & Animalia*; hoc faciendo non connectit perfectissima Plantas cum Animalibus maxime imperfectis dictis, sed imperfecta Animalia & imperfectas Plantas combinat [..].

(S. dazu HOFSTEN 1958: 86-89, LEFÈVRE 1984: 203/204, RHEINBERGER 1986: 240 und JARDINE 1991: 18/19).

88 FOUCAULT (1966: 149).
89 RHEINBERGER (1986: 241).
90 PRATT (1985: 427).
91 LESCH (1990: 83).

Lagebeziehungen unter den kreisförmig dargestellten *natürlichen* Ordnungen konstitutiv sind – nämlich dort, wo sich die „Grenzen" zweier *natürlicher* Ordnungen nahezu oder ganz berühren – tauchen Namen bestimmter Pflanzengattungen auf. Dies weist darauf hin, daß die Kartenanalogie über die zweidimensionale Darstellungsform hinaus reicht: Wie bei einer geographischen Karte die vollständige Korrelation der in ihr dargestellten Elemente nur dadurch gewährleistet ist, daß sie in einem Projektionsverfahren, das durch eine Topologie des geographischen Raumes informiert ist, eine in ihrer Zweidimensionalität nicht zu Tage tretende Tiefendimension findet, so findet auch das *Natürliche System* im Verfahren der *natürlichen* Kennzeichnung eine Tiefendimension, die über die Dimensionen wechselseitiger Merkmalsidentitäten und -differenzen hinaus reicht. Diese Tiefendimension ist im Titel der Tafel Gisekes benannt: Neben der „geographischen" Dimension – den wechselseitigen „Lage"beziehungen unter den *natürlichen Ordnungen* – soll die Tafel eine „genealogische" Dimension besitzen.[92] Das *Natürliche System* ergab sich also nicht aus einer bloßen Konstatierung von Merkmalsbeziehungen unter Pflanzen. (Dann hätte man es ja auch bloß mit einer besonders komplizierten Kombinatorik zu tun.) Es war vielmehr Resultat eines Verfahrens, das eine Theorie voraussetzen konnte, nach der sich Pflanzen „genealogisch" als *natürliche* Arten, Gattungen und Ordnungen zueinander verhalten – was immer dies auch bedeutet haben mag.

Der zweite bedeutsame Aspekt, nach dem sich das *Natürliche System* Linnés mit einer Karte vergleichen läßt, besteht in Folgendem: Wie eine nach einem einheitlichen Projektionsverfahren erstellte, geographische Karte den erfaßten Partien eine Stabilität gegenüber noch nicht erfaßten „weißen Flecken" verleiht, so bleiben auch die durch *natürliche* Kennzeichnungen erfaßten Partien des *Natürlichen Systems* gegenüber noch zu entdeckenden Partien weitgehend stabil. So verstanden ist die „Bruchstückhaftigkeit" des Systemvorschlags von Linné nicht etwa als Dokument eines Scheiterns zu verstehen, sondern in diesem Verfahren von vornherein angelegt: Während es gegenüber einer bestimmten Konstellation schon bekannter Pflanzen möglich ist, eine erschöpfende

---

[92] So enthält Gisekes Mitschrift zur Vorlesung Linnés über die *natürlichen Ordnungen* die einleitende Aussage, daß „die Gattungen durch die Hervorbringung gemacht sind (per Generationem genera facta)" und daß daraus ihre „Verwandtschaft entspringt (oritur affinitas)" (LINNÉ *Prael. ord. nat.* 1792 Introd.: 7), genau das Verhältnis also, das Gisekes Tafel zum Ausdruck bringen soll.

Klassifikation durch Dihairese herbeizuführen, diese Klassifikation aber im Kontext jeder hinzukommenden, bislang unbekannten Pflanze eine vollkommene Entwertung erfahren kann, bewegt sich die Klassifikation der Pflanzen zu einem *Natürlichen System* auf unbekanntem Terrain voran, bleibt so grundsätzlich unvollständig, beweist aber in denjenigen Bestandteilen, die schon erfaßt sind, eine weitgehende Invarianz gegenüber jeder hinzukommenden, bislang unbekannten Pflanze. Wieder im Bild gesprochen: Eine geographische Karte, deren Elemente nur in jeweils besonderen Relationen zueinander erfaßt wären (wie etwa „A befindet sich zwischen C und B"), müßte für ein neu zu erfassendes Element unter Umständen ein vollkommen neues Netz derartiger Relationen etablieren; eine Karte dagegen, in der eine vollständige Korrelation ihrer Elemente durch ein einheitliches Projektionsverfahren gewährleistet ist, bleibt (solange das Projektionsverfahren nur durchgehalten werden kann) in den schon erfaßten Partien auch gegenüber später erfaßten Partien stabil. Die Zwischenräume unter den *natürlichen* Ordnungen in Gisekes „Karte" lassen sich sukzessive auffüllen, ihre (wohl bewußt unregelmäßig gehaltenen) Grenzen schärfer auflösen, ihre wechselseitigen „Lage"beziehungen genauer bestimmen und dies alles, ohne daß das Gesamtbild sich mit diesen Vorgängen jedesmal völlig veränderte. Ebensowenig, wie sich einem kartographischen Verfahren ein Scheitern vorwerfen läßt, wenn es „weiße Flecken" auf der Karte zurückläßt oder gewisse Partien nur in grobem Maßstab auflöst, kann Linné die „Bruchstückhaftigkeit" seines *Natürlichen Systems* als Dokument seines Scheitern vorgehalten werden. Diese Bruchstückhaftigkeit ist das notwendige Resultat eines ins Unbekannte vorstoßenden und prinzipiell abschlußlosen Forschungsprozesses und nicht das Dokument eines Scheiterns bei dem Versuch, bestehendes Wissen ein für allemal begrifflich zu organisieren.[93] Das *Natürliche System* bildet –

---

93 In LINNÉ *Phil. bot.* (1751 §77: 36), heißt es in diesem Sinne ausdrücklich:

Es ist wegen des Mangels der noch nicht entdeckten [Pflanzen], daß es an einer natürlichen Methode fehlt, welche eine Kenntnis der meisten [Pflanzen] vervollkommnen würde; [..].

(Defectus nondum detectorum in causa fuit, quod Methodus Naturalis deficiat, quam plurium cognitio perficiet; [..])

Umgekehrt heißt es in LINNÉ *Gen. plant* (1737 Rat. op. §16: [8/9]), daß eine erschöpfende Klassifikation durch künstliche Gattungskennzeichnungen möglich wäre, „wenn alle in Naturdingen bestehenden Gattungen entdeckt wären (si omnia in rerum naturae existentia Genera detecta essent)", daß künstliche Kennzeichnungen aber dennoch „betrügen und betrogen werden, weil eben nicht

Orientierungshilfe und Darstellung von Resultaten in Einem – die Grenzfläche zwischen dem ab, was über die Mannigfaltigkeit der Pflanzen bekannt, und dem, was noch nicht bekannt ist, und ist damit grundsätzlich beständigen Ergänzungen, Verschiebungen und Korrekturen ausgesetzt. In diesem Sinne bezeichnete Linné das *Natürliche System* auch als das „zuerst und zuletzt in der Botanik Erwünschte (primum & ultimum in Botanicis desideratum)".[94]

Die Analogie zwischen *Natürlichem System* und geographischer Karte führt auf einen Erklärungsansatz zurück, der zu Beginn des zweiten Kapitels nur kurz gestreift wurde, da er sich zunächst als unzureichend erwiesen hatte: Das *Natürliche System* erlangt seine spezifische, begriffliche Struktur zwar nicht schon in dem Versuch, eine in besonderem Maße angewachsene Menge an Informationen zu Pflanzen zu verarbeiten, aber doch in dem Versuch, schon bestehendes Wissen im Kontext einer systematisch-explorativen Erzeugung neuen Wissens stabil zu halten.[95] Und dies beinhaltet nicht nur die Gewährleistung einer Stabilität gegenüber der Entdeckung neuartiger, in ihren Merkmalen nicht vorwegnehmbarer Pflanzen, sondern ebenso sehr die Gewährleistung einer Stabilität gegenüber jeder Art neu hinzukommender Information. Diese Funktion der Ordnungseinheiten des *Natürlichen Systems* gibt sich darin zu erkennen, daß Linné die von ihm etablierten Gattungen als Subjekte in empirischen Aussagen verwendete, unter die ganz verschiedene Pflanzenkonstellationen fallen konnten: Ob er die auf bestimmten Abschnitten seiner naturhistorischen Forschungsreisen angetroffenen Pflanzengattungen aufzählte, ob er ihnen bestimmte pharmazeutische Wirkungsweisen, Lebensräume oder Blütezeiten zuschrieb – immer verhielten sich die Gattungen in diesen durchaus als klassifikatorisch anzusehenden, und gegebenenfalls auch die Form von Klassifikationen annehmenden, empirischen Aussagen als einheitliche, wohl gegeneinander abgegrenzte und durch ihre jeweilige Zusammenstellung völlig unberührte Subjekte. Und genau in einem solchen Kontext – in dem Versuch nämlich, verschiedene Arten von Vieh (Pferd, Kuh, Schwein) über einen gewissen Zeitraum hinweg durch mehrere Studenten beobachten zu lassen, um die Pflanzenarten zu registrieren,

---

alle Gattungen entdeckt sind, noch entdeckt werden können [!] (quae cum detecta non sint, nec esse possint, fallit & fallitur)".

94 LINNÉ *Phil. bot.* (1751 §77: 27; vgl. a.a.O. §163: 101).

95 Zum explorativen Charakter der Naturgeschichte des 18. Jahrhunderts s. PRATT (1992) und OUTRAM (1998).

von denen diese sich ernährten – lag auch, wie hinreichend geklärt ist, der exakt datierbare, historische Ursprung der binominalen Nomenklatur.[96]

Wenn man demnach begreifen will, unter welchen historischen Bedingungen sich das *Natürliche System* der Pflanzen Linnés formierte, so ist man zunächst aufgefordert, diese Bedingungen im Kontext der Tätigkeiten aufzusuchen, die Linnés botanische Forschungspraxis ausmachten: Wie sich die Stabilität schon erfaßter Partien einer geographischen Karte gegenüber noch nicht erfaßten Partien nur im Kontext einer theoriegeleiteten, kartographischen Praxis ergeben kann – und weder in der Anschauung noch im Datenmaterial unmittelbar gegeben ist – so kann sich die Stabilität der *natürlichen* Arten, Gattungen und Ordnungen gegenüber neuen Informationen zur Mannigfaltigkeit der Pflanzen nur im Kontext einer theoriegeleiteten, botanischen Forschungspraxis ergeben. Diese erneute Analogie zwischen geographischer Karte und System weist zugleich auf einen entscheidenden Unterschied hin: Während die Stabilität einer geographische Karte dadurch erreicht wird, daß deren konkrete Lagebeziehungen durch das Projektionsverfahren in abstrakte räumliche Beziehungen aufgelöst werden, ist das *Natürliche System* offenbar Resultat einer anderen Strategie; denn auch wenn es sich als ein räumliches Gebilde denken und (als gezeichnetes oder geschriebenes System) darstellen läßt, so spiegelt es doch in keinem Sinne wirkliche, räumliche Lagebeziehungen unter Pflanzen wieder. Es macht keinen Sinn zu behaupten, daß eine Pflanzenart in einem räumlichen Sinne in „ihrer" Gattung „enthalten" ist. Vielmehr ist es geradezu erklärtes Ziel dieser Strategie, von jeder konkreten und damit immer an Raum und Zeit gebundenen Konstellation verschiedenartiger Pflanzen zu abstrahieren, d.h. Pflanzen als schlechthin verschiedenartig zu kennzeichnen, unabhängig von ihrer Entgegensetzung in bestimmten Konstellationen. Das *Natürliche System* Linnés ist eine „Weltkarte" des Pflanzenreichs, welche von der raum-zeitlichen Differenzierung der pflanzlichen Wirklichkeit vollständig abstrahiert[97]. Und in diesem

---

[96] S. dazu STEARN (1959) und KÖRNER (1996).

[97] Diesen wichtigen Gedanken hat bereits MALMESTRÖM (1926: 132/133), in einer kurzen Bemerkung geäußert:

> [..D]er Zusammenhang, den das System ausdrückt, ist der formelle Zusammenhang alles Lebenden. In ihm folgen Pflanzen und Tiere aus den entlegensten Teilen der Welt und mit sehr verschiedenen Lebensweisen aufeinander. Es ist deshalb ein abstrakter Zusammenhang [..]. Es gibt noch

Abstraktionsprozeß – nicht in einer weit von der Naturgeschichte entfernten Tradition „leeren Wortreichtums und fruchtloser Scholastik"[98] – erlangt es die semantische Tiefendimension, die Gisekes Karte mit dem Wort „genealogisch" belegte, und in der der Grund für die eigentümliche begriffliche Struktur des *Natürlichen Systems* zu finden sein wird.

In den folgenden zwei Teilen wird es mir darum gehen, die angesprochene Abstraktionsleistung als historischen Bedingungskontext für die Begründung eines *Natürlichen Systems* der Pflanzen durch Linné auszumachen, und dies wird zunächst einen weitläufigen Umweg erfordern: Im zweiten Teil wird genau zu rekonstruieren sein, was Linné unter Botanik verstand (und was nicht), um so zunächst die verschiedenartigen Forschungsaktivitäten auseinanderzusetzen, in deren wechselseitigem Zusammenspiel es zu dieser Begründung kam. Erst in dem anschließenden, dritten und letzten Teil werde ich dann eine Interpretation der Klassifikationstheorie Linnés liefern, die nachvollzieht, wie die im zweiten Teil ausgebreiteten Forschungsaktivitäten in der Begründung von Einheiten des Natürlichen Systems zusammenwirkten, um eine reale Abstraktion des Natürlichen Systems von lokalen Pflanzenkonstellationen zu gewährleisten. Es wird mir – um das einmal aufgegriffene Bild zu Ende zu führen – darum gehen, Linné erstmals als Kartographen des Reichs der Pflanzen darzustellen.

---

        einen anderen Zusammenhang der Natur, den konkreten, in dem Tiere und Pflanzen miteinander leben. Dieser kann keinen Ausdruck in der Systematik finden, er muß in der Natur gesehen werden.

[98] Diese aus Karl Poppers *The Open Society and Its Enemies* entlehnte Formulierung verwendet LARSON (1971: 4), zur Charakterisierung der ideengeschichtlichen Tradition, die seiner Auffassung nach Linnés Methode bestimmt haben soll.

TEIL II
THEORIA SCIENTIÆ BOTANICES

DER KONTEXT DES NATÜRLICHEN SYSTEMS

> *Die Bedeutung des Wahlspruchs „Famam extendere factis" des außerordentlichen Mannes, der den Gegenstand vorliegender Schrift bildet, war, daß sich Berühmtheit und Erinnerung von Taten herleiten müssen. Es ist jedoch oft nicht so sehr die Größe der Taten, sondern deren Dauerhaftikeit, wodurch eine langwährende Erinnerung zustande kommt. Wir haben gesehen, daß eine Umwälzung großer Staaten wohl ein ganzes Zeitalter in Staunen versetzen kann, aber wenn sich die Veränderungen nicht erhalten, so sinkt alles mit überraschender Schnelligkeit zurück in die Vergangenheit, und bleibt nur noch als Stoff für den Geschichtsforscher zurück. Eine dauerhaftere Erinnerung hinterlassen die Staatsmänner, welche eine beständige und wohltuende Ordnung der Dinge schaffen, welche fortfährt, an ihre Taten zu erinnern. [...]. Verfasser [...] legen ihre Taten in ihren Schriften nieder, um diese für alle Zeit unverändert an die Nachwelt übergehen zu lassen, und um durch Mittel, welche jetzt unbekannt sind und in der Zukunft eher vermehrt als vermindert werden dürften, eine Ausbreitung zu erfahren, die sie unaustilgbarer machen als jedes Denkmal. Wenn diese Schriften dann auch noch in der Natur – als dem, was Menschen in allen Ländern vor Augen haben – verhaftet oder mit ihr verknüpft sind, so kann es wohl nichts geben, was die Erinnerung an einen Mann mehr aufrecht erhält.*
>
> GÖRAN WAHLENBERG *Linné och hans vetenskap* 1822

Üblicherweise beginnen Untersuchungen zur Klassifikationstheorie Linnés mit einer abstrakten Exposition, die die unterschiedlichen Positionen ausleuchtet, die hinsichtlich des Problems bestanden (oder immer noch bestehen), ob und wie sich eine Klassifikation von Naturdingen überhaupt als eine „natürliche" auszeichnen läßt.[99] Dieses Vorgehen erweist sich als unangemessen, wenn man zur Kenntnis nimmt, daß Linné Klassifikation immer nur für besondere Wissenschaften wie Lithologie, Botanik oder Zoologie thematisierte. Diesen Bezug brachte er in seinem Lehrbuch der Botanik, der *Philosophia botanica* von 1751, zum Ausdruck, indem er die darin enthaltene Darstellung seines Klassifikations- und Benennungsverfahrens mit einem Aphorismus einleitete, nach dem „Klassifikation" und „Benennung" als

---

[99] So etwa SACHS (1875), CAIN (1958) und LARSON (1971; vgl. Abschnitt 2.2). SLOAN (1972) hat den gegen Ende des 17. Jh. aufbrechenden Konflikt um Klassifikationssysteme der Pflanzen als einen Konflikt zwischen „aristotelischen" und „lockeschen" Epistemologien interpretiert, und diesen Konflikt später auf die Auseinandersetzung zwischen Linné und Buffon extrapoliert (SLOAN 1976; s. dagegen BARSANTI 1984).

„doppelte Grundlage der Botanik" zu gelten hätten.[100] Wie sich noch zeigen wird, war diese Funktionalisierung von Klassifikation und Benennung in einer Hinsicht historisch bemerkenswert: Sie erfolgte n i c h t – wie von Michel Foucault und Francois Jacob behauptet worden ist – für eine Botanik, die Linné bloß klassifikatorisch als den eben Pflanzen betreffenden Bestandteil einer einheitlich verfahrenden Naturgeschichte eingrenzte[101], sondern für eine Botanik, die Linné als besondere, empirisch, theoretisch und klassifikatorisch e i g e n s t ä n d i g verfahrende Wissenschaft bestimmte. Erst ein näheres Verständnis von dem, was „Botanik" in diesem Sinne sein sollte – erst ein näheres Verständnis ihres spezifischen Erkenntnisinteresses und der Tätigkeiten, die diesem dienen sollten – wird dazu verhelfen können, den Kontext offenzulegen, in dem er sein *Natürliches System* begründete.

Linnés *Philosphia botanica* bietet umfangreiches Material, um zu einem solchen Verständnis vorzustoßen: In dem gerade zitierten Aphorismus zur „doppelten Grundlage der Botanik" wird auf den vierten Aphorismus dieser Publikation verwiesen, welcher eine Definition der Botanik enthält, die aus einer vorangehenden Klassifikation der

---

[100] LINNÉ *Phil. bot.* (1751 §151: 97):

151. Fundamentum Botanices (4) duplex est: Dispositio & Denominatio.

Die Zahl „4" verweist auf den vierten Aphorismus der *Philosphia botanica*, in dem die *Botanik* definiert wird. In Umkehrung der damit implizierten Lesrichtung, ist dieser Aphorismus zum Anlaß genommen worden, Linné eine Reduktion der Botanik auf Klassifikation und Benennung zu unterstellen. So v. a. LINDROTH (1966a: 81), aber auch SACHS (1875: 95/96), STAFLEU (1971: 33, 66/67), MAYR (1982: 172), ERIKSSON (1983: 78/79), HEYWOOD (1985: 3) und STEMMERDING (1991: 49).

[101] FOUCAULT (1966: 173/174) und JACOB (1970: 83). BARON (1966) hat behauptet, daß es „im Zeitalter Linnés noch nicht die Fächer Botanik und Zoologie im heutigen Sinne gab", sondern nur verschiedene „Disziplinen wie Physik und Naturgeschichte, die sich mit den 'Naturkörpern' der drei 'Reiche' von verschiedenen Gesichtspunkten aus beschäftigten". Zum Beleg führt Baron Buchtitel an, die zur Zeit Linnés geläufig waren, und in denen die Gegenstände der Publikation nur adjektivisch oder durch Genetivkonstruktionen zur Sprache kamen (etwa: „Historia plantarum"). Für Linnés *Philosphia botanica*, deren Titel Baron ebenfalls zum Beleg heranzieht, stimmt diese Behauptung allerdings nur oberflächlich betrachtet: Der vollständige Titel dieser Publikation („Philosophia Botanica in qua explicantur Fundamenta botanica") verspricht, die *Fundamenta botanica* von 1736 zu erläutern, und deren vollständiger Titel spricht die Botanik als besondere Wissenschaft an, indem er ankündigt, „die Theorie der Wissenschaft der B o t a n i k (theoriam scientiae botanices) zu überliefern" (meine Hervorhebung).

Einleitung 103

Wissenschaften entwickelt worden ist. Auf diese ersten vier, als „Einleitung (Introductio)" vom übrigen Text abgehobenen Aphorismen folgt dann das erste Kapitel der *Philosophia*, welches unter der Überschrift „Bibliotheca" eine ausführliche Darstellung der zeitgenössischen Wissensbestände zu Pflanzen enthält. Unter Hinzuziehung von Dokumenten, die in unmittelbarer Beziehung zu den genannten Passagen der *Philosphia botanica* stehen[102], bietet sich damit ein Textkorpus an, in dem Linné systematisch und sachbezogen an den Kontext des seinerzeit überlieferten Wissens zu Pflanzen anknüpfte.

In den vier Kapiteln dieses Teils wird es mir darum gehen, diesen Kontext zu analysieren, und zwar in spezifischer Hinsicht auf die Begründung des *Natürlichen System* der Pflanzen. Von „Kontext" ist dabei in einem ganz bestimmten Sinne die Rede: Es wird mir nicht darum gehen, das ideengeschichtliche oder kulturelle Umfeld nachzuzeichnen, in dem Linnés *Natürliches Systems* entstand[103], sondern darum, die Instrumente und elementaren Operationen botanischer Forschungstätigkeit zu identifizieren, die Linné selbst als solche auswies, und das wechselseitige Verhältnis zu analysieren, in das er diese setzte. Der „Kontext" des *Natürlichen Systems* soll also nicht in dem Sinne offengelegt werden, daß außerhalb seiner eigentlichen Begründung liegende „Einflüsse" identifiziert werden, die seine Formierung bewirkt haben sollen. In gewissem Sinne ist die Begründung des *Natürlichen Systems* vielmehr schon in diesem Teil Gegenstand der Analyse: Die sachlichen Bedingungen, die diese Begründung möglich machten, sollen zunächst in ihrem spezifisch strukturierten Auseinander zur Darstellung kommen, bevor im dritten Teil ihr Zusammenspiel zum Thema wird. Diese Darstellung erfolgt in drei Schritten:

1. Im vierten Kapitel werde ich mich mit Linnés Definition der „Botanik" auseinandersetzen. Dabei wird, wie bereits erwähnt, festzustellen sein, daß diese Abgrenzung nicht einfach durch Festlegung auf einen

---

[102] Dies sind die 1736 publizierten *Fundamenta botanica*, deren Aphorismen meist unverändert in die *Philosophia botanica* übernommen und bloß durch Erläuterungen ergänzt wurden; die ebenfalls 1736 publizierte *Bibliotheca botanica*, die den Text des ersten Kapitels der *Fundamenta* durch umfangreiche Literaturlisten ergänzt; und schließlich erhalten gebliebene Mitschriften zu Vorlesungen Linnés über die *Fundamenta botanica*.

[103] Beides ist in hervorragenden Arbeiten bereits geschehen: Das ideengeschichtliche Umfeld hat MALMESTRÖM (1964) in einer intellektuellen Biographie Linnés nachgezeichnet. Das kulturelle Umfeld hat KÖRNER (1996) herausgearbeitet.

klassifikatorisch eingegrenzten Gegenstandsbereich erfolgte. Sie erfolgte vielmehr durch Festlegung auf einen bestimmten Gesichtspunkt, unter dem die Botanik Pflanzen betrachtet, und der sich von dem Gesichtspunkt unterscheidet, unter dem auch andere Wissenschaften Pflanzen zu ihren Gegenständen haben können. Im Unterschied zur „Physik", wie Linné sie verstand, hat die Botanik Pflanzen nicht als universelle Agenten von Veränderungsprozessen („Werkzeuge") zum Gegenstand, sondern als universelle Naturprodukte („Waren"). Und im Unterschied zur Lithologie betrachtet sie Pflanzen nicht unter dem Gesichtspunkt ihrer stofflichen Zusammensetzung, sondern als sich selbst reproduzierende, organisierte Naturkörper. Auf dieser Ebene, und nur auf dieser, findet sie schließlich auch – im Unterschied zu einer bloß berichtenden „Geschichte" der Pflanzen – ihr eigentümliche Erklärungsgründe.

2. Im fünften Kapitel soll diese Einsicht in die theoretische Autonomie der Linnéschen Botanik dadurch konkretisiert werden, daß die Ausgrenzung von Wissensbeständen zu Pflanzen analysiert wird, die Linné für „nicht eigentlich botanische" Wissensbestände hielt. Dabei wird sich zeigen, daß diese Ausgrenzung argumentativ auf einer Ausgrenzung bestimmter, im Sinne Linnés als „physikalisch" zu bewertender Muster der empirischen und theoretischen Analyse pflanzlicher Wirklichkeit beruhte.

3. Im sechsten Kapitel wird es dann schließlich um die wissenschaftlichen Tätigkeiten gehen, die Linné als Bestandteile „wahrhaft" botanischer Forschungstätigkeit auswies. Die Klassifikation der Pflanzen zu einem *Natürlichen System* wird sich dabei als ein Unternehmen herausstellen, daß den übrigen Tätigkeiten der Linnéschen Botanik weder vorgängig noch von diesen unabhängig war. Vielmehr kam sie in der Verschränkung zweier fundamentaler Momente botanischer Forschungstätigkeit zustande: dem „Sammeln" von Repräsentationen (Zeichnungen und Beschreibungen) und Repräsentanten (lebenden oder getrockneten Pflanzenexemplaren) verschiedener Pflanzenarten einerseits; und der Reflektion des gesammelten Materials über eine Theorie der geschlechtlichen Fortpflanzung der Pflanzen. Das siebte Kapitel zeigt dann zusammenfassend, daß der Ort dieser Verschränkung der botanische Garten war.

4. KAPITEL
LINNÉS WISSENSCHAFTSKLASSIFIKATION

4.1 'Naturwissenschaft', 'Physik' und 'Geschichte'

Linné eröffnete die *Philosophia botanica* nicht voraussetzungslos mit einer Definition der Botanik, sondern schickte dieser Definition eine Klassifikation voraus, bei der es sich auf den ersten Blick um eine Eingrenzung der Gegenstandsbereiche verschiedener Wissenschaften nach einfachen Merkmalsalternativen handelt. In diesem Sinne ist schon der erste Aphorismus zu verstehen, in dem die „Physik (physica)" von der „Naturwissenschaft (scientia naturalis)" unterschieden wird (wobei die folgenden Aphorismen die Botanik als eine Naturwissenschaft kennzeichnen):

> 1. ALLES, was auf der Erde vorkommt, fällt unter den Namen der *Elemente* und der *Naturkörper*.
>
> Die *Elemente* sind einfach, die *Naturkörper* durch göttliche Kunst zusammengefügt.
>
> Die *Physik* behandelt die Eigenschaften der Elemente.
>
> Die *Naturwissenschaft* dagegen die der Naturkörper.[104]

Die Ausdrücke „einfach" und „zusammengefügt", auf die sich die Unterscheidung von Physik und Naturwissenschaft hier bezieht, lassen sich leicht als eine zeitgenössisch verbreitete, den Naturdingen überhaupt[105] zugeschriebene Merkmalsalternative verstehen: Ein Naturding

---

[104] LINNÉ *Phil. bot.* (1751, §1: 1):

> 1. OMNIA, quae in Tellure occurunt, *Elementorum* & *Naturalium* nomine veniunt.
>
> *Elementa* simplicia sunt, *Naturalia* composita arte divina.
> *Physica* tradit Elementorum proprietates.
> *Scientia Naturalis* vero Naturalium.

(„Naturkörper" ist die zeitgenössisch übliche Übersetzung für „Naturalia"; vgl. LINNÉ *Syst. nat.* 1735/1740).

[105] Genauer gesagt, „allem, was auf der Erde vorkommt". Außerdem kennt Linné – wie sich aus einer noch zu besprechenden Textstelle ergibt – eine dritte Klasse von

(etwa eine Pflanzenwurzel) ist entweder „zusammengefügt", indem es sich aus Teilen zusammensetzt, die untereinander und vom Ganzen verschieden sind; oder es ist einfach, indem es sich aus Teilen zusammensetzt, die gleichartig sind. Eine Pflanzenwurzel setzt sich z. B. aus Rinde, Bast, Wurzelästen, Knollen, etc. zusammen und nicht etwa ihrerseits aus Wurzeln, während die in eine Pflanzenwurzel aufgenommene Flüssigkeit in allen ihren Teilen als eben diese Flüssigkeit erscheint.[106] Dennoch muß die nach diesem Kriterium getroffene Unterscheidung vor dem Hintergrund zeitgenössisch üblicher Wissenschaftsklassifikationen als ausgesprochene Merkwürdigkeit gelten: Nicht nur, daß die Ausdrücke „physica" und „scientia naturalis" ethymologisch geradezu synonym sind, der Ausdruck „physica" diente zur Zeit Linnés auch zur Bezeichnung einer Naturlehre, i n n e r h a l b derer zwischen einer „angewandten Mathematik" (*mathesis applicata*, eine Mathematik auf ihre Gegenstände in Anwendung bringende Naturlehre, d.h. vorwiegend Astronomie, aber auch Bereiche der Mechanik und Optik), einer „allgemeinen Naturlehre" (*physica generalis*, eine erklärende Wissenschaft von den Naturdingen im Allgemeinen) und einer „speziellen Naturlehre" (*physica specialis,* eine jeweils besonderen Naturkörpern, etwa Pflanzen, geltende Naturlehre) unterschieden wurde, und der eine bloß berichtende, auf Erklärungen verzichtende Naturgeschichte entgegengestellt wurde.[107] Zu dieser Einteilung liegt Linnés Unterscheidung

---

Naturkörpern, nämlich die Himmelskörper. Das Linné hier nur von N a t u r dingen spricht, ergibt sich aus einer Vorlesungsmitschrift, in der es zur Erläuterung des ersten Aphorismus heißt, daß unter den Naturkörpern „nicht solche Composita verstanden werden sollten, die artifiziell sind, insofern diese nicht Hervorbringungen der Natur sind. ([..]; dock bör ey härunder förstås sådana Composita som äro artificialia, emedan de ey äro producta naturae)" (UUB/D75:D).

[106] In diesem Sinne haben die beiden Ausdrücke eine (auf die Antike zurückreichende) naturphilosophische Tradition gehabt. Bei RAY *Hist. plant.* (1686, lib. I, cap. ii: 3), taucht sie etwa in der folgenden Formulierung auf: „[..W]ir teilen die Teile der Pflanzen ein in einfache und zusammengefügte. Einfach sind solche, die aus Teilen desselben Gewebes und derselben Beschaffenheit bestehen. Zusammengefügt sind solche, welche aus Teilen verschiedener Natur zusammenwachsen. ([..] nos partes plantarum dividemus in simplices & compositas. Simplices sunt quae constant ex partibus ejusdem texturae & constitutionis. Compositae quae ex partibus diversae naturae coalescunt.)" Zur botanischen Tradition dieser Unterscheidung im 16. und 17. Jahrhundert vgl. HOPPE (1976: 40-50).

[107] Derart teilt ZEDLER *Univ.lexikon* (1732-1750/1993ff. Art. Naturlehre: 1148 & 1155) die „Naturlehre" oder „Physik" ein (ähnlich DIDEROT & D'ALEMBERT

von „Physik" und „Naturwissenschaft" vollkommen quer. Und in der Tat ist es wenig einleuchtend, warum es einerseits eine Wissenschaft geben sollte, die sich nur mit den Eigenschaften „einfacher" Naturdinge befaßt und andererseits eine Wissenschaft, die sich nur mit den Eigenschaften „zusammengefügter" Naturdinge befaßt. Denn woraus sollten Naturkörper überhaupt ihre Eigenschaften gewinnen, wenn nicht auch, oder gar wesentlich aus ihrer Zusammensetzung aus „einfachen" Bestandteilen; und wie sollten sich die Eigenschaften der letzteren überhaupt manifestieren, wenn nicht in ihrer Beteiligung an der Zusammensetzung konkreter Naturkörper? Genau diese Aporien wirft eine Textstelle aus der 6. Auflage des *Systema naturae* auf, die der Kommentar zum ersten Aphorismus der *Philosophia botanica* erläuternd zitiert:

> 6. Wenn wir alles insgesamt betrachten, fallen uns drei Gegenstände in die Augen, nämlich: 1. jene weit entfernten *himmlischen* Körper; 2. die überall sich umher bewegenden *Elemente*; 3. jene beständigen Körper, die *Naturkörper*.
>
> 7. Auf unserer Erde kommen, von den drei vorgenannten (6), nur zwei vor; die *Elemente* nämlich, welche zustande bringen; und die *Naturkörper*, welche aus Elementen aufgebaut sind, wenngleich auf eine Weise, die – über die Schöpfung und die Gesetze der Hervorbringung hinaus – unerklärlich ist.[108]

Hier wird die Unterscheidung von *Elementen* und *Naturkörpern* nicht mehr einfach aus einer Merkmalsalternative („einfach" vs „zusammengefügt") bezogen, sondern in einem ersten Schritt aus ihrem jeweiligen Verhalten („überall sich umherbewegend" vs „beständig") und in einem zweiten Schritt aus ihrem wechselseitigen Verhältnis: Während die omnipräsenten, sich ständig in Bewegung befindlichen Elemente schlechthin zustandebringen, sind die beständigen Naturkörper aus

---

Encycl. 1751-1780 die „Science de la Nature"). Zur Verbreitung dieses Physikverständnisses im frühen 18. Jahrhundert s. STICHWEH (1984: 94/95).

[108] LINNÉ *Syst. nat.* 6 (1748 Obs. Regn. III. Nat. §§6 & 7: 210):

> 6. Si universa intueamur, Tria objecta in conspectum veniunt, uti: 1 remotissima illa corpora *Coelestia*; 2 *Elementa* ubique obvolitantia; 3 fixa illa corpora *Naturalia*.
>
> 7. In Tellure nostra, ex tribus praedictis (6), duo tantum obvia sunt; *Elementa* nempe, quae constituunt; & *Naturalia* illa ex elementis constructa, licet modo, praeter creationem & leges generationis, inexplicabili."

In LINNÉ *Syst. nat.* (1735/1740) ist „ubique obvolitantia Elementa" mit „allenthalben sich flüchtig bewegenden Elementen" wiedergegeben. Wörtlich bedeutet „obvolitare" „herumfliegen, herumflattern".

eben diesen Elementen aufgebaut. Linnés Unterscheidung von Physik und Naturwissenschaft ergibt sich so aber nicht mehr aus einer klassifikatorischen Unterscheidung von Gegenstandsbereichen, die nebeneinander bestehende Arten von Naturdingen umfassen, sondern aus einer Unterscheidung von Gesichtspunkten, unter denen sich Naturdinge betrachten lassen: Soweit nämlich die Elemente das Vermögen besitzen sollen, in ihrer Bewegung beständige Naturkörper zustandezubringen, gehen sie auch immer in deren Aufbau ein, so daß sich diese mittelbar durchaus als Gegenstände der Physik behandeln lassen. Aber a l s Naturdinge betrachtet, die aus Elementen aufgebaut sind, sind Naturkörper Gegenstände einer Wissenschaft, die von der Physik verschieden ist, da sich die Art und Weise ihres Aufbaus nicht erklärend auf die daran beteiligten Elemente reduzieren läßt, sondern dazu auf eigentümliche Erklärungsgründe – die „Schöpfung" und „Gesetze der Hervorbringung" – zurückgegriffen werden muß.[109]

Um dies näher zu verstehen, möchte ich genauer ins Auge fassen, was Linné mit „Naturkörpern" und „Elementen" meinte. Zumindest für die Naturkörper macht dies der zweite Aphorismus der *Philosophia botanica* in einfachen Worten klar:

> 2. NATURKÖRPER (1) werden in die drei Reiche der Natur eingeteilt: das *steinerne*, das *pflanzliche*, das *tierische*.[110]

Sieht man von der eigenartigen adjektivischen Formulierung ab (auf die ich zurückkommen werde), so geben sich in diesem Aphorismus schlicht Steine, Pflanzen und Tiere als Gegenstände der Naturwissenschaft zu erkennen. Im Kommentar zum Aphorismus 2 zitiert Linné nun einen Aufsatz, den er 1740 in den Abhandlungen der neugegründeten Akademie zu Stockholm unter dem Titel „Gedanken zur Grundlegung der Ökonomie durch Naturwissenschaft und Physik" publiziert hatte. Dieser Aufsatz greift die Unterscheidung von Elementen und Natur-

---

[109] Linné betonte dieses irreduzible Verhältnis offensiv. So etwa nach der Vorlesungsmitschrift UUB/D75:D, wo es heißt, daß die *Naturwissenschaft* „auf keine Weise mit der Physik vereinigt ist (på intet sätt med Physicen förenad)", aber auch nach LINNÉ *Beskr. Stenr.* (1907: 1) wo es heißt, daß „die [..] Physik [..] keinerlei Grund zu unserem Gegenstand legt (icke lägger någon grund til wårt ämne)".

[110] LINNÉ *Phil. bot.* (1751 §2: 1):
> 2. Naturalia (1) dividuntur in Regna Naturae tria: Lapideum, Vegetabile, Animale.

körpern auf, um anschließend auf das genaue Verhältnis von Naturwissenschaft und Physik einzugehen:

1. Alles, was es auf unserem Erdball gibt, sind entweder Elemente oder Naturkörper. *Elemente* sind einfache Dinge, aber *Naturkörper* sind Körper, die von der allweisen Hand des Schöpfers aus *Elementen* zusammengesetzt sind.

2. Die Wissenschaft, welche die Eigenschaften der *Elemente* an die Hand gibt, wird *Physik* genannt; die aber, welche die Kenntnis der *Naturkörper* lehrt, nennt man *Scientia naturalis* oder Naturkunde.

3. Alle *Naturkörper* verteilen sich auf drei Reiche der Natur: das Steinreich, das Pflanzenreich und das Tierreich. Also verteilt sich auch die Naturwissenschaft auf drei Teile, auf die *Mineralogie*, die Kenntnis von den Steinen, die *Botanik*, die Kenntnis von den Pflanzen, und die *Zoologie*, die Kenntnis von den Tieren, Vögeln, Fischen, Würmern usw.

4. Alle Dinge, deren sich der Mensch zu seiner Notdurft bedienen kann, müssen hier auf dem Erdball zu finden sein, also (1) entweder Elemente oder Naturkörper. Die Elemente können den Menschen weder ernähren noch kleiden, deshalb muß dieser vornehmlich Naturkörper gebrauchen; diese sind jedoch oft an sich roh, außer wenn sie durch die Elemente zubereitet worden sind, zu dem Zweck, den [der Mensch] an ihnen liebt.

5. Die Wissenschaft, die uns die Naturkörper durch die Elemente (4) zu unseren Bedürfnissen anwenden lehrt, wird *Ökonomie* genannt; ausgeschlossen ist also die sogenannte Kameralökonomie.

6. Es ist deshalb die erste und vornehmste Grundlage der Ökonomie, ihren eigenen Gegenstand oder die Naturkörper zu kennen, und die andere Grundlage, die Wirkung und Anwendung der Elemente auf die Körper zu ihren Zwecken zu kennen; also wird alle *Ökonomie* auf zwei Pfeilern errichtet: auf der Physik (2) und auf der Naturwissenschaft (2).[111]

---

[111] LINNÉ *Tanckar* (1740 §§1-7: 411/412):

    1. Alt hwad som finnes på wårt Jordklot, är antingen Elementer eller Naturalier. *Elementer* äro simpla ting, men *Naturalier* äro sammansatte kroppor utaf *Elementer*, genom Skaparens allwisa hand.

    2. Den wetenskap, som gifwer wid handen *Elementernas* egenskaper, kallas *Physique*; men den som lärer kunskapen af *Naturalier*, kallas *Scientia Naturalis*, eller Naturkunnoghet.

    3. Alla Naturalier fördelas i 3 Naturens Riken: Sten-Riket, Wäxt-Riket ock Diur-Riket. Alltså fördelas ock Naturkunnogheten i trenne delar; uti *Mineralogie* Kunskapen om Stenar, *Botanique* Kunskapen om Wäxter, ock *Zoologie*, Kunskapen om Diur, Foglar, Fiskar, Maskar etc.

In diesem Text wird die Unterscheidung von Naturwissenschaft und Physik vertieft, indem auf das unterschiedliche Verhältnis Bezug genommen wird, das diese beiden Wissenschaften zu einer dritten Wissenschaft einnehmen, nämlich zur „Ökonomie", welche die Verfahren lehrt, durch die Menschen ihren Bedarf decken.[112] In diese Verfahren gehen die Gegenstände der Naturwissenschaft in anderer Funktion ein als die Gegenstände der Physik: Erstere stellen die Rohstoffe zur Bedarfsdeckung des Menschen dar, mit Hilfe letzterer verarbeitet der Mensch diese Rohstoffe zu den spezifischen Zwecken seiner Bedarfsdeckung. In der Fortsetzung seines Aufsatzes liefert Linné dann Beispiele für Kenntnisse der Naturwissenschaft bzw. Physik, die in dem von ihm behaupteten Sinne wesentlich für die Ökonomie sind. Für den Fall naturwissenschaftlicher Kenntnisse wird dies in einer langen Liste namentlich benannter Erze, Pflanzen und Tiere realisiert, deren ökonomischer Nutzen jeweils in kurzen Absätzen erläutert wird. Für die physikalischen Kenntnisse wird dieser Auflistung dagegen nur ein einziger, kurzer Paragraph angefügt:[113]

---

4. Allt det som menniskan kan anwända sig til nödtorft, måste wara til finnandes här på Jordklotet; altså (1) antingen Elementer eller naturalier. Elementern kunna hwarken föda eller kläda Menniskan, derföre måste hon förnämligast bruka Naturalier; deße äro dock ofta rå i sig sielfwa, förrän de genom Elementerne blifwit tillagade til det ändamål, hon af dem älskar.

5. Den wetenskap som lärer oß anwända Naturalierne genom Elementerne (4) til wår förnödenhet kallas *Oeconomie*; uteslutas altså den så kallad Cameral-Oeconomien.

6. Är derföre Oeconomiens första och förnämsta grund, at känna sit egit object eller naturalierne, den andra grunden att känna Elementerne wärkan och tilllämpning på kropparne efter sit ändamål; altsa bygges all *Oeconomie* på tvänne pelare: Physiquen (2) och Naturkunnogheten (2).

Vgl. LINNÉ *Syst. nat.* 6 (1748 Obs. Regn. III. Nat. § 9: 210/211).

112 Zu dem zugrundeliegenden Ökonomieverständnis Linnés s. HECKSCHER (1942), KERKKONEN (1959: 35-37), und KÖRNER (1994). Mit „Kameralökonomie" ist die Ökonomie staatlicher Finanzen gemeint.

113 Linnés stiefmütterliche Behandlung der Physik hat ihren Grund darin, daß neben seinem Aufsatz noch ein Aufsatz von C. Polhem erschien, der unter dem Titel „Über den Vorteil der sogenannten Elemente in der Mechanik (Om de så kallade Elementernes Formon och Wärkan i Mechaniquen)" Linnés Aufsatz um den Aspekt des „Nutzens der Physik" ergänzte. Mechanik ist in Polhems Aufsatz im Sinne der Kunstfertigkeit verstanden, Maschinen herzustellen, und der Text diskutiert nacheinander „Vorteil und Wirkung" jedes Elements für diese Kunstfertigkeit. Wie bei Linné kommen die Elemente dabei jeweils als konkrete Naturdinge ins Spiel: „Luft" als der Wind, der Windmühlen, und „Wasser" als

Die andere Grundlage des Ökonomen ist es, daß er die *Physik* versteht, die Wirkung aller vier Elemente auf die Naturkörper kennt und diese [Wirkung] verschärfen oder mildern kann.
Er sollte durch entsprechende Hitze und künstliche Wärme das Klima nachzuahmen wissen, in dem eine Pflanze von selber wächst. Er sollte danach ihre Erdart zubereiten, und danach dieselbe wässern; und somit zu bestimmten Zeiten die Pflanze nach ihrem jeweiligen Alter treiben, genau so wie das Klima in ihrem Vaterland selbst.
Er sollte durch Chemie, Physik und Probierkunst alle Metalle schmelzen, trennen und aufziehen können; Wasser- und Wettermaschinen [für den Bergbau] einrichten; zum Anbau und zur Ernte und aller anderen Landökonomie dienliche Maschinen erfinden.[114]

Für seine Zeit wenig überraschend, gibt dieser Text „Feuer" (in Gestalt von „Hitze" und „Wärme"), „Luft" („Wettermaschinen"), „Wasser" und „Erde" als das zu erkennen, woran Linné bei „Elementen" denkt, und zwar in der jeweils konkreten Form, in der diese einerseits in Gestalt des Wetters an bestimmten Orten der Erde Wirkungen an Naturkörpern zeitigen und andererseits bei der von Menschen in Gang gesetzten

---

der Fluß, der Wassermühlen antreibt, „Erde" als der Erdboden, der durch die von ihm ausgehende Anziehungskraft Uhren in Bewegung setzt, „Feuer" als das durch Entzündung von Schwarzpulver entstehende Feuer, welches durch seine ausdehnende Kraft Geschoße voranzutreiben vermag (POLHEM 1740: passim). Christopher Polhem (1661-1751) galt in Schweden – wie Linné auf dem Gebiet der Naturgeschichte – als die Kapazität auf dem Gebiet der mechanischen Wissenschaften (vgl. LINDROTH 1989 vol. III: 534-544). Beide Aufsätze warben für das Akademieprojekt und bezogen Position in einer Debatte um die Reorganisation des an der Universität von Uppsala gelehrten Fächerkanons, die darin kulminierte, daß staatlicherseits und gegen den Willen der Universität eine Professur für „öffentliche Haushaltslehre (oeconomia publica)" durchgesetzt wurde (a.a.O. vol. IV: 23/24, KERKKONEN 1959: 37 & 67).

114 LINNÉ *Tanckar* (1740 §31: 427/428):

31. Den andra grunden til Oeconomien [wohl für: Oeconomen] är, at han förstår *Physiquen*, wet alla 4 Elementer wärkan på Naturalierne, ock kan dem skärpa eller efterlåta.

Han bör weta genom laglig hetta och Artificiel wärma at imitera det Climat i hwilket örten wäxer af sig sielf. Han bör derefter tilreda des Jordmån, der efter watna den samma; ock således på wißa tider efter Plantans ålder henne genom Elementerne drifwa, lika som sielfwa Climatet i des Fädernesland.

Han bör kunna genom Chemiam Physicam ock Prober=konsten alla Metaller smälta, skilja, upföda; watn ock wäder=machiner inrätta. Uppfinna tienlige machiner til cultur, til bärgning, ock all annan Landt=Oeconomie.

Bearbeitung der Naturkörper zur Wirkung gebracht werden.[115] Diese Analogie von Natur und Kunst läßt nun verstehen, warum sich nach Linné die Elemente zwar als Entitäten verstehen lassen sollen, die wirksam am Aufbau von Naturkörpern beteiligt sind, aber dennoch nicht als hinreichende Erklärungsgründe für diesen Aufbau gelten können: Insofern es sich bei den Elementen um „einfache" Naturdinge handeln soll, können sie jeweils für sich auch nur durch einfache Qualitäten ausgezeichnet sein, d.h. nur durch Eigenschaften, die keinen Bezug auf eine Zusammensetzung aus Teilen nehmen. Soweit die Elemente aber bloß so bestimmt sind, läßt sich aus ihnen heraus auch niemals erklären, in welcher spezifischen Weise sich der unter ihrer Beteiligung zustandegebrachte Naturkörper zusammensetzt. Es ist, in der Analogie zu Artefakten gesprochen, Sache der Intelligenz eines Produzenten – im Falle der Naturkörper eines „allweisen Schöpfers" – die Bestandteile eines Produkts gerade so zusammenzuführen, daß ein seiner Zusammensetzung nach bestimmtes Produkt entsteht, und nicht etwa schon Sache des bloßen Vorhandenseins qualitativ bestimmter Bestandteile. Und ebenso kann sich die spezifische Wirksamkeit eines Elements nur in der „Verschärfung und Abmilderung" seiner Wirksamkeit auf das Produkt äußern, nicht aber in dessen spezifischer Zusammensetzung. So nimmt die einzige Stelle im Werk Linnés in der die Elemente abstrakt charakterisiert werden (die Einleitung zur zehnten Auflage des *Systema naturae* von 1758), ausschließlich Bezug auf einfache Eigenschaften im angegebenen Sinne: Die Definition der Elemente erfolgt dort durch Zuschreibung von Prädikaten, die jeweils der qualitativen Beschreibung einer bestimmten Kategorie von Zuständen an Körpern dienen können – Verhalten zum Licht, Aggregatzustand, Wärme- und Feuchtigkeitsgrad sowie Bewegungszustand – ohne damit irgendetwas über deren Zusammensetzung aus Teilen auszusagen. So weit die Elemente am Zustandebringen von Naturkörpern beteiligt sind, haben sie nach diesen Definitionen das Vermögen, auf die Naturkörper jeweils gewisse einfache Qualitäten zu übertragen, und verändert sich ihr Verhältnis zueinander, so verändert sich der Körper auch hinsichtlich dieser Qualitäten. Die den Elementen zugeschriebenen Prädikate bringen also genau genommen bestimmte Vermögen, Zustände zu bewirken, und nicht Zustände selbst zum Ausdruck. Dies gilt in besonderem Maße von dem Prädikat „belebend (vivificans)", das dem Feuer zugeschrieben wird.[116]

---

[115] Vgl. LINNÉ *Curios. nat.* (1748/1962 §I: 15).

[116] LINNÉ *Syst. nat.* 10 (1758-59, vol. I, Imp. nat.: 6):

Die Physik hat es in Linnés Klassifikation der Wissenschaften demnach mit den Elementen als universalen Agenten von Veränderungsprozessen zu tun, denen *Naturkörper* schlechthin – also unter Absehung von ihrer jeweiligen Spezifik als so und so zusammengesetzten und da und dort vorkommenden Naturkörpern – unterliegen. Die Naturwissenschaft dagegen befaßt sich gerade mit den Naturkörpern als den jeweiligen Produkten der lokal nach Klima und Kultur differenzierten Wirksamkeit der Elemente. Das Verhältnis von Naturwissenschaft und Physik könnte sich demgemäß auf das Verhältnis einer erklärenden „Naturlehre" zu einer „Naturgeschichte (Historia naturalis)" reduzieren, welche über verschiedenartige Naturkörper bloß im Einzelnen und *ad hoc* (d. h. so, wie sie an verschiedenen Orten unter verschiedenen Umständen angetroffen wurden) b e r i c h t e n, auf eine Erklärung ihres Zustandekommens aber verzichten würde. Eine solche Klassifikation der Wissenschaften fand sich zur Zeit Linnés etwa in der *Encyclopedie* Diderots und d'Alamberts: Neben der unter das Vermögen „Raison" gebrachten „Science de la Nature" (mit der schon kennengelernten Binneneinteilung „Metaphysique des Corps, ou Physique generale", „Mathematique" und „Physique particuliere") findet sich die unter das Vermögen „Memoire" gebrachte „Histoire naturelle", zu der der Text ausdrücklich festhält, daß darin „Phänomene" unter Verzicht auf „Erklärung ihrer Ursachen durch Systeme, Hypothesen etc." betrachtet werden. Die Beschäftigung mit Pflanzen ist auf diese beiden Kategorien verteilt, einmal als „Botanique", einmal als „Histoire des Vegetaux". Dabei hatte sich schon im Laufe des 17. Jahrhunderts die Auffassung durchgesetzt, daß Naturgeschichte im genannten Sinne der Naturlehre ihr empirisches Material liefert, und diese Auffassung wurde sowohl von dem einflußreichsten Lehrer Linnés, Hermann Boerhaave, vertreten als auch von Christian Wolff, dessen Philosophie an der Universität Uppsalas zur Zeit Linnés maßgeblich war. Linnés Bezeichnung der Botanik mit „s c i e n t i a naturalis" dürfte also ganz bewußt g e g e n zeitgenössische Auffassungen über

---

ELEMENTA sunt corpora simplicissima [..]:
TERRA *opaca, fixa, frigida, quiescens, sterilis.*
AQUA *diaphana, fluida, humida, penetrans, concipiens.*
AER *pellucidus, elasticus, siccus, obvolitans, generans.*
IGNIS *lucidus, resiliens, calidus, evolans, vivificans.*
Vgl. zu dieser Textstelle MALMESTRÖM (1926: 154-157).

Gliederung und Funktion der Wissenschaften gewählt sein.[117] So heißt es auch in einer Vorlesungsmitschrift:

> Die Botanik wird nun nicht mehr, wie früher, für einen Teil der Geschichte oder der Physik gehalten, welches sie keinesfalls ist; aber bei den Alten konnte sie nicht anders als Geschichte genannt werden, da diese sich nicht um mehr bekümmerten, als ihr Emporkommen zu beschreiben usw. [d.h. darüber zu berichten, wann und wo welcher Art Pflanzen angetroffen wurden]. Auch kann sie nicht ein Teil der Physik sein, denn die Naturwissenschaft ist auf keine Weise mit der Physik vereinigt. Also ist sie eine Wissenschaft, seitdem man nicht allein vom Emporkommen der Botanik weiß und von dem, was allein zur Geschichte gehört, sondern auch nach anderen Eigenschaften der Pflanzen zu suchen begonnen hat.[118]

In der Tat geht Linné in seiner Unterscheidung von Physik und Naturwissenschaft entschieden anders vor als seine Zeitgenossen bei der Unterscheidung von Naturlehre und Naturgeschichte: Er verweist nicht nur auf die Möglichkeit, zu Erklärungszwecken der Naturwissenschaft auf die Annahme einer Schöpfung der Naturkörper zurückzugreifen –

---

[117] Zur Wissenschaftsklassifikation in der Encyclopédie s. JARDINE (1991: 11-17), zu der im 17. Jahrhundert GILLESPIE (1987) und COOK (1991), zu der Boerhaaves PREMUDA (1970), zu der Wolffs STICHWEH (1984: 15/16), zu dessen Wirkung auf schwedische Universitäten FRÄNGSMYR (1972 und 1985). Das Linné diese auf Bacon zurückgehende Wissenschaftsklassifikation auch aus erster Hand kannte, zeigt ein Text Linnés, nämlich LINNÉ *Fauna suec.* (1746 Praef.: 4), auf den im Kommentar zum 2. Aphorismus der Philosophia botanica verwiesen wird, und der aus einer entsprechenden Passage in Bacons *De Digniatate et Augmentis Scientiarum* wörtlich zitiert (cf. Bacon *Works* 1857-1874, vol. 1: 465).

[118] UUB/D75:D: 4/5:

> Botaniquen är nu ey, som tilförne, hållen som en pars historiae elr pars physices, hwilcket hon intet dera är; men hos de gamle kunde hon ey annat kallas än Historia, emedan de ey brydde sig om mer än att beskriva des uppkomst etc. Ej heller kan det wara någon pars Physices, ty Scientia naturalis är på intet sätt med Physicen förenad. Så sedan man icke alenast wet Botaniquens uppkomst, och hwad som endast hörer til historien, utan och börjat leta efter andra örternas egenskaper, så är det en Scientia.

Wie eng die Bedeutung des Wortes „historia" von Linné auf die Beschreibung des „Emporkommens" botanischer Kenntnisse im angegebenen Sinne beschränkt war, zeigt sich darin, daß seine Artbeschreibungen (etwa LINNÉ *Bet. nana* 1743/1749, LINNÉ *Ficus* 1744/1749 und LINNÉ *Peloria* 1744/1787) immer einen mit „Historia" überschriebenen Abschnitt kennen, dessen ausschließliche Aufgabe es ist, in chronologischer Reihenfolge Rechenschaft über die einzelnen Ereignisse abzugeben, durch welche die Pflanzenart Botanikern zur Kenntnis gekommen war.

eine solche Erklärung reproduzierte bloß den *ad hoc* Charakter naturgeschichtlicher Beschreibungen – sondern auch auf die Annahme von Gesetzen, welche die Hervorbringung der Naturkörper regieren. Was auch immer mit diesen „Gesetzen der Hervorbringung" gemeint sein kann – dies wird der nächste Abschnitt klären –, eines steht damit fest: In Linnés Klassifikation der Wissenschaften von der Natur tritt die Botanik in dem Sinne als theoretisch autonome „N a t u r w i s s e n s c h a f t " n e b e n die Physik, als sie zu ihr eigentümlichen Erklärungsleistungen in der Lage sein soll. Physik und Naturwissenschaft sind weder dadurch unterschieden, daß sie es mit verschiedenen, nebeneinander vorkommenden Naturdingen zu tun haben, noch durch Zuweisung verschiedener Funktionen – berichtend vs erklärend – sondern durch die theoretische Form, unter der sie Naturdinge betrachten: Wenn die Physik Naturdinge unter der Form universeller Agenten in Veränderungsprozessen betrachtet, denen Naturkörper schlechthin unterliegen – bildlich gesprochen unter der Form von Werkzeugen – so betrachtet die Naturwissenschaft Naturdinge unter der Form universeller Produkte von Veränderungsprozessen – bildlich gesprochen also unter der Form von Waren. Auf diese Metaphorik wird zu Beginn des nächsten Kapitels zurückzukommen sein, nachdem der folgende Abschnitt das Verhältnis der Botanik zu ihren Nachbardisziplinen Lithologie bzw. Mineralogie und Zoologie geklärt hat.

4.2 Botanik, Lithologie und Zoologie

„Weil sich alle Naturkörper auf die drei Reiche der Natur verteilen", so behauptete Linné in einer schon im vorigen Abschnitt zitierten Passage, „verteilt sich auch die Naturwissenschaft auf drei Teile, auf die *Mineralogie*, die Kenntnis von den Steinen, die *Botanik*, die Kenntnis von den Pflanzen, und die *Zoologie*, die Kenntnis von den Tieren, Vögeln, Fischen und Würmern". Entsprechend erfolgt im dritten und vierten Aphorismus der *Philosophia botanica* die Definition der Botanik über eine Definition ihres Gegenstandsbereichs:

> 3. STEINE (2) wachsen. PFLANZEN (2) wachsen und leben (133). TIERE (2) wachsen, leben und empfinden.
>
> 4. Die BOTANIK ist die Naturwissenschaft, welche die Kenntnis der *Pflanzen (3) lehrt.*[119]

---

[119] LINNÉ *Phil. bot.* (1751 §§3/4: 1):

Dem ersten Anschein nach hat man es auch hier mit einer Unterscheidung der verschiedenen Zweige der Naturwissenschaft nach klassifikatorisch abgegrenzten Gegenstandsbereichen zu tun. Genau besehen nimmt aber Linnés Klassifikation der Naturreiche – im Unterschied zu den im Kommentar zitierten Definitionen der Pflanze, die von Joachim Jungius, Hermann Boerhaave und Christian Gottlieb Ludwig stammen [120] – nicht auf einfache Merkmalsalternativen Bezug, sondern schreibt den unterschiedenen Naturkörpern in sukzessiv engerer Umgrenzung Vermögen zu, bestimmte, komplexe Prozesse zu durchlaufen („zu wachsen, zu leben und zu empfinden"). Das erste und umfassendste dieser Vermögen ist das „Wachstum". Was unter diesem Vermögen genauer – und zwar in speziellem Bezug auf die Steine, denen nur dieses Vermögen eigen ist – zu verstehen sein soll, erläutert der Kommentar zum dritten Aphorismus durch das folgende Zitat aus dem *Systema naturae*:

> Die Hervorbringung der einfachen und zusammengesetzten Steine geschieht durch äußere Aneinanderfügung von Teilchen; und wenn diese durch irgendein mineralisches Prinzip – vermutlich ein salziges und in irgendeiner Flüssigkeit gelöstes – geschwängert werden, nennt man sie Zusammengefügte. Deshalb [gibt es] keine Hervorbringung aus dem Ei im Reich der Steine. Deshalb [gibt es] keine Kreisbewegung

---

3. LAPIDES (2) crescunt. VEGETABILIA (2) crescunt et vivunt (133). ANIMALIA (2) crescunt, vivunt, & sentiunt.

4. BOTANICE est Scientia Naturalis, quae *Vegetabilium* (3) cognitionem tradit.

[120] Diese Definitionen zitiert der Kommentar nicht etwa, um die im Aphorismus gegebene Definition zu erläutern, sondern um in einer abschließenden Bemerkung darauf hinzuweisen, daß die Unterscheidung der drei Reiche der Natur nicht durch einfache Merkmalsalternativen – wie „immer von derselben Form" vs „verschiedene Formen einnehmend" und „an einem Ort festsitzend" vs „Ortsbewegung" – zu gewährleisten ist. Dies machen die warnend angeführten Beispiele deutlich: Entgegen Ludwigs Unterscheidungsversuch – zitiert nach LUDWIG *Inst. Regn. Veg.* (1742 §§8-10: 3/4) – zeigen manche „Mineralien" (Fossilien und Kristalle) artspezifisch beständige Formen. Nach einer Vorlesungsmitschrift hat Linné außerdem gegen Boerhaaves Definition – zitiert nach BOERHAAVE *Hist. plant.* (1731 Prooem.: 3) – eingewendet, daß es freischwimmende Algen gibt, die ihre Nahrung also nicht „aus einem bestimmten anderen Körper, dem sie anhaften", beziehen, sondern unmittelbar aus ihrer Umgebung (UUB/D75:D: 4). Und allen drei Definitionen – Jungius wird nach JUNGIUS *Isagog. phytosc.* (1678 cap. I: 3) zitiert – hält Linné die Beobachtung entgegen, daß einige Tiere (*Balanus*, i. e. die „Entenmuschel" und *Lernea*, i. e. parasitische, in Fischkiemen lebende Krebse; cf. LINNÉ *Syst. nat.* 10 1758-59 vol. I) von sessiler Lebensweise sind, während einige Pflanzen (die Mimose) trotz ihrer Ortsgebundenheit Bewegungsfähigkeit besitzen.

von Säften in Gefäßen, wie in den übrigen Reichen der Natur; deshalb [sind] alle Steine Varietäten.[121]

Das Wachstum wird hier als ein Prozeß der „Hervorbringung (generatio)" erläutert, ein Ausdruck, dem im vorigen Abschnitt in der Behauptung einer explanatorischen Autonomie der Naturwissenschaft zu begegnen war: Das Zustandekommen der Naturkörper könne zwar nicht aus der Tätigkeit der Elemente, aber aus der Schöpfung und „Gesetzen der Hervorbringung" erklärt werden. In speziellem Bezug auf die Steine expliziert die zitierte Textstelle (in zeitgenössisch üblicher Ausdrucksweise) das Wachstum als einen mechanisch-chemischen Prozeß, in dem Partikel zu „einfachen" (aus gleichartigen Partikeln bestehenden) und „zusammengesetzten" (aus verschiedenartigen Partikeln bestehenden) Steinen aneinandergelagert werden, und auf diese dann noch – und zwar durch hinzutretende „Prinzipien", womit die paracelsischen Prinzipien Salz (*sal*), Schwefel (*sulphur*) und Merkur (*mercurius*) gemeint sind – Eigenschaften übertragen werden können, die sich wie kristalline Gestalt, Löslichkeit, Brennbarkeit, Schmelzbarkeit, Geruch, Geschmack nicht aus der bloßen Aneinanderlagerung von Partikeln erklären lassen, insofern sie nämlich einem Naturkörper seiner gesamten, stofflichen Substanz nach zukommen.[122] Auch wenn Linné oft verkürzt davon spricht, daß die Steine aus einer „Aneinanderlagerung von Teilchen" hervorgehen, darf also dabei nicht nur an Prozesse gedacht werden, in denen Partikel aneinandergelagert werden, aber auch keinesfalls an Prozesse, in denen chemische Verbindungen im modernen Sinne eingegangen werden. Der chemische Rahmen für Linnés Minera-

---

121 LINNÉ *Syst. nat.* 6 (1748 Obs. Regn. Lap. §2: 219):

    2. Generatio Lapidum Simplicium & Aggregatorum per appositionem particularum fit; & si hi principio aliquo Minerali, forte salino, in humore quodam soluto, impraegnantur, Compositi dicuntur. Hinc generatio in Regno Lapideo nulla ex ovo. Hinc nulla humorem per vasa circulatio, ut in reliquis Naturae Regnis; hinc omnes lapides varietates.

122 So heißt es in Linné *Cryst. gen.* (1747/1787 cap.III, §vii) zur Kristallisation:

    Wenn aber die Salze vollständig in Wasser gelöst wirken, so bestimmen sie bei der Hervorbringung der Kristalle einerseits die steinbildenden Partikel zu einer bestimmten und ihnen ähnlichen Gestalt, und gehen andrerseits in die Substanz der Steine über.

    (Salia vero quum tantummodo agant soluta, in ipsa Crÿstallorum Generatione, ad certam & sibi conformem figuram particulas lapidescentes determinant, in ipsamque substantiam lapidis abeunt.)

logie liegt ganz in der zeitgenössisch noch vorherrschenden Prinzipienchemie und zeigt insbesondere enge Beziehungen zur Chemie Boerhaaves.[123] Das Wachstum – der allgemeinste Fall des in der Naturwissenschaft explanatorisch relevanten Prozesses der Hervorbringung – wird als ein mechanisch-chemischer Prozeß der stofflichen Zusammensetzung expliziert und der so hervorgebrachte Naturkörper wird durch diesen Prozeß als jeweils besonderer Naturkörper bestimmt (etwa als einfacher oder zusammengesetzter Stein oder als Stein von bestimmter, kristalliner Form).

Dieses Ergebnis und Linnés Nähe zu Boerhaaves Chemie wirft nun allerdings ein Problem auf: Letzterer galten die Elemente als „die vier (universal wirksamen) Werkzeuge der Natur"[124]. Angesichts dessen könnte man glauben, daß Linné in seiner Lithologie versucht, die Hervorbringung der Steine schon im Rückgriff auf die Tätigkeit der Elemente (und gegebenenfalls im zusätzlichen Rückgriff auf „Prinzipien"), d. h. „physikalisch" und nicht „naturwissenschaftlich" zu erklären. Dieser Lesart steht jedoch eine Besonderheit in Linnés Lithologie entgegen: Auch wenn den Elementen in der Hervorbringung der Steine jeweils eine Rolle zugewiesen wird, so beinhalten doch sämtliche „Gesetze der Hervorbringung", wie sie etwa Linnés *Oeconomia naturae* für das Reich der Steine formuliert[125], Hervorbringungsrelationen, bei denen sowohl das hervorbringende als auch das hervorgebrachte Glied konkrete (Ge-)steine sind. Bestimmte Steine entstehen, wie auch immer, immer nur aus bestimmten anderen Steinen, und nie verläßt Linnés Lithologie diese eigentümliche Betrachtungsebene In genauer Analogie zu dem, was ich in diesem Teil meiner Untersuchung noch für Linnés Botanik darstellen werde, reflektiert dieses explanatorische Vorgehen eine nicht auf chemische Operationen reduzierbare Beobachtungspraxis (nämlich eine, die aktuelle Lagerungs- und Transportverhältnisse von Gesteinen und Gesteinspartikeln an der Erdoberfläche berücksichtigt[126]) und resultiert in einer spezifischen Klassifikations-

---

[123] Zu den Positionen der Prinzipienchemie s. KLEIN (1994: 36-56), zu inhaltsreichen und gründlichen Darstellungen von Linnés Mineralogie und Lithologie und ihrem zeitgenössischen, chemischen Hintergrund SVEDMARK (1878) und SJÖGREN (1907).

[124] BOERHAAVE *Elem. chem.* (1732: 30/31 & 50); vgl. METZGER (1930: 199-209).

[125] LINNÉ *Oec. nat.* (1749/1787: 9-15).

[126] S. NATHORST (1907).

weise. Letzteres kam in einer Polemik zum Tragen, die Linné in der zwölften Auflage des *Systema naturae* gegen den Mineralogen Cronstedt richtete. Dieser hatte in offener Opposition zu Linnés Klassifikation des *Regnum Lapideum* eine Klassifikation der Mineralien nach rein chemischen Gesichtspunkten vorgeschlagen.[127] Demgegenüber hob Linné hervor, daß es im „Reich der Steine" eben nicht nur darauf ankomme, den „chemischen Weg" zu verfolgen, der „über zerstörerische Analysen der Steine heraufführt (adscendit per Lapidum destructivas Analyses)", sondern auch den „physischen", „der über die dunklen Hervorbringungen der Steine hinabführt (descendit per Lapidum obscuras Geneses)" und den „natürlichen", „der über die offen zu Tage liegenden Strukturen dahinläuft (excurrit per Lapidum apricas structuras)".[128] Cronstedts System ist – so kann man die Kluft zwischen ihm und Linné auf den Punkt bringen – eine chemische Klassifikation der mineralischen Bestandteile von Gesteinen, Linnés System dagegen eine genetische Klassifikation der immer schon aus mineralischen Bestandteilen zusammengesetzten Gesteine. Und beide sind nicht ohne weiteres ineinander übersetzbar.[129]

Es leuchtet nun ein, daß mechanisch-chemische Prozesse der stofflichen Zusammensetzung auch bei der Hervorbringung von Lebewesen eine Rolle spielen müssen, denn immerhin handelt es sich auch bei diesen um Naturkörper, die in jeweils bestimmter Weise stofflich zusammengesetzt sind. So wird das Wachstumsvermögen ja auch unbelebten und belebten Naturkörpern gleichermaßen zugeschrieben. Dennoch schließen sich an die kurze Erläuterung des Wachstums der Steine im *Systema naturae* drei Folgerungen an, die genau dem zu widersprechen scheinen. A u f G r u n d der erläuterten, den Steinen eigentümlichen Hervorbringung in mechanisch-chemischen Prozessen gebe es bei den Steinen im Unterschied zu den beiden übrigen Reichen der Natur keine „Hervorbringung

---

[127] CRONSTEDT (1758, Inledning)

[128] LINNÉ *Syst. nat. 12* (1766-68 Regn. Lap.: 11).

[129] Vgl. ENGELHARDT (1980). Zur Debatte zwischen Linné und Cronstedt vgl. LINDROTH (1989 vol. III: 393-396) und BERETTA (1993: 96-103). Linnés „Wege" zeigen im Übrigen, wie wenig sich schon seine Lithologie dem Foucaultschen „klassischen Epistem" einfügen läßt, das ALBURY & OLDROYD (1977: 190-192) auch in Linnés System der Steine exemplifiziert sehen wollten. Tatsächlich ist in seinem System jeder der angeführten Steine eben nicht nur durch Strukturmerkmale, sondern durch eine Trias von Definitionen gekennzeichnet, die jeweils Ausdruck der „drei Wege" sind.

aus dem Ei", d e s h a l b auch keine „Kreisbewegung von Säften in Gefäßen" und schließlich seien d e s h a l b „alle Steine Varietäten". Wie ist es zu verstehen, wenn einerseits allen drei Reichen der Natur das Vermögen zugeschrieben wird, den Prozeß der Hervorbringung durch Wachstum zu durchlaufen, andrerseits aber aus der Erläuterung dieses Prozesses für den Fall der Steine die Schlußfolgerung gezogen wird, daß ein grundsätzlicher Unterschied zwischen der Hervorbringung von Steinen und belebten Naturkörper besteht und „deshalb" auch zwischen ihrer jeweiligen Struktur und Klassifikation?

Um dies verständlich zu machen, muß ich weiter ausholen und mich dem Zitat zuwenden, das der Kommentar zum dritten Aphorismus der *Philosophia botanica* anführt um zu erläutern, in welchem Sinne „Pflanzen leben". Bei der zitierten Textstelle handelt es sich um die ersten vierzehn Paragraphen einer Dissertation, die 1746 unter Linnés Vorsitz entstand und den Titel „Begattungen der Pflanzen (Sponsalia plantarum)"[130] trug. Nachdem der erste Paragraph zu verstehen gegeben hat, daß es in dieser Schrift darum gehen soll, die dem „ersten Augenschein als unpassend und paradox (primo adspectu absonum & paradoxon)" erscheinende Behauptung zu verteidigen, daß „Pflanzen nicht anders leben als Tiere (plantas non secus atque animalia vivere)", nimmt der zweite Paragraph die folgende Definition tierischen Lebens vor:

> Was das Leben der Tiere sei, scheint zwar niemandem verborgen zu sein; die wahrhafte Definition desselben schulden wir jedoch Harvey. Dieser hat nämlich als erster den Kreislauf des Blutes entdeckt, und nicht ohne Verdienst geäußert, daß das Leben in diesem bestehe. Wir stimmen dieser Meinung bei und definieren das Leben über die selbsttätige Forttreibung von Säften.[131]

---

[130] Die Übersetzung des Titels folgt der 1776 entstandenen deutschen Übersetzung dieser Dissertation.

[131] LINNÉ *Spons. plant.* (1746/1749 §II: 332):

> Vita animalium quid sit, licet neminem latere videatur; veram tamen ejus definitionem Harvaeo debemus. Hic enim circulationem sanguinis primus detexit vitamque in ea consistere haud immerito adseruit. Nos ejus sententiae adstipulati, vitam per propulsionem spontaneam humorum definimus.

Der folgende dritte Paragraph gibt verkürzt Willam Harveys Experimente wieder und erläutert, warum Linné in seiner Definition etwas von der Harveys abweicht (*propulsio* statt *circulatio*): Nach den Experimenten von Stephen Hales lasse sich nicht mehr behaupten, daß ein Kreislauf von Säften in Pflanzen stattfände, sondern nur, daß der durch die Wurzel eingetretene Saft im Stamm emporsteige

Dieser Definition schließt sich dann im vierten Paragraphen der Nachweis an, daß auch Pflanzen im Sinne der gegebenen Definition leben. Dieser Nachweis folgt einem bestimmten argumentativen Muster: Sechs Erscheinungen, die Linné für offenkundige Lebenserscheinungen ausgibt, werden nacheinander als Äußerungen der „selbsttätigen Forttreibung der Säfte" bestimmt – die „Ernährung (nutritio)" als „Heranführung von Säften (propulsio humorum)"; das „Alter[n] (aetas)" als eine „Vielzahl von Veränderungen (innumeras mutationes)", welche damit endet, daß der Körper im „Greisenalter austrocknet (senectutis exsiccatam)"; die „Bewegung (motus)" als Ausdruck einer „inneren und eigentümlichen Bewegung durch selbsttätiges Vorantreiben von Säften (motus proprius & internus a propulsione spontanea humorum)"; die „Krankheit (morbus)" als ein „Dürsten unter Hitze (in nimio aestu sitiunt)" und „Erfrieren durch Kälte (nimio frigore)"; der „Tod (mors)" als ein Zugrundegehen unter „Hunger, Durst, Hitze (fame, siti, aestu)"; die „Anatomie (anatomia)" als Zusammensetzung des Körpers aus „Fasern, Häutchen, Röhren, Gefäßen, Luftbläschen (fibras, membranas, canales, utriculos, tracheas)"; und schließlich der „organische Bau (organismus)" als eine Ausstattung des Körpers mit „Drüsen (glandulas)", in denen Säfte „ausgeschieden (secerni)" und „zubereitet (praeparantur)" werden. In jedem dieser Fälle wird dann an Beispielen nachgewiesen, daß diese Lebenserscheinungen auch den Pflanzen zukommen.[132] Ginge es mit dieser Argumentation darum, die Frage zu klären, was überhaupt Leben ausmacht, so könnte ihr eine Zirkularität und eine Heterogenität der unter sie gebrachten Einzelargumente nicht abgesprochen werden[133]; tatsächlich liefert sie aber eine einheitlich begründete, positive Antwort auf die aufgeworfene Frage, ob Pflanzen in eben demselben Sinne leben wie Tiere: Sie tun dies in dem Sinne, daß sie wie Tiere derart aus Gefäßen und in diesen vorangetriebenen Säften zusammengesetzt sind, daß sie bestimmte, den Pflanzenkörper als Einheit betreffende und in ihrer Spezifik nicht auf äußere Bewegungsanstöße reduzierbare („selbsttätige") Bewegungen durchlaufen können, wobei (im Falle der Pflanzen) diese Bewegungen die Veränderungen betreffen,

---

und dann „durch die Ausdünstung der Blätter verfliegt (per transpirationem foliorum in auras egredi)" (cf. HALES Veg. Stat. 1727/1969).

132 LINNÉ Spons. plant. (1746/1749) §IV: 333-339, passim).

133 Den Vorwurf der Zirkularität hat SACHS (1875: 104-106) erhoben, während FOUCAULT (1966: 174) Linnés Explikation des Lebens als Klassifikation ansonsten heterogener Erscheinungen unter den Begriff des Lebens auffaßt.

die Pflanzen in ihrem durch Ernährung bewerkstelligten, individuellen Wachstum durchlaufen. Über seine Zusammensetzung aus „Gefäßen" und „Säften" hinaus schreibt Linné dem Pflanzenkörper also einen Funktionszusammenhang in diesen Bestandteilen zu, welcher erst die Lebendigkeit der Pflanze ausmacht. Pflanzen sind wie Tiere Naturkörper, die als „hydraulische Maschinen" organisiert sind.[134] Dieser im weitesten Sinne mechanistische Lebensbegriff hat eine versteckte Entsprechung in der Definition des Reichs der Pflanzen in der *Philosophia botanica*. Dort zitiert Linné nämlich eine Definition der Pflanze von Hermann Boerhaave, nach der die Pflanze ein „organischer Körper" ist. Was damit gemeint ist, erläuterte Boerhaave selbst folgendermaßen:

> Es [ist] aber ein organischer Körper einer, der aus deutlich verschiedenen Teilen zusammengefügt ist, welche hydraulische organische Körper genannt werden, weil sie nämlich feste Gefäße haben, welche Flüssigkeiten enthalten, und so hängen die Tätigkeiten dieser Teile wechselseitig voneinander ab; so wie z.B. der menschliche Körper, der nicht einfach ist, sondern aus verschiedenen Teilen vereinigt ist, welche so untereinander zusammenhängen, daß die Bewegung von allen zugleich und in Verbindung miteinander gemacht wird.[135]

In der Fortsetzung der Erläuterung pflanzlichen Lebens in den §§5-14 der *Sponsalia plantarum* zeigt sich nun eine Parallelität zu der Erläuterung des Wachstums der Steine im *Systema naturae*: So, wie beide Erläuterungen zunächst Bezug auf die Zusammensetzung der Steine (aus

---

[134] Zum Lebensbegriff Linnés vgl. NORDENSKIÖLD (1923) und BROBERG (1975: 14-17). Ansätze zu einer Theorie der Lebenserscheinungen finden sich in zwei späten Schriften Linnés und in beiden Fällen werden belebte Körper ausdrücklich als „hydraulische Maschine (machina hydraulica)" angesprochen (LINNÉ *Syst. nat.* 12 1766-68, vol.I, Regn. anim.: 15; LINNÉ *Clavis* 1766/1907: 163).

[135] BOERHAAVE *Hist. plant.* (1731 Prooem.: 3):

> Erat corpus Organicum ex diversis planè partibus compositum, quae corpora organica vocavere hydraulica, quae habent solida nempe vasa, quae continent humores, & sic harum partium actiones ab invicem dependent, sic v.g. corpus humanum, quod non est simplex sed conflatum ex diversis partibus inter se cohaerentibus, ut fiat motus ab omnibus simul junctis.

In der Vergangenheit – „Erat corpus.." – redet Boerhaave, da er eine angeblich seit langem bestehende Definition des Ausdrucks „corpus organicum" referiert. Die Quelle nennt er allerdings nicht. Linnés Lebensbegriff ist, wie dieses Zitat seines einflußreichen Lehrers zeigt, zu seiner Zeit nicht originell gewesen (vgl. SUTTER 1988: 81-112). Wenig verbreitet war allerdings tatsächlich die Auffassung, daß Pflanzen in demselben Sinne leben wie Tiere (DELAPORTE 1983: 33-82).

Partikeln und gegebenenfalls Prinzipien) bzw. Pflanzen (aus Säften und Gefäßen) nehmen, schließen sich auch bei beiden Schlußfolgerungen an, welche die Hervorbringung und die Klassifikation der Steine bzw. Pflanzen betreffen. Zunächst referiert Linné im fünften Paragraphen eine traditionelle Unterscheidung von Arten der Hervorbringung von Lebewesen:

> Es ist wohlbekannt, daß die Alten eine doppelte Hervorbringung gelehrt haben, nämlich die *mehrdeutige* und die *eindeutige*. Diese fände statt, so sagten sie, wenn irgend etwas aus seinem eigenen Ei, oder einer Mutter, hervorgebracht werde; jene aber, oder die mehrdeutige, wenn Lebewesen zufällig und aus einer ungeordneten Vermischung von Teilchen hervorgebracht werden.[136]

Anschließend wendet er sich dann mit dem folgenden Argument gegen die Möglichkeit einer „mehrdeutigen" Hervorbringung von Lebewesen:

> Es müßte derjenige bei gesundem Kopf mit einem leeren Hirn ausgestattet sein, der das Abgeschmackte der mehrdeutigen Hervorbringung nicht einsehen kann, wenn er einen so kunstvoll zusammengesetzten, mit Tausenden von Kanälen und Strömungen ausgestatteten Körper sieht, daß kein Mechaniker unter den Sterblichen, selbst der vollkommenste nicht, diesen Bau durchschauen und noch viel weniger nachahmen könnte, und dennoch weiterhin beharrlich davon faseln zu können glaubt, dies alles sei zufällig und durch eine ungeordnete Bewegung von Teilchen zusammengebracht. Hieraus würde nämlich folgen, daß ständig neue Arten sowohl der Tiere als auch der Pflanzen aufträten, was wir jedoch weder irgendwo gelesen noch beobachtet

---

[136] LINNÉ *Spons. plant.* (1746/1749 §V: 339/340):

> Veteres duplicem formasse generationem, *aequivocam* scilicet & *univocam*, res est notissima. Hanc locum habere dicebant, quando aliquid ex proprio ovo, aut matre, producitur; Illam vero, seu aequivocam, dum fortuito, & ex confusa particularum commixtione generarentur viventia.

Wenn hier von einer „zufälligen (fortuito)" Bewegung die Rede ist, so bedeutet dies nicht, daß sich für diese Bewegung keine Bewegungsursache angeben lassen soll – tatsächlich nennt die 1750 erschienene schwedische Übersetzung der *Sponsalia plantarum* an dieser Stelle Bewegungsursachen, nämlich „Feuer, Fäulnis oder Gärung (fyra, förrutnelse eller gäsning)" (LINNÉ *Spons.plant.* 1746/1750: 22) –, sondern daß sich im Sinne einer „u n g e o r d n e t e n" Bewegung keine Ursache für einen Funktionszusammenhang verschiedener Bewegungen angeben läßt. Die zitierte schwedische Übersetzung veranstaltete der Respondent der Dissertation, und zwar unter Anleitung Linnés (cf. Th. M. Fries in LINNÉ *Skrifter* 1907 vol. IV: 103).

haben. Es würde folgen, daß keine Schlußfolgerung von der Gattung auf die Art gälte.[137]

Dieses Argument gewinnt seine Überzeugungskraft nicht daraus, daß es sich auf empirisch evidente Prämissen stützt, sondern daraus, daß es zunächst den Mangel an Erklärungskraft deutlich zu machen versucht, den die mehrdeutige Hervorbringung in Hinsicht auf einen spezifischen Erklärungszweck haben soll: Das Zusammentreten von „Teilchen" in Folge „ungeordneter Bewegungen" sei allein nicht in der Lage zu erklären, daß ein daraus entstehendes Produkt den für Lebewesen spezifischen Funktionszusammenhang seiner Bestandteile aufweist (eine „k u n s t v o l l e Zusammensetzung und Ausstattung mit Tausenden von Kanälen und Strömungen").

Diese Ablehnung der mehrdeutigen Hervorbringung als Erklärung für die Entstehung eines lebendigen Pflanzenkörpers hat nun Konsequenzen für die Hervorbringung von Naturkörpern durch den Wachstumsprozeß: Linné unterscheidet A r t e n des Wachstums, wobei eine entsprechende Passage aus einer Vorlesungsmitschrift zeigt, daß er diese Arten stufenweise aufeinander bezog:

> [Die Steine] sind solche Hervorbringungen der Natur, die von den Elementen zusammengeballt oder ohne einen Organismus des Samens oder Eis, wie bei den lebenden Dingen im Pflanzen- und Tierreich, koaguliert sind, und sie sind deshalb ohne Leben. Sie sind durch irgendeine Aneinanderfügung oder ein äußeres Zusammenhängen von Teilen hervorgebracht und zusammengewachsen, die Pflanzen dagegen durch eine innere Aneinanderfügung der Teile durch Adern und Flüssigkeiten und die Tiere [durch eine innere Aneinanderfügung der Teile] durch innere Empfindung.[138]

---

[137] LINNÉ *Spons. plant.* (1746/1749 §V: 340/341):

> Capite sane, cerebro vacuo, gaudeat, necesse est, qui absurditatem generationis aequivocae capere nequeat, quando videat, tam artificiose compositum, tamque multis millibus canalium & meatuum adornatum, ut Mechanicus nullus, perfectissimus licet, mortalium, fabricam hanc perscrutari, multo minus imitari queat, veluti tamen de industria allucinaturus credit, haec omnia fortuito & ex motu particularum confuso esse conflata. Hinc enim sequeretur, ut novae semper species cum animalium, tum plantarum, occurrerent, quas tamen nec legimus, nec observavimus unquam. Hinc nulla valeret argumentatio a generibus ad species.

[138] INNÉ *Beskr. Stenr.* (1907: 9):

Bei der Hervorbringung der Pflanzen und Tiere handelt es sich zwar durchaus, wie bei den Steinen, um einen Prozeß der „Aneinanderfügung von Teilen", aber dieser ist als „innere Aneinanderfügung" nur durch das den Pflanzen und Tieren eigentümliche Vermögen zu leben, d. h. nur durch das Vermögen zum Transport von „Flüssigkeiten" in „Adern" zu bewerkstelligen. (Und das Wachstum der Tiere ist durchaus, wie bei den Pflanzen, eine innere Aneinanderfügung von Teilen, aber seinerseits nur durch das den Tieren eigentümliche Vermögen der „Empfindung" zu bewerkstelligen; sie finden ihre Nahrung eben nicht in ihrer unmittelbaren Umgebung vor, sondern müssen sie erst ergreifen). Für die Hervorbringung der Pflanzen und Tiere gilt damit aber, daß nur bereits Lebendiges (und mithin bereits Organisiertes) wieder Lebendiges hervorbringen kann, und zwar weil die Hervorbringung von Lebewesen auf der Seite des Hervorgebrachten immer der Integration von Teilen in einen Funktionszusammenhang bedarf (eben einer „inneren Aneinanderfügung der Teile"), und damit auf der Seite des Hervorbringenden immer eine Einheit voraussetzt, die in Hinblick auf diese Integrationsleistung organisiert ist (eben einen „Organismus des Samens oder Eis"). Die Hervorbringung der Steine kann im Unterschied dazu bereits hinreichend in einem Wachstumsprozeß erklärt werden, bei dem verschiedene stoffliche Bestandteile ohne Integration zu einem Funktionszusammenhang („irgendwie" und bloß „äußerlich") zusammengebracht werden. So gliederte sich auch die ausführlichste Klassifikation der drei Reiche der Natur in Linnés *Fauna suecica* von 1746 nach Stufen der „Künstlichkeit", wobei eine jeweils höhere Stufe in den Prozessen ihrer *Hervorbringung* die jeweils niedere „verzehrt", „zubereitet" und „sich anverwandelt", Steine also stofflich in das Reich der Pflanzen, und Pflanzen in das Reich der Tiere übergehen:

> Das ganze REICH DER STEINE machen Körper aus, deren Teilchen entweder zufällig zusammengesetzt oder zufällig abgetrennt worden sind, und deren rohe Masse die Natur nicht künstlicher zubereitet hat.

> Thesse äro sådane naturens producter, som äro hopgytrade af elementer eller coagulerade utan någon organismus af frö eller ägg, som de lefwande tingen uti wäxtriket och diurriket, och äro fördenskul utan lif. De äro genererade och hopwäxte per appositionem qvandam. S. cohaerentiam partium externam. Däremot wäxter blifwa per appositionem internam per venas et humores, och diuren per sensationem internam.

> Die Vorlesung hielt Linné 1747/1748 privatim, auf der Grundlage der zweiten Auflage des *Systema naturae* (Benedicks in LINNÉ *Beskr. Stenr.* 1907: iii).

Der äußerst kleine Samen der PFLANZEN, irgendeiner Masse des Reichs der Steine beigemischt, bereitet jene gröberen, ihm anverwandelten Körper so zu, daß sie edler hervorgehen; deshalb erweisen sich die Pflanzen als künstlicher als die Steine.
Das Ei irgendeines Tierchens, zufällig unter Pflanzen ausgeschieden, verzehrt und anverwandelt sich dieselben und bereitet sie zu einem noch größerem Kunstwerk; so daß im Pflanzenreich die groben, erdigen Teilchen zuerst zuzubereiten sind, bevor sie im Reich der Tiere als zu edleren Kunstwerken taugliche hervorgehen; deshalb sind die Tiere vorzüglicher als die Pflanzen.[139]

Damit resultiert aber auch die Unterscheidung der Naturwissenschaften nicht aus einer Unterscheidung nebeneinander bestehender Gegenstandsbereiche, denn auch Pflanzen und Tiere können – gewissermaßen auf „lithologischer" Ebene – als Naturprodukte von bestimmter, stofflicher Zusammensetzung betrachtet werden. In dieser Betrachtungsweise käme allerdings gerade das nicht in den Blick, was ihnen a l s Lebewesen eigentümlich sein soll. Botanik und Zoologie haben aber eben – nach der Definition dieser Wissenschaften – Pflanzen und Tiere als lebende Naturkörper zu ihrem Gegenstand.[140] Entsprechend formulieren

---

[139] LINNÉ *Fauna succ.* (1746 Praef.: [1]):

> Universum REGNUM LAPIDEUM constituunt corpora, quorum particulae fortuitu vel concretae vel segregatae sunt, & quorum rudem massam artificiosius non instruxit natura.
> Minutissimum PLANTAE semen, massae cuidam Lapidei Regni immistum, rudiora corpora illa sibi assimillata sic instruit, ut nobiliora evadant; itaque Plantae plus artificii arguunt quam Lapides.
> Ovum ANIMALCULI cujusdam, forte inter plantas exclusum, easdem corrumpit, assimilat & majori adhuc artificio instruit; Ut adeo crudae particulae terrestres Regni lapidei in Regno Vegetabili prius instruendae sint, quam in Regno Animali nobilioris artificii capaces evadant; itaque Animalia plantis sunt excellentiora.

> Diese Gliederung der Natur nach Organisationsstufen ist wohl auch dafür verantwortlich, daß Linné die drei Reiche der Natur adjektivisch als „steinernes", „pflanzliches" und „tierisches Reich" charakterisisert, und den Ausdruck „Reich" nicht in seine Hierarchie taxonomischer Kategorien (Klasse, Ordnung, Gattung, Art und Varietät) einordnet. Eine ähnliche Kennzeichnung der drei Reiche als aufeinander bezogener Organisationsstufen findet sich in Linné *Curios. nat.* (1748/1962 §II: 18-31).

[140] Das allen drei Reichen der Natur scheinbar gemeinsame Merkmal zu wachsen, hat Linné mit der 10. Auflage des *Systema naturae* dann auch fallengelassen. Dort findet sich vielmehr eine klare Zweiteilung in belebte und unbelebte Naturkörper nach der Alternative „zusammengehäuft (congesta) – organisiert (organisata)"

die *Sponsalia plantarum* auch nur „Gesetze der Hervorbringung", bei denen sowohl Hervorbringendes als auch Hervorgebrachtes immer schon organisiert sind – Pflanzennachkommen gehen immer aus konkret organisierten Samen hervor („Omne vivum ex ovo") und Samen werden immer im Bestäubungsakt unter geschlechtsdifferenzierten, ausgewachsenen Elternpflanzen hervorgebracht („Nullum ovum ante foecundationem")[141] –, während sie sich ausdrücklich agnostisch gegenüber den Stoffwechselprozessen verhalten, in denen sich diese Relationen realisieren.[142] Die Hervorbringung von Pflanzen findet ihre Erklärung ausschließlich auf der Ebene von Erscheinungen, die ich als Ebene ihres g e n e a l o g i s c h e n Zusammenhangs bezeichnen möchte, insofern in jedem Abschnitt des Hervorbringungsprozesses auf Seiten des Hervorbringenden wie auf Seiten des Hervorgebrachten schon konkret organisierte Naturkörper stehen, und diese als Glieder der Hervorbringungsrelation immer durch konkrete, den Gesamtkörper betreffende Bewegungsabläufe (Wachstum und Bestäubungsakt) vermittelt sind. Die Botanik Linnés betrachtet Pflanzen ausschließlich als ihrer Form nach sich selbst reproduzierende Naturprodukte, wobei sie von den Stoffwechselprozessen, in denen sich diese Reproduktion realisiert, komplett absieht.[143]

(LINNÉ *Syst. nat.* 10 1758-59 vol. I, Imp. Nat.: 6); so auch eine eigenhändige Anmerkung zum Aphorismus 3 in Linnés Exemplar der *Philosophia Botanica* (LSL Phil. bot.) Es deutet sich schon hier der – nach JACOB (1970: 100) – „radikale Schnitt" an, nach dem im Übergang zur Biologie am Ende des 18. Jahrhunderts Naturkörper nicht mehr in drei, sondern nur noch in zwei Reiche – belebt und unbelebt – eingeteilt wurden.

[141] Die beiden Behauptungen *Omne vivum ex ovo* und *Nullum ovum ante fecundationem* werden in LINNÉ *Spons. plant.* (1746/1749 §§ V-X bzw. XI-XIV: 339-350), in dem angegebenen Sinne diskutiert: Die Organisation des Eis bzw. Pflanzensamens in „partes continentes" und „partes contentae" legen die §§VII-IX dar, indem sie die Organisation der Bohne mit der eines Hühnereis analogisieren. Auch die der Produktion eines fruchtbaren Eis vorangehende Interaktion zwischen ausgewachsenen, geschlechtsdifferenzierten Pflanzen wird anhand von Beispielen aus dem Tierreich („gallina et gallus") im §XI erläutert.

[142] A. a. O. §XIII: 347: „In welcher Weise die Hervorbringung oder die Befruchtung vor sich geht [..] bleibt nach wie vor eine dunkle Angelegenheit. (Quomodo fiat generatio, vel fecundatio [..] aeque ac olim obscura res est.)"

[143] In der konsequent durchgehaltenen Beschränkung der *Sponsalia plantarum* auf die Betrachtung von Reproduktionsprozessen auf genealogischer Ebene besteht die historische Originalität dieser Schrift. Diese Orginalität äußerte sich in zwei Sachverhalten: Erstens kritisierte Linné in den *Sponsalia plantarum* seinerzeit weit verbreitete Theorien der Fortpflanzung und zweitens begegnete er mit seiner

In den vorangehenden Zitaten war nun nicht nur Behauptungen zu einer jeweiligen explanatorischen Autonomie von Botanik (bzw. Zoologie) und Lithologie zu begegnen, sondern auch daraus gezogenen Konsequenzen, welche ihre klassifikatorische Autonomie betrafen. Weil Steine aus einer „äußeren Aneinanderfügung von Teilchen" hervorgehen, so hieß es im *Systema naturae*, „sind alle Steine Varietäten"; und wenn man annähme,

---

Theorie gut begründeter Kritik. Linnés eigene Kritik galt zwei Positionen: 1. Unter „mehrdeutiger Hervorbringung" subsumierte er die Auffassung, „daß der Schöpfer zu Beginn der Erde Samen und Eier beigemischt habe (Creatorem principio toti terrae semina & ova immiscuisse)" (a.a.O. §V: 340). Diese Behauptung impliziert zwar eine Hervorbringung ohne elterlichen Organismus, aber nicht eine mehrdeutige Hervorbringung, eine Position, die zur Zeit weit eher vertreten wurde, als die Position einer echt mehrdeutigen Hervorbringung in Linnés Sinne (MCLAUGHLIN 1994). 2. Linné kritisiert ausführlich die beiden seinerzeit vorherrschenden Fortpflanzungstheorien (a.a.O. §XIII: 347-349): die Harvey zugeschriebene „Hypothese", daß im „Lebenspunkt [des Eis] die ganze Anlage zur zukünftigen Leibesfrucht vorhanden sei" und die Leuwenhoek zugeschriebene Meinung, daß im „Geschlechtsprodukt des Mannes Millionen von Samenwürmchen enthalten sind". Diese beiden Auffassungen sind als Varianten der sogenannten „Präformationstheorie" bekannt, nach der alle erzeugten und noch zu erzeugenden Lebewesen bereits mit der Schöpfung als konkret organisierte Lebewesen in einem elterlichen Keim ineinandergeschachtelt vorlagen, und zu ihrer Hervorbringung nur einer durch die Befruchtung ausgelösten Ausdehnung bedurften. Zu Überblicksdarstellungen über die Theorien zur Entstehung der Lebewesen des 17. und 18. Jahrhunderts s. COLE (1930), ROGER (1963/1993: 325-384), RITTERBUSH (1964: 88-108), GASKING (1967) und MCLAUGHLIN (1990: 8-24). In diesen Darstellungen finden Linnés *Sponsalia plantarum* entweder gar keine Erwähnung oder werden – unter Mißachtung von Linnés Kritik und unter erheblichen interpretativen Verrenkungen – der „ovistischen" Variante der Präformationstheorie subsumiert.

In ihrer Idiosynkrasie blieb Linnés Fortpflanzungstheorie bei Zeitgenossen auch nicht unangefochten. Sein heute bekanntester Kritiker – neben Buffon – war J. G. Siegesbeck. Allerdings ist dieser heute nicht deshalb bekannt, weil seine Kritik als besonders scharfsinnig gilt. Die Aufmerksamkeit der Biologiehistoriographie hat er vielmehr erregt, da er sich mit dem Argument gegen das Sexualsystem wandte, daß dieses unmoralisch sei (z. B. LARSON 1971: 58). Dies war jedoch nicht der Hauptpunkt seiner Kritik: Diese wendete sich vielmehr überwiegend und mit durchaus plausiblen, empirischen Einwänden gegen die ziemlich mutige Behauptung Linnés, daß Geschlechtlichkeit eine universelle Eigenschaft der Pflanzen sei (SIEGESBECK *Botanosophia* 1737: 42-49). Die Reaktion auf diese Kritik – welche laut Titel für Linné von dessen Freund Johann Browall veröffentlicht wurde (*jussu Amicorum institutum J. B[rowall]*, und vermutlich von Linné selbst verfaßt wurde – geht nun nicht etwa daran, die einzelnen empirischen Belege Siegesbecks zu widerlegen, sondern argumentiert aus dem für Lebewesen spezifischen Funktionszusammenhang (Wachstumsbewegung bewerkstelligt durch Ernährung über Säfte und Gefäße) für die Universalität der Sexualität (BROWALL *Examen* 1739 §I: 1/2).

daß Lebewesen „durch eine ungeordnete Bewegung von Teilchen zusammengebracht" werden können, so hieß es in den *Sponsalia plantarum*, so müßte man annehmen, daß „keine Schlußfolgerung von der Gattung auf die Art mehr gälte" – eine Annahme, die das gesamte pflanzentaxonomische Unternehmen Linnés, wie es seinem Ergebnis nach im letzten Teil kennenzulernen war, in Gefahr gebracht hätte. Den damit angedeuteten Zusammenhang zwischen explanatorischer und klassifikatorischer Autonomie in den verschiedenen Naturwissenschaften gilt es nun abschließend zu verstehen, wobei sich auf eine Erläuterung dieses Zusammenhangs in einer Vorlesungsmitschrift zum dritten Aphorismus der *Philosophia botanica* zurückgreifen läßt:

> Wie Steine wachsen, ist bei den Neueren nicht unbekannt, nämlich durch äußere Aneinanderfügung, so daß dort keine Organisation oder kein Mechanismus ist, wie in den anderen Reichen, wo alles aus seinem Samen wächst, welcher diese Organisation enthält. Aber bei den Steinen kommt nichts von einem Samen, weshalb man auch über den lachen muß, der ziemlich lange wegen eines Steins zanken kann, zu welcher Art er zu führen sei; denn wenn jemand ein Golderz und einen Graustein vorsetzen wollte, kann ich nicht mit Sicherheit sagen, wohin ich ihn führen sollte, weil sie auf gleiche Weise wachsen und der Graustein ebensogut Gold enthalten könnte, so daß es im Steinreich nur Varietäten gibt.[144]

---

144 UUB/D75:D: 3:
> Huru stenarne wäxa är nu ey okunnigt hos de nyare, neml. per appositionem externam, så att derstädes är ingen Organisatio eller Mechanismus, som uthi de andra riken, hwarest all ting wäxer af sitt frö, som innehåller denna organisation, men hos stenarna kommer ingen ting af frö, hwarföre man och måste skratta åt den som kan ganska länge träta om en sten till hwilcket dera species han skall föras; ty om någon wille sättia fram en Guldmalm och en gråsten, kan iag intet med säkerhet säja hwart iag skall före honom, emedan de på lika sätt wäxa, och gråstenen kan äfwen så hålla guld, så att uti Regno Lapideo finnes alenast Varieteter.

Die Behauptung, daß Steine nicht aus „Samen" hervorgehen, richtet sich der Sache nach gegen einen zeitgenössisch verbreiteten Sprachgebrauch. In Beziehung auf unbelebte Naturkörper (vor allem Erze) war durchaus häufig von einer Entstehung aus „Samen" die Rede, allerdings stand dieser Ausdruck dann für die paracelsischen Prinzipien (KLEIN 1994: 41-44). In einer Theorie der erdgeschichtlichen Entstehung der mineralischen Grundbestandteile der Gesteine spricht Linné sogar selbst von „Salzen" als den „Vätern" und „Erden" als den „Müttern" der „Steine" (LINNÉ *Syst. nat.* 12 1766-68 vol. III: 5-7; s. dazu BURKE 1966 und ENGELHARDT 1980). Die Aussage in LINNÉ *Beskr. Stenr.* (1907: 9), daß „Tournefort geglaubt habe, daß Steine von Samen hervorgebracht werden," kann

Diese Textstelle stellt heraus, daß Steine im Sinne der für sie postulierten Hervorbringungsart bloß der Varietät nach zu klassifizieren sind (bzw. nicht sinnvoll darüber entschieden werden kann, zu welcher „Art" sie zu führen sind). Wie schon die Naturkörper nach der ihnen jeweils eigentümlichen Hervorbringungsart auf die drei Reiche der Natur zu verteilen sind, so sind die diesen Reichen jeweils angehörenden Naturkörper auch nach ihrer Hervorbringung zu klassifizieren. Für die Steine bedeutet dies, daß sie nach den zu ihrer Hervorbringung jeweils zusammengetretenen, stofflichen Bestandteilen klassifiziert werden. Ein Stein, der gewissen Komponenten nach etwa als „Graustein" zu klassifizieren wäre, kann aber ebensogut gewisse andere Komponenten, etwa Gold, enthalten, so daß er unter Berücksichtigung dieser Komponente als Golderz zu klassifizieren wäre. Es gibt keine, der Hervorbringung durch „äußere Aneinanderfügung" inhärenten Gründe dafür, daß im Prozeß der Hervorbringung der Steine Unterschiede derart gesetzt würden, daß die Beteiligung der einen stofflichen Komponente die Beteiligung der anderen ausschlösse. Es gilt, anders gesagt, kein Schluß von der Gattung auf die Art. Steine bilden folgerichtig „nur Varietäten" im Sinne der K o m b i n a t i o n s v i e l f a l t der im Prozeß ihrer Hervorbringung zusammengetretenen stofflichen Komponenten. Genauso wird dieser Zusammenhang auch in Linnés *Oeconomia naturae* erläutert:

> Jedem steht fest, daß Steine nicht organische Körper sind, wie Pflanzen und Tiere, so daß auch klar ist, daß sie nicht durch Eier hervorgebracht werden, wie die übrigen Familien der übrigen Reiche, sondern durch aufeinanderfolgende Aneinanderfügung und Verbindung von Teilchen. Deswegen treten so unzählige Varietäten der Steine auf, als die Verschiedenheit des Zusammenwachsens der Teilchen vielfältig ist, weswegen auch im Reich der Steine nicht so deutliche Arten bestehen, wie in den übrigen [Reichen der Natur].[145]

---

also nur dann als Exempel für die von Linné kritisierte Behauptung herhalten, wenn man Tournefort unterstellen wollte, daß er an Samen im Sinne von Entitäten dachte, die durch konkret organisierte Eltern hervorgebracht werden und selbst konkret organisiert sind – was kaum anzunehmen ist (vgl. BROBERG 1975: 10).

145 LINNÉ *Oec. nat.* (1749/1787: 9/10):

> Lapides organica non esse corpora, uti Plantae & Animalia, cuique constat, adeoque nec generari ex ovo, uti reliquorum regnorum familiae, perspicuum est, sed successive particularum appositione connexioneque [perspicuum est]. Hinc tam infinita lapidum varietates prostant, quam est coalescentium particularum multiplex diversitas, unde ne tam distinctae species obtinent in regno Lapideo, ac in duobus reliquis.

Eine Klassifikation nach ihren stofflichen Bestandteilen wäre auch in Hinblick auf Lebewesen denkbar und durchführbar. Aber in diesem Falle wären diese eben nicht nach der ihnen eigentümlichen Hervorbringungsweise, und damit nicht a l s Lebewesen klassifiziert. Gerade diese Hervorbringungsweise steht aber – als eine „innere Aneinanderfügung" – der Realisation einer beliebigen Kombinationsvielfalt stofflicher Bestandteile entgegen (und in diesem Sinne einer Entstehung „ständig neuer Arten" durch „ungeordnete Bewegung von Teilchen"). Im Produkt muß zumindest die Gliederung in (feste) Gefäße und (in diesen vorangetriebenen) Flüssigkeiten realisiert sein. Die Hervorbringung der Lebewesen muß daher auch „eindeutig" sein, d. h. auf Seiten des Hervorbringenden immer den Funktionszusammenhang eines „Organismus" voraussetzen, der gewährleistet, daß auf Seiten des Hervorgebrachten tatsächlich wieder ein „Organismus" entstehen kann. Die Hervorbringung der Lebewesen erfolgt so aber immer im genealogischen Zusammenhang – unbeschadet der daran beteiligten Vielfalt an Stoffwechselprozessen. Und nach dieser den Lebewesen allgemein eigentümlichen Hervorbringungsweise klassifiziert – „genealogisch" klassifiziert –, formieren Pflanzen als Lebewesen ein spezifisch strukturiertes System, nämlich eines, das ausschließlich von „eindeutigen" Beziehungen beherrscht wird, so daß „Schlußfolgerungen von der Gattung auf die Art" in der Tat möglich sind; anders gesagt: Pflanzen bilden ein enkaptisches und nicht ein kombinatorisches System.[146]

Ähnliche Aussagen finden sich in LINNÉ Curios. nat. (1748/1962 §II: 18-31) und LINNÉ Syst. nat. 12 (1766-68 vol. III: 11).

[146] Dem Ergebnis dieses Abschnitts entsprechend müßte Linné auch eine klassifikatorische Eigenständigkeit der Zoologie behauptet haben. Tatsächlich ist dies der Fall: In der Zoologie – und zwar im Unterschied zur Botanik (s. Abchnitt 5.2.3) – werde „die natürliche Einteilung der Tiere vom inneren Aufbau angezeigt" („Divisio Naturalis Animalium ab interna structura indicatur"; LINNÉ Syst. nat. 10 1758-59, vol. I: 11). Für Linnés Klassifikationssystem der Tiere hatte dies eine eigentümliche Folge: Für die „Schaltiere (Testacea)" bevorzugte er eine Klassifikation nach äußeren Kriterien der Schale, ließ daneben aber noch eine ausdrücklich natürliche Klassifikation nach anatomischen Merkmalen des Weichkörpers gelten (HOFSTEN 1960: 27). Auf die komplizierten Vorstellungen Linnés zum physiologischen Unterschied zwischen Tieren und Pflanzen kann hier nicht eingegangen werden. Hervorgehoben sei aber, daß der Unterschied zwischen Pflanzen und Tieren für Linné nicht darin bestand, daß Pflanzen schlechthin das Vermögen zu empfinden abgeht, sondern darin, daß Tieren ein Organsystem (das Nervensystem) eigentümlich ist, daß sie zur willentlichen Reaktion auf äußere Reize befähigt (vgl. UUB D75: 2 und den Briefwechsel Linnés mit dem schottischen Arzt David Skene in ANDREE 1980).

Die Definition der Botanik in den ersten vier Aphorismen der *Philosophia botanica*, die Gegenstand dieses Kapitels war, bewegt sich nur auf der Ebene formaler Setzungen. Botanik ist für Linné definitionsgemäß, so läßt sich dieses Kapitel zusammenfassen, die Wissenschaft, die Pflanzen unter dem ihr eigentümlichen Gesichtspunkt zum Gegenstand hat, daß sie lebende Naturkörper sind, d. h. hydraulische Maschinen, die sich selbst im genealogischen Zusammenhang reproduzieren. Die daraus gezogene Folgerung für die Klassifikation der Pflanzen bleibt bestenfalls tautologisch und weitgehend inhaltsleer. Und selbst wenn er sich mit dieser Definition in konkreter Opposition zu zeitgenössischen Klassifikationen der Naturwissenschaften befand – und zwar dadurch, daß er die Botanik einerseits aus einer allgemeinen Naturlehre herauslöste, sie andrerseits aber auch nicht auf die Seite einer bloß Bericht erstattenden Naturgeschichte schlug –, so bestand diese doch nur wieder gegenüber Wissenschaftsklassifikationen, die von ebendemselben formalen Gehalt waren, wie seine eigene. Was bisher fehlt, sind Angaben zu den konkreten, wissenschaftlichen Tätigkeiten, welche Linné zur Botanik rechnete bzw. nicht rechnete. Sie sollen Gegenstand der nächsten zwei Kapitel sein.

5. KAPITEL
PFLANZENLIEBHABER

5.1 Nicht von Namen, sondern von Eigenschaften der Pflanzen

An die einleitende Definition der *Botanik* im vierten Aphorismus der *Philosophia botanica* schließt sich unter der Überschrift *Bibliotheca* ein Kapitel an, daß mit einer Auflistung botanischer Publikationen auf den ersten Blick rein bibliographische Aufgaben zu erfüllen scheint. Im Kommentar zum fünften Aphorismus wird die Aufgabe dieses Kapitels jedoch dahingehend erläutert, daß es „die Entdeckungen, die Ereignisse, den Fortschritt, die Orte und die Methode [der Botanik]" lehren soll[147], grob gesagt also, Angaben zur historisch gewachsenen, inhaltlichen Struktur der Botanik machen soll. Dieser Aufgabe wird die *Bibliotheca* dadurch gerecht, daß sie ihre Gliederung nicht unmittelbar aus einer Klassifikation von Publikationen gewinnt, sondern zunächst aus einer Klassifikation ihrer Autoren, welche nach Maßgabe der Funktion erfolgt, welche diese für die Botanik mit Abfassung der jeweils aufgeführten Werke erfüllt haben sollen. Erst unter den so gewonnenen Rubriken werden dann Publikationen botanischen Inhalts aufgeführt, und zwar überwiegend nach chronologischen und geographischen Gesichtspunkten angeordnet.[148] Und der erste, im sechsten Aphorismus der *Bibliotheca* durchgeführte Einteilungsschritt bedeutet den bereits erwähnten Ausschluß bestimmter Wissensbestände zu Pflanzen aus der Botanik: Hier werden nämlich diejenigen Autoren, deren Werke überhaupt nur in

---

[147] LINNÉ *Phil. bot.* (1751 §5: 2):

Bibliotheca botanica [..d]ocet Detecta, Fata, Progressus, Loca, Methodus.

[148] Linné bezeichnete seine Klassifikation botanischer Publikationen in der Einleitung zur *Bibliotheca botanica* interessanterweise als ein *Natürliches System*. In der Tat läßt sich dies ganz in Analogie zum *Natürlichen System* der Pflanzen so verstehen, daß die zu klassifizierenden Objekte konsequent nach den Gründen (ihrer jeweiligen Funktion) und näheren Umständen (Ort und Zeit) ihrer Entstehung klassifiziert werden (s. dazu HELLER 1983: 115-204).

irgendeinem Bezug zu Pflanzen stehen („Pflanzenkenner" oder *phytologi*), umstandslos danach eingeteilt, ob sie sich mit Abfassung ihres Werks als „wahrhafte Botaniker (veri Botanici)" hervorgetan haben, oder bloß als „Pflanzenliebhaber (Botanophili) Verschiedenes zu Pflanzen überliefert haben, wenngleich sich dasselbe nicht eigentlich auf die botanische Wissenschaft bezieht (non proprie ad scientiam Botanicam spectant)".[149] Die *Bibliotheca* läßt sich als unmittelbare, konkretisierende Fortsetzung der ersten vier Aphorismen lesen, in der die formale Definition der Botanik um einen nach wissenschaftstheoretischen Gesichtspunkten strukturierten Aufweis derjenigen wissenschaftlichen Tätigkeiten ergänzt wird, die zu ihr beigetragen bzw. nicht beigetragen haben sollen. Ich möchte diesen Aufweis in den nächsten zwei Kapitel analysieren und beginne in diesem mit dem Ausschluß der „Pflanzenliebhaber".

Auf den ersten Blick scheint Linné unter die Pflanzenliebhaber sehr heterogene Autorengruppen zu führen, nämlich „Anatomen", „Gärtner", „Mediziner" und – zusammengefaßt als „Vermischte" – „Ökonomen, Biographen, Theologen und Dichter". Der so entstehende Eindruck einer recht willkürlichen Ausgrenzung verstärkt sich, wenn man sich vergegenwärtigt, daß zumindest die drei zuerst genannten Gruppen durchaus sehr konkrete Kenntnisse zu Pflanzen zu vermitteln hatten: Die Anatomen Kenntnisse über den „inneren Bau der Pflanzen", die Gärtner Kenntnisse über den „Anbau der Pflanzen" und die Mediziner Kenntnisse über „die Wirkungskräfte und den Nutzen der Pflanzen im menschlichen Körper".[150] Man hat diese Ausgrenzung zuweilen so verstanden, als sei es mit ihr darum gegangen, Laien oder Amateure aus der Botanik entfernen.[151] Dagegen ist einzuwenden, daß Linné den

---

[149] LINNÉ *Phil. bot.* (1751 §§6,7 & 43: 2/3 & 15).

[150] Die genauen Definitionen der drei zuerst genannten Gruppen werde ich noch anführen. Es sei hier noch einiges zu der vierten Gruppe der „Vermischten" gesagt, da ich auf diese nicht mehr eingehen werde. Von ihnen heißt es, daß sie „zum Nutzen anderer", d.h. nicht der Botaniker, schrieben (a.a.O. §52: 17). Dabei handelt es sich zum einen um die „Ökonomen (Oeconomi)", welche den „Nutzen der Pflanzen im Gemeinleben überliefert haben" und für die die „Mediziner" als Spezialfall stehen können; und zum anderen um Autoren, die nur mittelbar zur Kenntnis der Pflanzen selbst beitrugen, nämlich: um „Biographen (Biologi)", welche „Lobreden (panegyrica)" auf Botaniker verfaßten; um „Theologen (Theologi)", welche Pflanzen identifizierten, die in der Bibel erwähnt werden; und schließlich um „Dichter (Poeta)", welche Gedichte auf Pflanzen verfaßten.

[151] So etwa STAFLEU (1971: 43), HELLER (1983: 132), STEMMERDING (1991: 48).

Pflanzenliebhabern in ihrer ausführlichsten Definition durchaus zugestand, „Nützliches und notwendig zu Wissendes über Pflanzen geschrieben" zu haben. Es soll aber derart gewesen sei, daß „es weniger die Wissenschaft der Botanik berührte und sich nicht eigentlich auf die Kenntnis der Pflanzen richtete"[152]. Die Scheidelinie zwischen Botanikern und Pflanzenliebhabern zog Linné also nicht nach Maßstäben der Wissenschaftlichkeit oder Professionalität überhaupt, sondern nach Maßgabe dessen, was ihm im Unterschied zu anderen Wissenschaften als Botanik galt. Der Ausschluß der Anatomen, Gärtner und Mediziner aus dem Kreis der Botaniker war nicht absolut, sondern erfolgte relativ auf einen bestimmten Bezugspunkt, als ein Ausschluß von Kenntnissen welche eben „weniger" die Botanik berühren und „nicht eigentlich" auf eine (botanische) Kenntnis der Pflanzen abzielen. Die 1736 separat publizierte *Bibliotheca botanica* enthielt einleitend eine weitere Definition der Pflanzenliebhaber, die diesen Bezugspunkt schlagwortartig beleuchtet:

> [Die botanische Bibliothek enthält neben den wahrhaften Botanikern] die Pflanzenliebhaber, welche nicht von den Namen, sondern von den verschiedenen Eigenschaften der Pflanzen gehandelt haben.[153]

Im nächsten Kapitel werden die „wahrhaften Botaniker" als diejenigen kennenzulernen sein, welche „jede Pflanze mit einem verständlichen Namen zu bezeichnen wissen". Die Definition der Pflanzenliebhaber erfolgt also in einer Gegenüberstellung von „wahrhaften" Botanikern und Pflanzenliebhabern: Diese sollen es nicht, wie jene, mit „Namen (nomina)", sondern mit „Eigenschaften (attributa)" der Pflanzen zu tun haben. Seltsamerweise läßt es diese Formulierung aber gerade so aussehen, als seien es nur die Pflanzenliebhaber, welche sich wirklich mit Pflanzen befassen, während die Botanik auf eine Art Etymologie der

---

[152] LINNÉ *Bibl. bot.* (1736/1747: 110):
> Botanophilorum nomine intellegimus eiusmodi Auctores, qui varia de plantis utilia & scitu necessaria scipserunt, sed talia tamen, quae minus tangerunt scientiam Botanices, & quae ad notitiam plantarum non proprie spectant.

[153] LINNÉ *Bibl. bot.* (1736/1747: 1):
> Bibliotheca botanica [..] continet [..] Botanophilos, qui non de nominibus, sed de attributis plantarum variis, egerunt.

Pflanzenbezeichnungen beschränkt bliebe.[154] Tatsächlich veröffentlichte Linné 1737 mit der *Critica botanica* auch ein umfangreiches Werk, das sich oberflächlich betrachtet mit einer etymologischen Kritik an den Pflanzennamen begnügte. In eben dieser Publikation finden sich aber auch zwei zentrale Behauptungen zur Funktion von Pflanzennamen, die es gestatten, den tieferen Sinn der gerade zitierten Unterscheidung von Botanikern und Pflanzenliebhabern zu rekonstruieren.

Die erste dieser Behauptungen betrifft die Funktion, welche Gattungsnamen für die Formulierung botanischer Aussagen besitzen sollten:

> Daß alle diejenigen [Pflanzen], welche der Gattung nach übereinstimmen, mit demselben Namen bezeichnet werden, ist die vorzüglichste Grundlage, auf welcher die ganze botanische Wissenschaft errichtet ist, so daß das Ganze einstürzen muß, wenn diese weggenommen ist.
> Es gibt unter dieser Regel keine Ausnahme, keine Klausel; sondern sie bleibt gleich Axiomen einfach bloß bestehen. [...].
> Als den höchsten Nutzen aus der Beobachtung dieser Regel vermelde ich, daß ich bei irgendeiner benannten Pflanze durch den Namen allein die Kennzeichnung, die Eigenschaften und den Nutzen der Verwandten in das Gedächtnis zurückrufe.[155]

Die Funktion der Gattungsbezeichnungen reduziert sich diesem Text zufolge darauf, Pflanzengattungen als die selbst nicht hintergehbaren, allgemeinen Gegenstände zu bezeichnen, mit denen Botanik als Wissenschaft steht oder fällt. Dies heißt gerade nicht, daß Botanik in einer Untersuchung der namentlichen Bezeichnungen für Pflanzen bestünde. Es heißt vielmehr, daß die nicht weiter hintergehbare Bedeutung der Gattungsnamen allein darin besteht, daß sie in botanischen Aussagen auf diejenigen Entitäten (Pflanzengattungen) verweisen, über

---

[154] Diesen Vorwurf hat Buffon in der Tat gegen Linnés Botanik erhoben (s. BUFFON 1981: 104/105).

[155] LINNÉ *Crit. bot.* (1737 §213: 7):

> Quaecunque genere conveniunt, eodem nomine designari, est primarium fundamentum, cui superstructa tota scientia Botanices, ut eo demto ruere debeat integra.
> Nulla sub hac regula datur exceptio, nulla cautella; sed axiomatis instar nuda persistit. [..]
> Usum dein quam eximium ex hac observata regula reporto: nominata enim planta aliqua, ex solo nomine in memoriam revoco characterem, attributa, usum affinium.

die der Gehalt jedweder Aussage der Botanik zu verallgemeinern ist. Wenn die Botanik in diesem Sinne „von Namen handelt", so ist sie als eine Ordnungswissenschaft charakterisiert, als eine Wissenschaft, welche in ihren Aussagen die Elemente ihres Gegenstandsbereichs immer zu Ordnungseinheiten zusammenschließt, sei es als Klasse derjenigen Pflanzen, welche durch gewisse Merkmale gekennzeichnet sind, denen gewisse Eigenschaften eigentümlich sind, oder die in bestimmten Beziehungen zu anderen Naturdingen stehen (für diese etwa „von Nutzen" sind). Erkenntnisgegenstand der Botanik sind Äquivalenzrelationen, Relationen der Identität bzw. Verschiedenheit, in denen Pflanzen zueinander und in Beziehung zu anderen Naturdingen stehen. Und Namen bilden den fundamentalen, nicht weiter hintergehbaren Ausdruck solcher Beziehungen, indem Namensidentität allein die bloße, abstrakte Identität der Subjekte beliebiger botanischer Aussagen vermittelt. Über diese Funktion hinaus haben Gattungsnamen keine Bedeutung.

Diesen letzten Aspekt beleuchtet ein zweite zentrale Textstelle in der *Critica botanica*, die die Funktion der Namen in der Botanik mit der Funktion der „Münze im Gemeinwesen vergleicht": Wie bei einer Münze nicht der Metallgehalt über ihren Wert in jeweiligen Tauschakten entscheidet, sondern – ist sie als allgemeines Äquivalent nur einmal eingeführt – allein ihre Funktion als Tauschmittel, so hat auch der Name keine ihm inhärente, etwa etymologisch oder begriffsanalytisch zugängliche Bedeutung, sondern erlangt diese erst in seiner Funktion als Instrument im Austausch botanischen Wissens:

> Der Gattungsname hat auf dem Marktplatz der Botanik denselben Wert, wie die Münze im Gemeinwesen, welche als bestimmter Wert angenommen und – ohne daß eine Untersuchung durch die Probierkunst für nötig gehalten wird – täglich von anderen entgegengenommen wird, sobald sie im Gemeinwesen nur bekannt geworden ist.[156]

In ihrer Metaphorik rekapituliert diese Textstelle die Unterscheidung von „Physik" und „Naturwissenschaft" in ihrer jeweiligen Beziehung zur

---

[156] A.a.O. §284: 204:

> Nomen genericum idem valet in foro Botanico, ac nummus in republica, qui pro certo pretio accipitur, nec docimastae examine opus habet, quoties recipiatur ab altero, dum semel in republica innotuit.

> Diese Aussage dient der Erläuterung der nomenklatorischen Vorschrift, daß jedem Artnamen der Gattungsname voranzuschicken ist.

„Ökonomie" (vgl. Abschn. 4.1). Wenn Pflanzenliebhaber nicht von „Namen", sondern von „Eigenschaften" der Pflanzen handeln, sind sie demnach von Botanikern nicht nach ihren Gegenständen, sondern nach der Form unterschieden, in der sie ein und dieselben Gegenstände, nämlich Pflanzen, zu allgemeinen Gegenständen ihrer wissenschaftlichen Tätigkeit haben. Sie haben Pflanzen zu ihren allgemeinen Gegenständen, insofern diesen sich schlechthin – unabhängig von der Eigenart der jeweils in Betracht gezogenen Pflanze – bestimmte Eigenschaften zuschreiben lassen. Ihr Erkenntnisinteresse ist damit nicht als Interesse einer Ordnungswissenschaft bestimmt. Wenn Pflanzen die allgemeinen Gegenstände der Pflanzenliebhaber sind, insofern ihnen nur bestimmte Eigenschaften zukommen, dürften Pflanzenliebhaber nicht an Äquivalenzrelationen, sondern an Kausalrelationen interessiert sein, die pflanzliche Eigenschaften in Beziehung zu bestimmten Ursachen setzen. Ihr Erkenntnisinteresse ist nicht eigentlich „naturwissenschaftlich" – und daher auch nicht eigentlich „botanisch" – sondern „physikalisch" motiviert. Im folgenden Abschnitt soll diese These am konkreten Ausschluß von Medizinern, Gärtnern und Pflanzenanatomen ihre Bestätigung finden.

5.2. Der Ausschluß 'physikalischer' Forschung aus der Botanik

5.2.1 Botanik und Medizin

Pflanzenkunde und Medizin standen über die Pharmokologie traditionell in enger Beziehung. Seit der Renaissance war die pflanzliche Naturgeschichte unter der Bezeichnung *res herbaria* ein eigenes Unterrichtsfach der Medizin, ebenso die „Physik", die, wie im vorigen Kapitel gesehen, Pflanzen durchaus zu ihrem Gegenstand haben konnte. Die vermutlich ersten Definitionen der Wissenschaft „Botanik" durch Tournefort und Boerhaave brachten diese Beziehung auch klar zum Ausdruck, indem sie hervorhoben, daß Botanik es insbesondere auch mit den „Kräften (virtutes)" der Pflanzen zu tun habe, d. h. mit deren pharmazeutischer Wirkung auf den menschlichen Körper.[157] Auch wenn es sich also bei

---

[157] TOURNEFORT (1694/1797 Avert.: 45/46): „La botanique [..] a deux parties [..]: la connaissance des plants, et celle de leurs vertues." Eine ähnliche Definition in BOERHAAVE *Hist. plant.* (1731 Prooem.: 16) zitiert Linné im Kommentar zum vierten Aphorismus der *Philosophia botanica*. Wohlgemerkt kennt Linnés eigene Definition keinen solchen Bezug. Eine weitere, dort zitierte Definition von LUDWIG *Aph. bot.* (1738 cap. 1, § 1: 7), nach der die Botanik alle „Dinge, welche durch und

den „Medizinern" ihrer Definition nach – ihr Interesse an Pflanzen soll nämlich nach Linné den „Kräften und dem Nutzen der Pflanzen im menschlichen Körper" gegolten haben[158] – wohl um diejenigen Pflanzenliebhaber handelt, die aus heutiger Sicht am ehesten als „physikalisch" Interessierte in die Augen springen, so war ihr Ausschluß aus der Botanik zu Linnés Zeit doch alles andere als eine Selbstverständlichkeit.

Innerhalb der „Mediziner" unterscheidet Linné nun sieben „Schulen (sectae)" der Mediziner nach den besonderen Grundsätzen und Verfahren, auf die sie sich stützten, um pharmazeutische Wirkungen der Pflanzen zu beurteilen. Ich möchte mich im Folgenden auf nur zwei dieser Schulen konzentrieren: auf die „Chemiker (Chemici)", deren „Theorie" zwar, wie die der „Astrologen" und „Signatoren", nach Linnés Ansicht „falsch", aber immer noch aktuell gewesen sein soll; und auf die „Botano-Systematiker (Botano-Systematici)", diejenige Schule also, die ihrem Namen nach in besonderer Beziehung zur Botanik gestanden haben soll. Um die Vorgehensweisen dieser beiden Schulen näher kennenzulernen, möchte ich mich der Dissertation *Vires plantarum* zuwenden, die 1747 unter Linnés Vorsitz entstand, und deren erster Paragraph die unterschiedenen Schulen diskutiert.[159]

---

in Pflanzen statthaben," zum Gegenstand habe, läßt eher an eine Einordnung in Linnés „Physik" denken. Zur pflanzlichen Naturgeschichte im Rahmen der Medizinausbildung s. REEDS (1976), zur „Physik" BYLEBYL (1990), STICHWEH (1984: 324-327) und COOK (1996).

[158] LINNÉ *Phil. bot.* (1751 §46: 16):

> 46. MEDICI (44) Vires & Usum vegetabilium in corpus humanum spectati sunt: ut *Astrologi* (47), *Signatores* (47), *Chemici* (48), *Observatores* (49), *Mechanici* (49), *Diaetetici* (50), *Botano-Systematici* (51).

[159] Die Dissertation *Vires plantarum* kommentiert das zwölfte Kapitel der *Fundamenta botanica* und ist in der *Bibliotheca* als ein Produkt der „Botano-Systematiker" aufgeführt. Als „falsch (falsae)" werden die „Theorien (Theoriae)" der „Astrologen, Signatoren und Chemiker" in LINNÉ *Phil. bot.* (1751 §336: 278) bezeichnet. Als „Jahrhundertirrtum der Zeit Erik des IV. [also der zweiten Hälfte des 16. Jahrhunderts]" weist die Vorlesungsmitschrift UUB/D75: 74, die Vorgehensweise der *Astrologen* und *Signatoren* aus, und schließt daran an, daß die Vorgehensweise der Chemiker „nun unser Jahrhundertirrtum sei (Detta är nu wårt error secularis)". Laut LINNÉ *Phil. bot.* (1751 §47: 16) gingen die *Astrologen* bei der Beurteilung pharmazeutischer Wirkungen so vor, daß sie „die Wirkungskraft aus dem Einfluß der Sterne auf die Pflanze", und die Signatoren so, daß sie „die Wirkungskräfte aus der Ähnlichkeit eines Teils der Pflanze und dem kranken Teil des Körpers vorhersagten". Auf die Vorgehensweise der drei weiteren Schulen werde ich an geeigneter Stelle in Fußnoten eingehen.

Zunächst zu den Chemikern: „Diese" – so heißt es nach einer Vorlesungsmitschrift – „glaubten, daß es mit Pflanzen genauso sein sollte wie mit Steinen, welche in alle Teile geteilt und wieder zusammengesetzt werden können, auch wenn sicherlich ein großer Unterschied besteht"[160]. Sie nahmen sich also Pflanzen in Hinblick auf ihre stofflichen Zusammensetzung zum Gegenstand, gingen gewissermaßen „mineralogisch" vor (s. Abschn. 4.2). Im Anschluß an eine ähnliche, etwas unklarer formulierte Bemerkung erfolgt in den *Vires plantarum* die folgende, detaillierte Kritik an dieser Vorgehensweise:

> CHEMIKER schließlich hielten es der Mühe wert, die Pflanzen nach den Grundsätzen ihrer Kunst einer Untersuchung zu unterziehen. Sie haben nämlich verstanden, daß sie alle Teile der Mineralien getrennt herausziehen können.
> Ebenso stand es für sie fest, daß mit Hilfe von Feuer und Wärme bestimmte Teile der Körper getrennt werden können, welche in kleinster Menge verabreicht die größte Wirkung hervorrufen, wie *Öl, Spiritus, Phlegma, Salz* und *Erde*; und so haben sie alle Bestandteile der Pflanzen gesondert angegeben, und auf dieser Grundlage geschlossen, welche Art Wirkung Pflanzen hervorrufen, die aus diesen zusammengesetzt sind.
> Diesen Schluß hat die Königliche Akademie der Wissenschaften zu Paris gegen Ende des letzten Jahrhunderts einer weiteren Untersuchung für Wert erachtet, wie *Tauvry, Tournefort, Geoffroy* u.a. bezeugen. Und wahrlich, lange Zeit haben die Mitglieder dieser berühmten Akademie viel Fleiß in dieser Sache angewandt, bis sie dennoch folgendes eingestehen mußten: auch wenn es bei vielen Pflanzen weniger unklar erscheint, daß das Ziel erreicht werde, so weichen doch andere [Pflanzen] übermäßig davon ab. Sie beobachteten nämlich, daß z.B. jene wertvolle Radix NINSI dieselben chemischen Produkte liefert wie jene nicht zu gebrauchende HEPATICA [i. e. das Leberkraut] usw. Und aus diesem Grund gewöhnten sie sich daran, den Schluß zu ziehen, den *Chomel* in seiner Histoire des plantes usuelles, p. 37, mitteilt, welcher selbst ein Mitglied der königlichen Akademie gewesen ist: „Fast zwei tausend Analysen der Pflanzen durch Feuer haben die Chemiker der Königlichen Akademie der Wissenschaften zu Paris gemacht, aber diese haben alle nichts ausgerichtet, außer daß klar geworden ist, daß man aus allen [Pflanzen] gemeinsam eine Menge saure Flüssigkeit, mehr

---

[160] UUB/D75:D: 83:
> Deße tänkte med örterne skulle wara som med stenar, hwilcka kunna skiljas til alla delar åter hopsättjas, men är de sannerl. en stor åtskillnad.

oder weniger wesentliches oder stinkendes Öl, feuerbeständiges, flüchtiges oder dichtes Salz, geschmackloses Phlegma und eine Menge Erde herausziehen könne, und dieses oft in derselben Menge und demselben Verhältnis bei Pflanzen verschiedenster Wirkung; die Arbeit war also unnütz und vergeblich; dennoch hat sie dazu gedient, das Vorurteil über die Kraft der Analysen abzulegen."

Wir gestehen deshalb der Chemie zu, daß sie den Medizinern dadurch von größtem Nutzen ist, daß sie uns wirksame, konzentrierte und kunstfertige Medikamente darreicht, aber dies eher, als daß wir behaupten, daß es möglich sei, durch ihr Werk die Kräfte der Pflanzen *a priori* zu beweisen. Und es steht für uns auch nicht fest, daß die Chemiker durch Chemie allein irgendwelche vorher unbekannten Kräfte bei Pflanzen entdeckt haben.[161]

---

[161] LINNÉ *Vir. plant.* (1747/1749 §Iγ: 390-392):

> CHYMICI denique operae pretium existimarunt, secundum artis suae principia, plantas disquisitioni subjicere. Intellexerunt nempe se omnes Mineralium partes, seperatim extrahere posse.
>
> Pariter ipsis constabat, posse ope ignis & caloris certas corporum partes separari, quae in minima quantitate exhibitae, summum ederent effectum, ut *Oleum, Spiritus, Phlegma, Sal, Terra*; sicque omnes plantarum partes constitutivas seorsim tradiderunt, & hac ratione concludebant quomodo plantae ex his compositae effectum producerent.
>
> Hoc argumentum ulteriori dignum censebat inquisitione *Regia Academia Scient Parisiensis* circa finem seculi praeterlapsi, quod testantur *Tawry, Tournefort, Geofroy* &c. Diu sane & multum hac in re desudarunt illustris hujus societatis membra, donec tandem fateri necessum habuerunt, quod etsi in multis plantis scopus attingi videatur haud obscure, aliae tamen nimium quantum inde recedant. Observabant enim quod e. g. pretiosa illa Radix NINSI, cum inusitata illa HEPATICA, eadem praestaret producta Chemica &c. Et hac ratione ducti illam formarunt conclusionem, quam profert *Chomel* in Histor. Plantar. p. 37., qui ipse etiam membrum fuit Reg. Academiae: „fere bis mille analyses plantarum per ignem fecere Chymici Reg. Scient. Academ. Parisinae, sed his omnibus praestitere nihil, nisi ut liquidum foret, ex omnibus communiter extrahi posse, Aceti liquidi quantitatem, Olei essentialis seu foetidi majorem vel minorem, Salis fixi, volatilis & concreti, Phlegmatis insipidi & terrae copiam, & saepe haec omnia eadem quantitate & proportione in plantis diversissimi effectus; inutiles ideoque & irritus labor; profuit tamen ad praejudicium deponendum de vi Analyseos."
>
> Concedimus igitur Chemiam, eo quod efficacia, compendiosa & artificiose parata medicamenta nobis porrigat, maximam praestare utilitatem Medicis, potius quam ut contendamus, vires plantarum ejus ope a priori demonstrari posse. Nec nobis constat, Chymicos per Chymiam solam, facultates quasdam plantarum ignotarum detexisse.

Linné verweist hier auf ein umfangreiches Forschungsprogramm, das seit 1670 an der Akademie von Paris verfolgt worden war.[162] Seine Kritik gilt dabei einer bestimmten Schlußweise: Wenn an der Zusammensetzung von Naturkörpern beteiligte stoffliche Komponenten („Öl, Spiritus, Phlegma, Salz, Erde") sich in chemisch („mit Hilfe von Feuer und Wärme") bewerkstelligter Isolation als Träger bestimmter pharmazeutischer Wirkungen erweisen („in kleinster Menge verabreicht die größte Wirkung hervorrufen"), dann haben auch diejenigen Pflanzen eben dieselben pharmazeutischen Wirkungen, bei denen sich diese Komponenten nachweisen lassen. Linné hat gegen dieses Schlußverfahren vordergründig einen empirischen Einwand, wobei er vorgibt, sich auf die Aussagen von Wissenschaftlern berufen zu können, die an dem Projekt beteiligt gewesen waren[163]: Die Zusammensetzung einiger Pflanzen von sehr unterschiedlicher pharmazeutischer Wirkung hatte sich in der chemischen Analyse als homogen erwiesen, so daß ihre jeweils besondere Wirkungskraft nicht auf die Beteiligung besonderer Stoffe an ihrer Zusammensetzung zurückzuführen war.

Diese Kritik trifft allerdings nicht wirklich. In der Annahme, daß sich Naturkörper aus einer finiten Menge ganz bestimmter, stofflicher Komponenten zusammensetzen, bestand gerade die (prinzipien-)theoretische Grundlage des kritisierten Projekts, und in Fällen, die dieser Annahme entgegenzustehen schienen, war entsprechend ein (noch) nicht gelöstes, analytisches Problem zu sehen[164]. So gesteht Linné auch zu, daß das „Ziel" der *Chemiker* nicht in jedem Fall „verfehlt" wurde, ja sogar, daß es den *Chemikern* grundsätzlich gelingen kann, aus Pflanzen spezifisch wirksame Stoffe („wirksame, konzentrierte und kunstfertige Medikamente") zu isolieren. Der letzte Absatz macht schließlich auch deutlich, daß die Kritik nicht darauf hinauslaufen soll, der chemischen Analyse

---

[162] S. dazu HOLMES (1971), nach dem der konzeptionelle Hintergrund dieses Projekts in der Elementen- und Prinzipienchemie lag, die auch Linné für seine mineralogische Lehre in Anschlag brachte. Die Kritik Linnés an diesem Projekt läßt sich also nicht als eine Kritik an bestimmten chemischen Theorien verstehen.

[163] Die zitierte Aussage entspricht dem französischen Original in Chomel *Hist. plant. usuel.* (1712: 37).

[164] Dasselbe gilt für die in der Vorlesungsmitschrift UUB/D75D: 84, geäußerte Kritik, daß „diese Art, Pflanzen zu probieren um so weniger standhalten kann, als die Teile sich im Feuer verwandeln (Detta sättet att probera örter kan så mycket mindre hålla stånd, såm partes förbyta sig i elden)". Vgl. dazu KLEIN (1994: 49-56).

jeden Erfolg abzusprechen, sondern bloß in einer ganz spezifischen Hinsicht: Sie ist insofern nicht erfolgreich, als es ihr nicht gelingt, Voraussagen über die spezifischen, pharmazeutischen Wirkungsweisen b e s o n d e r e r Pflanzen zu treffen. Eben dies hängt aber mit der Vorgehensweise der Chemiker zusammen: Pflanzen werden bei diesem Vorgehen bloß als Körper reflektiert, die sich in ihre stofflichen Bestandteile zerlegen lassen. Die Pflanze als Gegenstand der Botanik – als ein lebender Naturkörper von jeweils besonderer Art bzw. Gattung – kommt dabei trivialerweise nicht in den Blick, ja wird in der chemischen Analyse gerade systematisch zerstört. So sind den Chemikern zwar Gesetzesaussagen zu den Wirkungen möglich, die bestimmte, am Aufbau von Pflanzen beteiligte Substanzen auf den menschlichen Körpers haben, es kann ihrer Verfahrensweise allein aber grundsätzlich nicht gelingen, über die jeweils analysierten Einzelpflanzen hinaus pharmazeutische Wirkungsweisen über besondere Arten bzw. Gattungen der Pflanzen zu verallgemeinern. Linnés Kritik träfe tatsächlich eine „falsche" Theorie, wenn man den Chemikern unterstellen dürfte, daß sie ein unmittelbares Interesse an Verallgemeinerungen der letzteren Art gehabt hätten – was kaum anzunehmen ist.[165]

Genau dieses Interesse besteht nun allerdings bei den „Botano-Systematikern". Ihre Vorgehensweise beschreiben die *Vires plantarum* folgendermaßen:

> ∂) Zuletzt [d.h. nach den übrigen Schulen] traten die SYSTEMATISCHEN BOTANIKER auf, welche nach Klassen und Ordnungen die Kräfte zu bestimmen suchten, vor allem nachdem ihnen klar wurde, daß Pflanzen, welche der Gattung nach übereinstimmen, auch in ihren Kräften übereinstimmen.[166]

---

[165] Dafür sprechen zumindest von Tournefort, den Linné ebenfalls als „Chemiker" anführt. Der von Linné vermutlich gemeinte Text Tourneforts (s. Fredbärj in LINNÉ *Vir plant.* 1747/1970: 34, n.4) macht in seiner Einleitung deutlich, worum es mit „chemischen Analysen" gehen soll: Es gelte, zu den Substanzen in Pflanzen vorzustoßen, die schlechthin für bestimmte Wirkungen der Pflanzen verantwortlich sind, und über die Analogie mit chemischen Prozessen zu verstehen, wie diese Substanzen in Pflanzen gebildet werden (TOURNFORT 1698 Préf.: 4/5).

[166] LINNÉ *Vir. plant.* (1747/1749 §Iδ: 392):
> BOTANICI SYSTEMATICI demum prodiere; qui secundum Classes & Ordines vires determinare tentarunt, praesertim cum perspectum ipsis esset, quod plantae, quae genere conveniebant, qua vires etiam coinciderent.

Die Beziehung zur Botanik im Sinne Linnés ist hier klar formuliert: „Botano-Systematiker" treffen ihr Urteil über die spezifischen Wirkungskräfte von Pflanzen nicht auf der Grundlage von Kenntnissen bestimmter Kausalbeziehungen, sondern indem sie pharmazeutische Wirkungskräfte, die für einzelne Pflanzen – wie auch immer, rein zufällig, durch chemische Analyse oder durch Selbstversuch – in Erfahrung gebracht worden sind, auf diejenigen Systemeinheiten (Gattungen, Ordnungen und Klassen) verallgemeinern, denen diese Pflanzen nach Kenntnis der Botanik angehören sollen.[167] Dabei weist Linné im unmittelbaren Anschluß an die zitierte Textstelle darauf hin, daß diese Verallgemeinerungsmöglichkeit nur in Hinsicht auf die Einheiten des *Natürlichen Systems* besteht, nicht aber in Hinsicht auf Einheiten von Klassifikationssystemen, die in dem traditionellen Verfahren einer dihairetischen Einteilung erzeugt wurden:

> Weil aber bisher kein Natürliches System zustande gebracht wurde – sondern die Botaniker es für nötig hielten, den Einteilungsgrund aus irgendeinem einzelnen Teil des Fortpflanzungsapparats zu beziehen [...] – so verwundert es kaum, daß die Kräfte der Pflanzen in gewissen Pflanzen sich weit voneinander zu entfernen schienen.[168]

Daß das botano-systematische Vorgehen tatsächlich erfolgreich ist, läßt sich natürlich letztlich nur dadurch erweisen, daß man es in die Tat umsetzt und eben dem dient der ganz überwiegende Teil der *Vires plantarum*.[169] Unabhängig von der sachlichen Richtigkeit der darin

---

[167] Vgl. a. a. O. §VIII: 402. In Hinblick auf die Erfahrungsgrundlage der Botano-Systematiker spielen zwei weitere Schulen, die „Beobachter" (*Observatores* bzw. wie sie in den *Vires plantarum* genannt werden, *Empirici*) und die „Diaetetiker" ihre jeweils besondere Rolle: Die „Beobachter" haben nach LINNÉ *Phil. bot.* (1751 §49: 16) „die Wirkungskräfte der Pflanzen aus Zufall und Erfahrung abgeleitet", die „Diätetiker" haben „die Wirkungskräfte der Zutaten [für Medikamente] vom Geschmack und Geruch her beurteilt".

[168] LINNÉ *Vir. plant.* (1747/1749 §Iδ: 392):
Cum vero nullum Systema naturale huc usque constructum sit, siquidem Botanici fundamentum dispositionis, ab unica aliqua parte fructificationis, desumere necessum habuere, [..], haud mirum quod vires plantarum, in quibusdam classibus, a se invicem multum recedere videantur.

[169] LINNÉ *Vir. plant.* (1747/1749 §§X-XLII: 407-424). Es versteht sich von selbst, daß das botano-systematische Vorgehen nur begrenzt erfolgreich ist: Es gelingt Linné nicht, für jede Einheit des *Natürlichen Systems* eine und nur eine besondere pharmazeutische Wirkungsweise zu behaupten. Zur Stellung von Linnés „botano-systematischer" Schlußweise in der Geschichte der Pharmakologie s. DIECKMANN (1992) und LESCH (1984: 125-144).

eingehenden Behauptungen, weist die resultierende, pharmakologische „Theorie" – wie sie mit Linné in Analogie zu den „Theorien" der Chemiker, Signatoren und Astrologen zu bezeichnen wäre – damit eine Besonderheit auf, die sie als theoretischen Bestandteil einer Ordnungswissenschaft zu erkennen gibt: Gesetzesartige Aussagen über pharmazeutische Wirkungen haben in jedem Falle und systematisch Einheiten des *Natürlichen Systems* der Pflanzen zu ihren Subjekten, so daß diese Wirkungen nur als Äquivalenzbeziehungen in diese Aussagen eintreten. Verschiedene Pflanzen sind von gleich- bzw. verschiedenartiger Wirkung auf den menschlichen Körper, je nach ihrer relativen Positionierung im System. Von den kausalen Agentien, die diese Wirkungen erzielen, sieht die botano-systematische Vorgehensweise dagegen vollkommen ab.[170]

5.2.2 Botanik und Gartenbaulehre

Während der Ausschluß der Mediziner aus der Botanik retrospektiv noch nachvollziehbar erscheinen mag, so gilt dies auf den ersten Blick doch kaum für den Ausschluß der „Gärtner, welche den Anbau der Pflanzen lehrten". Schließlich stellt doch der Gartenbau eine ganze Reihe von Instrumenten und Operationen zur Verfügung, mittels derer sich der Mensch in ein praktisches Verhältnis zu lebendigen Pflanzen setzt.[171] Sollte eine Botanik, die Pflanzen als sich selbst reproduzierende Lebewesen zu ihren Gegenständen hat, nicht gerade hier ihre konkrete Erfahrungsgrundlage finden?

In einem 1739 erschienenen Aufsatz mit dem Titel „Erfahrungen zum Anbau der Pflanzen, gegründet auf die Natur" begründete Linné sein Urteil über die Gärtner gleich in den ersten zwei Paragraphen:

1. **Der Vorzug**, den man von verschiedenen Sorten einheimischer sowie ausländischer Pflanzen für Nahrung, Farben und Arzneimittel hat, zeigt hinreichend, wie nötig ihr Anbau ist; außerdem, daß sie in botanischen

---

[170] Eine Theorie der Wirkung liefern für Linné vor allem die „Mechaniker, welche die Wirkungskräfte aus physiologisch-mechanischen Grundsätzen (a principiis physiologico-mechanicis) herleiten" (LINNÉ *Phil. bot.* 1751 §48: 16). Eine eigene, Theorie dieser Art referiert LINNÉ *Vir. plant.* (1747/1749 §§II-IV: 393-39); s. dazu HJELT (1907) und WIKMAN (1970: 24-56).

[171] LINNÉ *Phil. bot.* (1751 §§45/46: 15/16):

45. HORTULANI (43) culturam vegetabilium tradiderunt.

Der Kommentar zählt die „Werkzeuge (Instrumenta)" und „Verrichtungen (Operationes)" des Gartenbaus auf.

Gärten richtig gepflegt werden müssen, wenn man sie zur Anleitung der studierenden Jugend sowie zur näheren Erkundigung oder Kenntnis in Reichweite haben will.

2. Die **Gärtner** waren bisher die einzigen, die uns die Wartung und die Pflege der Pflanzen an die Hand gegeben haben; Aber da ihre Geschicklichkeit darin nicht weiter gereicht hat, als bis zu den gewöhnlichsten Küchenkräutern und bekanntesten Blumengewächsen, und sie insbesondere zum Ziel hatten, daß die Pflanzen üppig, groß und frühzeitig hervorkommen sollten; deswegen kann ihre Erfahrung mit der Düngung um so weniger in einem botanischen Garten benötigt werden, wie sie es in keiner Weise schafft, darin zufrieden zu stellen.[172]

Linné erkennt hier grundsätzlich an, daß das von der Gartenbaulehre bereitgestellte technologische Wissen von der Botanik benötigt wird, um Pflanzen in botanischen Gärten zu ihren Ausbildungs- und Forschungszwecken anzubauen.[173] Gerade in Hinblick auf botanische Gärten stellt der zweite Paragraph jedoch fest, daß die Gärtner „nicht zufrieden stellen": Ihr Produktionsziel soll darin bestehen, Pflanzen von bekanntem Nutzen („Küchenkräuter") durch bestimmte Praktiken (Linné nennt das vornehmlichste Mittel, die Düngung) in Hinsicht auf diejenigen Eigenschaften zu meliorisieren, die sie zu Konsumtionszwecken (zur Verfertigung von „Nahrung, Farben und Arzneimitteln") besonders wertvoll machen. Dies bedeutet aber, daß im Brennpunkt des gärtnerischen Interesses nicht Pflanzen in ihrer lebendigen Totalität stehen, sondern diejenigen Eigenschaften an Pflanzen, die ihren Gebrauchswert ausmachen und sich durch gärtnerische Praktiken so verändern lassen,

---

172 LINNÉ *Växt. plant.* (1739 §§1/2: 5):

> 1. **Den Förmån** en äger af hwarjehanda slags Wäxter, så In- som uthländska, i Mat, Färgor och Läkedomar, wisar tilfyllest huru omträngd deras Plantering är: utom det, at de i Botaniska Trädgårdar rätteligen skola skötas, om man wil hafwa dem i behåld til den Studerande Ungdomens handledning och närmare underrättelse eller kännedom.
>
> 2. **Trägårds-Mästarna** hafwa härtils warit de endaste, som gifwit oß Planternes ansning och häfd wid handen; Men som deras snille derutinnan intet hunnit längre, än til de wanligaste Kökskrydder och kunnigaste Blomsterwäxter, och deras ändamål enkannerligen syftat derpå, at Wäxterna måtte ymnige, store och bittida framkomma; ty kan deras förfarenhet i dy mål, til en Botanisk Trägård så mycket mindre wara omträngd, som den ingalunda hinner at giöra deruti tillfyllest.

173 Vgl. LINNÉ *Hort. acad.* (1754/1759 §I & §XI: 210- 212), wo der Gartenbau im übrigen ausdrücklich als „Kunst oder auch Wissenschaft (Ars vero, vel scientia)" angesprochen wird.

daß sich der Gebrauchswert erhöht. Gerade für das Erkenntisinteresse der Botanik hat dies aber Folgen, die im oben angeführten Zitat implizit bleiben, aber in Linnés *Sponsalia plantarum* eine wichtige Rolle spielen. Dort wird nämlich von hortikulturellen Maßnahmen berichtet (und zwar u.a. der Düngung) die indirekt zum Nachweis der Geschlechtlichkeit der Pflanzen beitragen, indem durch diese Maßnahmen die Reproduktion der Pflanze im genealogischen Zusammenhang ausbleibt. Dies aber ist genau der Zusammenhang, auf den sich das Erkenntnisinteresse der Botanik ihrer Definition nach zu richten hat.[174] Das Interesse der Gärtner deckt sich nicht notwendig mit dem der Botaniker.

An diese implizit bleibende Kritik schließen sich nun mehrere Paragraphen an, die einen weiteren Kritikpunkt entwickeln: das Produktionsinteresse der Gärtner soll die aus botanischer Sicht negative Konsequenz haben, daß die „Lehre der Gärtner ohne Ende sei", da sie nur über die Vielfalt spezifischer Maßnahmen berichtet, mit deren Hilfe sich eine ebensolche Vielfalt von „Sorten (slag)" produzieren läßt:

> 3. Philip Miller, ein braver Kräutergärtner im Chelsea Garden bei London, nahm sich eines schwierigen Gegenstands an, als er 1731 in London sein Gardener's Dictionary in Folio in Druck gab, 1735 mit einem Appendix versah, und 1735 in London noch einmal in Oktav herausgab. Darin bot er an, über den Anbau und die Pflege aller Pflanzen zu schreiben: Wenn er nun alle Sorten aufgenommen hätte, über die etwas geschrieben oder bekanntgemacht worden ist, so hätte ein ganzer Foliant, ja zehn Folianten kaum dazu gereicht: so gäbe es kein Ende in der Lehre der Gärtner.
>
> 4. Die Gartenbaubücher stellen auch nicht zufrieden: weder das von Miller (3), oder die aller anderen zusammengenommen; denn
>
> α. sind die meisten nach einem anderen Klima eingerichtet als dem, in dem wir wohnen. […].
>
> β. kommen viele Pflanzen vor, die niemals von diesen (2. 3.) genannt werden.
>
> γ. weiß man nicht, ob man auf deren Lehre groß bauen kann, weil diese kaum Grundlagen hat, auf die man sich stützen könnte, sondern einzig die Erfahrung, oder betrügerische Gründe. […].

---

[174] LINNÉ *Spons. plant.* (1746/1749 §XXV & §§XXXVI-XL: 368/369 & 379/380). Von den „luxurierenden Blüten", (d.h. vor allem gefüllten Blüten, die keine Geschlechtsorgane mehr besitzen), heißt es, daß diese „vornehmlich durch ein Übermaß an Nahrung hervorgebracht werden (ope nutrimenti copisissimi. exoriuntur)". Die Alternative, die den Gärtnern zur Vermehrung dieser Produkte bereitsteht, besteht in der vegetativen Vermehrung über Setzlinge.

5. Versuch und lange Erfahrung werden nicht an sich abgelehnt (4.γ.), aber müssen mit allzu viel Geduld erkauft werden. Es passiert auch allzu oft, daß man einige wenige, seltene Samen aus Indien erhält, welche leicht verzogen werden können, wenn man sie erproben will, selbst dann, wenn man wüßte, von welcher Pflanze sie genommen wurden, allein deshalb, weil man sie nicht richtig anzubauen und zu pflegen weiß.[175]

Die Kritik Linnés läuft im fünften Paragraphen auf einen Punkt hinaus, dem schon im vorigen Abschnitt bei der Kritik an den Medizinern zu begegnen war: Nach der Lehre der Gärtner sei es nicht möglich, empirische Einsichten über die „richtige Pflege" von Pflanzen über die im Einzelnen schon angebauten Sorten hinaus zu verallgemeinern, was sich vor allem in dem Moment als fatal erweist, wenn es darum geht, Pflanzen

---

[175] LINNÉ Växt. plant. (1739 §§3-5: 5/6):

> 3. Miller Philip, en snäll Örtegårds-Mästare i Chelse gården wid London, tog sig ett drygt ämne före, då han gaf ut på Trycket sitt Dictionarium Hortulanorum i. Lond. 1731. Fol. Engelska med Appendix 1735, hwilcket Dictionarium å nyo Trycktes i Lond. 1735. in 8:vo, hwaruti han böd til at skrifwa om alla Wäxters plantering och skötsel: Om han nu hade uptagit alla slag, om hwilka något skrifwit eller kundgiordt är, så hade en hel Foliant icke spisat dertil, ja näppeligen 10: Således wore ingen ända på Trädgårds-Mästarenas lära.
>
> 4. Trägårds-Böckerna göra ei eller tillfyllest: hwarcken Millers (3.), eller alla de andras (2.) tilhopa räknade; ty
>
> α. Äro de fläste lämpade efter et annat Climat, än det wi bo uti. [..]
>
> β. Komma många wäxter före, som aldrig äro af dem (2.3.) nämde.
>
> γ. Wet man icke, om deras Lära är stort at bygga på, såsom den der föga Grundfästen har at stödia sig wid, utan endast empirie, eller swikeliga skiäl. [..].
>
> 5. Prof och längelig förfarenhet ogillas i sig sielf intet (4.γ.), men måste kiöpas med alt för stort tolamod. Det händer ock esomoftast, at en får några få sälsynta Frön ifrån Indien, hwilka, om någon dem pröfwa wille, lätteligen kunde bortskämmas, änskiönt en wiste af hwad Wäxt de woro tagne, endast derföre, at en icke wet rätteligen Plantera och sköta dem.

Mit dem hier genannten Gärtner Philip Miller stand Linné in jahrelanger, intensiver Korrespondenz (publiziert in LINNÉ 1821) und bezeichnete sein Werk nach einer Vorlesungsmitschrift als „das beste" auf dem Gebiet der Hortikultur (UUB/D75: 74). Seine Kritik gilt also nicht einem bestimmten, abschätzig beurteilten Gärtner, sondern dem zeitgenössischem Stand der Gartenbauliteratur. Diesen kannte Linné sehr gut: Er war von Jugend an im Gartenbau aktiv und mit entsprechender Literatur vertraut (s. STEARN 1976). Eine ähnliche Argumentation findet sich in LINNÉ Hort. acad. (1754/1759 §5: 67).

anzubauen, zu deren Pflege bisher noch keine Erfahrungen vorliegen (sei es, weil sie in einer bestimmten klimatischen Region bisher nicht angebaut wurden, sei es, weil sie dem kommerziell bestimmtem Interesse der Gärtner bisher entgangen sind, oder sei es, weil es sich um bislang unbekannte Pflanzen handelt). Dieser Vorwurf wird im Anschluß an eine Darstellung der Gartenbaulehre erhoben, derzufolge diese Pflanzen nur als „Sorten", d.h. Träger bestimmter, kommerziell wertvoller Eigenschaften, zum Gegenstand hat, und diese jeweils zu bestimmten Wirkursachen – nämlich die einem bestimmten Klima eingepaßten Anbautechniken („Anbau und Pflege") – in kausale Beziehung setzt. Nicht Pflanzen in ihrer Besonderung zu Arten und Gattungen sind demnach Gegenstände der Gartenbaulehre, sondern Pflanzen, insofern sich an ihnen jeweils bestimmte Eigenschaften durch hortikulturelle Maßnahmen erzeugen bzw. verändern lassen. Einer Botanik, die als Ordnungswissenschaft die Arten und Gattungen der Pflanzen zum Gegenstand hat, muß die Gartenbaulehre somit auf Grund der Vielfalt erzeugbarer Sorten als „unendlich" gelten, da sie nicht an positiven Angaben über die art- bzw. gattungseigentümlichen Grenzen interessiert ist, welche der Veränderlichkeit von Pflanzen gesetzt sind. Ganz im Gegenteil, es bleibt für den Gartenbau immer eine Frage geeigneter Maßnahmen, eben diese Grenzen zu überschreiten, um bestimmte Pflanzensorten in noch „üppigere, größere und frühzeitiger [auftretende]" Pflanzensorten zu überführen.[176]

---

[176] Einige der frühesten technologischen Publikationen zum Gartenbau aus der ersten Hälfte 17. Jahrhunderts – technologisch, insofern es sich nicht nur um Rezeptsammlungen handelte, sondern der Darstellung konkreter Anbautechniken gesetzesartig formulierte Grundsätze zum Anbau der Pflanzen vorausgeschickt wurden – gehen entsprechend von dem Grundsatz aus, daß Pflanzen qualitativ durch gärtnerisch manipulierbare Lebensraumfaktoren determiniert sind. In LAUREMBERGIUS *Horticult.* (o.J. [1631] cap. XIII, §vi: 76/77) heißt es etwa, daß „die Pflanze die verschiedenen Eigenschaften, die sie annimmt, aus dem unterschiedlichem Trank heranzieht und so freilich eine neue Natur erhält. ([..] diversis sunt imbutae humoribus, diversis proprietatibus, quibus cum se applicat planta, & novo cibo ali assuscit, quid mirum si & novam aquirat naturam.)" Erst in einer eigentümlichen Umkehr der Funktion solcher Aussagen am Ende des 17. Jahrhunderts sollte ein Kriterium für arteigentümliche Grenzen der Veränderlichkeit von Pflanzen entwickelt werden: Nach John Ray sind Merkmalsunterschiede, die sich hortikulturell an Nachkommen derselben Pflanze erzeugen lassen, nicht für artspezifische Unterschiede zu halten, womit umgekehrt die Unveränderlichkeit von Eigenschaften unter Bedingungen der Hortikultur für die Artspezifik dieser Eigenschaften spricht. Was der Hortikultur als (veränderliche) Natur der Pflanzen gilt, stellt sich aus dem Blickwinkel der Botanik als unwesentliche Variation, also gerade nicht als (arteigentümliche) Natur der Pflanzen dar. (S.

5.2.3 Botanik und Anatomie

Es ist insbesondere der im Aphorismus 44 der *Philosophia botanica* vorgenommene Ausschluß der „Anatomen (anatomici)" Nehemiah Grew (1641-1712), Marcello Malpighi (1628-1694) und Stephen Hales (1677-1760) aus der Botanik, dem der retrospektive Blick der Biologiehistoriographie mit Verwunderung begegnet ist.[177] Gerade Grew und Malpighi scheinen doch in der zweiten Hälfte des 17. Jahrhunderts der Botanik unter Verwendung des Mikroskops einen vorher unzugänglichen Phänomenbereich – die innere Gliederung pflanzlicher Substanzen in Gewebe, Gefäße, Zellen, Fasern etc. – eröffnet zu haben, und gerade Stephen Hales scheint der Botanik doch in der ersten Hälfte des 18. Jahrhunderts über Messung und Experiment einen neuen Zugang zur Untersuchung pflanzlicher Lebensvorgänge verschafft zu haben.[178] Es sieht so aus, als sei der Ausschluß der Anatomen aus der Botanik nur in schlichter Unkenntnis oder in wissenschaftspolitischen Erwägungen begründet.[179]

In den publizierten Schriften Linnés taucht meines Wissens keine Begründung des Ausschlusses der Anatomen auf: Sie werden in der *Bibliotheca botanica* als diejenigen definiert, welche die „Struktur der Pflanzen, soweit sie deren innere Teile anbelangt (structuram plantarum, quod ad interiores earum partes attinet), beschrieben haben" und den Pflanzenliebhabern einfach nur subsumiert.[180] Eine Vorlesungsmitschrift zeigt allerdings, daß Linné selbst sich durchaus bewußt war, daß dieses

---

RAY *Hist. plant.* 1686 lib.I, cap. xx: 40, der sich explizit auf Laurembergius bezieht; zu diesem Kriterium, das in allgemeinerer Form schon von Caesalpinus formuliert worden war, s. SVENSSON 1945: 279/280, SLOAN 1972: 25, MAYR 1982: 256-258 und ATRAN 1990: 138-142). Die eigentümliche Funktion, die dieses Kriterium in Linnés Klassifikationsverfahren gewinnen sollte, wird mich im dritten Teil noch ausführlich beschäftigen (Kap. 10.2).

[177] So bei SACHS (1875: 95-97) und LINDROTH (1966: 79/80).

[178] Zur biologiehistorischen Bedeutung von Malpighi und Grew s. ARBER (1942), BELLONI (1975) und Zirkle in GREW *Anat. Plants* (1682/1985) zu der von Hales s. JAMES (1985).

[179] Eine völlige Unkenntnis der Schriften Malpighis, Grews und Hales' läßt sich Linné nicht unterstellen: Sowohl LINNÉ *Spons. plant.* (1746/1749) als auch LINNÉ *Gemm. arb.* (1749/1787) zitieren diese Schriften. Eine wissenschaftspolitische Motivation bietet sich allerdings an: Linné besaß in Nils von Rosén, Professor für Medizin und Anatomie, einen sehraktiven Konkurrenten an der Universität Uppsala, der es sich nicht hätte gefallen lassen, daß Linné über Anatomie gelesen hätte, wenn auch nur über die der Pflanzen; s. dazu FRIES (1903 vol. I: 274-304).

[180] LINNÉ *Bibl. bot.* (1736/1747 cap. XIII: 137).

Urteil bei Zeitgenossen Verwunderung hervorrufen mußte, und daß er ihr argumentativ begegnete:

> Es gibt freilich viele, die sich darüber wundern, daß ich die Anatomen hierunter [i. e. unter den *Pflanzenliebhabern*] aufgeführt habe. Aber da diese Anatomen die Pflanzen nur insofern in Betracht gezogen haben, als diese Leben haben und organische Körper sind, nur ihre inneren Kanäle und ihre innere Struktur, und wie ihre Entwicklungen durch Flüssigkeiten geschehen, können sie billiger Weise hierunter aufgeführt werden. So wie sie demnach in hydraulischen Gesetzen unterwiesen sind, haben Anatomen sogar auf diese Weise in dieser Sache gearbeitet, welche zu kennen für einen wahren Botaniker nicht notwendig ist. Die vornehmsten darin sind MALPIGHI Anatome plantarum und GREW Anatome Vegetabilium [...]. HALES Statica Vegetabilium richtet sich nicht so sehr auf die Anatomie, sondern richtet sich physiologisch auf die pflanzliche Belebtheit, und ist, was dieses letztere angeht, sehr artig, und sollte von dem gelesen werden, der sich auf die Belebtheit der Pflanzen verlegt.[181]

Diese kurzen Bemerkungen verdeutlichen zunächst eines: Linné knüpfte die Differenz zwischen Pflanzenanatomen und „wahrhaften" Botanikern an ein unterschiedliches klassifikatorisches Verhalten zu Pflanzen: Anatomen betrachten Pflanzen in Hinblick auf das, was ihnen a l s Lebewesen gemeinsam ist (sich in „Kanäle" und in diesen enthaltene „Flüssigkeiten" zu gliedern, welche zu „Entwicklungen" zusammenwirken), nicht aber, wie der Botaniker, insofern sie jeweils der Art und Gattung nach b e s o n d e r e Lebewesen sind. Dies stimmt mit Absichtserklärungen überein, die sowohl Malpighi als auch Grew ihren pflanzenanatomischen Werken einleitend vorausschickten: Es geht ihnen beiden nicht um eine klassifikatorische Erfassung verschiedenartiger Pflanzen, sondern darum, Beziehungen zwischen verschiedenen

---

[181] UUB/D75:D: 77-79:

> Det äro fuller många såm undra på, at jag fört Anatomici härunder, men som deße Anatomici endaßt haft afseende på örtarna, at de hafwa lif, äro corpora organica, deres Canaler samt inwärtes structur, och huru deras progresser sker genom wetskorne, kunna de billigt föras här under. Lik såm de således är instructae ad leges hydraulicas, hafwa Anatomici äfwen på det sättet arbetat uti denne saken, som ej förr en vere Botanicus är nödwändig at känna. Det förnämsta som skrifwit häruti äro Malpigius i anatome plantarum och Grew in anatome Vegetab. [..]. Hailes [sic] Statica vegetabilium [..] går fuller inte på anatomien, men går Physiologice på vegetation, åch är hwad de senare angår ganska artig, åch bör af den läsas, såm lägger sig på vegetatio plantarum.)

Eigenschaften und Funktionen, die der Pflanzenkörper aufweist, und seinen stofflichen oder strukturellen Komponenten zu etablieren.[182] Am ausführlichsten hat Grew das dabei zu befolgende Vorgehen in seiner *Idea of a Philosophical History of plants* erläutert[183]. Er beabsichtige, zu „dem Grund des pflanzlichen Lebens und den Ursachen der unendlichen, darin beobachtbaren Verschiedenheiten, so weit der Stoff und die verschiedenen Zustände desselben diese bewirken,"[184] vorzustoßen, und zwar einerseits über eine Reihe von Operationen der anatomischen Sektion und mikroskopischen Untersuchung bestimmter

---

[182] Während Grew dies indirekt zu verstehen gibt – indem er in seiner Einleitung zunächst hervorhebt, daß die klassifikatorische Erfassung der Vielfalt der Pflanzen bereits vor ihm (er nennt Morison und Ray) fortgeschritten sei, im Unterschied dazu aber die „Untersuchung der Natur der pflanzlichen Belebtheit (inquiry into the nature of vegetation)", die er sich mit seiner *Anatomy of plants* zum Ziel setzt, erst am Beginn stehe (GREW Anat. Plants (1682/1965 Idea, §1: 1) – ist Malpighi explizit (MALPIGHI Anat. plant. (1686 Vol. I, Anat. Plant. Idea: 2):

> Es besteht nicht die Absicht [..] eine genaue und allgemeine Kenntnis aller Pflanzen überhaupt unter [ihnen] zugeteilten Gattungen und eigentümlichen Arten aufzulösen und die Teile der einzelnen [Arten] in Augenschein zu nehmen ([..]). Sondern ich möchte die uns bekannteren und durch zergliedernde Auflösung entdeckten Teile der pflanzlichen Lebewesen, soweit möglich, berichtend darlegen und gelegentliche Überlegungen zum Gebrauch derselben im Haushalt [der Pflanze] hinzufügen.
>
> Nec, Viri Doctissimi, exactam & generalem in universum plantarum notionem sub assignatis generibus, propriisque speciebus retexere, & singularum partes recensere est animus ([..]). Sed notiores Vegetantium apud nos partes, anatomica resolutione detectas, historice, prout licebit, exponam, & quasdam circa ipsarum Oeconomicum usum cogitationes addam.

Zur komplizierten Publikationsgeschichte der pflanzenanatomischen Werke Grews und Malpighis s. ADELMANN (1966 vol. I: 676-696) und LEFANU (1990).

[183] Es ist möglich, sich hier auf eine Diskussion von Grews *Idea of a Philosophical History of plants* von 1682 zu beschränken, da Malpighis und Grews Werke derart in Vorgehen und Ergebnissen übereinstimmten, daß Grew sich Plagiatsvorwürfe einhandeln sollte (cf. ADELMANN 1966 vol. I: 372-375 und Zirkle in GREW *Anat. Plants* 1682/1965: ix-xii).

[184] So beschreibt GREW *Anat.Plants* (1682/1965 Idea §2; 2), die Wissenslücke, die er zu füllen gedenkt:

> 2.§. [..]. But for the Reason of Vegetation, and the Causes of all those Infinite Varieties therin observable (I mean so far as Matter, and the Various Affections hereof, are instrumental therunto) allmost all Men have seemed to be unconcerned.

Pflanzenliebhaber 153

Teile und Segmente von Pflanzenkörpern, sowie andererseits über eine Reihe chemischer Operationen („Contusion, Agitation, Digestion, Destillation"). In dieser Betrachtungsweise erscheinen die verschiedenen Eigenschaften und Funktionen des Pflanzenkörpers jeweils in weitgehender Abstraktion von der Besonderheit der konkreten Pflanzen, die der Untersuchung jeweils unterworfen sind, d.h. unter Abstraktion von den übrigen Eigenschaften, Strukturen und Funktionen die diese Pflanzen auszeichnen. Grew bringt diese Abstraktionsabsicht in einem Fall selbst zum Ausdruck: In Bezug auf die Qualitäten „Farbe, Geschmack, Geruch" heißt es in seiner *Idea*, daß es darauf ankäme, zu einer „Kenntnis dieser Qualitäten im Allgemeinen, oder was es ist, das sie in irgendeinem Körper bewirkt (knowledge of the same qualities in general; or what it is, that constitutes them such, in any other body)", zu gelangen.[185] Entsprechend gliedert sich sein Werk (ebenso wie das Malpighis) nicht etwa nach taxonomischen Einheiten, sondern nach den jeweils in Betracht gezogenen Organen und Organsystemen. Der Pflanzenkörper wird als ein Körper betrachtet, der sich schlechthin in „Gefäße" und in diesen Gefäßen bewegte und veränderte „Flüssigkeiten" gliedert, er erscheint als eine Art „chemischer Werkstätte".[186]

Das oben angeführte Zitat aus einer Vorlesungsmitschrift zeigt aber auch an, daß Linné sein Urteil differenziert traf: Im Gegensatz zu Malpighis und Grews Schriften aus den 1680er Jahren exemplifiziere sich in Stephen Hales´ *Vegetable Staticks* von 1727 eine „eher physiologische" Betrachtungsweise. Mit dieser Charakterisierung gibt sich in Linnés Urteil eine tiefreichende Ambivalenz zu erkennen. Stephen Hales wird in der *Philosophia botanica* zugestanden, daß er sich mit „Gesetzen der pflanzlichen Belebtheit (Vegetationis leges)" befaßt habe – zur Aufklärung eben dieser Gesetze beizutragen galt Linné aber als Aufgabe einer Gruppe unter den „wahrhaften" Botanikern, nämlich als Aufgabe

---

[185] GREW *Anat.Plants* (1682/1965: Idea, §8: 4). Zu Grews Forschungsprogramm im Einzelnen s.ARBER (1942), zu Malpighi s. BELLONI (1975).

[186] Als „chemische Werkstätte (officina chemica)" wird der Pflanzenkörper in einer Schrift bezeichnet (FELDMANN *Comp.plant.anim.* 1732 §30: 24), die LINNÉ *Phil. bot.* (1751 §44: 17) ebenfalls unter den „Anatomici" aufführt (zu dieser Schrift s. BROBERG 1975: 16/17). Zur Verbreitung dieser Analogie bis weit in das 18. Jahrhundert hinein s. DI MEO (1995) und PAGEL (1967: 188-195). Zur Verbreitung eines in diesem Sinne „mechanisch-chemischen" Modells der Lebewesen im 17. Jahrhundert s. ROTHSCHUH (1968: 100-122), ROGER (1963/1993: 206-224), RITTERBUSH (1964: 76-87), und DELAPORTE (1983: 34-49).

der „Physiologen".[187] Und Grews *The Anatomy of Plants* von 1682 soll nach Linné den ersten publizierten Hinweis auf die Geschlechtlichkeit der Pflanzen geliefert haben – in der Aufklärung des „Geheimnisses des Geschlechts (mysterium sexus)" bestand für Linné aber die zweite, zentrale Aufgabe der „Physiologen".[188]

Sowohl Hales als auch Grew haben damit nach Linnés eigenem Bekunden durchaus wichtige, wenn nicht zentrale Beiträge zur Botanik geliefert. Um Beiträge welcher Art handelte es sich dabei? Zunächst läßt sich mutmaßen, was Linné an Stephen Hales Beitrag, den 1727 erschienen *Vegetable Staticks*, „physiologischer" zu sein schien, als an Malpighis und Grews Schriften. Hales selbst nämlich hat den Unterschied, der zwischen seiner eigenen Leistung und der Grews und Malpighis bestanden haben soll, folgendermaßen charakterisiert[189]:

> Wären sie [i. e Malpighi und Grew] gelegentlich auf die [hier verfolgte] statische Weise der Untersuchung gekommen, so hätten Personen von ihrer großen Fähigkeit und Geistesschärfe zweifellos bedeutende Fortschritte in der Kenntnis der Natur der Pflanzen gemacht. Dies ist der einzig sichere Weg, um die verschiedenen Mengen der Nahrung zu messen, welche Pflanzen einsaugen und ausdünsten und dadurch zu sehen welchen Einfluß die verschiedenen Zustände der Luft auf sie

---

[187] LINNÉ *Phil. bot.* (1751 §22 & 44: 11& 15).

[188] Als Entdecker der Geschlechtlichkeit der Pflanzen wird Grew in LINNÉ *Spons. plant.* (1746/1749) zitiert. Grew interpretiert die geschlechtliche Funktion der Blütenorgane allerdings anders als Linné (s. Zirkle in GREW *Anat.Plants* 1682/1965: xv/xvi). Auf die „Physiologen" und ihre Rolle innerhalb der Botanik werde ich im nächsten Kapitel zurückkommen (Abschn. 6.2.1). In LINNÉ *Prol. plant. I* (1760/1789 §I: 324) findet sich die angesprochene Differenz zwischen Malpighi und Grew einerseits sowie Hales andrerseits wieder. Dort heißt es, daß Malpighi und Grew „über die Anatomie" versucht hätten, „sich einen Weg zu den innersten Geheimnissen der Wissenschaft von den Pflanzen zu verschaffen", Hales dagegen über die „Physiologie (per Physiologiam)".

[189] HALES *Veg. Stat.* (1727/1969 Pref.: xxv/xxvi):

> Had they fortuned to have fallen into this statical way of inquiry, persons of their great application and sagacity had doubtless made considerable advances in the knowledge of the Nature of Plants. This is the only sure way to measure the several quantities of nourishment, which Plants imbibe and perspire, and thereby to see what influene the different states of Air have on them. This is the likeliest method to find out the Sap's velocity, and the force with which it is imbibed: As also to estimate the great power that nature exerts in extending and pushing forth her productions, by the expansion of the sap.

haben. Dies ist die wahrscheinlichste Methode, um die Geschwindigkeit des Saftes herauszufinden, und ebenso, um die große Kraft abzuschätzen, welche die Natur in der Ausdehnung und dem Vorantreiben ihrer Produkte durch die Ausdehnung des Saftes ausübt.

Im Unterschied zu Malpighi und Grew behauptet Hales hier ganze, lebende Pflanzen den Operationen seiner „statical way of enquiry" – dem „Messen" der „Nahrung, welche Pflanzen einsaugen und ausdünsten", und dem Messen der „Geschwindigkeit" und der „Kraft" des in lebenden Pflanzen enthaltenen „Saftes" – unterworfen zu haben. Kausalrelationen – z.B. zwischen „verschiedenen Zuständen der Luft" und dem Wachstum der Pflanze – sind so aber immer durch den ganzen, lebenden Pflanzenkörper vermittelt. Eine Aufklärung von Kausalrelationen zwischen bestimmten, am Aufbau der Pflanzen beteiligten Substanzen bzw. Strukturen und bestimmten Eigenschaften an Pflanzen über eine mikroskopische und chemische Analyse des Pflanzenkörpers ist dagegen nicht Gegenstand der *Vegetable Staticks*.[190] Aber auch Hales liefert so, wie Malpighi und Grew, letztlich nur Informationen zu dem, was Pflanzen im Allgemeinen zukommt. Es ist Grews Beitrag zur Aufklärung des „Geheimnisses des Geschlechts", der in der tiefsten Beziehung zur Botanik Linnés steht, auch wenn dieser Beitrag in seiner *Anatomy of Plants* nur einen verschwindend geringen Raum einnahm: Grew lieferte die ersten Anhaltspunkte für die Realität desjenigen Prozesses, in dem der reproduktive Zusammenhang unter Pflanzen gesetzt wird, Hinweise auf die Realität desjenigen Prozesses also, in dem sich Pflanzen in der Perspektive der Linnéschen Botanik als besondere Arten und Gattungen zueinander verhalten.

---

[190] Zur experimentellen Verfahrensweise von Hales vgl. JAMES (1985) und DELAPORTE (1983: 49-63) Die mit der Atmung der Pflanzen verbundenen chemischen Prozesse bilden den Gegenstand eines separaten Anhangs in HALES *Veg. Stat.* (1727/1969) der bezeichnenderweise in die Chemiegeschichte eingegangen ist: *A Specimen of An Attempt to Analyse the Air.*

6. KAPITEL
WAHRHAFTE BOTANIKER

6.1 Sammler

Wenn Linné Medizin, Gartenbaulehre und „Anatomie" als „physikalisch" orientierte Wissenschaften – d. h. als Wissenschaften, die pflanzliche Eigenschaften zu ihren Gegenständen haben und an Kausalerklärungen für das Auftreten und die Veränderung dieser Eigenschaften interessiert sind – aus seiner Botanik ausschloß, so scheint er dieser jede wirklich emprische Grundlage entzogen zu haben. Ohne chemische und mikroskopisch-anatomische Analyse, physiologisches Experiment und Pflanzenanbau scheint einer Botanik doch – über willkürliche Klassifikation und Benennung hinaus – gar kein gangbarer Weg mehr zur Verfügung zu stehen, der zu einer tieferen Kenntnis der „Natur der Pflanzen" führen könnte. Wenn Linné den Pflanzenliebhabern zudem zugestand, daß sie jeweils entscheidend zur Botanik beitrugen, so scheint der „wahrhafte" Botaniker bloß noch ein parasitäres Dasein zu führen: Das was erstere im Allgemeinen betrachten, betrachtet letzterer noch einmal im Besonderen, indem er Erkenntnisse zu Eigenschaften, Strukturen und Funktionen des Pflanzenkörpers auf ein System besonderer Arten und Gattungen der Pflanzen verteilt. Er scheint Wissen einfach nur zu distribuieren, nicht selbst zu produzieren.

In der Tat definiert die *Bibliotheca* die „wahrhaften" Botaniker schlicht als diejenigen, die „alle Pflanzen mit verständlichen Namen zu belegen wissen" – allerdings, wie es einschränkend heißt, „aus einer echten Grundlage heraus".[191] In Erläuterung dieses Aphorismus zitiert Linné verschiedene Passagen aus den *Fundamenta botanica*, dem *Systema naturae*

---

[191] LINNÉ *Phil. bot.* (1751 §7: 4):

7. BOTANICI (veri 6) ex fundamento genuino Botanicam (4) intellegiunt & vegetabilia (2) omnia nomine intelligibili nominare sciant; sunt hi vel *Collectores* (8) vel *Methodicis* (18).

und den Einleitungen zu den *Genera plantarum* und *Classes plantarum*, denen allen gemeinsam ist, daß sie die im Aphorismus selbst angedeutete zentrale Funktion von Klassifikation und Benennung der Pflanzen für die Botanik hervorheben, und zwar Klassifikation und Benennung der *natürlichen* Art und Gattung nach. Ein *Natürliches System* ist aber nicht einfach schon dann realisiert, wenn Pflanzen nur irgendwie klassifiziert und benannt werden. Die Botanik bedarf einer spezifischen, eben „echten" Grundlage.[192]

Entsprechend sind nun unter den Botanikern auch nicht nur Autorengruppen aufgeführt, die „Pflanzen mit verständlichen Namen belegten", sondern auch „Sammler, die in erster Linie um die Zahl der Arten der Pflanzen bemüht waren".[193] Soweit es Sammlern nach dieser Definition bloß um die Z a h l der Pflanzenarten gegangen sein soll, ist ihr Bemühen auf das Zusammentragen von Pflanzen"arten" gerichtet, die noch in einem begrifflich unbestimmten Sinne der Art nach unterschieden sind. So lassen auch schon einige Bezeichnungen der unter die Sammler geführten Teilgruppen (insbesondere „Zeichner" und „Beschreiber") erkennen, daß die Unterscheidung von Pflanzenarten durch Sammeln nicht als Resultat einer begrifflichen Reflexion, sondern als Resultat spezifischer Praktiken zu verstehen ist, durch die sich der Botanik ihr empirischer Gegenstand überhaupt erst darstellt. Die Linnésche Botanik verfügt im „Sammlen" über eine empirische Tätigkeit, die ihr eigentümlich ist und mit der sie sich von anderen, insbesondere experimentell verfahrenden Wissenschaften abhebt. Um ein genaues Verständnis dieser Tätigkeit soll es in diesem Abschnitt gehen.

---

[192] So heißt es in der Vorlesungsmitschrift UUB/D:75: 42, daß der „richtige Botaniker die Pflanzen aus einer echten Grundlage heraus, d. h. sehr genau die Teile des Fortpflanzungsapparates verstehen muß" und erst „darüber hinaus [!] noch zwei Dinge bei einem Botaniker erforderlich sind, nämlich 1. die Klassifikation und 2. die Benennung der Pflanzen. (Skall man vara rätt Botanicus, måste man nödwändigt ex genuino fundamento känna wäxterne, h. ê. ganska noga förstå partes fructificationis. Sedan fordras ock utom dess 2ne ting hos en Botanicus, nembl. 1o förstår Dispositio och 2o denominatio vegetabilium.)"

[193] LINNÉ *Phil. bot.* (1751 §8: 4):
  8. COLLECTORES (7) de numero specierum Vegetabilium primario solliciti fuere.

6.1.1 Zeichnung und Beschreibung

Die erste Teilgruppe der „Sammler", die hier von Interesse ist, wird in der *Bibliotheca* einfach dadurch definiert, daß sie „die Gestalt der Pflanzen in Abbildungen (icones) zum Ausdruck brachten".[194] Der Kommentar hebt jedoch hervor, daß es sich dabei um eine sehr spezifische „von den Alten nicht genutzte Kunstfertigkeit" handeln soll, die folgende Anforderungen einzulösen vermag:

1. Pflanzen sollten eine perspektivisch konstruierte Abbildung erfahren („gleichsam eine Wiedergabe im Spiegel", bei der „alle Teile [der wiederzugebenden Pflanze] gemäß (ihrer) natürlichen Lage und Größe beachtet werden");

2. an der Erstellung derartiger Abbildungen sollte – neben dem Zeichner i. e. S. (*pictor*) – ein Botaniker beteiligt sein; und

3. sollten Pflanzenabbildungen in Holz- oder Kupferstichen ausgeführt werden, so daß schließlich noch ein „Graveur (sculptor)" an der Erstellung von Pflanzenabbildungen zu beteiligen ist.[195]

---

[194] Die erste der unterschiedenen Gruppen, die der „Väter (patres)", ist nur von negativem Interesse, denn sie umfaßt antike und mittelalterliche Autoren, die in Linnés Augen bloß „die ersten Anlagen (rudimenta)" der Botanik bereitstellten, und zwar weil sie genau diejenigen Repräsentationsmittel – nämlich „Schilderungen (adumbrationes)" und „Abbildungen (icones)" – noch nicht kannten, die die „Zeichner" und „Beschreiber" später bereitstellen sollten. Historisch setzte die Botanik für Linné also erst mit der Bereitstellung spezifischer Repräsentationsmittel ein, und zwar ziemlich genau datiert in der Renaissance (markiert mit den Worten „Typographia 1440, Pulvis pyrius. America 1492"), als die zweite Teilgruppe der Sammler, die „Kommentatoren (commentatores)" begannen, die Werke der „Väter" durch Übersetzungen und Kommentare „zu erhellen (elucidare)" (a.a.O., §§9/10: 4-6). Zur humanistischen Motivation der „Erfinder" der im folgenden zu besprechenden Repräsentationsmittel der Botanik s. REEDS (1976) und OGILVIE (1997). Diese Motivation spielt in Linnés Darstellung der Botanik nicht mehr die geringste Rolle.

[195] LINNÉ *Phil. bot.* (1751 §10: 6):
  11. ICHNIOGRAPHI (8) Figuras Vegetabilium Iconibus expresserunt.
     Artificium veteribus inusitatum, tanquam in speculo representatio.
     Requisita: *Botanicus, Pictor, Sculptor*.
     [..].
     Observandae partes omnes, situ & magnitudine naturali, etiam minimae Fructificationis.
  Pflanzenabbildungen in Manuskripten der Antike und des Mittelalters bildeten – häufig konventionsgeleitet – besondere Teile der Pflanzen vergrößert und so positioniert ab, daß sie in der Abbildung hervortraten (in diesem Sinne kritisiert

Die Erfüllung dieser Anforderungen verleiht der Repräsentation der Pflanze im Bild ganz spezifische Eigenschaften in Bezug auf die wissenschaftliche Gemeinschaft der Botaniker:

1. kann die Abbildung durch den Druck in einer großen Zahl identischer Kopien Verbreitung finden, so daß einzelne Botaniker durch Zitat auf eine Pflanzenabbildung verweisen können, die anderen Botanikern in identischer Kopie vorliegt;
2. handelt es sich um Abbildungen, die zu spezifischen Zwecken der Botanik informiert sind; und
3. können Abbildungen verschiedener Pflanzen in beliebiger Zusammenstellung und nach Maßgabe des einheitlich verwendeten, perspektivischen Abbildungsverfahrens miteinander verglichen werden.

Soweit diese Anforderungen erfüllt sind, bietet das Repräsentationsmittel Abbildung den Vorteil, Pflanzen jederzeit, jeden Orts und in beliebigen Konstellationen anhand der Darstellung ihrer Gestalt zu identifizieren. Damit ist jedoch zugleich ein spezifischer Nachteil dieses Repräsentationsmittels angesprochen: Es bleibt in der Abbildung nur die Morphologie der repräsentierten Pflanze durch den Repräsentationsvorgang unberührt. Nahezu alles andere, was konkrete, lebendige Pflanzen ausmacht – Geruch, Geschmack, Farbe, Substanz, Bewegung, Entwicklung, Interaktion mit der Umwelt – geht verloren. Dieser Verlust an Information läßt sich durch die Repräsentationstätigkeit der „Beschreiber (Descriptores)" ausgleichen, welche unmittelbar nach den Zeichnern als diejenigen „Sammler" aufgeführt werden, die „Schilderungen (adumbrationes) der Pflanzen veröffentlicht haben".[196] Der im Kommentar dazu zitierte Aphorismus 325 der *Philosophia botanica* gibt an, was unter einer „Schilderung" zu verstehen sein soll:

LINNÉ a.a.O. §332: 263 die Abbildungen „der Alten"; vgl. zu diesen Abbildungen ARBER 1912: 154-168). Aus der Spätantike sind allerdings auch naturalistische Pflanzenabbildungen bekannt (a.a.O.: 154). Erst in der Zusammenführung von Techniken der perspektivischen Zeichnung und der Holzschnittkunst in der Dürerschule kam es zu gedruckten, naturalistischen Abbildungen von Pflanzen in Joachim Brunfels' *Herbarium vivae icones* von 1531 und in Leonhart Fuchs' *New Kreuterbuch* von 1543 (s. a.a.O.: 168-203, und JACOBS 1980).

[196] LINNÉ *Phil. bot.* (1751 §12: 7):

12. DESCRIPTORES (8) adumbrationes (325) vegetabilium exhiberunt.

> 325. SCHILDERUNGEN enthalten die Geschichte der Pflanze, wie *Namen* (VII), *Etymologie* (234-242), *Klassen* (II), *Kennzeichnungen* (VI), *Unterschiede* (VIII), *Varietäten* (IX), *Synonyme* (X), *Beschreibungen* (326), *Abbildungen* (334), *Standorte* (334), *Zeiten* (335).
>
> Die in LINNÉ Syst. nat. 6 (1748 222) *vorgeschlagene Darlegungsmethode* stellt die Ordnung auf, in der die Geschichte einer Pflanze einzurichten ist.
>
> Die Schilderung wird alles enthalten, was die *Geschichte der Pflanze* anbelangt, wie Namen, Zeichen, Gestalt, Natur und Nutzen derselben.[197]

Eine Schilderung versucht also, so weit als möglich sämtliche Informationen zu einer Pflanze („Namen, Zeichen, Gestalt, Natur und Nutzen") sprachlich zu formulieren, wobei zwei Dinge auffällig hervorgehoben sind: Erstens legt Linné besonderes Gewicht auf Gesichtspunkte der Schilderung, welche die Referenz derselben auf bestimmte Pflanzen sichern (durch eine Diskussion ihrer Namen und Merkmale). Zweitens ist bei der Schilderung nach einem Verfahren vorzugehen, welches ein unübersehbar großer Teil der *Philosophia botanica* genau regelt (die römischen Zahlen verweisen auf die entsprechenden Kapitel der *Philosophia botanica*), und zwar in zwei Hinsichten: durch Festlegung einer Reihenfolge („Ordnung"), in der die verschiedenen Gesichtspunkte einer Schilderung abzuhandeln sind; und durch Festlegung einer

---

[197] A.a.O. §325: 256:

> 325. ADUMBRATIONES Historiam plantae continent, uti *Nomina* (VII), *Etymologias* (234-242), *Classes* (II), *Characteres* (VI), *Differentias* (VIII), *Varietates* (IX), *Synonyma* (X), *Descriptiones* (326), *Icones* (332), *Loca* (334), *Tempora* (335).
>
> Methodus demonstrandi *proposita in Syst. nat. 6. p. 222*, sistit ordinem, secundum quem plantae historia concinnari debet.
>
> Continebit Adumbratio omnia, quae ad *Historiam plantae* pertinent, uti ejusdem Nomina, Signa, Faciem, Naturam & Usum.

Der Ausdruck „Adumbratio" bedeutet wörtlich „erster Entwurf", „Skizze". Die zitierte *Methodus demonstrandi* geht auf LINNÉ Meth. (1736) zurück, ein bloß eine Seite umfassender Text, der ein Schema vorgibt, nach dem „der Arzt genau und glücklich die Geschichte zu irgend einem natürlichem Gegenstand zusammenstellen kann (juxta quam Physiologus accurate & feliciter concinnare potest Historiam cujuscunque Naturalis Subjecti)". Über die im §325 angegebenen Beschreibungskategorien hinaus sind nach diesem Schema noch Angaben zu „Attributen (attributa)" wie „Leben (vita)" und „Anatomie (anatomia)", zum vornehmlich medizinischen „Nutzen (usus)" und zu „Litteraria", d.h. dem Auftauchen der Pflanzen in Volksglauben und Dichtkunst zu machen (CAIN 1992). Von „Geschichte" ist hier also – anders als in den von Linné selbst vorgelegten Artbeschreibungen (s. Fußn. 118) – im ursprünglichen, allgemeineren Sinne eines umfassenden Berichterstattung die Rede.

Beschreibungsterminologie.[198] Referenzsicherung und Standardisierung der sprachlichen Repräsentation verleihen der Schilderung Eigenschaften, die sie mit der Abbildung zusammenschließt: Schilderungen lassen sich nicht nur untereinander nach einheitlichen Maßstäben vergleichen, sondern nach Maßgabe der darin enthaltenen Beschreibung der Pflanzenmorphologie auch mit Abbildungen; und sie liegen wieder in einem Medium vor, das eine Vervielfältigung zu identischen Kopien und damit einen gemeinsamen Bezug auf dieselben durch die wissenschaftliche Gemeinschaft der Botaniker erlaubt. Tatsächlich bezeichnet der Aphorismus 325 die Abbildung als Bestandteil der vollständigen „Schilderung". Abbildung und Schilderung ergänzen sich, indem erstere dasjenige dem intuitiven Blick darbietet, was letztere beschreibend analysieren kann, nämlich die Morphologie einer Pflanze. Möglich werden so naturhistorische Werke wie Johann Bauhins *Historia plantarum generalis* (1619), John Rays *Historia plantarum* (1686) oder Linnés *Hortus cliffortianus* (1737), die insofern „universell" waren, als sie nicht mehr für jede einzelne Pflanzenart eine Schilderung bzw. Abbildung lieferten, sondern zu jeder Pflanzenart ausführliche Literaturlisten zusammenstellten - die im Aphorismus 325 erwähnten „Synonyme"-, die auf überlieferte Schilderungen und Abbildungen verwiesen, welche gemeinsam für eine jeweilige Art stehen konnten und allen Botanikern (zumindest potentiell) gleichermaßen zugänglich waren (vgl. Abb. 8).[199]

6.1.2. Herbarium

Der Kommentar zum Aphorismus 11 fügt noch Informationen zu einem Repräsentationsmittel hinzu, das sich nur bedingt als Abbildung einer Pflanze verstehen läßt: das Herbarium, oder genauer, das einzelne Herbarblatt, das nach Linné folgendermaßen zu verfertigen ist:

> 1. Die *Pflanzen* sind nicht feucht zu sammeln; 2. keine *Teile* zu entfernen; 3. sacht *auszubreiten*; 4. nicht aber zu *knicken*; 5. die *Fruchtbildung*

---

[198] Zur langen Vorgeschichte der Entwicklung von Beschreibungsstandards in der naturhistorischen Literatur vor Linné s. ARBER (1912: 119-134), HOPPE (1978) und JACOBS (1980).

[199] Unter der Bezeichnung „universelle (universales)" zitiert der Kommentar zum 12. Aphorismus die genannten Werke Bauhins, Rays und Linnés. Die 5. *(Monographi)* und 6. Gruppe *(Curiosi)* der Sammler werde ich nicht diskutieren, da deren Tätigkeit sich der Tätigkeit der „Beschreiber" subsumieren läßt: Die „Monographen widmeten sich" (durch Beschreibung und Abbildung) „einer einzigen Pflanze in einem einzelnen Werk" und die „Curiosi" taten dasselbe in Bezug auf „seltenere Pflanzen" (LINNÉ *Phil. bot.* 1751 §§13/14: 8).

zeigend; 6. zwischen trockenen Papieren zu *trocknen*; 7. *sehr rasch* und eben gerade mit einem heißen Eisen; 8. mit einer *Presse* mäßig zusammengedrückt; 9. sind sie mit Fischleim *aufzukleben*; 10. auf ein immer aufzubewahrendes *Blatt*; 11. nur *eine einzige* pro Blatt; 12. die Seiten sind nicht *aneinander zu heften*; 13. die *Gattung* ist oben hinzuschreiben; 14. Die *Art* und Berichte [zu dieser] auf der Rückseite; 15. Arten einer Gattung sind in einen *Bogen Papier* einzuschlagen; 16. und nach einer *Methode* anzuordnen.[200]

Bei Erfüllung dieser Anweisungen stimmt das Repräsentationsmittel Herbarblatt in einigen Eigenschaften mit der gedruckten Abbildung überein: auch hier reduziert die Darstellunsweise die Pflanze auf ihre Morphologie; auch hier ist die Darstellung botanisch informiert, insofern Kenntnisse eines Botanikers erforderlich sind, um „alle Teile" der Pflanze auf ein Herbarblatt zu transferieren und deren gegenseitige Lageverhältnisse nicht gewaltsam zu verändern (durch „Knicken"); und auch hier ist schließlich das Darstellungsverfahren standardisiert, so daß Herbarexemplare in beliebiger Zusammenstellung miteinander, aber auch mit Abbildungen und Schilderungen, verglichen werden können.[201] In dieser Hinsicht spielt eine Innovation Linnés bei der Verfertigung von Herbarien eine wichtige Rolle: Traditionell wurden Herbarblätter zu Büchern gebunden, so daß ihre Aufeinanderfolge fixiert war. Linné schrieb dagegen vor, einzelne Pflanzenexemplare immer nur auf einzelne, lose Herbarblätter aufzubringen.[202] Zur Aufbewahrung dieser Blätter diente ihm ein Schrank mit frei beweglichen Böden, über dessen Konstruktion er ausführlich am Ende der *Philosophia botanica* berichtete.[203]

---

[200] LINNÉ *Phil. bot.* (1751 §10: 6):

HERBARIUM praestat omne icone, *necessarium omni Botanico.*
1. *Plantae* non humidae colligendae. 2. *Partes* nullae auferendae. 3. moderate *explicandae.*4. non vero *inflectendae*. 5. *Fructificatione* praesente. 6. *Siccandae* inter papyra sicca. 7. *Citissime*, vix ferro calido. 8. *Prelo* modice compresso. 9. *Adglutinandae* ichtyocolla. 10. in *folio* semper asservandae. 11. *unica* tantum in pagina. 12. plagula non *alliganda*. 13 *Genus* supra adscribendum. 14. *Species* & Historica a tergo. 15. *Congeneres* inter philyram reponendae. 16. Disponenda ad *Methodum*.

[201] Die Ähnlichkeit von Herbarexemplar und Abbildung fand ihren Niederschlag darin, daß Linné in sein Herbarium Pflanzenabbildungen integrierte (s. z. B. LSL Linn. Coll., Linn. herb., *Rosa*-folder 652).

[202] S. STEARN (1957: 103).

[203] LINNÉ *Phil. bot.* (1751: 291 & tab. XI).

Dieses System erlaubte den jederzeitigen Zugang zu einzelnen Herbarblättern und deren jederzeitige freie Zusammenstellung.[204] Trotz dieser Ähnlichkeiten mit Abbildungen unterscheidet sich das Herbarblatt in einem entscheidenden Punkt: Zwischen der repräsentierten Pflanzenart und ihrer Repräsentation im Herbarium besteht nicht das Verhältnis einer Abbildungsfunktion sondern ein sachlicher Zusammenhang, so daß man es bei einem Herbarblatt nicht mit der Repräsentation einer Pflanzenart, sondern – mit dem, was nach Einbringen in das Herbarium von einem konkreten Einzelexemplar übriggeblieben ist – mit einem Repräsentanten derselben zu tun hat. Dies birgt einerseits einen spezifischen Nachteil: Das Herbarexemplar läßt sich nicht identisch vervielfältigen, so daß ein gemeinsamer Bezug der Botaniker auf Herbarexemplare nur über gegenseitigen Besuch oder durch den Austausch von Herbarexemplaren möglich ist, die als Dubletten, d. h. als Repräsentanten gleichartiger Pflanzen, beurteilt werden.[205] Zum anderen hat diese Repräsentationsform aber auch einen spezifischen Vorteil: Im Unterschied zur Abbildung, der immer nur die Information über die repräsentierte Pflanze zu entnehmen ist, die im Repräsentationsakt einmal in die Abbildung eingeflossen ist, kann man sich einem Artrepräsentanten immer wieder zuwenden, um bereits gewonnene und in Abbildungen und Schilderungen dokumentierte Informationen zu überprüfen bzw. neue Informationen zur repräsentierten Art zu gewinnen. Das Herbarexemplar erlaubt Forschung am Objekt, Abbildung und Schilderung dagegen nur die Demonstration bereits Erforschten.

---

[204] Wie weit Linné die freie Beweglichkeit von Herbarblättern realisierte, kann eine Anekdote illustrieren: Von George Clifford hatte er bei seinem Aufenthalt in Holland Herbarblätter erhalten, denen jeweils ein reich verzierter Krug aufgemalt war, der die aufgeklebte Pflanze „enthielt". Diese Blätter schnitt Linné auf die von ihm bevorzugte Größe von Herbarblättern zu, wobei er die „Krüge" schlicht ignorierte (STEARN 1957: 117/118). In den naturhistorischen Sammlungen des 16. und 17. Jahrhunderts wurden Sammlungsgegenstände generell in dekorative Anordnungen gebracht, die ein unmittelbares Nebeneinanderhalten von Gegenständen zu Zwecken des Vergleichs nicht erlaubten, ohne den dekorativen Aufbau der Sammlung zu zerstören (OLMI 1993).

[205] In LINNÉ *Spec. plant.* (1753 Lect.: [2]) wird ausführlich Bericht über die Herbarien gegeben, die Linné auf seinen Reisen nach Kontinentaleuropa und England sowie in der Universitätsbibliothek Uppsala eingesehen hatte, und schließlich über die „botanischen Freunde", die ihm „aus verschiedenen Ländern getrocknete Pflanzen zugeschickt" hatten; s. dazu STEARN (1957: 103-124).

6.1.3 Gartenkatalog und Flora

Der wechselseitige Zusammenhang der bislang genannten Repräsentationsmittel der Botanik entstand selbstverständlich nicht spontan, sondern in einem Bezug auf konkrete, lebendige Pflanzen, der in bestimmter Weise motiviert war. Anhaltspunkte für seine Motivation liefern die zwei nächsten Gruppen, die die *Philosophia botanica* unter den Sammlern unterscheidet: Die „Adoniden", welche die „Pflanzen aufstellten, welche in irgendeinem Garten angepflanzt sind", und die „Floristen", welche die „Pflanzen aufzählten, die an irgendeinem bestimmten Ort von sich aus wachsen".[206] Die darunter aufgeführten Werke verdeutlichen schon in ihren Titeln (etwa *Hortus upsaliensis* oder *Flora anglica*) einen unmittelbaren Bezug auf Pflanzen eines bestimmten Gartens bzw. einer bestimmten Region. Um so überraschender ist es, wenn man feststellt, wie inhaltsleer diese Werke sind: es sind in ihnen die in dem jeweiligen Garten bzw. der jeweiligen Region vorkommenden Pflanzen nur namentlich benannt, in eine methodische Reihenfolge gebracht und allenfalls mit näheren Informationen zum jahreszeitlichen Auftreten dieser Pflanzen an bestimmten, genau lokalisierten Standorten versehen.[207] Zwei kurze Auszüge können diese Inhaltsarmut illustrieren: In John Rays *Synopsis methodica stirpium Britannicarum* von 1724 findet sich der folgende Eintrag für eine bestimmte Pflanzenart:

> §3. Thlaspi Dioscoridis *Ger.* 204. Drabae folio *Park.* 836. cum siliquis latis *J.B. II.* 923. arvense siliquis latis *C.B. Pin.* 105. *Treacle-Mustard, Penny Cress.* I have found it in many Places, as in the Fields about *Wormingford* in *Essex* plentifully; as also at St. *Osyth*, in *Tendring*-Hundred; at *Stone* in *Staffordshire*, and *Saxmundham* in *Suffolk*.[208]

---

[206] LINNÉ *Phil. bot.* (1751 §§15/16: 9):

  15. ADONIDES (8) Vegetabilia sativa cujusdam Horti sistunt.

  16. FLORISTAE (8) enumerat vegetabilia spontanea certi alicujus loci.

[207] Der aufzählende Charakter solcher Werke wird in LINNÉ *Fund. bot.* (1736 §§15/16: 2) dadurch zum Ausdruck gebracht, daß sie als „Kataloge (Catalogi)" bezeichnet werden. Die vermutlich erste Arbeit unter einem solchen Titel stammt von Caspar Bauhin: *Catalogus plantarum circa Basileam sponte nascentium* 1622 (OGILVIE 1997). Der erste schwedische Katalog, verfaßt von Olaus Rudbeck d.Ä. 1666, folgte in seiner Gliederung exakt der Anordnung der Beete des botanischen Gartens der Universität Uppsala (SERNANDER 1931).

[208] RAY *Synops. stirp. brit.* (1724/1973: 305).

Und in Linnés *Hortus upsaliensis* von 1745 sehen solche Einträge folgendermaßen aus:

> Das Apricarium enthält zur Herbstzeit sukkulente Pflanzen [...]; solche sind:
> Cactus subrotundus tectus tuberculis ovatis barbatis. *Linné cliff. 181.*
> Cactus quadrangularis longus erectus angulis compressis. *Linn. cliff. 181.*[209]

Von derart geringem Gehalt konnten diese Veröffentlichungen deshalb sein, weil sie einem ganz bestimmten Zweck dienten: der pharmakologischen Ausbildung von Medizinstudenten in den *res herbaria*, in der diese die pharmazeutisch wirksamen Pflanzen entweder auf sogenannten *herbationes*, d.h. kurzen Exkursionen in die Umgegend der Universitätsstädte, oder während sogenannter *demonstrationes* in den botanischen Gärten der Universitäten anhand lebendigen Anschauungsmaterials kennenlernten. Derartige Ausbildungspraktiken entstanden in der ersten Hälfte des 16. Jahrhunderts als eigenständiger Zweig der medizinischen Ausbildung und in diesem Zusammenhang entstanden auch die ersten botanische Gärten an Universitäten.[210] Zu den *herbationes* und zum botanischen Garten finden sich ausführliche Erläuterungen im Anhang der *Philosophia botanica*, und der Verlauf einer vom Professor entweder im Garten oder auf einer *herbatio* durchzuführenden *demonstratio* wird darin folgendermaßen beschrieben:

> Alle [gezeigten Pflanzen] werden mit den *Nummern* aus den Büchern [hiermit sind Kataloge und Floren gemeint] namentlich benannt.
>
> Die wesentlichen Gattungs- und Artkennzeichen [werden genannt].
>
> Einzigartigkeiten am Gegenstand sind zu beachten.
>
> Der ökonomische Nutzen, vor allem der medizinische [wird genannt].[211]

---

[209] LINNÉ *Hort. ups.* (1745/1749: 203). Beim „Apricarium" handelt es sich um eine Art Gewächshaus.

[210] Siehe hierzu REEDS (1976) und OGILVIE (1997), zu botanischen Gärten auch RHODES (1984), PREST (1988) und CUNNINGHAM (1996). HENIGER (1971: 7/8) referiert historische Dokumente zur *demonstratio* im botanischen Garten von Leyden.

[211] LINNÉ *Phil. bot.* (1751: 293):
> Indigitentur collecta naturalia omnia cum *numeris* e libris.
> *Characteres* essentiales generis & speciei.
> *Singularia* in objecto observanda.

In einer *Demonstration* wurden demnach lebende Repräsentanten von Pflanzenarten mit deren durchnummerierten Namen in den Katalogen korreliert, und dann anhand des lebendigen Anschauungsmaterials Merkmale aufgewiesen, welche die jeweilige Pflanze als Angehörige einer besonderen Art gegenüber bestimmten anderen Artrepräsentanten im botanischen Garten auszeichneten, sowie anschließend die pharmazeutischen Wirkungsweisen der so ausgezeichneten Pflanzen erläutert. Der botanische Garten selbst, ja sogar die nähere Umgebung einer Universitätsstadt, dient der Botanik als ein Repräsentationsmittel, mit dem Bezug auf lebende Artrepräsentanten genommen werden konnte. Dabei benennt die *Philosophia botanica* einen besondere Vorteil, den der botanische Garten in dieser Hinsicht besitzen soll:

> Nutzen: Lebende Pflanzen werden vom Professor gezeigt.
> Die Kollation der Arten ist das wichtigste.
> Teure Reisen werden vermieden, so daß mehr exotische Pflanzen in einem Garten vorkommen, als leicht in ganz Europa wachsen.[212]

Der besondere Vorteil soll also darin bestehen, daß l e b e n d e Repräsentanten von Pflanzenarten aus unterschiedlichsten, ja selbst exotischen Regionen sich im engen räumlichen Zusammenhang des botanischen Gartens jederzeit in einem konkreten Nebeneinander betrachten bzw. vorführen lassen, um so unter ihnen bestehende

---

Usus Oeconomicus, *Medicus* primarius.

Das mit den „numeris e libri" die Ordnungsnummern gemeint sind, unter denen in Katalogen oder Regionalfloren die einzelnen Pflanzen aufgeführt sind, ergibt sich aus der Angabe Linnés, daß zu den „Instrumenten" einer *demonstratio* (neben Seziernadel und -messer sowie Lupe) „Bücher" gehören, und zwar solche über die „Flora Faunaque regionis". Zur Bedeutung des Ausdrucks „characteres essentiales" s. Fußn. 69 und Abschn. 9.3. Mit der Durchführung von *herbationes* und *demonstrationes* im botanischen Garten und der Umgebung von Uppsala begann Linnés wissenschaftliche Karriere in den Jahren 1730 und 1731 (FRIES 1903 vol. I: 54-72) und aus dieser Zeit liegen im Manuskript auch schon Kataloge von Linnés Hand vor (zu diesen Manuskripten SERNANDER 1931 und MALMESTRÖM 1961). Mitschriften zu Linnés *herbationes* sind in LINNÉ (1952) dokumentiert.

212 LINNÉ *Phil. bot.* (1751: 293):
> Usus: vivae plantae a professore demonstrantur.
>   Specierum collatio primaria est.
>   Pretiosa itinera evitantur, dum plures exoticae occurunt in uno Horto, quam facile per totam Europam spontanea.

In LINNÉ *Dem. plant.* (1753/1756 §1: 395) werden botanische Gärten „gleichsam lebende Bibliotheken von Pflanzen (vivae quasi Bibliothecae plantarum)" genannt.

Merkmalsidentitäten und -differenzen hervortreten lassen zu können. In dem Maße jedoch, wie der botanische Garten als Repräsentationsmittel diesen Vorteil bietet ist mit ihm auch ein spezifischer Nachteil verbunden: Als lebende Pflanzen ändern die Artrepräsentanten im Garten je nach Jahreszeit und Anbaubedingungen ihr Erscheinungsbild, so daß die vergleichende Hervorhebung artspezifischer Merkmale im Laufe des Jahres unterschiedliche Ergebnisse liefert. Wie soll man sich unter diesen Bedingungen eine „Kollation" der Arten vorstellen?

In den oben angeführten Zitaten aus einer Flora Rays und einem Gartenkatalog Linnés finden sich Abkürzungen, die hierauf eine Antwort liefern: Jedem Namen ist eine Reihe von Literaturzitaten hinzugefügt, die auf naturhistorische Werke verweisen (Linné verweist im *Hortus upsaliensis* systematisch auf seinen *Hortus cliffortianus,* der seinerseits ausführliche Literaturlisten enthält). Diese Literaturverweise können dazu verhelfen, diverse Beschreibungen, Abbildungen oder Herbarexemplare – in denen im Gegensatz zum botanischen Garten die Pflanzen fixiert sind – jederzeit zu einem lebendigen Repräsentanten im botanischen Garten in Beziehung zu setzen. Die „Kollation der Arten" ließ sich demnach in einem System stabiler Artrepräsentationen und -repräsentanten realisieren, dessen Elemente sich im botanischen Garten jederzeit zu Zwecken der vergleichenden Hervorhebung von Artmerkmalen beliebig zusammenstellen und dabei zugleich in Bezug zu lebendigen Repräsentanten setzen ließen.[213] Die von den Sammlern zusammenzutragenden „Arten" stellten sich somit jeweils in komplexen, finiten Mengen von Pflanzenabbildungen und -beschreibungen dar, die

---

[213] So entstanden auch alle bisher genannten Repräsentationsmittel – wie die botanischen Gärten selbst – mit der Einführung des Unterrichts in den *res herbaria* in der ersten Hälfte des 16. Jahrhunderts: Die Technik, Herbarien anzulegen, wurde vermutlich im Umkreis von Luca Ghini erfunden, Medizinprofessor an den Universitäten von Bologna und Pisa zwischen 1534 und 1556. Erstmals schriftlich dokumentiert wurde diese Technik 1606 in A. v. Spiegels *Isagoge in rem herbariam* (SAINT-LAGER 1886: 15-19). Die Verwendung eines Herbariums zu pädagogischen Zwecken ist für C. Bauhin zu Beginn des 17. Jahrhunderts belegt (REEDS 1976). Eine der ursprünglichen Bezeichnungen für das Herbarium lautete „hortus hiemalis (winterlicher Garten)", ein Hinweis auf den Nutzen, den ein Herbarium gegenüber einem wirklichen Garten gewährt: Es macht Pflanzenrepräsentanten auch im Winter zugänglich. Auf die Entstehung der übrigen Repräsentationsmittel zur Zeit der Renaissance war schon hingewiesen worden, ihre Verwendung zu Zwecken der pharmakologischen Ausbildung auf *herbationes* belegt OGILVIE (1997).

gemeinsam auf tote bzw. lebende Repräsentanten der jeweiligen Pflanzenart bezogen wurden.

6.1.4 Reisen

Soweit scheint nun aber die Repräsentation von Pflanzenarten durch „Sammler" dem Kontext einer Wissenschaft anzugehören, die Linné nach den Ergebnissen aus der Botanik auschloß – nämlich der Pharmakologie. Tatsächlich wies Linné diese Anbindung jedoch zurück. In einer Dissertation zu den *demonstrationes* im botanischen Garten heißt es:

> Die botanischen Gärten sind aber keineswegs zu dem Zweck eingerichtet, damit medizinische Pflanzen – für die Apotheker, um Krankheiten zu vertreiben – dort ausgesät werden, sondern damit Mediziner die Pflanzen wahrhaft kennen, seien sie wegen dieser oder irgend einer anderen Tugend vorzüglich.[214]

Es ist die letzte, von Linné unterschiedene Gruppe von Sammlern, welche den Kontext der pharmakologischen Lehre überschreitet und die bislang diskutierten Repräsentationsmittel in einen andersartigen Bezug zur wissenschaftlichen Gemeinschaft der Botaniker setzt. Es handelt sich dabei um die „Reisenden", die sich „entlegenen Gegenden zum Zwecke der Untersuchung von Pflanzen zuwandten"[215], etwas, was klarerweise nicht notwendig ist, wenn es bloß darum gehen soll, Medizinstudenten die Kenntnis bestimmter, pharmazeutisch wirksamer Pflanzen zu vermitteln. Zweck der Reise ist nicht Lehre, sondern Forschung. Die Forschungsreise ist aber nicht nur von anderen Motivationen bestimmt als die Pharmakologie, sondern auch historisch jüngeren Datums und an andere Institutionen gebunden. Planmäßig und zu Zwecken der Naturbeschreibung wurden Forschungsreisen erst seit Mitte des 17. Jahrhunderts im Auftrag und mit Unterstützung von Regierungsstellen sowie

---

214 LINNÉ *Dem. plant.* (1753/1756 §1: 395):
> Horti academici eum in finem nequaquam sunt instituti, ut plantae Medicinales, in gratiam Pharmacopolarum ad morbos pellendos, ibi serantur, sed ut medici vere cognoscant Plantas, hac & alia quadam virtute praestantes; [..].

215 LINNÉ *Phil. bot.* (1751 §17: 9):
> 17. PEREGRINATORES (8) dissitas Regiones plantarum investigandi caussa adierunt.

unter planender Beteiligung der Akademien durchgeführt.[216] Mit der weiträumigen Forschungsreise tritt ein historisch heterogenes Element zu den bisher diskutierten Tätigkeiten der „Sammler" hinzu. Auch der Forschungsreise hat Linné im Anhang der *Philosophia botanica* kurze Erläuterungen gewidmet:

> Grundlage wird es sein, alles zu bewundern, auch das gewöhnlichste.
> Das Mittel ist es, mit dem Schreibrohr Gesehenes und Nützliches zusammenzustellen.[217]

Alles auf einer Reise gleichermaßen zu „bewundern" heißt, die Vielfalt angetroffener Objekte unter grundsätzlicher Absehung von ihrer konkreten Augenfälligkeit oder Nützlichkeit, sie alle gleichermaßen als schlechthin „Gesehene" und eventuell „Nützliche" in Betracht zu ziehen. Unter den Bedingungen einer Reise ist damit eine spezifische Schwierigkeit verbunden: Auf einer Reise lassen sich nur räumlich und zeitlich vereinzelte Erfahrungen machen. Soll es danach möglich sein, über diese Erfahrungen Bericht zu geben, so sind diese – im Falle von Pflanzen – in einen systematischen Zusammenhang zu jeweils besonderen Pflanzenarten zu bringen. In einer eigenständigen Abhandlung aus dem Jahre 1759 hat Linné ausführliche Anweisungen publiziert, wie dabei vorzugehen ist. Selbstverständlich kann der Reisende, wie in dem angeführten Zitat schon angedeutet, einzelne Pflanzenarten anhand angetroffener Exemplare in Zeichnungen und Beschreibungen doku-

---

[216] Zu den frühesten derartigen Reisen gehört die von Linné 1733 durchgeführte Reise nach Lappland, er erwähnt diese Reise allerdings nicht in der Liste zu den *Reisenden*, da er die Ergebnisse derselben nur in Form seiner *Flora Lapponica* publizierte, nicht als Reisebericht (zu dieser Reise s. FRIES 1903 vol. I: 77-123). Weiträumige Reisen von Botanikern des 16. und 17. Jahrhunderts fanden meist nicht zu Forschungszwecken statt, sondern erfüllten in erster Linie Handels- oder diplomatische Zwecke, so etwa die von Rauwolf (nach Arabien), von Kämpfer (nach Japan) und von Clusius (durch Südeuropa). Die ersten naturhistorischen Forschungsreisen im eigentlichen Sinne dürften die von Francisco Hernandez nach Mexiko 1571-77, Tourneforts Reise in den vorderen Orient 1681/82 und die verschiedenen Sibirienexpidetionen der ersten zwei Drittel des 18. Jahrhunderts gewesen sein (s. dazu im Allgemeinen STEARN 1958; zu Clusius GREENE 1909 und OGILVIE 1997; zu Hernandez LÓPEZ PINERO & LOPEZ TEREDA 1997, zu Tournefort HUMBERT 1957; zu den Sibirienexpeditionen GRABOSCH 1985; die Reiseberichte von Hernandez und Tournefort führt Linné im Kommentar zum Aphorismus 17 an).

[217] LINNÉ *Phil. bot.* (1751: 297):
> Principium erit mirari omnia, etiam tritissima.
> Medium est calamo committere visa & utilia.

mentieren, und diese Dokumente auch schon zu einer Art Flora zusammenstellen. Bei der Rückkehr geht ihr unmittelbarer Bezug zu den angetroffenen Pflanzenexemplaren allerdings verloren, insbesondere dann, wenn es sich um Pflanzenarten handelt, die in der Heimat nicht anzutreffen ist. Dem abzuhelfen hebt Linné zwei weitere Mittel hervor: Schon auf der Reise können Herbarien angelegt werden, insbesondere aber auch Pflanzensamen von den beschriebenen oder gezeichneten Pflanzen „eingesammelt werden, damit man sie zu Hause aussäen kann, wodurch ihre ganze Entwicklung in Augenschein genommen werden kann".[218] Die räumliche und zeitliche Vereinzelung der Erfahrungen auf Reisen läßt sich aufheben, indem man deren Objekte fixiert oder (im botanischen Garten) reproduziert. Es bleibt damit noch die Frage, wie das auf Reisen zu Tage geförderte, neue Wissen schließlich Eingang in den Wissensbestand der Botanik finden konnte (dessen Darstellung ja schließlich Aufgabe der *Bibliotheca* ist). Ein Mittel liegt auf der Hand: Schon auf Reisen gewonnene oder auch erst anhand der mitgebrachten Repräsentanten erstellte Abbildungen und Schilderungen konnten in Reiseberichten oder Floren publiziert werden und so unter Botanikern zirkulieren. Aber wieder war darüber hinaus der Bezug zu Repräsentanten der so dokumentierten Pflanzenarten zu sichern. Das Mittel hierzu bestand in einer korrespondierenden Zirkulation von Repräsentanten – sei es in Form von Herbarexemplaren, sei es in Form von Pflanzensamen – in einem Netz von Austauschbeziehungen unter botanischen Gärten, das seit Beginn des 17. Jahrhunderts fest installiert war.[219]

---

[218] LINNÉ *Instr. peregr.* (1759/1760 §XI: 304/305): „[..] semina rariorum colligantur, ut sementis earum domi fieri possit, quo totus earum progressus perspiciatur."

[219] So spricht WIJNANDS (1988: 88) für das 17. Jahrhundert von einem „circuit of gardens". Insbesondere der botanische Garten von Leyden spielte eine wichtige Rolle bei der Verbreitung von Pflanzen auf die botanischen Gärten Europas im 17. und zu Beginn des 18. Jahrhunderts: Auf Grund der weitreichenden Handelsbeziehungen der Niederlande war dieser Garten für seine Zeit ausgesprochen artenreich (ca 1500-2000 Arten), so daß dort ausgebildete Mediziner aus anderen Ländern Gelegenheit fanden, ganze Sämereien zu ihren Heimatuniversitäten zurückzubringen und dort entweder überhaupt erst botanische Gärten zu gründen oder schon vorhandene mit einer großen Zahl exotischer Pflanzen zu bestücken (vgl. STEARN 1962; u. a. tat dies Rudbeck d. Ä. für den Universitätsgarten von Uppsala). Dieselbe Bedeutung hatte der Garten von Leyden für private „botanische" Gärten (WIJNANDS & HENIGER 1991). Zur Realisation des in diesem Abschnitt geschilderten Zusammenhangs von Repräsentationsmitteln im botanischen Garten liegen für den Jardin du Roy des

So formierten sich in den botanischen Gärten Orte, in denen durch weiträumigen, materiellen Transport Pflanzenrepräsentationen und -repräsentanten aus aller Welt zusammengetragen und ebendort reproduziert wurden. Darüber hinaus bestand unter diesen Orten ein System von Austauschbeziehungen, das es der botanischen Gemeinschaft gestattete, sich im Erfahrungsaustausch zumindest insofern auf ein und dieselben „Arten" zu beziehen, als sie sich auf eine finite, wenn auch ständig wachsende und zirkulierende Menge von Repräsentanten dieser Arten bezogen. Die empirische Grundlage der Linnéschen Botanik – geliefert durch die Operationen des Eintragens, der Akkumulation und der Zirkulation von Pflanzenrepräsentationen und -repräsentanten in und unter botanischen Gärten – war durch ständige Bewegungen gekennzeichnet, durch die Pflanzen aus aller Welt in immer neuen Konstellationen zusammenfanden. In eben diesem Sinne beschrieb Linné im autobiographischen Rückblick die grundlegende Bedeutung, die die Korrespondenz mit anderen Botanikern für seine botanische Arbeit hatte (wobei er von sich selbst in der dritten Person sprach):

> Linnaeus hatte nicht nur eine sehr ansehnliche Korrespondenz mit allen Wißbegierigen innerhalb des Reichs [i. e. Schwedens], sondern auch mit verschiedenen Ausländern, besonders mit den gelehrtesten und wißbegierigsten in Europa, welche weiter unten aufgeführt werden [dort findet sich eine Liste von nicht weniger als 71 Korrespondenten aus ganz Europa, aber auch Nord- und Südamerika; vgl. Abb. 13]. Dadurch bekam er nicht nur schnell zu wissen, was in Europa Neues entdeckt worden war, sondern hatte auch wirklich Teil daran, indem die meisten Bücher, die herauskamen, ihm gratis geschenkt wurden. Außerdem erhielt er auf solche Weise jährlich von allen Orten Samen für seinen Garten, obwohl viele auf dem Wege verdarben; denn sonst hätten drei Uppsalische Gärten nicht Raum für so viele Gewächse gehabt, von denen jährlich zwischen ein- und zweitausend Sorten ausgesät wurden.[220]

---

18. Jahrhunderts zwei historische Fallstudien vor (BOURGOUET 1996 und SPARY 1993). Die Wege, über die Linné zur Kenntnis exotischer Pflanzen gelangte, haben STEARN (1988) und KERKKONEN (1959) beschrieben.

[220] LINNÉ *Vita* (1957: 141-143):

> Correspondencer hade Linnaeus icke allenast ganska ansenliga innom Riket, med all Curieusa, utan ock med åtskilliga utlänningar ock besynnerligen med de lärdaste och Curieusaste i Europa, hvilka på andra sidan stå specificerade, hvarigenom han icke allenast feck stracks veta, hvad nytt, som upptäktes i Europa, utan ock fick verkeligen del deraf, så at de mäste Böcker som utkommo skänktes honom gratis; Dessutom feck han här igenom årligen ifrån alla orter frön till sin trädgård, fast många på vägen

6.2. Methodiker

Den „Sammlern" stehen in der *Bibliotheca* die „Methodiker (methodici)" gegenüber, die „sich in erster Linie um die Klassifikation (VI) und die daraufhin erfolgte Benennung (VII) der Pflanzen bemüht" haben sollen.[221] Wie der Verweis auf die zwei Kapitel VI („Kennzeichnungen") und VII („Namen") der *Philosophia botanica* zeigt, welche jeweils das Verfahren erörtern, in dem Pflanzen der G a t t u n g nach zu klassifizieren und zu benennen sind, geht es Methodikern im Unterschied zu Sammlern um eine Reflektion der Ordnungsbeziehungen, die unter Pflanzen a r t e n bestehen. In der Tätigkeit der Methodiker werden Pflanzen also nicht unmittelbar klassifiziert und benannt, sondern Pflanzen, die schon als artverschieden zur Darstellung gekommen sind. So zeigt eine Vorlesungsmitschrift auch, daß Linné die Tätigkeit der Methodiker nicht unmittelbar auf Pflanzen bezog, sondern auf Pfanzen, die zuvor von den „Sammlern" zusammengetragen worden waren:

> Methodisch ist die andere Sorte der Botaniker, und diese waren damit beschäftigt, eine bestimmte Methode auszudenken und einzurichten, nach der sie dann diejenigen Pflanzen klassifizierten und in eine Ordnung brachten, welche von den Sammlern (§8) eingesammelt wurden.[222]

Das Verhältnis der Sammler zu den Methodikern läßt sich also so beschreiben, daß erstere den letzteren bereits vorgeformtes Erfahrungsmaterial liefern, während letztere dieses und nur dieses Material klassi-

---

> blifvit fördärfvade, ty annars hade icke 3 Upsala Trägårdar varit rum, hvaraf årligen såddes emellan ett ock tvåtusende slag.
>
> Die zuletzt angegeben Zahl dürfte nach den Angaben in JUEL (1919) zu den Pflanzenarten, die von Linné im botanischen Garten angebaut wurden, keinesfalls übertrieben sein. Von Boerhaave sind umfangreiche Listen überliefert, in denen er zu jeder im Leydener Garten angebauten Pflanze den Sender des Samenmaterials notierte (s. dazu HENIGER 1971).

[221] LINNÉ *Phil. bot.* (1751 §18: 10):

> 18. METHODICI (7) de Dispositione (VI) & inde facta Denominatione (VII) vegetabilium imprimis laborarunt; suntque *Philosophi* (19), *Systematici* (24), *Nomenclatores* (38).

[222] UUB/D:75: 66:

> Methodice äro det andra slaget af Botanices och hka dermed warit sysselsatta, att de upptänkt och inrättät någon wiss method, hwarefter de sedan disponerat och i ordningsatt de örter, som af Collectoribus (§8) blefwit hopsammlade."

fikatorisch und nomenklatorisch reflektieren. Dieses Verhältnis wirft allerdings ein Problem auf: für sich liefert die Tätigkeit des Sammelns noch keine Klassifikation des zusammengetragenen Materials. Und umgekehrt soll sich die wissenschaftliche Funktion der Botanik auch nicht, wie zu Anfang dieses Kapitels gesehen, darin erschöpfen, daß diese Pflanzen einfach nur irgendwie klassifiziert und benennt. Beide Tätigkeiten, die der Sammler und die der Methodiker, liefern eben für sich genommen noch keine „bestimmte Methode". Tatsächlich kannte Linné unter den Methodikern nicht nur klassifizierend und benennend tätige Botaniker, sondern mit den sogenannten „Philosophen (philosophi)" noch eine dritte Art von Methodikern, deren Aufgabe darin bestehen sollte, „die botanische Wissenschaft aus vernünftigen Grundsätzen heraus beweisend in die Gestalt einer Wissenschaft zu versetzen"[223]. Der Inhalt dieses Beitrags – der auf die Begründung eines *Natürlichen Systems* der Pflanzen hinausläuft – wird erst im nächsten Teil Thema sein. In Vorbereitung auf diesen Teil möchte ich mich aber mit der genauen Struktur befassen, welche die Botanik nach Linné a l s Wissenschaft annehmen sollte, und anschließend mit dem Ort in dieser Struktur, an dem sich das *Natürliche System* der Pflanzen formieren sollte.

6.2.1 Theorie der Botanik

In der Definition der „Philosophen" in der *Bibliotheca botanica* von 1736 ist genauer festgehalten, in welchem Sinne deren Beitrag die Botanik „in die Gestalt einer Wissenschaft versetzt":

> Philosophen sind die Methodiker und Botaniker, welche die Theorie der Botanik über Grundlagen, Schlußfolgerungen und Erfahrung errichten wollten, indem sie nämlich Regeln, Behauptungen, Axiome, Beweise etc. aufstellten, nach denen die Botaniker ihre Tätigkeit auszurichten haben, insbesondere die Systematiker.[224]

---

[223] LINNÉ *Phil. bot.* (1751 §19: 10):

> 19. PHILOSOPHI (18) Scientiam Botanicam demonstrative ex principiis rationalibus in formam scientiae reduxerunt: ut *Oratores* (20), *Eristici* (21), *Physiologi* (22), *Institutores* (23).

[224] LINNÉ *Bibl. bot.* (1736/1747 cap. X: 97):

> Philosophi Methodici et Botanici sunt, qui theoriam Botanices fundamentis, ratiociniis et experientiae superstruere voluerunt, constituendo nempe regulas, positiones, axiomata, demonstrationes &c. secundum quas praxin suam dirigere deberent Botanici, pracipue Systematici.

"Philosophen" machen die Botanik also zu einer Wissenschaft, indem sie eine auf „Schlußfolgerungen und Erfahrung" gegründete „Theorie der Botanik" liefern, welche „Regeln, Axiome, Behauptungen und Beweise" zu ihren Bestandteilen hat. Als Wissenschaft soll die *Botanik* nicht nur eine Summe von empirischen Feststellungen über Pflanzen sein, sondern ein System von allgemeinen Sätzen, dessen Bestandteile in Beziehungen der Schlußfolgerung zueinander stehend eine Theorie ausmachen, die in den übrigen botanischen Betätigungen (insbesondere aber in der klassifizierenden Tätigkeit der Systematiker) als handlungsanweisend anzuerkennen ist. Was Linné genau mit Ausdrücken wie „Schlußfolgerung", „Beweisen", „Axiomen" etc. meint, läßt sich konkret nur anhand der Schriften erfahren, die in der *Bibliotheca* wieder verschiedenen Autorengemeinschaften unter den Philosophen zugewiesen werden.

Von diesen sind es eigentlich nur zwei, die der formulierten Aufgabe der Philosophen gerecht werden: Die „Physiologen, die die Gesetze der pflanzlichen Lebens und das Geheimnis der Geschlechtlichkeit bei Pflanzen aufgedeckt haben" und die „Lehrer, welche Regeln und Maßstäbe zusammengestellt haben".[225] Zwischen diesen beiden

---

Nach einer Vorlesungsmitschrift befinden sich Botaniker ohne Philosophen in der Situation von „Schiffern ohne Kompaß" (UUB/D75:D: 43).

[225] LINNÉ *Phil. bot.* (1751 §§22/23: 11/12):

22. Physiologi (19) Vegetationis Leges & Sexus (V) mysterium in plantis revelarunt.

23. Institutores (19) Regulas & Canones composuerunt.

Außer den Physiologen und Lehrern kannte Linné noch zwei weitere Gruppen von Philosophen, die „Redner (Oratores)" und „Streiter (Eristici)". Beide liefern keine unmittelbaren Beiträge zur Botanik: Die „Redner" seien die gewesen, welche „vortrugen, was auch immer die Wissenschaft [der Botanik] durch Gelehrsamkeit schmückt" (a.a.O. §20: 10). An Schriften von Linnés Hand enthält die im Kommentar folgende Liste die *Oeconomia naturae* von 1749, auf deren Bedeutung ich im nächsten Teil noch zu sprechen kommen werde (s. Abschnitt 10.1). Die „Streiter" sollen sich dadurch ausgezeichnet haben, daß sie „in öffentlichen botanischen Schriften zankten" (a.a.O. §21: 11). Nach der im Kommentar hinzugefügte Liste handelt es sich um Schriften, die in drei typographisch geschiedenen „systematischen Kriegen (Bella systematica)" entstanden. Einer dieser „Kriege" hat vor allem die Aufmerksamkeit der Biologiehistoriographie erregt, da an ihm die führenden Botaniker des ausgehenden 17. Jahrhunderts beteiligt waren, nämlich J. Ray, J. Pitton de Tournefort und A. Q. Rivinus (Linné zitiert die beiden wichtigsten Schriften in denen sich dieser „Krieg" niederschlug, nämlich RAY *De var. plant. meth.* 1696 und TOURNEFORT *De opt. meth.* o.J. [1697];

Gruppen besteht ein besonderes Verhältnis: Nach dem Ausdruck „Geheimnis der Geschlechtlichkeit" verweist Linné mit der römischen Zahl V auf das fünfte Kapitel der *Philosophia botanica* mit dem Titel „Geschlechtlichkeit (Sexus)", welches dem Kapitel V der *Fundamenta botanica* entspricht. Die *Fundamenta* werden aber auch als ein Beitrag der Lehrer aufgeführt. Linné ordnet den Beitrag der „Physiologen" damit dem Beitrag der Lehrer ein. Die *Fundamenta botanica* sind schließlich aber auch das Werk Linnés, das seinem Titel nach für sich in Anspruch nimmt, die „Theorie der Botanik zu überliefern" – und zwar auf eine „aphoristische" Weise, die Linné autobiographisch rückblickend als maßgeblich für die handlungsanweisende Autorität dieses Werkes für die Botanik gekennzeichnet hat:

> Die Fundamenta botanica bestanden aus kaum mehr als einem Bogen, nachdem Linné die Botanik unter so viele Regeln gebracht hatte, wie es Tage im Jahr gibt. Aber es gab wenige, die verstanden was dieser Entwurf besagen wollte, obwohl er am Schluß eine Schlußfolgerung zu allen Teilen der Botanik machte, wie unvollkommen diese abgehandelt worden waren. Wenn man die Schriften der Botaniker vor Linnés Zeit durchgeht, so findet man nicht über sechzehn Regeln, und die schwach genug, welches daher kommt, daß die Wissenschaft nicht aphoristisch behandelt worden ist.[226]

Eine der angesprochenen Schlußfolgerungen der *Fundamenta* betrifft nun die Rolle des Kapitels „Sexus", also des Beitrags der *Physiologen* zur Theorie der Botanik:

> [Aus dem Inhalt der Fundamenta ergibt sich,] daß die Berücksichtigung der Geschlechtlichkeit der Botanik in höchstem Grade notwendig ist.[227]

---

s. dazu SLOAN 1972 und ATRAN 1990: 161-165). Für Linné scheint diese Debatte bezeichnenderweise nur noch von historischem Interesse gewesen zu sein.

[226] LINNÉ *Vita* (1957: 136/137):

> Fundamenta botanica bestodo af föga mer än ett ark, nār Linnaeus bragt Botaniquen under så många reglor, som dagarne i året, men det var få, som förstodo hvad detta perspectivet ville säja, ehuru han af slutet giorde en conclusion om alla delar i Botaniquen, och huru ofullkomligt den vore avhandlad. Om man igenomgår Botanicorum skrifter före Linnaei tid, finner man icke öfwer 16 reglor och dem nog swaga, hwilcket kommer däraf, att wettenskapen ej tractereats aphoristice.

[227] LINNÉ *Fund. bot.* (1736 [36]):

> Conclusiones ex dictis. [..].
> V. Quod *Sexus* consideratio Botanico maxime sit necessaria.

Wie ist die zentrale Rolle der „Physiologen" für die Botanik zu verstehen, wenn man bedenkt, daß ihr Beitrag einerseits nur einen sehr begrenztem Teil der Pflanzenbiologie umfaßt, nämlich „Geschlechtlichkeit", und die Wissenschaft Botanik andrerseits von „aphoristischer", d. h. eher unsystematischer Struktur sein soll? Von der Eigenart der „aphoristischen" Behandlungsweise der Botanik sollte aus den bisherigen Quellenzitaten schon ein Eindruck entstanden sein: Der gesamte Text der *Fundamenta botanica* besteht aus 365 kurzen Sätzen, die zu 12 Kapiteln zusammengefaßt sind. Die Durchnummerierung und die Tatsache, daß auch der überwiegende Teil der übrigen Schriften Linnés in Form von durchnummerierten Paragraphen verfaßt ist, verschafft Linné die Möglichkeit, durch Querverweise ein Netz begrifflicher Beziehungen unter den einzelnen Aphorismen bzw. Paragraphen zu etablieren. Damit ist die Theorie der Botanik nicht auf ein System deduktiv auseinander abgeleiteter Sätze festgelegt, in dem die inhaltliche Änderung eines Satzes Konsequenzen für das Gesamt der aus ihm abgeleiteten Konklusionen hätte. Das System von Querverweisen erlaubt es vielmehr, eine Aussage beizubehalten, auch wenn sich der Inhalt derjenigen Aussage ändern sollte, auf die sie zu Erläuterungszwecken verweist. So lange keine logischen Widersprüche entstehen, genügt es, einfach die Bedeutungsverschiebung zu berücksichtigen, die sich hinsichtlich eines Ausdrucks in der beibehaltenen Aussage ergibt, wenn man diesen im Sinne des Querverweises liest. Die in den *Fundamenta* vermittelte Theorie der Botanik ist in ihrer aphoristischen Struktur so angelegt, daß sie als Theorie auch bei der Integration neu ermittelter oder inhaltlich veränderter Wissensbestände weitgehend stabil bleiben kann. Sie ist der ständigen Bewegung angepaßt, die die empirische Grundlage der Linnéschen Botanik erfüllt.[228]

Dennoch resultiert die „aphoristische" Behandlungsweise nicht – wie man nach der modernen Bedeutung dieses Ausdrucks glauben könnte – in einer Sammlung lose zusammenhängender Sätze. Die *Fundamenta*

---

[228] Das Motto der *Fundamenta botanica* bildet ein Zitat aus BACON *Works* (1857-1874, lib. II, cap. iii): „In der Naturwissenschaft müssen die Grundsätze der Wahrheit durch Beobachtungen bekräftigt werden (In scientia Naturali principia veritatis observationibus confirmari debent)". Francis Bacon ist – neben Hermann Boerhaave (in LINNÉ *Gen. plant.* 1737 Rat. op. §8; s. Abschn. 8.1) – meines Wissens der einzige Autor, den Linné auf wissenschaftstheoretischem Gebiet zitiert. Bacon gilt aber als neuzeitlicher Begründer eines „aphoristischen" Vorgehens, und zwar in einem ganz ähnlichen Sinne, wie er sich anhand von Linnés *Fundamenta botanica* rekonstruieren läßt (s. KROHN 1987: 80/81).

botanica weisen eine klare, inhaltliche Gliederung auf und in dieser Gliederung nimmt der Beitrag der Physiologen eine besondere Stellung ein. Die vier ersten Kapitel umfassen Aphorismen, die in einem weiten Sinne historischen Inhalts sind: im hier diskutierten Kapitel *Bibliotheca* wird zunächst bestimmt, welche historischen Beiträge zur Botanik zu rechnen sind, und welche nicht; im zweiten Kapitel werden unter der Überschrift „Systemata" historisch überlieferte Klassifikationssysteme der Pflanzen zusammengestellt; und schließlich werden im dritten und vierten Kapitel die bis dato unterschiedenen Teile der Pflanzen und an diesen beobachteten Merkmale auseinandergesetzt. Diesen vier Kapiteln folgt das Kapitel „Sexus", das ausschließlich Aphorismen propositionalen Gehalts enthält, in denen allgemeine, gesetzesartige Aussagen zur geschlechtlichen Reproduktion der Pflanzen getroffen werden. Die verbleibenden sieben Kapitel schließlich enthalten ausführliche Anweisungen zur Art und Weise, in der Pflanzen nach Merkmalen zu klassifizieren, in der sie zu benennen und in der sie schließlich zu beschreiben sind, also dieser Teil eigentlich erst Handlungsanweisungen. Es spiegelt sich in der Gliederung der *Fundamenta* eine klare Rollenverteilung zwischen den „Physiologen" und den „Lehrern" wieder: Lehrer greifen das von den Physiologen erarbeitete Gesetzeswissen zur Reproduktion der Pflanzen auf und integrieren es so in eine Theorie der Botanik, daß dieses Gesetzeswissen einen historisch gewachsenen und weiter wachsenden Korpus von Wissen über Pflanzen zu Handlungsanweisungen in Bezug auf Klassifikation, Benennung und Beschreibung der Pflanzen vermitteln kann. Den Physiologen kommt daher umgekehrt die Aufgabe zu, ein Gesetzeswissen zu Pflanzen zu liefern, das die genannte Funktion erfüllen kann.

Diese Rollenverteilung macht es verständlich, warum Linné die „Physiologie" thematisch so sehr beschränkt, daß sie nur Schriften umfaßt, die sich seit Ende des 17. Jahrhunderts mit der Geschlechtlichkeit der Pflanzen befaßt haben, und deren Ergebnisse Linné selbst in einer bloß 54 Oktavseiten umfassenden Dissertation zusammenfassen konnte, den *Sponsalia plantarum*.[229] Dieser Schrift war schon im dritten Kapitel in

---

[229] Bei den aufgeführten Schriften handelt es sich um „*Millington* 1676. *Camerarii* (Rud.) – Epistola. *Vaillantii* Sermo. *Wahlbom* Sponsalia *nostra* plantarum." Bei dem Zitat „Millington 1676" handelt es sich nicht um einen Verweis auf eine Publikation, sondern um einen Verweis auf eine Mitteilung aus zweiter Hand, die Nehemiah Grew in seiner *Anatomy of Plants* 1676 publiziert hatte (s. dazu Zirkle in GREW *Anat.Plants* 1682/1965: xiv/xv.). Die anderen Beiträge waren ebenfalls von geringem Umfang: CAMERARIUS *De sexu* (1694), eine Schrift, der gewöhnlich die

einer eigentümlichen Funktion zu begegnen: Linné verwies bei der Definition der Botanik auf deren erste vierzehn Paragraphen, um zu erläutern, auf welcher Ebene Pflanzen von der Botanik betrachtet werden, nämlich auf der Ebene ihres genealogischen Zusammenhangs (vgl. Abschnitt 4.2). Die Beschränkung der „Physiologie" Linnés auf die ausschließliche Betrachtung der „Geschlechtlichkeit" der Pflanzen ist das Korrelat dieser Festlegung auf eine bestimmte, „wahrhaft botanische" Betrachtungsweise: „Physiologen" haben eben, so heißt es nach einer Vorlesungsmitschrift, allein „die Gesetze der Hervorbringung [der Pflanzen] an die Hand gegeben".[230] Daher erscheint die „Physiologie" Linnés nur vom Standpunkt einer modernen Physiologie aus als Resultat eines borniertes Erkenntnisinteresses. Vom „wahrhaft botanischen" Standpunkt aus konnten gerade die *Sponsalia plantarum* ihrem Leser zeigen, „wie die Natur sich immer ähnlich sei und welche einmal vorgeschriebenen Gesetze sie dabei befolgt". „Wer", so setzt er seinem „Werklein" abschließend nach, hätte erwartet, daß in d i e s e r Beziehung „so viele Wahrheiten in den Pflanzen verborgen liegen und dies, obwohl bisher noch sehr viele mehr verdeckt geblieben sein mögen?"[231] Gerade auf Grund der „aphoristischen" Struktur der Botanik Linnés läßt sich nun aber auch das, was „bisher noch an Wahrheiten verdeckt geblieben ist", durch systematisches Aufgreifen von Einzelergebnissen der „Physiologen" – soweit sie eben für die Botanik relevant sind – ausweiten und für dieselbe nutzbar machen. Die von „Physiologen" gelieferte Theorie der geschlechtlichen Fortpflanzung der Pflanzen hat eine Integrationsfunktion für die Botanik und nur in dieser Funktion – und nicht als Wissenschaft, die beansprucht, die Funktionen des Pflanzenkörpers so weit als möglich vollständig aufzuklären – wird sie zu

---

Entdeckung der pflanzlichen Sexualität zugeschrieben wird; und VAILLANT *De struct. florum* (1718), eine Schrift, von deren Inhalt Linné als Student über eine Rezension erfuhr, was ihn veranlaßte, erste, mit den späteren *Sponsalia plantarum* im Argumentationsgang übereinstimmende Manuskripte zur geschlechtlichen Fortpflanzung der Pflanzen zu verfassen (s. MALMESTRÖM 1961: 16-18). Linné zitiert seine *Sponsalia plantarum* unter Nennung des Respondenten.

230 UUB/D:75: 68/69:

Physiologos el. de som gifwit wid handen lagarna af generationen.

231 LINNÉ *Spons. plant.* (1746/1749 §XLI: 380):

Ex hac qualicunque opella vides, L. B., quam sibi semper similis sit natura, quasque leges semel praescriptas sequatur. Quis unquam crederet, tot in plantis latere veritates? quamvis tectae adhuc lateant multo plures.

einem zentralen Bestandteil der Botanik, indem sie historisches Tatsachenmaterial zu Regeln der Klassifikation dieses Materials vermittelt

6.2.2 Theoretische und praktische Klassifikation

Erst die beiden letzten, innerhalb der Methodiker unterschiedenen Autorengruppen, werden als Botaniker ausgewiesen, die sich der Klassifikation und Benennung der Pflanzen gewidmet haben, nämlich die „Systematiker (systematici), welche die Pflanzen auf bestimmte Ordnungen (phalanges) verteilten" und die „Namensgeber (nomenclatores), welche um die Benennung der Pflanzen bemüht waren."[232] Zum Abschluß dieses Kapitels möchte ich einen Blick auf das Verhältnis werfen, in dem die Tätigkeiten der Sammler und Philosophen einerseits zu der der Systematiker andrerseits stehen.[233]

Eine Beziehung zu den „Philosophen" wird in der Binnengliederung der Systematiker deutlich: Linné unterscheidet „heterodoxe" und „orthodoxe" Systematiker, solche also, die einer Lehre – dem Beitrag der Philosophen – entsprechend klassifizierten, und solche, die dies nicht taten.[234]

---

[232] LINNÉ Phil. bot. (1751 §§24 & 38: 12 & 14). „Phalanges" ist ein militärischer Ausdruck, der eine Schlachtreihe bezeichnet. Er wurde von Linné als allgemeiner Ausdruck für beliebige Klassen von Pflanzen verwendet.

[233] Auf eine Diskussion der Tätigkeit der Namensgeber, kann verzichtet werden, da sich in Linnés Augen die Benennung sekundär zur Klassifikation verhält: „Die Klassifikation ist die Grundlage der Benennung." (A.a.O. §151: 97)

[234] A.a.O. §§25, 26: 12:

25. HETERODOXI Systematici (24) ab alio qua fructificationis principio (164) vegetabilia distribuerunt; ut *Alphabetarii, Rhizotomi, Phyllophili, Physiognomi, Chronici, Topophili, Empirici, Seplasiarii.*

26. ORTHODOXI systematici (24) e Fructificationis vero fundamento (164) Methodum desumserunt; [..].
  Genera observant naturalia.

Für diese Unterscheidung kennt Linné, wie man sieht, ein spezifisches Kriterium: „Orthodoxe" Systematiker klassifizierten auf der „wahren Grundlage des Fruchtbildung" und beobachteten dabei die „natürlichen Gattungen". „Heterodoxe" Systematiker klassifizieren dagegen nicht nur nach Merkmalen anderer Teile (wie z.B. die „Blattliebhaber (Phyllophili)" nach Gestalt und Anordnung der Blätter), sondern auch nach Gesichtspunkten, die überhaupt nicht auf die Morphologie der Pflanzen Bezug nehmen: nach dem Anfangsbuchstaben der Pflanzennamen (*Alphabetarii*), nach ihren Standorten (*Topophili*), nach ihren Blütezeiten (*Chronici*) oder nach ihrer pharmazeutischen Wirkungsweise (*Empirici*).

Zugleich richtet sich aber auch die Tätigkeit der Systematiker – wie die aller Methodiker – auf ein Material, das durch die darstellenden Tätigkeiten der Sammler bereits vorgeformt war. Die Produkte der Systematiker – Klassifikationssysteme der Pflanzen – ergeben sich aus einer Verschränkung der spekulativen Tätigkeit der Philosophen einerseits und der darstellenden Tätigkeit der Sammler andrerseits. In diese Verschränkung läßt sich anhand einer Textstelle im sechsten Kapitel der *Philosophia botanica* Einblick gewinnen, in der zwei A r t e n der Klassifikation unterschieden werden:

> 152. Die Klassifikation (151) lehrt Einteilungen und Vereinigungen der Pflanzen; sie ist entweder theoretisch, so daß sie Klassen, Ordnungen und Gattungen aufstellt, oder praktisch, so daß sie Arten und Varietäten aufstellt.
>
> Die praktische [Klassifikation] kann von dem behandelt werden, der von dem System nichts versteht.
>
> Die theoretische ist der Bemühung um ein System anheimgestellt; diese ist sorgfältig von Caesalpinus, Morison, Tournefort ausgearbeitet worden.[235]

Auffällig ist an dieser Unterscheidung, daß Linné die Einheiten der beiden unteren Ebenen – Arten und Varietäten – und der drei oberen Ebenen seiner Systemhierarchie – Gattungen, Ordnungen und Klassen – als jeweilige Produkte der unterschiedenen Klassifikationsarten kennzeichnet. In Berücksichtigung des Kommentars bietet sich für diese Unterscheidung eine einfache Interpretation an: Bei denjenigen, die sich

---

(*Alphabetarii*), nach ihren Standorten (*Topophili*), nach ihren Blütezeiten (*Chronici*) oder nach ihrer pharmazeutischen Wirkungsweise (*Empirici*).

[235] LINNÉ *Phil. bot.* (1751 §152: 97):

> 152. DISPOSITIO (151) Vegetabilium divisiones s. conjunctiones docet; estque vel *Theoretica*, quae Classes, Ordines, Genera; vel *Practica*, quae Species & Varietates institutit.
> Practica ab eo est tractari, qui de Systemate nihil intelligit.
> Theoretica curam Systematis gerit; hanc Caesalpinus, Morisonus, Tournefortius & alii excolere

Die Unterscheidung von *disposito theoretica* und *practica* hat terminologische Äquivalente in der zeitgenössischen Logik. Eine dieser Bedeutungen ist nach Zedlers Universallexikon die folgende gewesen (ZEDLER *Univ.lexikon* (1732-1750/1993ff.) vol. 7, Art. „Divisio"):

> In Ansehung des Gebrauches derer Divisionen wird eine Division nach der Natur des Objects gemacht, oder man richtet seine Gedanken auf besondere Umstände bey einer Sache; die erstere wird theoretica, die andere practica [..] genennet.

der „praktischen" Klassifikation der Pflanzen gewidmet haben sollen, kann es sich nur um um die „Sammler" handeln, welche sich „vorwiegend um die Zahl der Arten bemühten", dazu aber nicht der wissenschaftlichen Kompetenz der Methodiker bedurften. Und umgekehrt dürfte es sich bei denjenigen, die sich um die „theoretische" Klassifikation der Pflanzen bemüht haben sollen, eben um die Systematiker handeln, welche zu ihrer Tätigkeit einer theoretischen Information durch die „Philosophen" bedurften. Linné scheint die Ebenen seines Systems insofern zu Produkten unterschiedener Klassifikationsverfahren zu machen, als sie e n t w e d e r das Resultat rein darstellender Tätigkeiten o d e r rein spekulativer Tätigkeiten sind.[236]

Dieser einfachen Interpretation stehen allerdings zwei Merkwürdigkeiten entgegen: Erstens umfassen die unter „Systematikern" zusammengefaßten Autoren genau solche Botaniker (Andrea Caesalpinus, Robert Morison und Joseph Pitton de Tournefort), die im ersten Teil meiner Untersuchung als Autoren dihairetisch entwickelter, kombinatorischer Klassifikationssysteme kennenzulernen waren, und damit gerade nicht zur Etablierung des *Natürlichen Systems* beitrugen. Und zweitens formuliert Linné, wie noch im nächsten Teil zu sehen sein wird, den Begriff der *natürlichen* Art in unmittelbarem Rückgriff auf den einleitenden Paragraphen des Kapitels „Sexus", während die Formulierung des Begriffs einer *natürlichen* Gattung keinen derartigen Rückgriff kennt, sondern Gattungen als Einheiten ausweist, unter denen *natürliche* Arten nach „gemeinsamen Merkmalen (notas communes)" versammelt sind (s. Abschnitt 10.1).

Linnés Unterscheidung von Klassifikationsarten ist damit zumindest auf den Systemebenen der *natürlichen* Art und Gattung nur als eine Unterscheidung zweier Momente zu verstehen, die gleichermaßen in die Klassifikation der Pflanzen zu einem *Natürlichen System* eingehen, insofern sich nämlich einerseits in dem Produkt „sammelnder" Tätigkeit – der Art – ein Moment spekulativer Tätigkeit verrät, und andererseits im

---

[236] Vgl. CAIN (1958: 147). SACHS (1875: 106), DAUDIN (1926b: 37) und STAFLEU (1971: 64) haben die Unterscheidung von theoretischer und praktischer Klassifikation als wertende gelesen: Die Klassifikation nach Gattungen sei von Linné als „wissenschaftlichere" höher geschätzt worden, als die nach Arten. Ich kann in dem zitierten Aphorismus keine Hinweise für eine derartige Überzeugung erkennen. Für die umgekehrte Interpretation in CALLOT (1965: 413) – nach der „theoretisch" anzeigen soll, daß den höheren Kategorien mehr „Zweifel" entgegenzubringen sei, „praktisch" dagegen, daß die Klassifikation der Pflanzen zu Arten empirisch besser belegt sei –, gilt dasselbe.

Produkt „methodischer" Tätigkeit – der Gattung – ein Moment des „Sammelns". Diese Verschränkung von sammelnder und spekulativer Tätigkeit ist es, die Linné als den Begründungskontext seines *Natürliches System* bezeichnet und gewissermaßen den Kern seiner „Wissenschaft der Botanik" bildet. Im nächsten Kapitel soll zum Abschluß dieses teils der institutionelle Ort dieser Verschränkung, der botanische Garten, betrachtet werden.

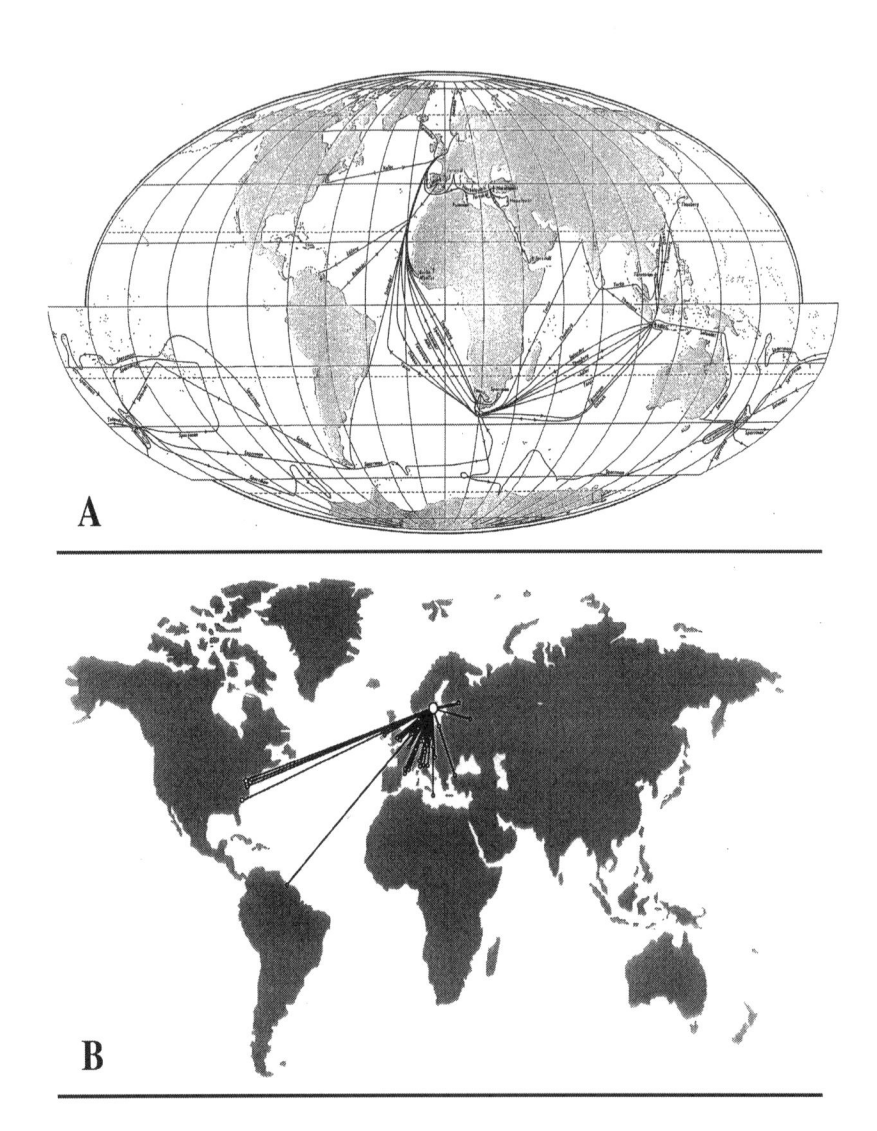

Abb. 13: (A) Geographische Erstreckung der naturhistorischen Reisen von Schülern Linnés (Reproduktion aus Fries 1951). (B) Geographische Verteilung der Korrespondenten Linnés (nach einer Liste in einem autobiographischen Text; cf. Linné *Vita* (1957: 142/143).

7. Kapitel
Peripherie und Zentrum

Die Botanik Linnés verwirklichte sich als eigenständig verfahrende und im Unterschied zu anderen Wissenschaften über Pflanzen bestehende Wissenschaft erst in den Produkten der arbeitsteiligen Gemeinschaft „wahrhafter" Botaniker, die im vorigen Kapitel kennenzulernen waren. Dies bedeutet, daß sie nicht immer schon einen eindeutig strukturierten Gegenstandsbereich vor sich hatte. Dieser kam erst zustande, als zwei wesentliche, historisch heterogene Momente botanischer Tätigkeit – nämlich a) die Demonstration bekannter Pflanzenarten in botanischen Gärten und b) das Zusammentragen neuer Pflanzenarten auf naturhistorischen Forschungsreisen in einer Institution zusammengeführt wurden – und zwar unter Ausschluß anderer, in Bezug auf Pflanzen möglicher Operationen, wie der chemischen Analyse oder des physiologischen Experimente. Historische Realität erlangte der Gegenstandsbereich der Linnéschen Botanik erst in Gestalt dieser Institution, und als solche beschrieb Linné den botanischen Garten:

> Um eine Kenntnis der Pflanzen zu erlangen und botanische Dinge gründlich zu verstehen, waren einst viele und verschieden Reisen in entlegene Gegenden erforderlich, und es entstanden so nicht nur außerordentliche Ausgaben, sondern auch eine Aufopferung von Gesundheit und die Notwendigkeit, sich Gefahren und Mühen zu unterziehen. Ein Beispiel hierfür liefert Burser, der aus jenem Grund die meisten Gegenden Europas durchstreifte, und dies kann man auch in der Lebensgeschichte von Clusius und anderen sehen.
> Desto mehr Lob verdienen die Italiener, welche um die Mitte des 16. Jahrhunderts zuerst an den Universitäten botanische Gärten einrichteten, und diese freilich lobenswerte Einrichtung haben die hervorragendsten Universitäten nachgeahmt. Dem Studierenden der Botanik wird deshalb heute die Gelegenheit geboten, ohne Zeitverlust, ohne Kosten, ohne Ermüdung durch längere Reisen mehr Pflanzenarten unter die Augen zu bekommen, als einst Clusius, Burser oder diejenigen zu

sehen bekamen, die aus diesem Grund die Küsten beider Indien oder Afrikas besuchten.[237]

Linné betrieb die geschilderte Integration des Sammelns auf Reisen und der Akkumulation von Sammlungsmaterial im botanischen Garten in seiner eigenen Forschungstätigkeit systematisch und in einem vorher nicht gekannten Ausmaß: Er sandte eine Vielzahl von Schülern, mit genauen Instruktionen versehen, auf weltumspannende Forschungsreisen und unterhielt zeitlebens weltweite Austauschbeziehungen zu Korrespondenten, die ihm Informationen zu Pflanzen und zahllose Pflanzenrepräsentanten (sei es in Form von Samen, sei es in Form von Herbarexemplaren) lieferten (s. Abb. 13). Es ergaben sich so zwei extreme Rollen in Linnés Botanik: An der Peripherie der (botanisch) bekannten Welt bewegten sich Botaniker, die als solche schon dann gelten konnten, wenn sie überhaupt nur in der Lage waren, Pflanzen in den Repräsentationsmitteln der Botanik – Schilderung, Abbildung, Herbarblatt und lebendes Exemplar – zur Darstellung zu bringen; und in den botanischen Zentren der Welt befanden sich Botaniker, die (wie Linné selbst) insofern als „Methodiker" gegenüber den „Sammlern" privilegiert waren, als ihnen das gesammelte Material soweit als möglich vollständig in einem

---

[237] LINNÉ Hort. ups. (1745/1749: 175):

> Ad Plantarum cognitionem adquirendam resque Botanicas penitus intelligendas, multa olim ac varia ad exteras regiones requirebantur itinera, nec solum sumtus ingentes facere necesse erat, sed etiam jacturam valetudines, aetatis; immo etiam pericula atque labores suscipiendi fuere. Illud exemplo Burseri constat, qui ea de caussa plurimas Europae regiones perlustravit; videatur hanc in rem Clusii vita aliorumque.
>
> Quanto majorem promerentur Itali laudem, qui circiter medium seculi, post Christum natum, decimi sexti primi ad Academias, Hortos Botanicos instituerunt, & hoc quidem laudabile institutum praestantissimae quaeque Academiae sunt imitatae. Nunc igitur Studiosi Botanices integrum est in uno quodam Academico Horto sine dispendio temporis, sine sumtu, sine taedio itineris longioris plures plantarum species oculis subjicere, quam aut Clusius aut Burserus oculis usurparunt olim, aut qui oras utriusque Indiae aut Africae ea de caussa attigerunt.

Die von Linné genannten Reisenden Charles l'Ecluse (1526-1609) und Joachim Burser (1583-1639) können die historische Heterogenität der beiden Momente botanischer Tätigkeit gut illustrieren: Beide sollten zwar später Medizinprofessoren werden (Burser in Kopenhagen, l'Ecluse in Leyden) aber zum weiträumigen Sammeln von Pflanzen konnten sie sich nur so lange auf Reisen begeben, wie sie diese Funktion noch nicht ausübten: Burser bereiste Europa als praktizierender Arzt, Clusius in verschiedenen pädagogischen und diplomatischen Funktionen (zu ihren Reisen s. STEARN 1958).

einem lokal begrenzten Repräsentationssystem (eben dem Garten mit angeschlossener Bibliothek) zur theoretischen Reflektion vorlag.[238]

In das konkrete Reflexionsverhältnis zu Pflanzen, das sich je nach Positionierung eines *Botanikers* zwischen den Polen Peripherie und Zentrum ergab, läßt sich anhand von Berichten Einblick gewinnen, die Linné über eigene Erfahrungen lieferte, die er mit Pflanzen in der Rolle eines Reisenden und in der Rolle Gartenkurators machen konnte. 1732 unternahm Linné eine naturhistorische Forschungsreise nach Lappland. Von dem Eindruck, den die Pflanzen Lapplands auf ihn machten, wußte er in seinem Reisebericht folgendes zu berichten:

> Am 6. [Juli 1732] reiste ich [...zum...] Berg Vallevare [...]. Als ich seine Flanke erreichte, glaubte ich, in eine neue Welt geführt zu werden, und als ich oben angelangt war, wußte ich nicht, ob ich in Asien oder Afrika sei, denn sowohl die Erdart, als auch die Situation, sowie alle Pflanzen waren mir unbekannt. Ich war nun im Fjäll angelangt. Überall um mich her lagen schneebedeckte Berge wie im härtesten Winter. All die seltenen Pflanzen, die ich vorher gesehen und bewundert hatte, gab es hier in Miniatur, und außerdem so viele [andere], daß ich erschreckte und glaubte, mehr zu bekommen, als ich bewältigen konnte.[239]

---

[238] Zu einer Darstellunge der „public relations" Politik, mit der sich Linné seine zentrale Stellung in der Botanik verschaffte s. ERIKSSON (1979). Linné sandte v. a. eigene Schüler auf weltumspannende Forschungsreisen, welche ihm Reiseberichte, Herbarexemplare, Pflanzensamen und Setzlinge von der Reise zurücksandten (s. dazu FRIES 1951, UEBERSCHLAG 1977 und KÖRNER 1996). Hintergrund und Verlauf einer dieser Reisen, nämlich der von Pehr Kalm nach Nordamerika, sind detailliert in KERKKONEN (1959) dokumentiert worden. Linné zählte seine über alle Welt verstreuten Korrespondenten gewohnheitsmäßig in den Einleitungen zu seinen systematischen Schriften auf (so in LINNÉ *Hort. Cliff.* 1737 Praef.: [2], LINNÉ *Gen. plant.* (1737 Rat. op. §32: [12], LINNÉ *Spec. plant.* 1753 Lect.: [2/3], LINNÉ *Syst. nat.* 10 1758-59 vol. I, Rat. op.: [2]). In einem autobiographischen Text (LINNÉ *Vita* 1957: 173-176) gibt ausführlich Rechenschaft über die Personen, die ihm Samen, Zwiebeln und getrocknete Pflanzenexemplare u.a. aus Kamtschatka, Virginia, Jamaika und Java zukommen ließen. Zeitlebens nutzte Linné darüber hinaus mündliche Berichte „weiser Frauen", tropisches Material, das ihm von Sklaven über Plantagenbesitzer übermittelt wurde etc. Das er auch solche Informanten als Botaniker (speziell als Sammler) betrachtete, ergibt sich daraus, daß er Pflanzenarten nach diesen benannte, seine Nomenklaturregeln aber nur eine Benennung von Pflanzen nach Namen von „Botanikern" erlaubten (cf. LINNÉ *Fund. bot.* 1736 §238: 25). Botaniker war schon derjenige, der Informationen zu Pflanzen überhaupt nur in eine Form bringen konnte, in der sie der Methodiker aufgreifen konnte – wozu im einfachsten Fall das Zusenden eines einzigen Pflanzenexemplars reichte (vgl. KÖRNER 1995, 1996).

[239] LINNÉ *It. lapp.* (1957: 110):

Der Eindruck, der hier beschrieben wird, ist der einer Verwirrung. Obwohl Linné exakt weiß, an welchem Ort er sich befindet, ist sein geographisches Urteilsvermögen überfordert: Einerseits sind ihm die Standortbedingungen nicht vertraut (der Boden und das winterliche Wetter im Hochsommer) und zum anderen sind ihm die dort angetroffenen Pflanzen unbekannt. Es bleibt ihm in dieser Situation nur, so viele verschiedenartige Pflanzenexemplare zu sammeln, wie möglich. Die Vielfalt der Pflanzen scheint unendlich zu sein. Ein nur auf den ersten Blick ganz ähnliches Bild der Verwirrung zeichnet Linné im Bericht über den Eindruck, den die Vielfalt der Pflanzen auf ihn machte, die er im Jahre 1736 im Garten von George Clifford, zeitweilig Direktor der ostindischen Kompanie von Holland, in dessen Auftrag sichten, ergänzen, ordnen und katalogisieren sollte[240]:

> Ich sah deinen Garten in der Mitte des blühenden Hollands, zwischen Harlem und Leiden, an einem angenehmen Ort zwischen zwei öffentlichen Wegen gelegen, wo Boote und Wagen verkehren. [...].
>
> Ich war wie betäubt, als ich deine GEWÄCHSHÄUSER betrat, welche mit so vielen und so verschiedenen Sträuchern gefüllt waren, daß sie den Sohn des Nordens sehr wohl verzaubern konnten, so daß ich nicht wußte, in welche Welt Du mich geführt hattest. Im ersten Haus zogst Du die SÜDEUROPÄISCHEN Herden auf, Pflanzen aus Spanien, Südfrankreich, Italien, Sizilien und den griechischen Inseln. Im zweiten den Schatz ASIENS, wie Pflanzen der Gattung *Morina, Kaempfera, Camphorifera, Poinciana, Adenanthera, Costus, Garcinia, Phoenix, Coccus, Corypha, Nyctanthis* etc. Im dritten AFRIKANISCHE Pflanzen von einzigartigem Bau, um nicht zu sagen, von monströser Natur, wie die vielfältigen Familien der *Mesembryanthemen* und *Aloen*, Pflanzen der Gattung *Stapelia, Crassula, Euphorbia, Protea, Maurocena, Halleria, Cliffortia, Grewia, Hermannia, Royena, Clutia*, etc. Und im vierten die lieblichen Einwohner AMERIKAS und was auch immer die Neue Welt hervorgebracht hat, wie unermeßliche

---

> 6. Efter middagen reste från Hyttan, då jag 1 fjärding därifrån hade berget Vallevare, som var väl 1/4 mil högt. När jag kom mit på sidan av det, tycktes jag föras uti en ny värld, och när jag kom upp i det, visste jag ej, om jag var uti Asien eller Afrika, ty både jordmånen, situationen och alla örterna voro mig obekanta. Jag var nu kommen på fjällen. Alltomkring mig lågo de snöiga berg, jag gick på snön såsom om starkaste vintern. Alla de rara örter jag förr sett och fägnat mig av, gåvos här såsom uti miniatyr; ja dessutom så många, att jag själv fasade, och tycktes mig få mer än jag bestyra kunde.

[240] Zu Linnés Tätigkeit in Cliffords Garten s. FRIES (1903 vol. I: 217-236).

> Horden von *Kakteen*, Pflanzen der Gattung *Pereskia, Epidendron, Passiflora, Hernandia, Dioscorea, Magnolia, Liriodendrum, Benzoinifera, Sassafras, Brunsfelsius, Crescentia, Amannia, Maranta, Martynia, Milleria, Parkinsonia, Pavia, Paullinia, Plumieria, Browallia, Randia, Turnera, Rivina, Tournefortia, Triumfetta, Heliocarpus, Hura, Aeschynomene, Cassia, Acacia, Tamarindus, Piper, Haematoxylum, Guanabanus, Anacardium, Annona, Hymenea, Mancanilla, Monbin, Ahovaja, Nassa, Papaja, Manihot,* etc. Unter diesen spielten die allerprächtigsten *Musas* der ganzen Welt, schöne *Hernandias,* silberne *Proteas* und wertvolle *Camphoras.* In Deinem wahrlich königlichen Haus, in Deinem wohlausgestatteten Museum öffneten sich mir Herbarien, und in diesen eine Sammlung, die nicht weniger das Lob ihres Besitzers verkündete [als der Garten] und mich Fremden anzog, der zuvor noch nie einen solchen Garten gesehen hatte.[241]

Dieses Zitat steht in einem gänzlich anderen Kontext als das aus dem Reisetagebuch: Es findet sich in der Widmung an George Clifford im *Hortus Cliffortianus,* so daß der Text nicht, wie der Reisebericht,

---

[241] LINNÉ *Hort. Cliff.* (1737 Dedic.: [5/6]:

> [..] vidi hortum Tuam in ipso meditullio florentissimae Hollandiae, Harlemum inter & Lugdunum, loco amoenissimo viam inter utramque publicam, qua naves, qua currus feruntur. [..].

> Obstupui dum ADONIDES Tuas initiabam domus, tot tamque infinitis repletas arbustis ut fascinarent Boreae alumnum, nescius in quem peregrinum orbem me duxisses. In primo domo EUROPAE australis greges aluisti, plantasque Hispaniae, G. Narbonensis, Italiae, Siciliae & insularum Graeciae. In secunda ASIAE thesauros uti *Morinas, Kaempferas, Camphoriferas, Poincinianas, Adenantheras, Costos, Garcinias, Phoenices, Coccos, Coryphas, Nyctanthes,* &c. In tertia AFRICAE singulares structura plantas, ne dicam natura monstrosa; uti *Mesembryanthemi & Aloes* amplissimas familias, *Stapelias, Crassulas, Euphorbias, Proteas, Maurocenas, Hallerias, Cliffortias, Grewias, Hermannias, Royenas, Clutias,* &c. In quarto vero gratae AMERICES incolae & quidquid ferat novus orbis, uti *Cacti* vasta agmina, *Pereskias, Epidendra, Passifloras, Hernandias, Dioscoreas, Magnolias, Liriodendra, Benzoiniferas, Sassafras, Brunsfelsias, Crescentias, Ammanias, marantas, Martynias, Millerias, Parkinsonias, Pavias, Paullinias, Plumerias, Browallias, Randias, Turneras, Rivinas, Tournefortias, Triumpfettas, Haliocerpos, Huras, Aeschynomenes, Cassias, Acacias, Tamarindos, Pipera, Haematoxyla, Guanabanos, Anacardia, Anonas, Hymenaeas, Mancinellas, Monbin, Ahovajas, Nassas, Papajas, Manihot,* &c. has interludentes spectatissimas Toto orbi *Musas,* Pulcherrimasque *Hernandias,* argenteas *Proteas,* pretiosas *Camphoras.* In domo Tua plane regia, in Museo Tuo instructissimo cum Horti Tui sicci aperiabantur, nec in his minor collectio Possessoris sui laudes extulere, meque perigrinum allexere, qui parem antea viderit Hortum nullum.

Rechenschaft von der Aufnahme einer botanischen Arbeit gibt, sondern eine botanische Arbeit abschließt. Im Unterschied zum Bericht vom Berg Vallevare befindet sich Linné damit in der Situation, die angeblich verwirrende Vielfalt der Pflanzen *ex post* – nachdem er sie bewältigt hatte – beschreiben zu können. Dies schlägt sich in einer entscheidenden Differenz nieder: Während im Text vom Berg Vallevare die dort angetroffenen Pflanzen nur als unbekannte und damit namenlose Pflanzen Erwähnung finden, sind sie im zweiten Text der Gattung nach benannt. Der geographisch verwirrende Eindruck entsteht in Cliffords Garten nicht, weil an einem wilden und unvertrauten Ort fremdartige Pflanzen wachsen, sondern weil an einem verkehrsgünstig gelegenen und (in Form von Gewächshäusern) kontrollierten Ort bekannte Pflanzen aus allen vier Erdteilen zusammengestellt worden sind. Dabei ist die Kenntnis dieser Pflanzen das Resultat ihrer Konzentration in einem Garten: Fast alle genannten Gattungen sind nämlich erst von Linné in den *Genera plantarum* von 1737 aufgestellt worden[242], welche er explizit als Frucht der Arbeit in Cliffords Garten bezeichnet hat.[243]

In der Bewegung verschiedenartiger Pflanzen von der Peripherie in die botanischen Zentren der Welt ist damit die historische Bewegung zu sehen, in der Linnés *Natürliches System* möglich wurde. Und es ist dies eine Bewegung, in deren Beschreibung im *Hortus cliffortianus* sich schon die zentrale Abstraktionsleistung zu erkennen gibt, die in das *Natürliche System* – im Vorangehenden exemplifiziert in seinen Gattungen – eingeht: In der Akkumulation von Pflanzenrepräsentationen und -repräsentanten in einem Garten ist die ansonsten bestehende örtliche und jahreszeitliche Verteilung von Pflanzen auf bestimmte Pflanzengemeinschaften nahezu vollständig aufgehoben. Nebeneinander finden sich „die allerprächtigsten *Musas* der ganzen Welt, schöne *Hernandias*, silberne *Proteas* und

---

[242] Dies gilt vor allem für diejenigen Gattungen, die wie *Kaempferia, Halleria, Grewia, Hermannia, Magnolia, Brunsfelsius, Milleria* u. a. nach den Nachnamen von Personen gebildet sind, denen Clifford (bzw. Linné in seiner Tätigkeit für Clifford) sein Sammlungsmaterial zu verdanken hatte (so die entsprechenden Angaben zu den Gründen der Namensgebung in LINNÉ *Hort. Cliff.* 1737; vgl. zu dieser Benennungspraxis HAGBERG 1940: 101-106).

[243] LINNÉ *Gen. plant.* (1737 Rat. op. §31: [12]). Von den 935 beschriebenen Gattungen sind 686 mit einem Sternchen gekennzeichnet, welches anzeigt, daß Linné bei Aufstellung der Gattung lebendiges Anschauungsmaterial vor sich hatte (die übrigen sind nach Herbarexemplaren oder „deutlichen Abbildungen" erstellt; a.a.O. §24). Diese hohe Zahl war zur Zeit Linnés vermutlich nur in Cliffords Garten erreichbar (vgl. LINDMANN 1907: 34).

wertvolle *Camphoras*". Pflanzen sind in ein Repräsentationssystem eingetreten, das an einem Ort und zu jeder Zeit beliebige Pflanzenkonstellationen zuläßt, und botanische Gärten formieren so ein System von Orten, das – beurteilt nach den dort repräsentierten Pflanzenarten – von einer eigentümlichen örtlichen und jahreszeitlichen Ungebundenheit ist. Wie die so möglichen Abstraktionsbewegungen in die Begründung des Natürlichen Systems – wie am Ende des ersten Teils zu sehen eine „Weltkarte" des Pflanzenreichs, die von der konkreten Gliederung pflanzlicher Wirklichkeit nach Ort und Zeit absah – eingingen, soll Thema des nächsten und letzten Teils meiner Untersuchung sein.

Teil III
Deus creavit, Linnaeus disposuit

Zur Begründung des Natürlichen Systems

> *Hier fordert Flora Sie mit Linnaeus auf, auf neuen Pfaden die eisbedeckten Gipfel der Alpen zu erklimmen, um dort unter einem anderen Schneeberg einen Garten zu bewundern, den die Natur selbst angelegt hat – einen Garten, der einst das ganze Erbe des berühmten schwedischen Professors war. Dann steigen Sie zu den Wiesen dort unten hinab, deren Blumen ihn erwarten, um sich in einer Ordnung aneinanderzureihen, die sie bisher verschmäht zu haben scheinen.*
>
> JULIEN OFFRAY DE LA METTRIE   L'homme machine 1747

In diesem Teil wird es mir um eine Rekonstruktion der Begründung des *Natürlichen Systems* der Pflanzen durch Linné gehen, und zwar um eine Rekonstruktion, die diese Begründung als Resultat einer Herstellung von sachlichen Zusammenhängen begreiflich macht, in denen Realabstraktionen möglich wurden. Im Gegensatz dazu hat die bisherige biologiehistoriographische Literatur zu Linné vor allem zwei ideologische Grundlagen der Linnéschen Taxonomie ausgemacht.

1. Nach Ernst Mayr lag Linnés *Natürlichem System* ein „typologischer" oder „essentialistischer" Artbegriff zu Grunde. Nach diesem Artbegriff gehören Pflanzen zu ein und derselben Art (bzw. Gattung), insofern ihre Form durch das jeweilige teleologische Prinzip bestimmt ist, nach dem Pflanzen eben das werden, was sie sind: Pflanzen von jeweils bestimmter Form. Das läßt sich auch so ausdrücken: Pflanzen besitzen eine jeweils arteigentümliche Form, um ihre wesentliche Funktion ausüben zu können, welche in der Erhaltung ihrer Art durch Ernährung und Fortpflanzung besteht. Pflanzenarten sind daher hinreichend durch die Merkmale bestimmt, die in Beziehung zu ihrem arteigentümlichen Wesen stehen (etwa durch Merkmale der Blüte und Frucht). So wird aber von aller geographischen und temporären Variation unter Individuen als bloß zufälliger und vorübergehender Erscheinung abgesehen. Pflanzenarten sind als „ewige" Pflanzenformen bestimmt, die unabhängig von Raum und Zeit als „nichtdimensionale" Wesenheiten bestehen. Soweit eine beliebige Pflanze überhaupt nur das entsprechende Merkmal aufweist, gehört sie auch notwendig dieser oder jener Art an. Erst im „Populationsdenken" der modernen Evolutionsbiologie begann der Gedanke vorzuherrschen, daß es sich bei Arten um Reproduktionsgemeinschaften handelt, also um raum-zeitliche Zusammenhänge unter Individuen. Da Individuen im geographischen Raum und in der Generationenfolge grundsätzlich variieren (kein Individuum dem anderen vollkommen gleicht), kann es diesem Gedanken zufolge auch kein bestimmtes, einzelnes Merkmal

geben, das hinreichend wäre, um einen gegebenen Organismus notwendig als Angehörigen einer bestimmten Art zu identifizieren.[244]

2. Nach Michel Foucault und Francois Jacob unterlagen Linnés taxonomische Entwürfe ganz den Regeln des „klassischen Epistems", daß bis Ende des 18. Jahrhunderts vorherrschte. Demzufolge erschienen Organismen in diesen Entwürfen nur durch ein kombinatorisches Raster von Merkmalsidentitäten und -differenzen, die ihre „sichtbare Struktur" betrafen. Sie durchliefen damit bloß – wie Foucault es ziemlich präzise ausgedrückt hat –"einen Raum sichtbarer, gleichzeitiger und begleitender Variablen ohne eine innere Beziehung der Unterordnung oder Organisation". Die „Tiefe" des funktionsmorphologischen Zusammenhangs von Organen, ihre gemeinsame Beziehung auf eine Funktion des Gesamtorganismus, deren Gewährleistung den Variationsraum begrenzt, den morphologische Merkmale der Teilorgane besetzen können, wurde erst um 1800 mit der vergleichenden Anatomie Cuviers, Candolles und Goethes erschlossen. [245]

Beide Behauptungen treffen nicht zu. Im 8. Kapitel werde ich anhand eines Textes, in dem Linné selbst kritisch Stellung zu traditionellen Klassifikationsverfahren bezog, zeigen können, daß er diesen gerade vorwarf, daß sie Merkmale nur isoliert in Betracht zögen, sein eigenes Klassifikationsverfahren dagegen a) eine Fortpflanzungstheorie der Pflanzen berücksichtige, die angibt, wie sich Pflanzen selbst als morphologisch distinkte, genealogische Linien zu Arten und Gattungen gliedern; und b) Einsichten in funktionale und morphologische Zusammenhänge der Blüte und Frucht berücksichtige. Linnés taxonomische Begriffe sollten ausdrücklich eine raum-zeitliche Dimension in der genealogischen Linie, dem Zusammenhang von Eltern und Nachkommen, und eine funktionsmorphologische „Tiefe" im die ganze Pflanze betreffenden Prozeß der „Fruchtbildung (fructificatio)" besitzen.

Dies heißt nun nicht, daß Linné die vergleichende Anatomie um 1800 oder gar das „Populationsdenken" der Darwin'schen Evolutionsbiologie vorwegnahm. Das Ergebnis führt vielmehr direkt auf das Begründungs-

---

[244] MAYR (1957). Mayrs voluminöse Biologiegeschichte von 1982 gewinnt ihren narrativen Impetus aus dem Konflikt zwischen „essentialistischem" und „Populationsdenken (population thinking)". Vgl. HULL 1965, der im Übrigen der Auffassung ist, daß der „Essentialismus" für einen „Stillstand in der Taxonomie" von 2000 Jahren (böse gesagt von Aristoteles bis Hull) verantwortlich gewesen sei.

[245] FOUCAULT (1966: 126-140) und JACOB (1970: 54-63).

problem, dem sich Linné bei der Konstruktion seines Natürlichen Systems ausgesetzt sah: Wenn er, wie im letzten Teil gesehen, sowohl „Gartenbau" als auch „Anatomie" aus der Botanik ausschloß, so standen ihm scheinbar gar nicht die Mittel zur Verfügung, um in die Dimensionen des reproduktiven Zusammenhangs unter Individuen und des funktionsmorphologischen Zusammenhangs unter Organen vorzudringen. Er war gezwungen, sein System allein auf der Grundlage der Operationen des „Sammelns" zu errichten. Was diese in Bezug auf die Begründung eines Natürlichen Systems allerdings auszurichten vermögen, erscheint zumindest vordergründig rätselhaft.

In den anschließenden Kapiteln 9 und 10 versuche ich dieses Rätsel zu lösen, indem ich nacheinander die funktionsmorphologischen und die fortpflanzungstheoretischen Begründungsverfahren, die von Linné in der *Philosophia botanica* für die Etablierung von *natürlichen* Arten und Gattungen vorgeschrieben und verwendet wurden, als Verfahren analysiere, die auf der Herstellung bestimmter, sachlicher Zusammenhänge unter Artrepräsentationen und -repräsentanten (Abbildungen, Herbarexemplaren, Gartenexemplaren) in botanischen Gärten beruhten. Das funktionsmorphologische Begründungsverfahren beruhte, so die entsprechende These, auf dem, was Linné als „Kollation der Arten" bezeichnete: Mengen von Artrepräsentationen und -repräsentanten wurden in botanischen Gärten mit lebenden Repräsentanten zu Zwecken ihres morphologischen Vergleichs zusammengestellt. Dabei erlaubte die im Garten mögliche Beobachtung von Reproduktionsprozessen, die aus dem Vergleich bezogenen, morphologischen Kennzeichnungen so zu strukturieren, daß sie als Beschreibungen von Strukturverhältnissen gelten konnten, in denen der jeweils artspezifische Prozeß der Reproduktion im genealogischen Zusammenhang ablaufen konnte. So begründet, waren Linnés *natürliche* Art- und Gattungskennzeichnungen als Beschreibungen jeweils besonderer „Weisen" der „Hervorbringung" im genealogischen Zusammenhang zu verstehen, und als solche Beschreibungen schlossen sie sich auf ihren jeweiligen Systemebenen logisch aus.

Damit ist schon die These angedeutet, um deren Begründung es im 10. Kapitel gehen soll: Ausgehend von dem Nachweis, daß die genealogische Dimension eben nicht bloß eine Hypostasierung der metaphysischen Überzeugung war, daß der Vielfalt der Pflanzen eine finite Menge bestimmter Pflanzenformen zu Grunde liegt, sondern für Linné die empirische Grundlage bildete, auf der die Botanik überhaupt nur zu naturgesetzlichen Aussagen kommen konnte, wendet sich meine Analyse dem spezifischen Verfahren zu, das Linné verwendete, um standortbedingt variierende Varietäten von eigengesetzlich in der Generationenfolge beständigen Arten zu unterscheiden: der „Zurückführung von Varietäten auf ihre Arten". Auf erster Stufe bestand dieses Verfahren darin, lebende Artrepräsentanten, meist in Form von Samen, aus natürlichen Populationen zu isolieren, in botanische Gärten zu überführen und dort unter standardisierten Bedingungen der Art nach identisch zu reproduzieren. Auf zweiter Stufe bestand es in der Zirkulation von Pflanzensamen unter Botanikern, um sich im wechselseitigen Austausch von der Realität morphologisch distinkter Pflanzenarten zu überzeugen. Die Begründung des *Natürlichen Systems* erfolgte zwar nicht – so versucht dann das Schlußkapitel meiner Untersuchung zusammenfassend herauszuarbeiten – auf der Grundlage einer experimentellen Praxis. Dennoch war sie das Resultat eines offenen Forschungsprozesses, der auf der Grundlage einer Praxis erfolgte, die experimentellen Bewegungen strukturell, aber eben nicht intentional ähnlich war. Resultat dieser experimentförmigen Praxis des „Sammelns" und des „Tauschens" von Belegexemplaren war eine Reflektion universeller Äquivalenzbeziehungen unter Pflanzen im *Natürlichen System*, die pflanzliche Naturprodukte unter vollständiger Abstraktion von ihrer räumlich und zeitlich lokalen Produktion in Betracht ziehen konnte.

8. KAPITEL
LINNÉS KRITIK AN TRADITIONELLEN KLASSIFIKATIONS-VERFAHREN

8.1 "Gesetze der Einteilung" oder „Ablesen der Merkmale"?

Mit den *Genera plantarum* von 1737 legte Linné eine Liste von Gattungsdefinitionen vor, welche er als Produkt eines erst von ihm etablierten Klassifikationsverfahrens ansah.[246] Für ein Verständnis dieses Verfahrens erlangen die *Genera plantarum* deshalb besondere Bedeutung, weil ihnen eine „Begründung des Werkes (*Ratio operis*)" betitelte Einleitung vorangestellt ist, in der Linné sein Klassifikationsverfahren kritisch von traditionellen Verfahren abhob. Die Kritik äußerte sich in den Paragraphen 8 sowie 11 bis 13 der *Ratio operis*, wobei sich der Paragraph 8 gegen zwei einander gegenübergestellte, allgemein charakterisierte Klassifikationsverfahren und die Paragraphen 11 bis 13 gegen die Gattungskennzeichnungen Joseph Pitton de Tourneforts richteten.[247] In diesem Abschnitt soll es zunächst um den Paragraphen 8 gehen:

> Mit dieser gegebenen Grundlage (7), diesem festen Punkt, haben alle, die zu diesen Arbeiten geeignet waren, mühsam angestrebt, sich bald seinem Gebrauch zuzuwenden und Systeme zu errichten; zwar alle in demselben Geiste und mit demselben Ziel, aber nicht alle mit demselben Erfolg. Wenigen ist freilich eine grundlegende Regel bekannt gewesen. Wenn diese die Aedilen [römische Beamte, die u.a. für öffentliche Bauten zuständig waren] nicht beachten, wird das gleichwohl prächtigste Gebäude vom ersten auftretenden Sturm zerstört: BOERHAAVE *Inst. med.* (1734 §31: 12): *Der* LEHRENDE *muß von Allgemeinen zu jedem Einzelnen voranschreiten, während er die Entdeckungen auseinandersetzt; so wie der* ENTDECKER *im Gegensatz dazu, von Einzelnen zu den Allgemeinen gehen muß.* Verschiedene [Botaniker] haben nämlich

---

[246] Vgl. LINNÉ *Vita* (1957: 137).

[247] Merkwürdigerweis ist meines Wissens bisher nur LINDMANN (1907: 38), allerdings sehr kurz, auf diese entscheidenden Textstellen eingegangen.

verschiedene Teile der Fruchtbildung als systematischen Grundsatz angenommen, und sind mit ihm den Gesetzen der Teilung folgend von den Klassen über die Ordnungen bis hin zu den Arten hinabgestiegen, und durch diese hypothetischen und noch dazu willkürlichen Prinzipien haben sie die natürlichen Gattungen zerbrochen und zerrüttet; und der Natur Gewalt angetan: z.B. einer verneint von der *Frucht* her, daß man Persica und Amygdalum vereinigen könne; ein anderer verneint von der *Regelmäßigkeit der Blütenblätter* her, daß man die Capraria des Boerh[aave] und des Fevillaeus; noch ein anderer verneint von der *Anzahl* [der Blütenblätter] her, daß man Linum und die Radiola des Dill[en]; wieder ein anderer von den *Staubkammern* her, daß man das Agrifolium des T[ournefort] und die Dodonaea des Pl[umier]; und noch ein anderer verneint schließlich vom *Geschlecht* her, daß man die zwittrige und die getrennt-geschlechtliche Urtica der Gattung nach miteinander vereinigen könne. Wenn, so sagen sie, diese nicht der Klasse nach verbunden werden können, so können sie dies noch viel weniger der Gattung nach. Aber sie bemerken nicht, daß sie sich wie auch immer beschaffene Klassen erbaut haben, der Schöpfer selbst aber die Gattungen. Deshalb so viele falsche Gattungen, so viele Auseinandersetzungen zwischen den Verfassern, so viele schlechte Namen, so ein großes Durcheinander! Soweit ist in der Tat die Sache schließlich heruntergekommen, daß sich die Welt der Botaniker entsetzt, so bald sich nur ein neuer Systematiker erhebt. Und ich weiß wahrlich selbst nicht, ob die Systematiker mehr zum Schaden oder mehr zum Nutzen beitragen. Sicher, wenn die Ungelehrten mit den Gelehrten verglichen werden, haben erstere weit mehr [Schaden] angerichtet. Dieses Schicksal hatten Mediziner, Pharmakologen und Gärtner zu beklagen, und zwar nicht ohne Grund. Ich bekenne mich zu ihrer Theorie, daß es das beste wäre, wenn es dem höchsten Schöpfer gefallen hätte, alle Fruchtbildungen derselben Gattung untereinander ebenso ähnlich hervorzubringen wie Individuen derselben Art. Und daß, weil dem eben nicht so ist, keine andere Zuflucht bleibt, als daß wir, die wir ja nicht Lehrmeister der Natur sein können und nicht nach unserem Begreifen alle Pflanzen noch einmal schaffen können, uns selbst der Natur unterwerfen, und die eingeschriebenen Merkmale der Pflanzen mit erfinderischem Fleiß zu lesen lernen. Wenn [aber] ein einzelnes, unterscheidendes Merkmal der Fruchtbildung als hinreichend beurteilt wird, um der Gattung nach zu unterscheiden, warum sollten wir dann [noch] zögern, augenblicklich so viele Gattungen auszurufen, wie ungefähr Arten sind? Kaum nämlich sind uns Blüten zweier Arten bekannt, die untereinander so ähnlich sind, daß nicht irgendein Unterschied dazwischenträte. Ich habe zuweilen daraufhin gearbeitet auch alle Artunterschiede nur aus der Blüte zu überliefern, wenn auch, da es einen leichteren Weg gibt, mit wenig einträglicher Mühe. Wenn daher jemals irgendeine Sicherheit in der Kunst erwünscht wird, so rate ich allen vernünftigen Botanikern anzuerkennen, daß *alle Gattungen und Arten natürlich* sind, ohne welchen angenommenen Grundsatz kein Heil in der Kunst zu erhalten möglich gewesen wäre. Siehe LINNÉ *Fund. bot.* (1736 §132 & §157: 15, 18); LINNÉ *Syst. nat. 1* (1735 Obs. Regn. III. Nat. §§1-4).[248]

---

[248] LINNÉ *Gen. plant.* (1737 Rat. op. §8: [4/5]):

8. Dato hocce fundamento (7), hocce puncto fixo, mox in usum vertere, mox Systema struere allaborarunt omnes hisce laboribus apti; omnes quidem eodem animo, & in eundem finem; at non omnes eodem cum successu. Paucis quippe notus fuit Canon fundamentalis, quem si non observant ædiles, illico ruit prima oborta tempestate splendissimum quamvis ædificium: Boerh. inst. 31 DOCENTI *procedendum a generalibus ad singularia quæque, dum inventa explicat; ut* INVENTORI, *contra, a singularibus ad generalia eundum fuit.* Assumserunt enim Varii diversas partes fructificationis pro principio Systematico, & cum eo secundum divisionis leges a Classibus per Ordines descenderunt ad Species usque, & hypotheticis ac arbitrariis his principiis fregerunt & dilacerarunt naturalia nec arbitraria (6) genera; naturæque vim intulerunt: e. gr. alius a Fructu negat genere conjungi posse Persicam & Amygdalum; alius a regularitate Petalorum negat Caprariam Boerh. & Fevillæi; alius a Numero negat Linum & Radiolam Dill.; alius a Loculis Agrifolium T. & Dodonæam Pl.; alius a Sexu negat Urticam androgynam & sexu distinctam, &c. Genere inter se combinari posse; quod si, dicunt, non classe conjungi possunt, multo minus genere; sed non observant se construxisse Classes qualescunque, ipso verum Creatore Genera. Hinc tot falsa genera, tot controversiae inter Authores, tot mala nomina, tanta confusio! Imo eo tandem redacta est res, ut quoties surgat novus Systematicus, toties horreat orbis Botanicorum. Et nescio sane ipse, num plus damni vel emolumenti attulerint Systematici; certe si indocti conferantur cum doctis, longe plures fuere. Dolent haec fata Medici, Pharmacopoei, Hortulani, nec sine ratione. Fateor Theoria eorum quod optima esset, si modo Summo Conditori placuisset omnes fructificationes ejusdem generis aeque similes inter se produxisse ac individua ejusdem speciei. Quod cum factum non sit, nihil superest aufugi, quin Nos, qui Naturae Magistri esse non possumus, nec secundum nostrum conceptum omnes plantas iterum creare, Nosmet ipsos Naturae subjicamus, Notasque plantis inscriptas solerti studio legere addiscamus. Si singula differens nota fructificationis sufficiens dijudicaretur pro distinguendo genere, quid haesitaremus exemplo tot proclamare genera, quot fere sunt species; vix enim noti nobis sunt duarum specierum flores, inter se adeo similes, quin aliqua intercedat differentia. Et allaboravi quoque quondam a solo flore etiam differentias specificas tradere omnes, licet, facilior cum detur via, minus fructuoso conamine. Agnoscenda itaque suadeo omnibus Botanicis sanis, si quae certitudo unquam in arte desideretur, Genera & Species naturalia omnia, sine quo assumto principio nulla salus in arte potuit obtineri. Vide F. B. 132. 157. S. N. pag. 1. §.1.2.3.4.

In einem ersten Abschnitt (einschließlich des Zitats aus Boerhaaves *Institutiones medicae*) wird der Vorwurf erhoben, daß bisherige Klassifikationsverfahren zwei grundsätzlich zu berücksichtigende Grundlagen – einer im vorangehenden Paragraphen 7 angegebenen „Grundlage" und einer „grundlegenden Regel" – nicht erfolgreich umsetzten. Daraufhin folgt die Darstellung und begründete Ablehnung zweier historisch überlieferter Klassifikationsverfahren, deren Vertreter sich nach den Ergebnissen des zweiten Teils meiner Untersuchung (s. Abschn. 6.2.2) identifizieren lassen: Das eine Klassifikationsverfahren – eine Klassifikation „nach Gesetzen der Einteilung" – wird „gelehrten Systematikern" zugeschrieben, die mit dihairetisch entwickelten Klassifikationssystemen zur „theoretischen" Klassifikation der Pflanzen zu Klassen, Ordnungen und Gattungen beitrugen. Das andere Klassifikationsverfahren – eine Klassifikation durch „Ablesen der Merkmale" – wird „Ungelehrten" zugeschrieben (genauer „Medizinern, Pharmakologen, Gärtnern"), d.h. „Pflanzenliebhabern", die zwar aus dem Kreis „wahrhafter" Botaniker ausgeschlossen sind, aber gleichwohl (wie jeder) zur Botanik durch „praktische" Klassifikation durch „Sammeln von Arten" beitragen konnten, insofern diese Tätigkeit ohne die theoretischen Kenntnisse des Systematikers auskommen konnte. Linné sieht in den kritisierten Klassifikationsverfahren offenbar eine jeweilige Isolation genau derjenigen Momente am Werk – dem Sammlen und der theoretischen Reflektion dieser Tätigkeit –, die er zu Klassifikationszwecken einer „wahrhaften" Botanik zusammengeführt sehen wollte. Der § 8 endet dann auch mit der Formulierung eines bei der Klassifikation der Pflanzen anzuerkennenden „Grundsatzes", in dem diese Isolation aufgehoben ist: Sowohl Gattungen (die Produkte „theoretischer" Klassifikation) als auch „Arten" (die Produkte „praktischer" Klassifikation) seien gleichermaßen als „natürlich" anzusehen. Um diesen Argumentationsgang inhaltlich nachzuvollziehen, ist es zunächst nötig, die zwei zuerst formulierten

---

Für den Satz „Dolent haec fata Medici ..." sind widersprüchliche Übersetzungen möglich. So gibt eine zeitgenössische Übersetzung der 2. Auflage der *Genera plantarum* von 1764 diesen Satz mit „Es beklagten dieses Schicksal [i. e. den durch „Systematiker" angerichteten Schaden] die Ärzte.." wieder (LINNÉ *Gen. plant.* 6. 1764/1775: Einl. §8; ähnlich auch LINNÉ *Gen. plant.* 6. 1764/1787). Meine Übersetzung ("Dieses Schicksal [i. e. mehr Schaden anzurichten als Systematiker] hatten Mediziner..zu beklagen..") stützt sich auf den Kontext: Der vorangehende Satz bezieht sich grammatikalisch eindeutig auf „ungelehrte [Systematiker]" – nicht, wie in den genannten Übersetzunen, auf „ungelehrte [Systeme]". Dann läßt sich der anschließende Text aber nur noch als Erläuterung lesen, warum „ungelehrte Systematiker" mehr Schaden anrichteten als „gelehrte".

"Grundlagen" zu verstehen, deren bisher mangelhafte Berücksichtigung der Grund dafür gewesen sein soll, daß sich Klassifikationsversuche vor Linné bloß in einer Geschichte wiederholter Mißerfolge aneinanderreihten.

Die erste dieser Grundlagen wird durch einen Hinweis auf den vorangehenden, siebten Paragraphen der *Ratio operis* erläutert, welcher eine weitreichende Behauptung zur Klassifikation der Pflanzen beinhaltet: Schon Botaniker vor Linné (genannt werden Conrad Gessner, Andrea Caesalpinus, Robert Morison und Joseph Pitton de Tournefort) hätten – wenn auch in unterschiedlicher Form – zu bestätigen gewußt, „daß es der Unendlichen Weisheit gefallen hat, die Pflanzen nach ihren [natürlichen] Gattungen (6) durch die Fruchtbildung zu unterscheiden (A *Fructificatione* plantas distinguere secundum genera (6) sua Infinitæ Sapientiæ placuisse)"[249]. Unter der Bezeichnung „Fruchtbildung (fructificatio)" – m. W. ein Kunstausdruck, den erst Linné einführte – ist nach den *Fundamenta botanica* von 1736 ein ganz bestimmtes Ensemble von „Teilen" der Pflanzen zu verstehen, nämlich „Kelch, Krone, Staubblatt, Stempel, Fruchthülle, Samen und Blütenboden", wobei die ersten vier Teile die „Blüte", die letzten drei die „Frucht", diese beiden gemeinsam also wieder die Fruchtbildung ausmachen.[250] Der Ausdruck hat in seiner wörtlichen Übersetzung jedoch eine Konnotation, die über seine bloß Bestandteile aufzählende Definition hinaus reicht: Die sieben Bestandteile sollen alle der Realisation eines ganz bestimmten Prozesses, eben der „Bildung" einer „Frucht", dienen. Diese Konnotation bringt eine zweite Definition der *Fruchtbildung* in den *Fundamenta botanica* zum Ausdruck:

---

[249] LINNÉ *Gen. plant.* (1737 Rat. op. §7: [4]). Inwieweit die in diesem Zitat getroffenen historischen Behauptungen sachlich zutreffen, steht hier nicht zur Debatte. Hervorgehoben sei nur, daß Linné eine Eigenschaft sämtlicher Systemvorschläge vor ihm unterschlägt: Sie kennen alle eine allererste Unterteilung der Pflanzen, die sich nicht auf einen Unterschied in der „Fruchtbildung" bezieht, nämlich die Unterscheidung von „Bäumen" und „Kräutern".

[250] LINNÉ *Fund. bot.* (1736 §§86/87: 10):

 86. FRUCTIFICATIONIS (79) partes VII. sunt.

  α. Calyx [..]. β. Corolla [..]. γ. Stamen [..]. δ. Pistillum [..]. ε. Pericarpium [..]. ζ. Semen [..]. η. Receptaculum [..].

 87. Partes FLORIS sunt *Calyx, Corolla, Stamen, Pistillum.*

  FRUCTUS *Pericarpium, Semen, Receptaculum.*

  FRUCTIFICATIONIS *Flos, Fructus.*

Die Fruchtbildung enthält die Geschlechtsorgane der Pflanze, die Blüte das Geschäft der Hervorbringung, die Frucht das der Geburt.[251]

Die Grundlage der Fruchtbildung ist demnach nicht nur so zu verstehen, daß Unterschiede der *natürlichen* Gattung nach in einem bestimmten Ensemble von Teilen der Pflanzen bestehen, sondern genauer so, daß Unterschiede der *natürlichen* Gattung nach in einem Organsystem - den Geschlechtsorganen - bestehen, das der Reproduktion der Pflanzen im genealogischen Zusammenhang - definiert durch die Ereignisse Befruchtung und Geburt - dient. Gattungsunterschiede sind also auf genau der Ebene von Erscheinungen aufzusuchen, die nach Linnés Definition der Botanik ihren eigentümlichen Gegenstandsbereich ausmachen.

Zwar wird nun zu Beginn des Paragraphen 8 zugestanden, daß schon vor Linné versucht worden sei, diese Grundlage in konkrete Systemvorschläge umzusetzen (sich dem „Gebrauch" derselben bei der „Errichtung von Systemen zuzuwenden"). Aber diese Versuche seien deswegen nicht erfolgreich gewesen, weil – so deutet es das Wörtchen „freilich" an – dabei die zweite Grundlage, genauer „grundlegende Regel" weitgehend unberücksichtigt blieb. Diese grundlegende Regel besteht in einer wissenschaftsmethodologischen Behauptung, deren Formulierung Linné wörtlich von Hermann Boerhaave übernimmt[252]: In der Lehre – der Vermittlung bereits bestehenden Wissens – und in der Forschung – der explorativen Erzeugung neuen Wissens – sei in unterschiedlicher Weise vorzugehen, indem der „Lehrer vom Allgemeinen zu jedem Einzelnen", der „Entdecker" dagegen „vom Einzelnen zum Allgemeinen voranzuschreiten habe". Am Ende des ersten Teils meiner Untersuchung hatte sich schon ergeben, daß der strukturelle Unterschied zwischen Linnés *Natürlichem System* und den Klassifikationen seiner Vorgänger genau mit der Verteilung ihrer Funktionen auf Forschung und Lehre korrelierte: Merkmalskombinatorische, nach dem Verfahren der Dihairese erstellte

---

[251] A.a.O. §142: 16:

> 142. Fructificatio (88) itaque continet genitalia plantae, Flos (140) actum generationis, Fructus (134) autem partus.

> Auf den §88, in dem die „Fruchtbildung" noch einmal in dritter Weise, nämlich über ihre „wesentlichen" Teile definiert wird, komme ich im nächsten Kapitel zurück (Abschn. 9.1.3). Für ein Verständnis der Kritik im §8 der *Ratio operis* spielt diese Definition noch keine Rolle.

[252] Zu bedenken ist allerdings, daß das Zitat aus BOERHAAVE *Inst. med.* (1734) nicht einem Lehrbuch der Botanik, sondern einem Lehrbuch der Medizin entstammt. Es dürfte daher vermutlich inhaltlich anders zu interpretieren sein.

Systeme sollten zu Zwecken der Lehre zwar durchaus diagnostische Funktionen hinsichtlich bestimmter Konstellationen schon bekannter Pflanzengattungen erfüllen können. Im Unterschied zum *Natürlichen System* sollten sie sich aber grundsätzlich – wie im Paragraphen 8 durch das Bild vom „öffentlichen Bau" und die Klage über „so viele Auseinandersetzungen zwischen Verfassern" angedeutet – als instabil erweisen, insofern sie gegenüber neu entdeckten Pflanzen bislang unbekannter Art ihre diagnostische Kraft verlieren können. Die Einheiten des enkaptischen, nach einem einheitlichen Beschreibungsverfahren erstellten *Natürlichen Systems* sollten dagegen auch gegenüber noch zu entdeckenden Pflanzenartent stabil bleiben können.

Die recht abstrakte Verteilung induktiver und deduktiver Vorgehensweisen auf „Lehrer" und „Entdecker" wird im Lichte dieser Ergebnisse einsichtig: Soweit der „Entdecker" sich der explorativen Erforschung von Ordnungsbeziehungen unter Pflanzen widmet, kann er grundsätzlich nicht antizipieren, hinsichtlich welcher Merkmale sich noch zu entdeckende Pflanzenarten der Gattung nach unterscheiden. Er kann aber solche Beziehungen in einer nach einheitlichen Gesichtspunkten verfahrenden Beschreibung neuartiger Pflanzen sukzessive aufdecken. Der „Lehrer" dagegen agiert in Bezug auf bestimmte, schon bekannte Pflanzenarten und sieht sich so in die Lage versetzt, diese nach Beziehungen der Identität und Differenz hinsichtlich bestimmter Merkmale unter Gattungsbegriffe zu bringen ("auseinanderzusetzen"). Er ist dafür aber nicht in der Lage, die so zur Anwendung kommenden Allgemeinbegriffe über den Bereich schon bekannt gewordener Pflanzenarten hinaus auszudehnen.[253]

Aber wie soll die mangelhafte Berücksichtigung dieses wissenschaftsmethodologischen Grundsatzes damit zusammenhängen, daß auch die

---

[253] Entsprechend nimmt der § 9 des *Ratio operis* die im § 8 geäußerte Kritik in Teilen zurück, indem er darauf hinweist, daß bisherige „Methoden, wenn gut ausgearbeitet (si bene elaboratae)" (wie die von „Caesalpinus, Hermann, Ray, Knaut, Tournefort und Rivinus) „von höchster Nützlichkeit (summam utilitatem)" sein konnten, insofern sie „auf einem sichereren Weg zu den natürlichen Gattungen führten (certiori tramite securius ad ea ducit)" (LINNÉ *Gen. plant.* 1737 Rat. op. §9: [5]). Linnés Kritik an den Systemvorschlägen seiner Vorgänger läuft also weder darauf hinaus, daß diese nicht ihrer diagnostische Funktion gerecht werden konnten, noch darauf, daß sich in diesen Systemen eine fehlende Urteilsfähigkeit über Ordnungsbeziehungen unter Pflanzen niederschlug. Die Kritik im Paragraphen 8 gilt allein Versuchen, diese Ordnungsbeziehungen in einem dihairetisch entwickeltem System zu reflektieren.

Umsetzung der erstgenannten Grundlage in Klassifikationsverfahren vor Linné nicht verwirklicht wurde? Um dies zu beantworten, muß man sich der anschließenden Kritik Linnés an Klassifikationsverfahren nach „Gesetzen der Einteilung" zuwenden: Diese sollen auf der „Annahme eines T e i l e s der Fruchtbildung zum systematischen Grundsatz" ruhen, und diese „hypothetische und noch dazu willkürliche" Wahl soll es sein, die die Ordnungsbeziehungen im resultierenden Klassifikationssystem determiniert und dem System damit diagnostischen Wert verleiht ("Wenn sie nicht der Klasse nach verbunden werden können," so daß entsprechende, stark verkürzte Argument, „dann noch viel weniger der Gattung nach"). In der demgemäß erfolgenden Beschränkung auf einzelne Teile der Pflanzen und an diesen auftretenden Merkmalsalternativen kann es jedoch grundsätzlich nicht zu einer Abbildung von Gattungsunterschieden kommen, die der erstgenannten Grundlage nach in Hinsicht auf ein Organsystem von ganz bestimmter Funktion, eben der „Fruchtbildung", bestehen sollen. In diesem Sinne – und nur in diesem Sinne, denn die Realität der dihairetisch etablierten Merkmalsunterschiede (daß etwa eine „zwittrige Urtica" dem „Geschlecht" nach von einer „getrenntgeschlechtlichen„ unterschieden ist) wird durchaus nicht bestritten – ist es zu verstehen, daß Systematiker vor Linné „nicht bemerkten, daß sie sich wie auch immer beschaffene Klassen erbaut haben, der Schöpfer selbst aber die Gattungen". Ihrer begrifflichen Struktur nach reflektieren dihairetisch entwickelte Klassifikationssysteme Pflanzen nicht als das, was sie als Gegenstände „wahrhaft botanischer" Forschungtätigkeit– nämlich als Naturprodukte, deren Besonderung im Funktionszusammenhang ihrer Teile zu Zwecken ihrer Reproduktion gegeben ist – sondern als Träger von Merkmalsidentitäten und -differenzen an isoliert betrachteten „Teilen", d.h. unter vollkommener Abstraktion von dem Zusammenhang, in dem diese Teile mit anderen im Pflanzenindividuum zusammenwirken. Nimmt man strikt die Perspektive der kritisierten Systemvorschläge ein, so gliedert sich das Pflanzenreich nicht in besondere Arten und Gattungen individueller „Reproduktionsmaschinen", sondern zerfällt in einer abstrakten Kombinatorik pflanzlicher Merkmale. Dihairetisch entwickelte Systeme stehen dem konkreten Erfahrungsmaterial der Linnéschen Botanik – Abbildungen, Beschreibungen, Herbar- und Gartenexemplaren, in denen Pflanzen immer nur als konkrete, individuelle Naturkörper zur Darstellung kommen – daher auch gleichgültig gegenüber.

Wenn der Paragraph 8 des *Ratio operis* demnach fordert, daß ein Klassifikationsverfahren „von den Einzelnen zu den Allgemeinen" voranzuschreiten und sich nicht von vornherein auf die Berücksichtigung ganz bestimmter Teile der Pflanzen zu beschränken habe, so könnte man glauben, daß der weitere Text ein Verfahren präferieren würde, das zunächst Merkmalsbeziehungen registriert, die unter einzelnen Pflanzen bestehen, und diese dann den festgestellten Merkmalsbeziehungen folgend sukzessive zu Arten und Gattungen zusammenfaßt, ohne schon im Vorgriff darauf Entscheidungen zu treffen, welche Merkmalsbeziehungen unter Pflanzen für gattungskonstitutiv zu halten sind und welche nicht. Und tatsächlich werden mit der zweiten Hälfte des Paragraphen 8 an Vertreter einer solchen „Theorie" (nämlich an die „ungelehrten Mediziner, Pharmakologen, Gärtner") weitgehende Zugeständnisse gemacht: Weil es „dem höchsten Schöpfer" eben nicht „gefallen hat, alle Fruchtbildungen derselben Gattung untereinander ebenso ähnlich hervorzubringen wie Individuen derselben Art bleibt keine andere Zuflucht, als daß wir uns der Natur unterwerfen, und die eingeschriebenen Merkmale der Pflanzen mit erfinderischem Fleiß zu lesen lernen." Aber gleich im Anschluß an dieses Zugeständnis gibt Linné zu erkennen, daß auch dieses Verfahren nicht in der Lage sein soll, zur Etablierung eines *Natürlichen Systems* beizutragen. Denn „wenn die Entscheidung getroffen wird, daß ein einzelnes, unterscheidendes Merkmal der Fruchtbildung genügend ist, um der Gattung nach zu unterscheiden, warum zögern wir, augenblicklich so viele Gattungen auszurufen, wie ungefähr Arten sind." Das für die Etablierung des *Natürlichen Systems* entscheidende Ziel der Subsumption von Arten unter Gattungen wird mit diesem Verfahren also verfehlt. Der Grund dafür wird gleich anschließend genannt: Soweit das Verfahren des „Ablesens von Merkmalen" jeden Unterschied unter Pflanzenarten als gattungskonstitutiven Unterschied akzeptiert, müssen unterschiedene Gattungen mit unterschiedenen Arten zusammenfallen, da es schlicht keine zwei Arten gibt, für die sich nicht irgendwelche Unterschiede finden ließen. Derselbe Gedankengang läßt sich auch für das Verhältnis *natürlicher* Arten zu Varietäten durchführen, und so findet er sich auch in der *Critica botanica* wieder:

> Da sie [i. e. einige Botaniker] nämlich alle Merkmale verwendeten, zufällige wie wesentliche gleichermaßen, und so schon wegen des geringsten Merkmals eine neue Art errichteten, so ist dies der Ursprung für ein solches Durcheinander, so vieler barbarischer Namen, einer Anhäufung so vieler falscher Arten gewesen, daß es leichter gewesen wäre, den Augiasstall zu kehren, als den der Botanik.[254]

---

[254] LINNÉ Crit. bot. (1737 §259: 152/153):

Das Verfahren des „Ablesens von Merkmalen" bleibt demnach bei der Beschreibung individueller Einzigartigkeit stehen und gelangt darüber hinaus nie zu Allgemeinbegriffen. Es ist dem konkreten Erfahrungsmaterial, den einzelnen Artrepräsentationen und -repräsentanten, vollkommen verhaftet und so zu keiner Abstraktionsleistung fähig. Wenn es darum gehen soll, ein System *natürlicher* Arten u n d Gattungen zu etablieren, ist dies ein vollkommen sinnloses Ergebnis.

Die Argumentation des Paragraphen 8 scheint damit an einen Punkt gelangt zu sein, in dem sie sich in ein Dilemma verstricken muß: Abgelehnt sind sowohl „deduktive" Klassifikationsverfahren, die sich a priori auf die Berücksichtigung ganz bestimmter Merkmalsbeziehungen beschränken, als auch „induktive", die keine derartige Beschränkung zulassen. Anders gesagt: Abgelehnt sind sowohl Klassifikationsverfahren, die Pflanzen als Träger einzelner, gattungseigentümlicher Merkmale erscheinen lassen, als auch Klassifikationsverfahren, die Pflanzen als irreduzibel einzigartige Individuen erscheinen lassen.[255] Wodurch könnte sich ein diesen gegenüber alternatives Klassifikationsverfahren auszeichnen, wenn man bedenkt, daß es mit Klassifikationen doch immer um die Etablierung von Merkmalsbeziehungen unter Individuen eines Gegenstandsbereichs zu gehen scheint? Der am Schluß des Paragraphen 8 benannte Grundsatz, von dem allein „irgendeine Sicherheit in der Kunst" zu erwarten sein soll, scheint in seiner Zirkularität für die Unausweichlichkeit dieses Dilemmas zu sprechen: Bei der Klassifikation der Pflanzen sei von „allen vernünftigen Botanikern" der „Grundsatz anzuerkennen", daß eben – „alle Gattungen und Arten natürlich sind"! Die

---

> Cum autem assumserint omnes notas, accidentales & naturales indifferenter, indeque constituerint ob minimam notam, novam speciem, orta fuit tanta confusio, tanta nominum barabries, tanta specierum falsarum accumulatio, ut facilius esset stabulum Augiae purgare, quam Botanices.
>
> Im weiteren Verlauf des Textes werden „Blumenliebhaber (Anthophili)" und Tournefort, welcher „93 Arten unter der Tulpe unterschied, wo es nur eine gibt", als Adressaten des Arguments genannt.

[255] Mit den Positionen dieses Dilemmas sind andeutungsweise die Positionen bezeichnet, die sich in der Debatte um ein adäquates Klassifikationsverfahren zwischen John Ray und Joseph Pitton de Tournefort am Ende des 17. Jh. gegenüberstanden. (s. Fußn. 225). Sie entsprechen auch ungefähr der Unterscheidung von „systéme" und „méthode" durch Adanson, sowie der zwischen „downward classification by logical division" und „upward classification by empirical grouping" durch MAYR (1982: 190). Zu einer Kritik solcher Unterscheidungen s. FOUCAULT (1966: 152-158) und LEFÈVRE (1984: 200).

Zirkularität dieses Grundsatzes wird aber in entscheidender Weise durchbrochen, indem nach seiner Formulierung auf Aphorismen aus den *Fundamenta botanica* und dem *Systema naturae* verwiesen wird – und diese Aphorismen erläutern in fortpflanzungstheoretischen Behauptungen, in welchem Sinne sich Pflanzen s e l b s t als *natürliche* Arten zueinander verhalten.

Die so erreichte Explikation eines genealogischen (wie es im Folgenden kurz heißen wird) Art- und (später auch) Gattungsbegriffes ist der Aspekt der Botanik Linnés, der wohl am meisten Einzeluntersuchungen provoziert hat.[256] Gestützt auf diese Literatur und unter Absehung von den vielfältigen Interpretationsangeboten – zu einer genauen Diskussion werde ich erst im Abschnitt 10.1. kommen – läßt sich der Inhalt dieser Explikation der Sache nach folgendermaßen paraphrasieren: Eine *natürliche* Art (bzw. Gattung) der Pflanzen umfaßt alle diejenigen Pflanzen (und nur diese), die 1. durch geschlechtliche Fortpflanzung aus einer der Pflanzen hervorgegangen sind, die von Gott als morphologisch distinkte Pflanzen erschaffen wurden, und die 2. in ihrer Morphologie unter allen Umständen Übereinstimmungen zeigen und zwar weil diese, gewissen inhärenten Gesetzmäßigkeiten der Fortpflanzung gehorchend, in der Aufeinanderfolge von Generationen keine (oder nur bestimmte, gesetzmäßige) Veränderungen erfährt. Eventuelle Unterschiede, die dennoch unter Pflanzen einer Art auftreten, haben ihre Ursache dagegen nicht in Gesetzmäßigkeiten der geschlechtlichen Fortpflanzung der Pflanzen, sondern ausschließlich in Einflüssen der jeweiligen Standorte (Klima und Boden) auf die sich Pflanzen einer Art bei der Ausbreitung auf ihre Lebensräume im Zuge der Generationenfolge verteilen. Da außerhalb des genealogischen Zusammenhangs der Art keine Lebewesen entstehen können, bleiben Arten – sowohl hinsichtlich ihrer Anzahl als auch ihrer Gestalt – daher in der Generationenfolge konstant.

Die Forderung am Ende des § 8 – bei der Klassifikation der Pflanzen den Grundsatz anzuerkennen, daß „alle Arten und Gattungen natürlich sind" – ist demnach so zu verstehen, daß bei der Klassifikation der Pflanzen eine Theorie zu berücksichtigen ist, die angibt, wie Pflanzen ihren wechselseitigen Ausschluß in ihrem gesetzmäßigen Repro-

---

[256] Mir bekannte Einzeluntersuchungen sind AGARDH (1885), RAMSBOTTOM (1938), JESPERSEN (1948), SVENSSON (1953), ENGEL (1953), LARSON (1968), sowie LEIKOLA (1987)); außerdem finden sich noch inhaltsreiche Erörterungen des linnéschen Artbegriffes in MALMESTRÖM (1926: 119-132), STEARN (1957: 156-162), HOFSTEN (1958), LARSON (1971: 94-121), und MAYR (1982: 258-260).

duktionsverhalten selbst realisieren. Der Artbegriff Linnés – und dies ist der entscheidende Punkt – hat damit aber eine klare zeitliche und räumliche Dimension, zum einen in der Aufeinanderfolge von Generationen, zum anderen in der Verteilung auf Standorte. Und so sind Pflanzen auch nicht mehr nach abstrakt bestehenden Merkmalen zu unterscheiden, sondern nach Unterschieden, die unter ihnen a u f G r u n d ihres jeweils spezifisch gesetzmäßigen Fortpflanzungsverhaltens bestehen. Sie gehören nicht verschiedenen Arten an, weil zwischen sie ihnen Merkmalsunterschied statt hat, sondern weil sie verschiedenen genealogischen Linien angehören. Ebensowenig gilt daher schon jeder individuell unter ihnen bestehende Merkmalsunterschied als arteigentümlich: Von etwaigen Merkmalsbeziehungen unter Pflanzen, die auf Umstände zurückzuführen sind, die außerhalb der eigengesetzlichen Reproduktionsprozesse der Pflanzen liegen (etwa besonderen Umständen des Standorts einer Pflanze zu verdanken sind), ist systematisch abzusehen. Der Grundsatz, nach dem „alle Arten und Gattungen natürlich" sind, weist über die bloße Registratur bzw. Kombinatorik isoliert betrachteter Merkmale hinaus, indem er auf eine Theorie verweist, nach der der Gegenstandsbereich der Botanik eben nicht bloß in Individuen zerfällt, unter denen gewisse Merkmalsbeziehungen bestehen (so nämlich hätte man es in der Tat mit dem oben erwähnten Dilemma zu tun), sondern nach gesetzmäßigen Beziehungen unter Individuen in Arten und Gattungen gegliedert ist, die im (geographischen) Raum und in der (genealogischen) Zeit statthaben. Auch wenn die Frage der Typologie damit nicht erledigt ist – es stellt sich vielmehr auf neuer Ebene die Frage, was eigentlich im genealogischen Zusammenhang unveränderlich bleibt –, so kann Linnés Artbegriff doch nicht im Sinne Mayrs als typologischer Artbegriff angesprochen werden.

8.2 Die Kritik an Tourneforts Gattungskennzeichnungen

Wenn der Paragraph 8 in der Forderung gipfelt, Pflanzen der *natürlichen* Art und Gattung nach unter Berücksichtigung einer Theorie zu klassifizieren, die angibt, wie sich Pflanzen selbst in ihrem gesetzmäßigen Reproduktionsverhalten als Angehörige besonderer Arten und Gattungen zueinander verhalten, so enthebt diese Forderung noch nicht von der Verpflichtung, Angaben darüber zu machen, nach welchen, der Eigengesetzlichkeit der Fortpflanzung gehorchenden Merkmalskomplexen sich Pflanzen als Angehörige bestimmter natürlicher Arten bzw. Gattungen kennzeichnen lassen. Der Paragraph 10 der *Ratio operis* kündigt den Übergang zu dieser Thematik in den folgenden Worten an:

10. Um die angenommenen natürlichen Gattungen (6.7.) rein und eingeprägt zu halten, werden zwei Dinge verlangt, nämlich daß wahre Arten, und nicht andere, auf ihre Gattungen zurückgeführt werden (worüber an anderer Stelle); und daß die einzelnen Gattungen mit wahrhaften Grenzen und Marksteinen umschrieben werden, welche wir *Gattungskennzeichnungen* nennen.[257]

Der ersten der formulierten Anforderungen war schon im Paragraphen 8 bei der Gegenüberstellung von Lehrer und Entdecker zu begegnen: Um Allgemeinbegriffe (hier: *natürliche* Gattungen) zu bestimmen, ist von weniger allgemeinen Begriffen auszugehen, deren besondere Beziehungen aufeinander schon bestimmt sind (hier: die schon als „wahre Arten" bestimmt sind). Was es nun heißen soll, „die angenommenen natürlichen Gattungen durch wahrhafte Grenzen zu umschreiben", erläutert der überwiegende Rest der *Ratio operis*, und zwar wieder eingeleitet durch eine Kritik, welche Linné diesmal gegen seinen wohl prominentesten Vorgänger richtete, nämlich Joseph Pitton de Tournefort:

11. Wenn ich die Verfasser aufschlage, so finde ich an solchen *Kennzeichnungen* (10) keine zuverlässigen und festen vor *Tournefort*, so daß ich verpflichtet bin, ihm die Ehre der Erfindung in Bezug auf die Gattungen zuzugestehen. Wenn sich auch andere Systematiker zu anderen Schulen hingezogen fühlten, ich habe für keine andere Verständnis außer für die seine [...] Tournefort hat die *Blütenblätter* und die *Frucht* als diagnostische Gattungsmerkmale genommen, und keine anderen Teile und es nehmen diese auch fast alle seine Anhänger an. Aber Neuere, überschüttet von der Menge der neuen und neulich entdeckten Gattungen, haben verstanden, daß diese Teile allein nicht hinreichen, um alle Gattungen zu unterscheiden, und so haben sie sich berufen gefühlt, zur äußeren Gestalt und zum Erscheinungsbild der Pflanzen, den glänzenden Blättern, dem Ort der Blüte, dem Stamm, der Wurzel etc. Zuflucht zu nehmen, das heißt, sie wollten von der Grundlage des Fruchtbildung (7) zurücktreten und zur früheren Barbarei hinabsteigen. Wie sehr dies nach schlechtem Brauch gemacht ist, wäre leicht zu beweisen, wenn Ort und Zeit dies hier zuließen. Wie dem auch sei, ich erkenne an, daß diese Teile [i. e. Blütenblätter und Frucht] nicht hinreichen [...]. Wahrlich, wenn hier nur die Blütenblätter und die

---

[257] LINNÉ *Gen. plant.* (1737 Rat. op. §10: [6]):

10. Assumtis Generibus naturalibus (6.7.) ad ea tenenda pura & inculcata duo reqiruntur, ut scilicet verae Species, nec aliae, ad sua genera reducantur (de quibus alibi); utque Genera singula veris circumscribantur limitibus & terminis, quos *Characteres* vocamus *genericos*.

Frucht Beachtung erführen, verneinte ich ja völlig das Geheimnis der Fruchtbildung und wiese es zurück. Ich frage, welcher Grund sollte je gelehrt haben, daß nur aus diesen Teilen Merkmale zu beziehen seien? Welche Beobachtung, welche Offenbarung, welche im Vorhinein oder im Nachhinein gezogenen Schlußfolgerungen? Wahrlich keine [Gründe lehren dies], außer die nackte Autorität. Wir erkennen aber keine Autorität in der Botanik an, außer die persönliche Beobachtung. Und liegen uns nicht weit mehr Teile bei der Fruchtbildung vor Augen? Warum jene anerkennen und andere nicht? Hat nicht derselbe, der diese da geschaffen hat, auch die übrigen geschaffen? Und sind nicht auch andere Teile in der Fruchtbildung ebenso nötig wie jene [i. e. Blütenblätter und Frucht]? Es liegen uns vor Augen: des KELCHES 1 *Hülle*, 2 *Scheide*, 3 *Blumendecke*, 4 *Kätzchen*, 5 *Bälglein*, 6 *Kappe*; der KRONE 7 *Röhre* oder Nägel, 8 *Saum*, 9 *Honigbehälter*; der STAUBBLÄTTER 10 *Fäden*, 11 *Staubgefäße*; des STEMPELS 12 *Fruchtknoten*, 13 *Griffel*, 14 *Narbe*; der FRUCHTHÜLLE 15 *Kapsel*, 16 *Schote*, 17 *Hülse*, 18 *Nuß*, 19 *Steinfrucht*, 20 *Beere*, 21 *Kernfrucht*; 22 der SAMEN und 23 dessen *Krone*; sowie der BODEN 24 der *Fruchtbildung*, 25 der *Blüte*, 26 der *Frucht*. Wahrlich, es gibt hier mehr Teile, mehr Buchstaben, als bei den Buchstaben der Sprachen oder den Alphabeten. Diese Merkmale sind uns alle Buchstaben der Pflanzen, aus deren Lesen wir die Kennzeichnungen (10) der Pflanzen lernen. Diese hat der Schöpfer eingeprägt. Und diese zu lesen, werden wir uns bemühen.[258]

---

[258] A.a.O. §11: [6/7]:

> 11. *Characteres* hos (10), dum Authores evolvo, reperio nullos certos & fixos ante *Tournefortium*, ut Ipsi non immerito inventionis gloriam circa genera concedere debeam; [..]. Assumsit Tournefortius Petala & Fructum pro notis generum diagnosticis, nec partes alias; assumsere & easdem ejus asseclae fere omnes; at Recentiores, obruti copia novorum nuperque detectorum generum, has partes solas pro generibus omnibus distinguendis non sufficere intellexerunt, ac inde ad habitum, faciemque plantarum; folia puta, situm floris, caulem, radicem &c. confugere sese coactus crediderunt, id est, recessere a fundamento frcutificationis (7), & ad priorem barbariem descendere voluere. Quod quam malo omine factum, facile esset demonstratu, si locus & tempus haec in praesenti non prohiberent. Quidquid demum sit, tamen agnoscam partes has non sufficientes esse, [..]. Et sane si sola petala & fructus vota hic ferant, & ego omne fructificationis mysterium negarem, respueremque. Sed quaeso, quae docuit unquam ratio, quod a solis hisce Notae sint petendae? quae docuit unquam autopsia? quae relevatio? quae a priori vel a posteriori desumta argumenta? sane nulla, nisi nuda auctoritas; Auctoritatem agnoscimus nullam nisi autopsiam solam in Re herbaria; nonne nobis patent longe plures in fructificatione partes? cur illae agnoscendae, aliae non? nonne idem qui creavit istas, creavit & reliquas? nonne aliae aeque necessariae

Dieser Text beginnt damit, daß Tournefort historische Priorität bei der Aufstellung „mit wahrhaften Grenzen und Marksteinen umschriebener Gattungen" eingeräumt wird, allerdings nur insoweit, als dieser erstmals Gattungsdefintionen vorgelegt haben soll, für die Linné (im Rückblick!) „Verständnis" hat. Die anschließende Kritik an den Gattungsdefinitionen Tourneforts richtet sich vordergründig gegen deren Beschränkung auf die Erfassung von Merkmalen einer kleinen Auswahl von Teilen der Blüte, nämlich „Blütenblätter und Frucht", was dazu geführt haben soll, daß die Gattungsdefinitionen gegenüber „neuen und neulich entdeckten Gattungen" ihre diagnostische Kraft verloren. So läuft sie auf einen nun schon wohlbekannten Punkt hinaus: In der Beschränkung auf die klassifikatorische Erfassung von Merkmalsbeziehungen hinsichtlich ganz bestimmter Merkmalskategorien werden Klassifikationssysteme etabliert, die nur in Relation zu einer ganz bestimmten Menge verschiedenartiger Pflanzen Stabilität besitzen. Stellt man aber eine Gattungsdefinition Tourneforts einer von Linné gegenüber, so zeigt sich, daß ersterer sich in seinen Gattungsdefinitionen durchaus nicht ausschließlich auf die Erfassung von Merkmalen der „Blütenblätter und Frucht" beschränkte (vgl. Abb. 14). Nach Angaben der Gattungsdefinition Tourneforts haben Pflanzen der Gattung *Urtica* eben keine Blütenblätter, und Tournefort weicht dementsprechend wie selbstverständlich auf Merkmale anderer Teile der Blüte aus (Merkmale des „Kelches" und der „Staubblätter").[259]

---

sunt partes in fructificatione ac unquam illae? patent nobis CALYCIS 1 *Involucrum.* 2 *Spatha.* 3 *Perianthium.* 4 *Amentum.* 5 *Gluma* . 6 *Calyptra.* COROLLAE 7 *Tubus* seu *ungues.* 8 *Limbus.* 9 *Nectarium.* STAMINUM 10 *Filamenta.* 11 *Antherae.* PISTILLI 12 *Germen.* 13 *Stylus.* 14. *Stigma.* PERICAPII 15 *Capsula.* 16 *Siliqua.* 17 *Legumen.* 18 *Nux.* 19 *Drupa.* 20 *Bacca.* 21 *Pomum.* SEMEN 22 *ejusque* 23 *Corona.* RECEPTACULUM 24 *fructificationis,* 25 *floris,* 26 *fructus.* Plures sane hic partes, hic litterae, quam in litteris linguarum seu alphabetis. Hae Notae omnes sunt nobis litterae vegetabilium, ex quibus lectis characteres (10) addiscamus plantarum; has inscripsit Conditor; has legere nostrum erit studium.

Die Übersetzung der aufgezählten Bezeichnungen für das „Alphabet der Pflanzen" folgt der Übersetzung in LINNÉ Gen. plant. 6. (1764/1775). In den ausgelassenen Textstellen führt Linné Anhänger und Gegner Tourneforts an.

[259] Tournefort bezeichnete die durch Merkmale der Blütenblätter und Frucht charakterisierbaren Gattungen als „Gattungen erster Ordnung (genera primi ordinis)". Zur Beschränkung auf Merkmale der Frucht gelangte er durch Anwendung einer „Kombinationskunst (ars combinandi)", indem er verschiedene Kombinationen der Teile der Pflanzen durchging und überprüfte, welche dieser Kombinationen am allgemeinsten unter Pflanzen verbreitet und von größtem diagnostischen Wert ist. Pflanzen, die sich durch Merkmale der Blütenblätter und

Worin bestand dann aber Linnés eigentlicher Kritikpunkt und worin der Unterschied zwischen Linnés und Tourneforts Gattungskennzeichnungen? In ihrer Gegenüberstellung (vgl. Abb. 6 und 14) zeigen die beiden Gattungskennzeichnungen immerhin einen deutlichen strukturellen Unterschied, der erste Anhaltspunkte für eine Beantwortung dieser Fragen liefert: Während Linnés Kennzeichnung einer Gattung Merkmale strikt nach einer Ordnung auflistet, die am Schluß des Paragraphen 11 im sogenannten „Alphabet der Pflanzen"[260] vorgegeben wird – in ganz bestimmter Reihenfolge den sieben, in Kapitälchen gesetzten Hauptteilen der Blüte (Kelch, Krone, Staubblatt, Stempel, Fruchthülle, Samen, Blütenboden) die im „Alphabet" aufgeführten, kursiv gesetzten Teile oder Arten des jeweiligen Hauptteils zuordnet und diese jeweils adjektivisch nach Anzahl, Form, Größenverhältnis und Lage charakterisiert – zeigt die Gattungsdefinition von Tournefort eine gänzlich andere Gliederung. Es sind den aufgeführten, adjektivisch chrakterisierten Teilen der Blüte und Frucht jeweils Großbuchstaben nachgestellt, die auf eine beigegebene Tafel verweisen, welche die Teile jeweils im Einzelnen abbildet. Gegen diese besondere Eigenschaft der Tournefortschen Gattungsdefinitionen richtet Linné folgende Kritik im Paragraphen 13:

> Wenn sich in ein und derselben Gattung, was meistens der Fall ist, verschiedene Teile, etwa nach Anzahl und Gestalt, in verschiedenen Arten unterscheiden, würde ich dennoch daran festhalten, die Lage und das Größenverhältnis der Teile zu überliefern. Ich kann dies in keiner

---

Frucht dennoch nicht charakterisieren lassen, so daß bei ihnen auf Merkmale anderer Teile zurückgegriffen werden muß, bezeichnete er als „Gattungen zweiter Ordnung (genera secundi ordinis)" (TOURNEFORT 1700: 55-60; zu Tourneforts Klassifikationsverfahren s. LEROY 1957 und ATRAN 1990: 165-170).

[260] Das gewählte Bild des Alphabets ist nur in einem ganz bestimmten Sinne zu verstehen: Es handelt sich bei den aufgeführten Teilen um die Menge der bei Pflanzen der Möglichkeit nach auftretenden Blüten- und Fruchtorgane, die aber – anders als Buchstaben eines Alphabets – noch nicht morphologisch bestimmt sind, sondern die Gegenstände solcher Bestimmungen bilden. Inhaltlich hebt die gewählte Metapher des Alphabets also nicht einen Zeichencharakter der 26 Teile hervor, sondern bloß ihren Charakter als jeder Kennzeichnung zu Grunde liegende Ordnungsstruktur (so wie die Abfolge von Buchstaben eine jeder Wortbildung zu Grunde liegende Ordnungsstruktur darstellt). Vorbild für diese Verwendung der Alphabetmetapher dürfte Christopher Polhems „mechanisches Alphabet" gewesen sein, eine Sammlung von Modellen möglicher Maschinenelemente (zu diesem Alphabet s. LINDROTH (1989 vol. II: 545-547).

Tab. 309.

Genus IV.
Urtica. *Ortie.*

URTICA eſt plantæ genus, flore A, C apetalo, plurimis ſcilicet ſtaminibus B calyci inſidentibus, conſtante & ſterili: embryones enim D iis ſpeciebus Urticæ innaſci ſolent quæ flore carent, abeuntque deinde vel in capſulam E, I bivalvem F, K, ſemine fœtam G, L, in globulos quandoque congeſtam H, vel abeunt in volſellam M qua comprehenditur ſemen N.

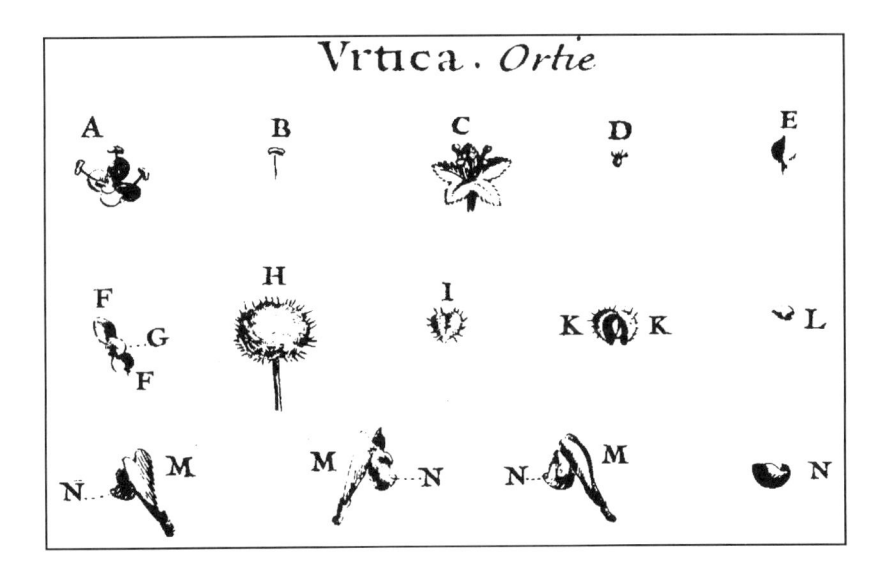

Abb. 14: Die Definition der Gattung Urtica aus Tourneforts *Institutiones rei herbariae* (1700) und die entsprechende Tafel (s. die Angabe rechts neben der Definition), auf die sich der Text der Gattungsdefinition mit Großbuchstaben bezieht (Pfeil). Die dargestellten Teile von Frucht und Blüte stammen von verschiedenen Arten der Gattung Urtica. Zu Linnés Definition der Gattung Urtica vgl. Abb. 5.

Weise durch ein Bild ausdrücken, wenn ich nicht ebenso viele Bilder liefere. Wenn deshalb 50 Arten sind, und ebenso viele unterschiedene, müßte ich ebenso viele Abbildungen überliefern; wer könnte aus so vielen Bildern irgendeine Sicherheit gewinnen; aber in der Beschreibung kann ich die sich unterscheidenden Teile mit Stillschweigen übergehen, und die übereinstimmenden zu beschreiben ist dann eine leichte, ja, für den Verstand eine äußerst leichte Arbeit.[261]

Im Gegensatz zu Tourneforts Gattungskennzeichnungen, deren Struktur sich jeweils nur durch ihre unmittelbare Beziehung auf eine korrespondierende Abbildung einzelner Teile einzelner Pflanzenarten ergibt, sollen also Linnés Gattungskennzeichnungen die jeweilige Gattungseigentümlichkeit in einer Summe von Merkmalen festhalten, die allesamt in Beziehung zu einer den Pflanzen im Allgemeinen zugeschriebenen, im „Alphabet" vorgegebenen Grundstruktur stehen. Nur durch ein solches Ausdrucksmittel, daß sich in jedem Einzelfall einheitlich zur Anwendung bringen läßt, so die Behauptung Linnés, lasse sich aber eine wirkliche Abstraktion von im Einzelnen bestehenden Merkmalsunterschieden unter besonderen Pflanzenarten bei der Erstellung von Gattungskennzeichnungen gewährleisten. Tourneforts Definitionen, soweit sie sich in jedem Einzelfall auf eine beigegebene Tafel beziehen, kann eine solche Abstraktion nicht gelingen.

Damit bleibt ein Punkt in Linnés Kritik noch rätselhaft: Selbstverständlich kennen auch Tourneforts Gattungskennzeichnungen ihnen gemeinsame, allgemeine Ausdrücke für bestimmte Teile der Blüte (wie „Staubblatt", „Kelch", Samen" etc.), also durchaus etwas, daß den Elementen des „Alphabets der Pflanzen" bei Linné entspricht. Wie ist dieses demgegenüber als eine allen Pflanzen gemeinsame Grundstruktur bestimmt, zu der sich die Eigentümlichkeit besonderer Pflanzengattungen ermitteln läßt? Die Antwort verbirgt sich in zwei Nebenbemerkungen im Paragraphen 11: Wenn man sich, wie angeblich Tournefort, bei Gattungsdefinitionen auf „ Blütenblätter und Frucht" beschränke, so „verneine man völlig das Geheimnis der Fruchtbildung" und berücksichtige nicht,

---

[261] LINNÉ Gen. plant. (1737 Rat. op. §13 γ: [6/7]):

> Si in eodem genere, ut in plurimis, different partes, uti numero vel figura inter se in distinctis speciebus, tenerer tamen tradere partium situm & proportionem. Non possum haec ullo modo exprimere icone, nisi totidemque deberem tradere picturas; quis ex hisce tam multis ullam certitudinem elicere potest; at in descriptione differentes partes silere, convenientes describere facilior longe est labor, intellectuque facillimum.

daß „alle Teile bei der Fruchtbildung gleichermaßen nötig sind". Der Stellenwert von „Teilen", denen in der Gattungskennzeichnung morphologische Eigenschaften zuzuschreiben sind, hat sich also nach Maßgabe der Funktion zu ergeben, die diese Teile bei der „Fruchtbildung" erfüllen. Bei Linnés zu *natürlichen* Gattungskennzeichnungen handelt es sich nicht um bloße Kombinationen von Merkmalen. Sie erfassen in morphologischen Kategorien ("nach Anzahl, Gestalt, Verhältnis und Lage aller Teile") vielmehr besondere Weisen der Fruchtbildung.[262] Erst so können *natürliche* Gattungskennzeichnungen ihre über die Erfassung einzelner Merkmale hinausreichende Funktion der Beschreibung eines jeweils spezifischen Zusammenhangs entfalten, die Zusammenstellung von Merkmalen nach dem „Alphabet der Pflanzen" – um in dem von Linné verwendeten Bild zu bleiben – „Wortbildungsmächtigkeit" bzw. „Verständlichkeit" erlangen, und damit mehr bezeichnen, als eine bloße Gruppierung einzelner Arten über Merkmalsidentitätenen.[263] In den Definitionen, die Tournefort und Linné von der Gattung Urtica liefern, wird dies besonders deutlich: Nach Linnés Überzeugung, daß Pflanzen sich immer nur in einem geschlechtlichen Zeugungsakt der Art nach reproduzieren, und das diesem Zeugungsakt die männlichen (Staubblätter) und weiblichen Geschlechtsorgane (Stempel) in der Blüte dienen, ist es schlichtweg Unsinn, wie Tournefort eine Gattung so zu beschreiben, als ob ihr einerseits „Arten" angehörten, deren Blüten immer mit Staubblättern ausgestattet und „unfruchtbar (sterili)" sind, und andrerseits „Arten", denen eine Blüte fehlt, die aber dennoch „Embryonen hervorbringen (embryones innasci)". Neben einer fortpflanzungstheoretischen Explikation der Begriffe der *natürlichen* Art bzw. Gattung fordert Linné im *Ratio operis* funktionsmorphologische Kennzeichnungen *natürlicher* Gattungen, und damit Kennzeichnungen, für die sich ein gegenseitiges Ausschlußverhältnis auf Grund des spezifischen Zusammenhangs der in sie eingehenden Merkmale ergibt: Einer gegebenen Pflanzenart lassen sich nicht zwei verschiedene Weisen der Fruchtbildung

---

[262] Tournefort sah im morphologischen Aufbau des Pflanzenkörpers dagegen nur eine „Zusammenfügung und Verbindung der Teile, die den Körper formen. (Par la structure de parties des plantes on entend la composition et l´assemblage des pièces qui en forme le corps;" TOURNEFORT (1694/1797: 558). Funktionsmorphologische Überlegungen spielten in seinem Klassifikationsverfahren offenbar keine Rolle; s. dazu FOUCAULT (1966: 147-150), JACOB (1970: 27-86), LEFÈVRE (1984: 197/198) und RHEINBERGER (1986: 238-242).

[263] Tournefort bezeichnete dagegen die Gattung als bloßen „Strauß (bouquet)" ähnlicher Individuen; cf. ATRAN (1990: 165).

zuschreiben, wenn es sich bei der Fruchtbildung um denjenigen Prozeß handeln soll, in dem sich der jeweils arteigentümliche, genealogische Zusammenhang realisiert. Damit erlangen Linnés *natürliche* Kennzeichnungen – über die Kombination von Merkmalen hinaus – genau diejenige Tiefendimension einer „inneren Beziehung der Unterordnung und Organisation", die Michel Foucault und Francois Jacob ihm absprechen wollten.

8.3 Das Begründungsproblem

Mit Linnés Kritik an traditionellen Klassifikationsverfahren zeichnet sich das ab, was am Ende des ersten Teils meiner Untersuchung als „Tiefendimension" des Linnéschen *Natürlichen Systems* der Pflanzen bezeichnet worden war: Über die kombinatorische Erfassung von Merkmalsbeziehungen hinaus fordert Linné von einem Klassifikationsverfahren, das auf das *Natürliche System* gerichtet ist, daß es genau diejenigen Ordnungseinheiten im Reich der Pflanzen kennzeichnet, in die sich Pflanzen in ihren Fortpflanzungsprozessen selbst gliedern. Was Linné mit der fortpflanzungstheoretischen Explikation des Art- und Gattungsbegriffes liefert, ist genau die „Theorie des pflanzlichen Raums" die es ihm erlaubt, sein Klassifikationsverfahren als ein „kartographisches" Verfahren zu begreifen, das sich auf die explorative Erfassung von Ordnungsbeziehungen auf genau derjenigen Ebene von Erscheinungen beschränkt, die den Gegenstandsbereich seiner Botanik ausmachen, und das von genau denjenigen Erscheinungen abstrahiert, die Pflanzen als Gegenständen der Physik eigentümlich sind (nämlich den Veränderungen, denen Pflanzen durch „Ort und Umstände" wie Klima, Bodenverhältnisse etc. unterworfen sein können).

Hinsichtlich des sachlichen Gehalts des Linnéschen Art- und Gattungsbegriffs besteht weitgehend Klarheit in der biologiehistoriographischen Literatur. Befragt man diese jedoch nach den Gründen, die Linné zu den Gesetzesbehauptungen geführt haben sollen, die dieser Explikation dienten, so trifft man auf ein merkwürdig ambivalentes Urteil: Einerseits sollen es traditionelle, metaphysische und religiöse Überzeugungen von der Unveränderlichkeit der den Erscheinungen zu Grunde liegenden Wesenheiten ("Arten", „Formen", „Ideen", „Wesen" etc.) gewesen sein, welche Linné zur Behauptung der Artkonstanz bewogen und ihn daran hinderten, die empirisch evidente Variabilität der Pflanzen zur Kenntnis zu nehmen; und andrerseits soll es ein aus Alltagsbeobachtungen gewonnener Erfahrungsschatz über die merkwürdigerweise gerade ebenso evidente Ähnlichkeit von Nachkommen zu ihren Eltern gewesen sein, auf den Linné seine Behauptung von der Artkonstanz stützen konnte.[264] Auf eine ähnliche Ambivalenz trifft man in Urteilen zu seiner späteren Theorie der Artentstehung durch Hybridisierung, die auch seinen Gattungsbegriff genealogisch fundierte: Sie sollen einerseits das Produkt von theologischen und naturphilosophischen Erwägungen gewesen sein, denen evidente Sachverhalte (wie die Infertilität hybrider Nachkommen) entgegenstanden, andrerseits aber dadurch ausgelöst worden sein, daß Linné „ein zu erfahrener Botaniker war, um gegenüber evolutivem Wandel blind zu sein".[265]

Die Ambivalenz dieser Urteile hat ihren Grund: Weder die genannten metaphysischen Überzeugungen, noch Alltagserfahrungen stellen hinreichende Gründe für diejenige Gesetzesbehauptung Linnés dar, die für seinen Artbegriff zentral ist, nämlich der Behauptung, daß die jeweils artspezifische, morphologische Gestalt von Pflanzen i m g e n e a l o g i s c h e n Z u s a m m e n h a n g beständig bleibt. So mag die Annahme einer begrenzten Anzahl der Pflanzenvielfalt zu Grunde liegender Pflanzenformen zwar dazu führen, daß man bei nur gewissen Identitäten unter Pflanzen Beachtung schenkt, in denen sich ihr jeweils arteigentümliches „Wesen" äußern soll – dies impliziert aber keinesfalls zwingend die Behauptung, daß Elternpflanzen von bestimmter Form immer nur Nachkommen von ausgerechnet derselben Form hervorbringen. Ebensowenig kann sich diese Annahme aber auf Alltagserfahrungen gründen, denn gerade sie konfrontieren den Betrachter mit einer Fülle von Erscheinungen, die das genaue Gegenteil einer genealogischen Beständigkeit der Pflanzen zu erweisen scheinen – wie das wechselnde Erscheinungsbild von Pflanzen unter wechselnden äußeren Umständen, „Mißgeburten", die Abfolge morphologisch distinkter Ontogenesestadien (aus einem „Kraut" wird ein „Baum"), oder das unvermutete Auftreten von Pflanzen einer bestimmten Art in Umgebungen, wo

---

[264] So etwa bei JESPERSEN (1948: 50), ENGEL (1953: 251), STEARN (1957: 157), MALMESTRÖM (1964: 178/179), LARSON (1968: 291), LARSON (1971: 95/96), LEIKOLA (1987: 50-52).

[265] So MAYR (1957: 3); s.a. HOFSTEN (1958: 70-74) und LARSON (1971: 99), 111. Die Hybridisierungstheorie Linnés ist als „absurd" (HOFSTEN 1958: 74), „phantastisch" (LARSON 1971: 110) und „obskur" (ERIKSSON 1983: 98) bezeichnet worden.

vorher keine Pflanzen dieser Art beobachtet wurden.²⁶⁶ Vielmehr mußte sich Linnés Behauptung von der Artkonstanz auf einen spezifischen Erfahrungszusammenhang stützen können, in dem sachliche Zusammenhänge unter Pflanzen derart hergestellt waren, daß morphologische Eigenschaften der Pflanzen i n d e r Generationenfolge und unter Abstraktion von Standorteinflüssen beobachtet werden konnten. Und genau besehen ist dies gerade bei Pflanzen keinesfalls trivial: Sie sind, weil standortgebunden, immer lokalen Einflüssen ausgesetzt und ihre Fortpflanzungsweise bringt es mit sich, daß genealogische Beziehungen von „Eltern" zu „ihren Nachkommen" alles andere als offenkundig sind.

Man kann den Finger auf einen historischen Punkt legen, an dem die Herstellung sachlicher Zusammenhänge unter Pflanzen zur Beobachtung ihrer Fortpflanzung durch Linné für die moderne Biologie Bedeutung gewonnen hat: Linné gilt als der Erste, der mittels künstlicher Bestäubung und unter genauer Kontrolle von Standortbedingungen zwei morphologisch distinkte Pflanzen kreuzte und die Rekombination elterlicher Merkmale bei den Nachkommen dieser Pflanzen beobachtete – also erstmals ein Kreuzungsexperiment durchführte, das geradezu paradigmatisch für die experimentelle Kultur der klassischen Genetik stehen kann.²⁶⁷ Man könnte daher meinen, daß die Erfahrungen, auf die sich Linnés Fortpflanzungstheorie stützte, einem Kontext der experimentellen Erforschung entstammte..²⁶⁸ Dagegen spricht jedoch eine Reihe guter Argumente: E r s t e n s blieb das genannte Experiment das einzige seiner

---

²⁶⁶ Auffälliger Weise scheint vor Linné eine Artkonstanz im genealogischen Sinne auch nur selten behauptet worden zu sein. Dies wird manchmal bei der Diskussion von Linnés Artbegriff erwähnt (so z.B. von RAMSBOTTOM 1938: 194 und MAYR 1982: 259) und ist von HOFSTEN (1936) und ZIRKLE (1959) quellenreich belegt worden.

²⁶⁷ So ZIRKLE (1935: 193), STUBBE (1965), und OLBY (1966: 18-20). Mit „klassischer Genetik" bezeichne ich hier mit BOWLER (1989) diejenige Form der Untersuchung der Reproduktionsprozesse der Lebewesen, die das Verhalten von Eigenschaften in der Generationenfolge unter der Annahme untersucht, daß diese Eigenschaften partikulär von Eltern an Nachkommen weitergegeben werden, und so von den Stoffwechselprozessen abstrahiert, in denen sich die Reproduktion der Lebewesen realisiert. Mit Recht weist Bowler darauf hin, daß vor Mendel in diesem Sinne keine Rede von einer klassischen Genetik sein kann (a.a.O.: 6-8; vgl. REY 1989).

²⁶⁸ Diese Auffassung hat in der Tat ALMQUIST (1917) gegen SACHS (1875) verteidigt.

Art, das Linné zeitlebens durchführen sollte[269]; z w e i t e n s wurde es sehr spät (1757) durchgeführt, und zwar lange nachdem „Gesetze der Hervorbringung" (inklusive der für Hybridisierungen geltenden Gesetzmäßigkeiten) für ihn schon feststanden; und d r i t t e n s führte Linné in seinen Schriften zur Fortpflanzung der Pflanzen überhaupt nur in wenigen Fällen Experimente zum Beleg seiner Fortpflanzungstheorie an, und wenn, war er nicht deren originärer Urheber.[270] Wie schon längst festgestellt worden ist, kann man den fortpflanzungstheoretischen Schriften Linnés zur Folge nicht davon sprechen, daß er sich eines hypothesengeleiteten, induktiv-experimentellen Verfahrens bedient hätte.[271] Und so war auch im zweiten Teil meiner Untersuchung zu erfahren, daß sich Linnés Botanik mit dem Ausschluß der Pflanzenliebhaber gerade derjenigen Mittel entledigte, die seiner Botanik überhaupt erst eine operationale Grundlage für die experimentelle Erforschung pflanzlicher Fortpflanzung hätte verschaffen können: dem Setzen von genealogischen Beziehungen und der kontrollierten Variation von Standortbedingungen im Gartenbau und dem gezielten Eingriff in den funktionierenden Organismus durch anatomische Sektion und physiologisches Experiment.

Man steht damit vor einem Begründungsproblem: Obwohl Linnés Klassifikationstheorie offenbar entscheidend von Behauptungen zur Eigengesetzlichkeit pflanzlicher Fortpflanzung abhängt – dem, was er „Physiologie" nannte –, entstammen diese Behauptungen nicht dem Kontext, dem sie zu ihrer Begründung zu bedürfen scheinen: der experimentellen Erforschung der Reproduktionsprozesse der Pflanzen. Linnés Art- und Gattungsbegriffe scheinen so besehen keine Begründung gefunden haben zu können, und dies obwohl sie sich auf Gesetzes-

---

[269] ALMQUIST (1917: 7), ZIRKLE (1935: 121) und BROBERG ET AL. (1983: 32) erwähnen ein weiteres Hybridisierungsexperiment Linnés, das aber scheiterte, da aus der Kreuzung keine fruchtbaren Samen hervorgingen.

[270] Zu einer übersichtlichen Zusammenstellung dieser Experimente s. ROBERTS (1929: 15-33).

[271] Vehement und polemisch hat dem SACHS (1875: 91-95) – nebenbei bemerkt, der Begründer einer experimentellen Pflanzenphysiologie in Deutschland – Ausdruck gegeben. Eine sehr viel ausführlichere und differenziertere, aber in expliziter Anlehnung an Sachs erfolgte Darstellung der „linnéschen Methode" hat LINDROTH (1966a) geliefert. Der empirische Charakter der Botanik Linnés ist zwar später noch gegen Sachs bzw. Lindroth hervorgehoben worden (insbesondere von LINDMANN (1907) bzw. ERIKSSON 1983), zu der Behauptung aber, daß sich Linné eines experimentellen Vorgehens bedient hätte, ist meines Wissens seit ALMQUIST (1917) keiner mehr gekommen.

aussagen stützten, welche in ihrer Zeit von durchaus eigenwilligem und dezidiert empirischen Gehalt waren. In den folgenden zwei Kapiteln werde ich versuchen, dieses Paradox aufzulösen, indem ich – und zwar zunächst für den funktionsmorphologischen, dann für den genealogischen Aspekt der Begründung *natürlicher* Arten und Gattungen – zeige, wie in Linnés Klassifikationsverfahren die im vorigen Teil dargestellten Repräsentationsmittel der Botanik zwar nicht in experimenteller Weise – d.h. nicht zu Zwecken einer systematischen Erzeugung von neuartigen Phänomenen, wie im oben angeführten Kreuzungsexperiment – zusammengeführt wurden, aber in ihrer Zusammenführung gerade so in experimentförmiger Weise – d.h. experimentellen Bewegungen (Standardisierung, Variation von Rahmenbedingungen u.ä.) strukturell ähnlicher Weise – zusammenwirkten, daß eine real von Standorteinflüssen abstrahierende Reflektion genealogisch-morphologischer Äquivalenzbeziehungen im *Natürlichen System* der Pflanzen möglich wurde.

9. KAPITEL
DAS WESEN DER PFLANZEN

9.1. Kollation der Arten

9.1.1 Merkmalsanalyse und Habitus

Gilt das Interesse dem Klassifikationsverfahren Linnés, soweit es sich auf die Begründung eines *Natürlichen Systems* der Pflanzen richtete, so müssen die Vorschriften zum Ausgangspunkt der Analyse genommen werden, die Linné für die „natürliche Kennzeichnung" der Pflanzenarten bzw. -gattungen formuliert hat (vgl. Abschn. 2.3.3).[272] Ihre ausführlichste Formulierung erfuhren diese in der *Philosphia botanica* von 1751. Dort heißt es zur *natürlichen* Kennzeichnung der Art:

> 326. Die Beschreibung (325) ist der ganzen Pflanze natürliche Kennzeichnung, welche alle äußeren Teile derselben beschreibt (80-86.)
>
> 327. Die Beschreibung (326) zeichnet die Teile in äußerst abgekürzter und dennoch vollendeter Weise sowie allein, wenn diese ausreichen, in Kunstausdrücken nach *Anzahl, Gestalt, Verhältnis* und *Lage* ab.
>
> Die natürliche Kennzeichnung der Art muß in derselben Weise wie die der Gattung (167) verfertigt werden, aber läßt mehr akzidentielle Merkmale zu als die Gattungskennzeichnung.
>
> In jedem Teil der Pflanzen sind immer als wichtigste kennzeichnende Merkmale der Beschreibung zu beachten *a) die Anzahl, b) die Gestalt, c) das Verhältnis, d) die Lage.*
>
> 328. Die Beschreibung folgt der Ordnung der Entstehung.
>
> Die Ordnung der Beschreibung schreitet nach der Ordnung der Teile der Pflanzen voran.[273]

---

[272] Für die „Kennzeichnung der Klassen (charactere classio)" gilt nach LINNÉ *Phil. bot.* (1751 §204: 137) dasselbe, wie für die der Gattungen, wenn auch auf höherer Allgemeinheitsstufe ("in hoc latius sumantur omnia"). Sie wird daher in diesem Kapitel vernachlässigt.

[273] A.a.O. §§326-328: 256/257:

Für die *natürliche* Kennzeichnung der Gattung schreibt die *Philosophia botanica* Folgendes vor:

> 167. KENNZEICHNENDE MERKMALE (189) müssen jeden Unterschied aus der Zahl, der Gestalt, dem Verhältnis und der Lage aller Teile der Fruchtbildung (86) beziehen (98-104).[274]
>
> 189. Die NATÜRLICHE Kennzeichnung [der Gattung] (186) sammelt alle (92-113) möglichen Gattungsmerkmale (167); [...].[275]

Und schließlich werden die Verfahren der *natürlichen* Kennzeichnung der Art und der Gattung in den folgenden Vorschriften zu e i n e m Verfahren zusammengeschlossen:

> 165. Welche Pflanzen auch immer in den Teilen der Fruchtbildung (86) übereinstimmen, alles übrige gleich gehalten (162), sind nicht in der theoretischen Klassifikation zu unterscheiden.
>
> 166. Welche Pflanzen sich auch immer in den Teilen der Fruchtbildung unterscheiden, zu beachtendes beachtet (162), sind nicht zu verbinden.[276]

> 326. DESCRIPTIO (325) est totius plantae character naturalis, qui describat omnes ejusdem partes externas (80.81.82.83.84.85.86.).
>
> 327. Descriptio (326) compendiosissime, tamen perfecte, terminis tantum artis, si sufficientes sint, partes depingat secundum Numerum, Figuram, Proportionem, Situm.
> Character Naturalis speciei eodem modo, quo generis (167) confici debet, sed admittat notas plures accidentales, quam Generis character.
> Notae characteristicae Descriptionis primariae semper observandae in omni parte plantae; sunt a) *Numerus*, b) *Figura*, c) *Proportio*, d) *Situs*.
>
> 328. Descriptio ordinem nascendi sequatur.
> Ordinum Descriptionis secundum ordinem partium plantae incedat.

[274] A.a.O. §167: 196:

> 167. NOTA CHARACTERISTICA (189) omnis erui debet a Numero, Figura, Proportione & Situ omnium partium Fructificationis (86) differentium (98-104).

[275] A.a.O. §189: 129/130:

> 189. NATURALIS Character (186) notas omnes (92-113) genericas possibiles (167) allegat; [..].

[276] A.a.O. §§165/166: 116:

> 165. Quaecunque vegetabilia in fructificationis partibus (86) conveniunt, non sunt, ceteris paribus (162), in Dispositione Theoretica (152) distinguenda.

192. Die natürliche [Gattungs-]kennzeichnung (189) geht alle unterscheidenden (98) und einzigartigen (105) Merkmale der Fruchtbildung durch, welche bei den einzelnen Arten (157) übereinkommen (165); die abweichenden (166) aber verschweigt sie.

Es ist unendliche Arbeit nötig, bevor die Kennzeichnungen nach allen Arten begrenzt worden sind.

193. Keine [Gattungs-]kennzeichnung ist unfehlbar, bevor sie nach allen ihren (139) Arten (157) eingerichtet worden ist.

Nur der vollendet ausgebildete Botaniker, und der allein, verfertigt die beste natürliche Kennzeichnung. Durch Übereinstimmung der meisten Arten wird sie nämlich erzeugt; jede Art nämlich schließt irgendein überflüssiges Merkmal aus.

Die natürliche Kennzeichnung wird durch genaueste Beschreibung der Fruchtbildung einer ersten Art gemacht; alle übrigen Arten der Gattung werden mit dieser ersten verglichen, um alle abweichenden Merkmale auszuschließen, bis [die natürliche Kennzeichnung] schließlich sorgfältig herausgearbeitet worden ist.[277]

Wie sich Linné des in diesen Vorschriften niedergelegten Verfahrens bediente, ist bereits mehrfach rekonstruiert worden.[278] Demnach läßt es sich folgendermaßen beschreiben: Zu einzelnen Mengen von Pflanzenrepräsentationen bzw. -repräsentanten (Abbildungen, Herbar-

---

166. Quaecunque vegetabilia in fructificationis partibus (86) differunt, observatis observandis (162), non sunt combinanda.

[277] A.a.O. §192/193: 131:

192. Character naturalis (189) fructificationis notas omnes differentes (98) & singulares (105), per singulas suas species (157) convenientes (165), recensebit; dissentientes (166) vero sileat.

Est opus infiniti laboris, antequam Characteres, secundum omnes species fuerint limitati.

193. Nullus character infallibilis est, antequam secundum omnes suas (139) species (157) directus est.

Botanicus consummatissimus, isque solus, optimum conficit Naturalem Characterem; fiet enim consensu specierum plurimarum; omnes enim species excludit notam aliquam superfluam.
Fit character naturalis accuratissima descriptione fructificationis primae speciei; omnes reliquae species generis conferantur cum primae, excludendo notas dissentientes omnes tandem elaboratus evadat.

[278] S. v.a. SVENSSON (1945), PENNELL (1930) und STEARN (1957). Diese Untersuchungen folgten innertaxonomischen Zwecken: Mit der Rekonstruktion ging es um die Identifikation der konkreten Pflanzenexemplare, die den Art- oder Gattungsbeschreibungen Linnés zu Grunde lagen. Vgl. LARSON (1971: 84-90, 111-119) und ERIKSSON (1983).

exemplaren oder lebenden Gartenexemplaren), die vom Bearbeiter jeweils als Repräsentationen bzw. Repräsentanten einer Pflanzenart beurteilt werden, sind zunächst detaillierte, sämtliche Organe der Pflanze berücksichtigende, morphologische Artbeschreibungen zu erstellen, wobei sich der Bearbeiter einer genau festgelegten, ganz bestimmte Beschreibungsgesichtspunkte ("partes secundum *Numerum, Figuram, Proportionem, Situm*") berücksichtigenden Terminologie ("terminis artis"; Aph. 327) zu bedienen und sich an eine ganz bestimmte, in der Individualentwicklung der Pflanze selbst vorgegebenen Beschreibungsreihenfolge ("ordinum nascendi"; Aph. 328) zu halten hat. Eine der derart erstellten Artbeschreibungen bildet dann als Beschreibung der „ersten Art (prima species; Aph. 193)" den Ausgangspunkt für die Erstellung einer *natürlichen* Gattungskennzeichnung, indem der Teil der Beschreibung der „ersten Art", der sich auf die Morphologie der Fruchtbildung (Blüte und Frucht) bezieht, mit den Beschreibungen der Fruchtbildung all derjenigen Arten verglichen wird, die vom Bearbeiter als Angehörige der kennzuzeichnenden Gattung beurteilt werden. Die *natürliche* Gattungskennzeichnung ergibt sich aus dieser Vergleichsoperation in denkbar mechanischer Weise: Sämtliche Merkmale, die in den verglichenen Artbeschreibungen differieren, werden aus der Beschreibung der Fruchtbildung der ersten Art gestrichen. In der *natürlichen* Gattungskennzeichnung sind dann nur noch diejenigen Merkmale enthalten, in denen alle Arten der gekennzeichneten Gattung – soweit sie im zu Grunde gelegten Material repräsentiert sind – übereinstimmen (Aph. 165/166, 192/193).

Dieses Verfahren besitzt einen eigentümlichen Doppelcharakter: In seinen einzelnen Verfahrensschritten – jeder einzelnen Artbeschreibung und jeder einzelnen, auf der Grundlage des Vergleichs von Artbeschreibungen durchgeführten Gattungskennzeichnung – ist es von geradezu algorithmisch abgeschlossener Natur, indem jede Artbeschreibung und damit mittelbar auch jede Gattungskennzeichnung in Bezug auf eine finite Menge einzelner Darstellungen individueller Pflanzen erfolgt. In der Wiederholung dieser Verfahrensschritte ist es aber prinzipiell unabgeschlossen, da sich das jeweils zu Grunde gelegte Vergleichsmaterial bei jeder erneut in Angriff genommenen Artbeschreibung bzw. Gattungskennzeichnung ergänzen bzw. neu konstellieren läßt, um ursprüngliche Kennzeichnungen zu ergänzen, zu präzisieren und zu korrigieren. Es bleibt daher dem jeweils „vollendet ausgebildeten Botaniker" vorbehalten – demjenigen, dem zu einem jeweiligen Zeitpunkt das umfangreichste Vergleichsmaterial vorliegt und dem im höchsten Maße botanische Urteilsfähigkeit zuzugestehen ist –, „die besten natürlichen Kennzeichnungen" zu erstellen, wie es im Kommentar zum Aphorismus 193 heißt.

Es ist leicht zu sehen, daß sich dieser Doppelcharakter aus der Hauptfunktion ergibt, die Linné dem botanischen Garten zuschrieb: der „Kollation der Arten (collatio specierum)" (vgl. Abschnitt 6.1.2). Dabei ist diese Funktion durchaus schon im heutigen Sinne des Ausdrucks „Kollation" zu verstehen: Pflanzendarstellungen sind nach Linnés Vorschriften tatsächlich wie Texte nebeneinander zu halten und „Wort für Wort" auf Identitäten und Differenzen hin zu überprüfen.[279] Im botanischen Garten kann dabei einerseits vergleichend Bezug auf finite Mengen von Darstellungen verschiedenartigster Pflanzen aus aller Welt genommen werden. Und andrerseits können Vergleichskonstellationen jederzeit variiert bzw. um neu eingegangenes Vergleichsmaterial ergänzt werden.

Allerdings hängt das Klassifikationsverfahren damit von zwei Bedingungen ab: Erstens muß eine Beschreibungterminologie vorliegen, nach der sich jede Artbeschreibung so zum Ausdruck bringen läßt, daß es im Vergleich von Artbeschreibungen möglich wird, Differenzen unter denselben als tatsächlich unter Pflanzen bestehende Merkmalsunterschiede – statt Beschreibungsartefakte – zu identifizieren. Diese Bedingung verbirgt sich in den obigen Zitaten in den Verweisen auf die Aphorismen 80-113 der *Philosophia botanica*, in welchen eine Merkmalsterminologie entwickelt ist. Und zweitens ist auf Seiten des Bearbeiters eine Urteilsfähigkeit vorauszusetzen, welche Pflanzendarstellungen zu ein und derselben *natürlichen* Art, bzw. welche Artbeschreibungen zu ein und derselben *natürlichen* Gattung zu rechnen sind Darauf verweisen die *ceteris-paribus*-Klauseln in den Aphorismen 165 und 166, welche besagen, daß beim Klassifizieren der Inhalt des Aphorismus 162 zu berücksichtigen ist, wonach „Gattung und Art immer das Werk der Natur sind". Nur unter diesen zwei bedingungen ist nämlich gewährleistet, daß eine beliebige Wahl von sprachlichen Ausdrucksmitteln und Vergleichskonstellationen nicht eine ebenso beliebige Variation von Beschreibungen erzeugt. Wie lassen sich diese zwei Voraussetzungen erfüllen?

---

[279] In Zedlers Universallexikon findet sich folgende Erläuterung zum Eintrag „Collationieren" (ZEDLER *Univ. lex.* 1732-1750/1993ff. Bd. 6):

> Collationiren und auscultieren, wird von Notarien und anderen Gerichts-Personen gebrauchet, und heist das Original und Copey, oder Abschrifft, gegen einander halten, fleißig verlesen und abhören.

Es gibt eine Antwort auf die Frage nach der zweiten Voraussetzung, welche erkennen läßt, daß beide nicht unabhängig voneinander zu erfüllen sind. Für die vorausgesetzte Urteilsfähigkeit weist die *Philosophia botanica* im Aphorismus 168 nämlich darauf hin, daß man bei der Klassifikation der Pflanzen zu Gattungen gut beraten sei, „die äußere Gestalt der Pflanze heimlich zu Rate zu ziehen, damit nicht eine irrtümliche Gattung aus Gründen der Ungeschicklichkeit gebildet wird". Begründet wird dies damit, daß die „Erfahrung die Lehrmeisterin in allen Dingen" sei, so daß es für eine im Umgang mit Pflanzen erfahrene Person oft möglich sei, „auf den ersten Blick von der äußeren [Pflanzen-]Gestalt her die Familien [i. e. *natürliche* Taxa beliebigen Ranges] der Pflanzen zu erahnen". Auf der Grundlage einer intuitiv gewonnenen Kenntnis von Ähnlichkeitsbeziehungen unter Pflanzen, die ihrer gesamten, äußerlich sichtbaren Gestalt nach bestehen – ihrem „Gesicht (facies)" oder ihrer „äußeren Gestalt (habitus)" nach; im Folgenden wird es in Übernahme des heute noch gebräuchlichen, lateinischen Ausdrucks „Habitus" heißen –, lassen sich dem Klassifikationsverfahren also schon Urteile über die Art- bzw. Gattungszugehörigkeit gegebener Pflanzenexemplare bzw. -darstellungen voraussetzen. So lassen sich Fehlurteile verhindern, die ansonsten aus „Ungeschicklichkeit" resultieren würden. Doch gleich anschließend wird im Kommentar erläutert, warum der Habitus trotz dieser heuristischen Bedeutung gleichwohl nur „heimlich zu Rate zu ziehen ist":

> Die äußere Gestalt ist heimlich zu Rate zu ziehen, damit sie nicht in die geordnete Menge kennzeichnender Merkmale eintritt und die Gattungen auseinander scheidet.[280]

Mit diesem Satz wird deutlich, daß sich Linnés Rat, die „äußere Gestalt heimlich zu Rate zu ziehen", nicht etwa – wie oft geschehen – so lesen läßt, als wäre die Berücksichtigung des Habitus der merkmalsanaly-

---

[280] LINNÉ *Phil. bot.* (1751 §168: 117):

> 168. Habitus (163) occulte consulendus est, ne genus erroneum laevi de caussa fingatur .
> Experientia rerum magistra, primo intuitu ex facie externa, plantarum familias saepe divinat.
> [..].
> Primo intuitu distinguit saepius exercitatus Botanicus plantas Africae, Americae, Asiae, Alpiumque, sed non facile diceret ipse, ex qua nota. [..].
> Occulte consulendus est habitus, ne intret cohortem notarum characteristicarum & genera disterminet; [..].
> Die Auslassungen führen Beispiele an.

tischen Kennzeichnung von Arten und Gattungen vorzuschalten, in dem Sinne etwa, daß erstere den eigentlich konstitutiven Prozeß für die Begründung *natürlicher* Gattungen, letztere dagegen den erst daraufhin unternommenen Versuch darstellte, das intuitiv zustande gekommene Urteil durch begriffliche Explikation zu rechtfertigen.[281] In dem angeführten Zitat wird vielmehr ausdrücklich darauf hingewiesen, daß Fehlurteile, die eben auch und gerade durch die Berücksichtigung des Habitus zu Stande kämen – Fehlurteile, durch die „Gattungen auseinandergeschieden" werden – erst durch ein merkmalsanalytisches Klassifikationsverfahren – der Erstellung einer „geordneten Menge (cohors) kennzeichnender Merkmale" – zu verhindern sind. Im Klassifikationsverfahren Linnés bildet der P r o z e ß einer merkmalsanalytischen Explikation intuitiv zur Kenntnis gekommener Ähnlichkeitsbeziehungen die Grundlage, um zu adäquaten Urteilen über die Zugehörigkeit von Pflanzen zu *natürlichen* Arten und Gattungen zu gelangen – und nicht eines der beiden Glieder dieses Prozesses für sich. Neben der Urteilsfähigkeit „erfahrener" Botaniker – die als individual-psychologisch begründete Fähigkeit hier nicht Untersuchungsgegenstand sein kann – muß zur Realisation dieses Prozesses daher schon ein merkmalsanalytisches Begriffsinventar bereitstehen, mit dessen Hilfe sich gegebenen Pflanzen kennzeichnende Merkmale zuschreiben lassen. Den Bedingungen, denen sich die Möglichkeit eines solchen Begriffsinventar verdankt, soll die Aufmerksamkeit des nächsten Abschnittes gelten.

9.1.2 Kennzeichnende Merkmale

Die in den Vorschriften zur Erstellung von „natürlichen Kennzeichnungen" vorausgesetzte Merkmalsterminologie wird ausführlich in den Kapiteln III und IV der *Philosophia botanica* auseinandergesetzt, wobei das dritte Kapitel unter der Überschrift „Plantae" die Merkmale der vegetativen Organe (Wurzel, Stamm, Blatt) und das vierte Kapitel unter der Überschrift „Fructificatio" die Merkmale der Fruchtbildungsorgane (Blütenkelch und -krone, Staubblätter, Stempel, Fruchthülle, Samen und Blütenboden) abhandelt. In diesem Abschnitt möchte ich zunächst voraussetzen, daß die Identifikation dieser Organe bei verschiedenartigen Pflanzen unproblematisch ist und mich allein für die Bedingungen interessieren, die es erlaubten, eine ganz bestimmte Menge von Merkmalsunterschieden zu diesen Organen terminologisch zu fixieren.

---

[281] So versteht dies LARSON (1971: 63-75); s. auch DAUDIN (1926b: 44-48), STAFLEU (1971: 67-72), CAIN (1993: 101/102).

In der Abbildung 15 ist ein kleiner Ausschnitt aus dieser Merkmalsterminologie wiedergegeben, welcher Merkmale des Staubblattes (Staubfaden und Staubgefäß) betrifft. Der in diesem Beispiel zu beobachtende strenge Aufbau der Merkmalsterminologie Linnés erinnert nicht ohne Grund an die dihairetisch entwickelten Klassifikationssysteme, die im ersten Teil meiner Untersuchung kennenzulernen waren. Tatsächlich handelt es sich bei der Merkmalsterminologie Linnés um nichts anderes als um dihairetisch entwickelte Definitionen von Merkmalsalternativen zu einer Vielzahl von Merkmalskategorien: Ein Staubblatt kann der Gestalt seines Staubfadens nach nur entweder „keilförmig" oder „spiralförmig" oder „pfriemförmig" etc. sein, der Lage seines Staubgefäßes nach nur entweder eines sein, bei dem das Staubgefäß „der Spitze" des Staubfadens angefügt ist, oder eines, bei dem das Staubgefäß „der Seite" des Staubfadens angefügt ist, usw. Die Merkmalsterminologie in den Kapiteln III und IV lotet dihairetisch eine Vielzahl denkbarer, logisch exklusiver Merkmale zu bestimmten Merkmalskategorien aus.

Der damit entstehende Eindruck einer rein begriffsanalytisch gewonnenen Merkmalsterminologie täuscht: Linnés Terminologie bezieht durchaus nicht alle denkbaren Merkmalskategorien ein, sondern beschränkt sich auf die Angabe von Merkmalsalternativen, welche die Anzahl gewisser Teile, deren individuelle geometrische Gestalt, das Größenverhältnis unter Teilen und die Lage eines Teils in Relation zu anderen Teilen betreffen – unter konsequenter Vernachlässigung so markanter Unterschiede, wie solche, die der Beschaffenheit, der Farbe oder dem Geschmack und Geruch nach bestehen. Und in dieser Beschränkung tauchen auch durchaus nicht alle denkbaren logischen Alternativen auf: so ist weder von Staubfäden mit vier „Zipfeln" die Rede, noch von Staubgefäßen, die an den Blütenblättern zu finden wären. Der Grund für diese Beschränkungen und Auslassungen ist in der Merkmalsterminologie mittelbar angegeben, indem zu jedem der darin aufgeführten Merkmale beispielhaft Pflanzentaxa benannt werden (meist Gattungen, seltener Einheiten des Sexualsystems oder *natürliche Ordnungen*), deren Angehörige durch das genannte Merkmal ausgezeichnet sein sollen. Auch wenn Merkmale sich unter ihren jeweiligen Merkmalskategorien als logische Alternativen verhalten, so ist damit doch noch keineswegs ausgemacht, daß diese Alternativen sich an konkreten Pflanzen ebenso verhalten: alternative Merkmale können überhaupt nicht realisiert sein, gleichzeitig an verschiedenen Teilen ein und derselben Pflanzen bestehen, oder einander in der Individualentwicklung ein und derselben Pflanze ablösen.

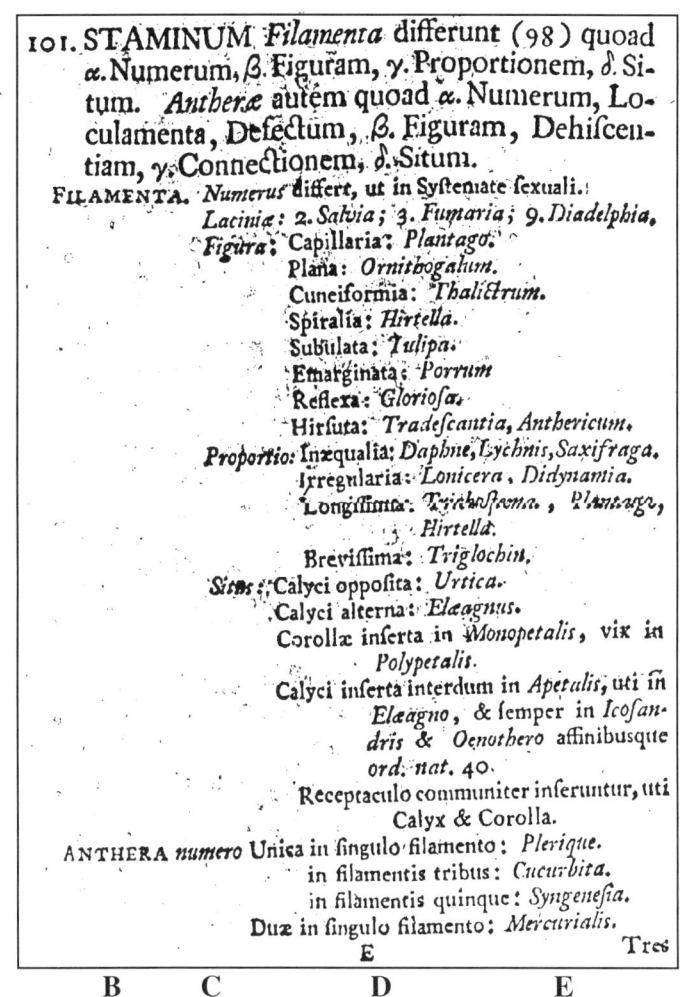

> A
>
> 101. STAMINUM *Filamenta* differunt (98) quoad
> α. Numerum, β. Figuram, γ. Proportionem, δ. Situm. *Antheræ* autem quoad α. Numerum, Loculamenta, Defectum, β. Figuram, Dehiscentiam, γ. Connectionem, δ. Situm.
>
> FILAMENTA. *Numerus* differt, ut in Systemate sexuali.
>   Laciniæ: 2. *Salvia*; 3. *Fumaria*; 9. *Diadelphia.*
>   *Figura*: Capillaria: *Plantago.*
>   Plana: *Ornithogalum.*
>   Cuneiformia: *Thalictrum.*
>   Spiralia: *Hirtella.*
>   Subulata: *Tulipa.*
>   Emarginata: *Porrum*
>   Reflexa: *Gloriosa.*
>   Hirsuta: *Tradescantia, Anthericum.*
>   *Proportio*: Inæqualia: *Daphne, Lychnis, Saxifraga.*
>   Irregularia: *Lonicera, Didynamia.*
>   Longissima: *Trichostema, Plantago,*
>   *Hirtella.*
>   Brevissima: *Triglochin.*
>   *Situs*: Calyci opposita: *Urtica.*
>   Calyci alterna: *Elæagnus.*
>   Corollæ inserta in *Monopetalis*, vix in
>   *Polypetalis.*
>   Calyci inserta interdum in *Apetalis*, uti in
>   *Elæagno*, & semper in *Icosandris* & *Oenothero* affinibusque ord. nat. 40.
>   Receptaculo communiter inseruntur, uti Calyx & Corolla.
> ANTHERA *numero* Unica in singulo filamento: *Plerique.*
>   in filamentis tribus: *Cucurbita.*
>   in filamentis quinque: *Syngenesia.*
>   Duæ in singulo filamento: *Mercurialis.*
>   E   Tres
>
> B   C   D   E

Abb. 15: Ausriß aus der Merkmalsterminologie der Blüten- und Fruchtorgane aus der *Philosophia botanica* (1751). Der Aphorismus (A) benennt zunächst den Teil ("STAMINUM") um dessen Merkmalsterminologie es gehen soll, dann Teile dieses Teils ("*Filamenta*" und "*Anthera*") und Merkmalskategorien zu denselben (mit griechischen Buchstaben durchnummeriert). Darunter erfolgt dann die dihairetische Auseinandersetzung der Merkmalsalternativen Zunächst wird der Teil bezeichnet (B), dann die jeweilige Merkmalskategorie (C) und schließlich die Merkmalsalternativen (D). Letzteren sind namen von Gattungen (E, kursiv) zugeordnet, in der die jeweilige Merkmalsalternative exemplifiziert ist.

Wie aber läßt sich eine Merkmalsterminologie entwickeln, die auf tatsächlich bestehende Merkmalsunterschiede verweist? Selbstverständlich konnte sich Linnés Merkmalsterminologie auf eine schon seit langem bestehende, schriftliche Tradition stützen, und eine solche Quelle ist den merkmalsterminologischen Kapiteln 3 und 4 in der *Philosophia botanica* auch vorgeschaltet: Das zweite Kapitel referiert sämtliche, bis zur Veröffentlichung der *Philosophia botanica* vorgeschlagene „Systeme", in denen Pflanzengattungen nach dihairetisch entwickelten Merkmalsunterschieden zu bestimmten Teilen der Pflanze klassifiziert wurden, und die Merkmalsterminologie zur „Fruchtbildung" verweist in einigen Fällen auch auf diese Systemvorschläge (so etwa auf das Sexualsystem bei der Anzahl der Staubblätter). Aber diese Quelle liefert doch nur einen mageren Ausschnitt aus der Vielfalt terminologisch erfaßbarer Merkmalsunterschiede.[282] Es gibt eine weitere Quelle, über die die *Philosophia botanica* sehr viel ausführlicher Rechenschaft ablegt: die im Kapitel VII der *Philosophia botanica* diskutierten „differentiae", d.h. Kombinationen von Merkmalsausdrücken, die als „Artnamen (nomen specificum)" dem

---

[282] Dies läßt sich der ansonsten gehaltvollen These von DAUDIN (1926b: 26/27) entgegenhalten, nach der die Klassifikationsversuche des 17. und 18. Jahrhunderts in einer eigentümlichen Dynamik zur Proliferation immer neuer Merkmalsunterscheidungen in Bezug auf Pflanzen führten und damit eine wichtige Voraussetzung für die spätere Botanik schufen:

> Aussi marquent-ils [i.e. die "rapprochements ´contre nature´", die in die botanischen Klassifikationssysteme des 16. und 17. Jh. eingingen] le point de départ d´une longue lutte dans lequelle les tentatives de classement systématique, [...] se heurtent les unes aprés les autres à une obstacle mental invincible, qui n´est autre que l´ensemble de ces images précises que les botanistes se sont déjà formées, dès cette epoque, de l´unité des familles véritables. [...]. Mais [...] comme la combinaison abstraite qui règle leur marche, est, de par sa nature même, susceptible d´être indéfiniment corrigée, ils ne cesseront pas de se reformer et de tirer parti de leurs échecs. Aussi longtemps qu´il faudra, la hiérarchie des caractères visés saura se fortifier par des additions, s´assouplir par des suppressions, se redresser par des distinctions nouvelles, de manière à amender plus au moins complètement telles et telles des réunions ou séperations arbitraires qui l´avaient fait condamner à just titre.

Es gibt selbstverständlich eine weitere Quelle für Linnés Merkmalsterminologie: In RAY *Hist. plant.* (1686 lib. I) ist eine ebenfalls dihairetisch entwickelte Merkmalsterminologie wiedergegeben, die er leicht verändert aus Manuskripten von Joachim Jungius bezog (s. dazu HOPPE 1976: 87-97) und auf die sich Linnés Merkmalsterminologie inhaltlich stützt. Aber diese Quelle verschiebt das Problem, das hier zur Diskussion steht, bloß in der historischen Dimension, aus der es ohnehin seine Lösung bezieht.

Namen einer Gattung nachgestellt wurden, um eine Art dieser Gattung zu bezeichnen, die durch die namentlich angeführten Merkmale von allen anderen Arten derselben Gattung unterschieden ist. Und in diesem Falle diskutiert die *Philosophia botanica* ausführlich die Kriterien, nach denen die Entscheidung zu treffen ist, welche Merkmalskategorien Merkmalsunterschiede liefern, die tatsächlich unter verschiedenartigen Pflanzen bestehen, und welche nicht. Diese Diskussion läßt sich wie folgt zusammenfassen:

1. Als „täuschende (fallaces)", „zufällige (accidentales)", „veränderliche (mutabiles, variabiles)" oder „schwankende (ludicrae)" Merkmalskategorien haben solche zu gelten,

   a) zu denen unter Individuen ein und derselben Art Unterschiede bestehen, und zwar insbesondere, wenn diese Unterschiede in Abhängigkeit von den Umständen des Standorts (*locus*; §§260, 268, 272, 273, 274), d.h. den Bedingungen des Bodens (*solus*; §§260, 268), des Klimas (*clima*; §260, 268) oder des Anbaus (*cultura*; §§268, 271, 272) auftreten. Um solche Merkmalskategorien handelt es sich bei der Größe (*magnitudo*; §260), der Farbe (*color*; §266), dem Geruch (*odor*; §267), dem Geschmack (*sapor*; §268), den monströsen, d.h. nicht mehr funktionstüchtigen Blütenformen (*monstrosi flores*; §271), der Bedornung (*pubescentia*, §272), der Lebensspanne (*duratio*; §273) und der Üppigkeit (*multitudo*; §274).

   b) die eine Relation der ausgezeichneten Pflanzenart zu etwas Anderem als die Pflanze selbst zum Ausdruck bringen, wie etwa Merkmale, die im Vergleich zu anderen Pflanzenarten bestehen (*notae collatitae*; §261, 262; etwa „mit Blättern des Rosmarins"), der Name ihres Entdeckers (§265), der natürliche Standort (*locus natalis*; §264), die Blüte- und Wachstumszeiten (*tempus florendi & vegetandi*; §265) und ihre pharmazeutische Wirkung oder sonstiger Nutzen (*vis & usus*; §269) sowie Merkmale, die, wie der Geruch (*odor*; §267), je nach individueller Konstitution des Beobachters unterschiedlich beurteilt werden (*diversus in diversis subjectis*; §265).[283]

2. Als „beständige (constantes)", „verläßliche (fidae)" oder „sichere (certes)" Merkmalskategorien haben dagegen solche zu gelten,

   a) die Unterschiede liefern, die unter Pflanzen verschiedener Art aber von ein und derselben Gattung unter allen Umständen von dia-

---

[283] LINNÉ *Phil. bot.* (1751 §§260-274: 206-217 passim).

gnostischer Kraft sind, wie Unterschiede in der Morphologie der Wurzel (*radix*; §275), des Stammes (*truncus*; §276), der Blätter (*folia*; §277), der Hilfsorgane wie Stacheln und Knospen (*fulcra & hybernacula*, §278), des Blütenstandes (*inflorescentia*, §279) und der Fruchtbildung (*fructificatio*, §280).

b) in der Pflanze selbst so weit als möglich klar vor Augen liegen (*plantae inscriptae, evidentae & perspicuae*; §§276, 277, 280), wie dies etwa nicht so sehr für Merkmalsunterschiede an der Wurzel gilt (§275).[284]

Der Aphorismus 182 faßt die Ergebnisse der Diskussion artspezifischer Merkmalsunterschiede unter Pflanzen dann abschließend zusammen, wobei er auf die in Kapitel 3 und 4 entwickelte Merkmalsterminologie ("80-86") als Summe der „beständigen" Merkmalsunterschiede verweist:

> 282. Der *Unterschied* wird notwendig aus *Anzahl, Gestalt, Verhältnis* und *Lage* eines jeden der verschiedenen Teile (80-86) bezogen.
>
> Worin sich Merkmale als täuschende und beständige erweisen, haben wir in den vorangehenden [Aphorismen] gesagt.
> [...].
> Diese sind überall beständig, in der Pflanze, im Herbarium, auf der Abbildung.[285]

Es ist der letzte Satz des Kommentars, der den entscheidenden Schlüssel zu den Bedingungen liefert, unter denen die dihairetisch entwickelten Merkmalsdichotomien in den Kapiteln 3 und 4 die Gestalt einer Merkmalsterminologie annehmen konnte, die auf tatsächlich unter Pflanzen bestehende Merkmalsunterschiede bezogen und beschränkt ist: Die Merkmalsterminologie bezieht sich auf genau diejenigen Unterschiede, die in den verschiedenen Repräsentationsmedien der Botanik (Abbildungen, Herbarien, lebenden Exemplaren an natürlichen Standorten und in Gärten) in beliebiger Konstellation als Unterschiede bestehen bleiben.[286] Alle Merkmalskategorien, die in diesen Repräsentations-

---

[284] A.a.O. §§275-281: 217-224 passim.

[285] A.a.O. §282: 224:

> 282. *Differentia* omnis e *Numero, Figura, Proportione & Situ* variarum plantarum partium (80-86) necessario desumatur.
> Notae fallaces & constantes unde promanant, diximus in praecedentibus.
> [..].
> Hi ubique constante, in Planta, in herbario, in Icone.

[286] Vgl. JACOBS (1980) und STEMMERDING (1991: 54).

medien verloren gehen oder zu denen sich je nach Umständen Unterschiede ergeben (wie Farbe, Geruch oder Größe), sind dagegen aus der Merkmalsterminologie ausgeschlossen. Genau so begründet ein Kommentar in der *Critica botanica* von 1737 zum Aphorismus 282 die Beschränkung der Merkmalsterminologie auf „Anzahl, Gestalt, Verhältnis und Lage eines jeden der verschiedenen Teile" der Pflanzen:

> Von diesen vier hängt der äußere Aufbau der Pflanze ab, welcher uns eine Pflanze als von anderen verschieden darstellt. Diese Merkmale, nicht andere, stellen wir in Abbildungen dar, diese bewahren wir in Herbarien. Alle übrigen können den Umständen geschuldet sein. Diese entlassen den Leser nicht unsicher und zweifelnd, diese sind Worte von Gewicht und Wert.[287]

Die erste Bedingung einer merkmalsanalytischen Kennzeichnung *natürlicher* Arten und Gattungen der Pflanzen – die Bereitstellung einer Merkmalsterminologie, die Merkmalsunterschiede unter Pflanzen in einheitlicher Weise wiederzugeben erlaubt – bestand damit in einem einfachen Vorgang, der von Vorgängern Linnés und von Linné selbst unzählige Male wiederholt wurde: der vergleichenden Gegenüberstellung von Artrepräsentationen und Artrepräsentanten ein und derselben Gattung, um so der Art nach bestehende Merkmalsunterschiede hervortreten zu lassen und anschließend in Art"namen" zu dokumentieren. Die Merkmalsterminologie Linnés reflektiert so gesehen die Menge derjenigen Merkmalsunterschiede, die sich in zahllosen, je nach Vergleichsmaterial und Bearbeiter variierten Vergleichskonstellationen manifestiert hatten.[288] Linnés Merkmalsterminologie erfaßt, anders gesagt, Unterschiede unter Pflanzen, die in einer geradezu systematisch-experimentförmigen Permutation von Pflanzenexemplaren und -repräsentationen als solche hervorgetreten waren – systematisch-experimentförmig in dem Sinne,

---

[287] LINNÉ *Crit. bot.* (1737 §282: 201):
>   Ex hisce quatuor dependet externa structura plantae, qua una nobis ab aliis diversa repraesentatur. Has notas, non alias, repraesentamus in iconibus. Has conservamus in herbariis vivis: reliquae omnes accidentales esse possunt. Hae non dimittunt Lectorem incertum & dubium; Hae verba sunt ponderis & valoris.

[288] Erinnert sei hier daran, daß die Vergleichskonstellation, auf die sich ein jeweiligen Bearbeiter bei der Erstellung einer Art – z.B. in einem Gartenkatalog oder einer regionalen Flora – bezog, in den sogenannten „Synonymien" genau dokumentiert wurde (s. Abschnitt 6.1.3). Dem Vorgehen bei der Erstellung von Synonymien widmet sich das Kapitel X der *Philosophia botanica*.

daß über historische Zeiträume hinweg unter Auslotung einer großen Zahl von Kombinationsmöglichkeiten Pflanzenkonstellationen hergestellt wurden, die sich ansonsten weder naturwüchsig noch im kommerziellen Anbau der Pflanzen ergeben hätten.[289]

Soweit dies nun der Fall ist, soweit abstrahiert Linnés Merkmalsterminologie aber auch von der konkreten Besonderung der Pflanzen zu bestimmten Arten und Gattunge. Linnés Merkmalsterminologie sagt einem, nach welchen Merkmale sich verschiedenartige Pflanzen unterscheiden können, aber noch nicht, wodurch sie der Art und Gattung nach unterschieden sind. Wie ist es von hier aus möglich, Merkmale zu ganz bestimmten, jeweils art- bzw. gattungseigentümlichen Merkmalskomplexen zusammenzustellen, die nicht nur einige der vielen denkbaren Schnittpunkte im Möglichkeitsraum der Merkmalsterminologie bezeichnen, sondern Pflanzen als der Art bzw. Gattung nach besondere Pflanzen kennzeichnen? Anders gefragt – in Anlehnung an einen Kommentar zum Aphorismus 283, in dem Linné noch einmal die Forderung erhebt, „nicht Varietäten an Stelle von Arten anzunehmen (ne varietates loco speciei sumatur)" – wie läßt sich die Kennzeichnung einer bestimmten Art bzw. Gattung so begründen, daß sie nicht mehr bloß Merkmale aufzählt, welche „bei den Pflanzen alle gleichermaßen veränderlich" sind, sondern eine morphologische Struktur beschreibt, deren Elemente nur soweit variieren können, daß sie als unterschiedene Struktur erhalten bleibt?[290]

---

[289] CAIN (1994) stellt Linnés Beschränkung auf die Kategorien Anzahl, Gestalt, Verhältnis und Lage in die ideengeschichtliche Tradition der Unterscheidung primärer und sekundärer Qualitäten.

[290] LINNÉ Crit. bot. (1737 §283: 202):

> Es sind freilich Gestalt, Anzahl, Verhältnis und Lage bei den Pflanzen veränderlich (wenngleich seltener), diese jedoch nicht alle gleichermaßen und auch nicht alle Teile der Pflanzen gleichermaßen. Sie sind nämlich immerhin weniger veränderlich, als alle übrigen [Unterschiede], und immerhin weniger veränderlich, als daß daraus eine unterscheidende Bauweise hervorginge.
>
> [V]ariat quidem figura, numerus, proportio, & situs in plantis, licet rarius, non tamen omnes simul, nec in omnibus plantae partibus simul; variant licet minus, quam reliquae omnes, licet minus quam ut inde structura differens evadat.

9.1.3 Das Alphabet der Pflanzen

Im vorigen Kapitel bin ich von der Voraussetzung ausgegangen, daß die Identifikation der merkmalstragenden „Teile" der Pflanzen bei verschiedenartigen Pflanzen unproblematisch ist. Tatsächlich ist sie es natürlich nicht, und so sind der Merkmalsterminologie der vegetativen Teile in Kapitel III und der Fruchtbildung in Kapitel IV jeweils Aphorismen vorausgeschickt, welche die merkmalstragenden Teile dieser Organsysteme im Rahmen einer allgemeinen Organlehre der Pflanzen definieren. Diese Organlehre wird in zwei Stufen auseinandergesetzt:[291]

1. Im Aphorismus 79 werden drei „zuerst zu unterscheidende Teile" der Pflanze benannt, die Wurzel (*radix*), der Sproß (*herba*), und die Fruchtbildung (*fructificatio*). Der Kommentar zu diesem Aphorismus bestimmt diese drei Teile dann unter der Voraussetzung eines allgemeinem Wachstumsmodells der Pflanze, das als „fortgesetzte Hervorbringung (generatio continuata)" bezeichnet wird: Pflanzen setzen sich aus konzentrisch angeordneten Schichten – Mark (*medulla*), Holz (*lignum*), Bast (*librum*), Rinde (*cortex*) und Außenhaut (*epidermis*) – zusammen. Jede dieser Schichten wirkt in besonderer Weise mit den anderen zum individuellen Wachstum einer Pflanze zusammen: Das in der Mitte liegende Mark ist diejenige Substanz, die „wächst, indem sie sich und die sie umhüllenden Schichten ausdehnt", und umgekehrt sind es die übrigen Schichten, die dieses Wachstum begrenzen, und zwar indem „das Holz das Mark umkleidet, aus dem Bast gemacht ist, welcher von der Rinde ausgeschieden wird, welche von der Außenhaut angereizt wird".[292] In dem Antagonismus eines von innen nach außen wirkenden, dem Mark eigentümlichen Ausdehnungsvermögens und einem von außen nach innen wirkenden, von der „Außenhaut angereizten" und dann durch die übrigen Substanzen vermittelten Begrenzungsvermögens kommt der individuelle Wachstumsverlauf einer Pflanze zustande und relativ zu diesem werden die drei Teile nach ihrer jeweiligen Lage, ihrem jeweiligen

---

[291] Zur Organlehre der Pflanzen bei Linné vgl. insbesondere die Zusammenfassung in LINDMANN (1907: 61-78).

[292] LINNÉ *Phil. bot.* (1751 §79: 37):

> Constat Vegetabile ex *Medulla* 1, vestita *Ligno* 2, facto ex *Libro* 3, secedente a *Cortice* 4, inducto *Epidermide* 5.
> *Medulla* crescit extendendo se & *Integumenta*.

Auftreten und ihrer jeweiligen Funktion als Grundorgane der Pflanze folgendermaßen bestimmt:

> Wenn die äußerste Spitze eines Markfadens aus der Rinde hervorgedrungen ist, so entfaltet sie sich zu einer Knospe [...].
>
> Die Knospe enthält die Anlage des Sprosses und dehnt sich ins Unendliche aus, wenn nicht eine Fruchtbildung dem alten Leben ein Ende setzt.
>
> Die Fruchtbildung geschieht, wenn [von den übrigen Blättern] unterscheidbare Blätter in einem Blütenkelch zusammenhängen, welcher frühzeitig im Jahr aus der Spitze eines Astes zu einer Blüte herausbricht, woraufhin die aus der Marksubstanz gebildete Frucht erst dann ein neues Leben beginnen kann, wenn zuvor das holzige Wesen der Staubblätter von der Feuchtigkeit des Stempels aufgesogen worden ist; s. LINNÉ *Gemm. arb.* (1749/1787).
>
> Jede Pflanze wird ohne Unterbrechung aus der Wurzel fortgepflanzt.
>
> Jede Fruchtbildung ist aus der Wurzel über den Sproß hervorgebracht.
>
> Jede Pflanze wird durch die Fruchtbildung beendet, ansonsten würde sie kaum aufhören zu wachsen.
>
> Es gibt keine neue *Schöpfung*, sondern nur *fortgesetzte* Hervorbringung, in der das Herz des Samens aus einem Teil des Wurzelmarks besteht. [293]

Dieses Wachstumsmodell der Pflanzen übernimmt eine Reihe traditioneller, bis auf die Antike zurückreichender pflanzenphysiologischer

---

[293] A.a.O.: 37/38:

> Fibrae *medullaris* extremitas per Corticem protrusa solvitur in *Gemmam* imbricatam ex foliolis nunquam renascituris.
>
> Herbae compendium Gemma est & extenditur in infinitum, donec Fructificatio imponat ultimum terminum antique vegetationi.
>
> Fructificatio fit, cum folia distinguenda cohaerent in *Calycem*, quo rumpitur ramuli apexin florem annuo spatio praecocius, tum *Fructus* ex *medullari* substantia nequit novam vitam inchoare, nisi prius staminum essentia *Lignea* absorpta fuerit ab humore *Pistilli*. Vide *Loefl. de Gemmis*.
>
> *Vegetabile* omne a radice propagatur continuando.
>
> *Fructificatio* omnis e radice per herbam producta.
>
> *Terminatur* omne vegetabile Fructificatione, alioquin vix cessaret crescere.
>
> Nova *creatio* nulla; sed *continuata* generatio, cum *Corculum* seminis constat parte radicis medullaris.

Vorstellungen[294], zeichnet sich aber in einer entscheidenden Hinsicht als historisch originell aus: Die Hervorbringung des Samens wird zwar grundsätzlich als eine Fortsetzung des Wachstums betrachtet. Aber es handelt sich um eine Fortsetzung, die durch einen ganz spezifischen Akt vermittelt wird, nämlich dem Bestäubungsakt, in dem das Wachstum eines „alten" Pflanzenindividuums zu einem vorläufigen Abschluß gebracht, und der Beginn des Wachstums eines „neuen" Pflanzenindividuums eingeleitet wird. Die „fortgesetzte Hervorbringung" ist durch die vermittelnde Instanz des Bestäubungsaktes in eine Abfolge diskreter Generationen gegliedert und relativ zu dieser Abfolge ist die Lage, das Auftreten und die Funktion der drei Grundorgane bestimmt:

2. In den Aphorismen 80, 81 und 86 werden die unterschiedenen Grundorgane der Pflanze dann mit Bezug auf das zuvor erläuterte Wachstumsmodell definiert, und zu denselben dann noch Definitionen für jeweilige Teilorgane sowie Teile bzw. Arten dieser Teilorgane geliefert:

> 80. Die WURZEL (79) saugt die Nahrung auf und bringt den Sproß (81) mit der Fruchtbildung (IV) hervor. Sie setzt sich aus *Mark, Holz, Bast* und *Rinde* zusammen und besteht aus einem *Stamm* und *Wurzelästen*.
>
> 81. Der SPROß (79) ist der Teil der Pflanze, der aus der Wurzel (80) entspringt und von der Fruchtbildung (86) beendet wird. Er umfaßt *Stamm, Blätter, Hilfsorgane* und *Überwinterungsorgane*.
>
> Der *Stamm* vervielfältigt die Sprosse, führt unmittelbar von der Wurzel zur Fruchtbildung, ist mit Blättern bekleidet und wird von der Fruchtbildung beendet.
>
> Die *Blätter* dünsten aus, ziehen an (wie die Lungen bei Tieren) und spenden Schatten.[295]

---

[294] Vgl. BREMEKAMP (1953b), BROBERG (1975: 59-66) und STEVENS & CULLEN (1990). In LINNÉ *Gemm. arb.* (1749/1787) wird insbesondere auf Malpighis und Grews Arbeiten zur Pflanzenanatomie als Quelle hingewiesen.

[295] LINNÉ *Phil. bot.* (1751 §§80/81: 38/39):

> 80. RADIX (79) alimentum hauriens, Herbamque (81) cum Fructificatione (IV) producens, componitur *Medulla, Ligno, Libro, Cortice*; constatque *Caudice & Radicula*.
>
> 81. HERBA (79) est vegetabilis pars, orta a radice (80), terminata fructificatione (86), comprehenditque *Truncum, Folia, Fulcra, Hybernaculum*.
>
> *Truncus* multiplicat herbas, & immediate a radice ad Fructificationem ducit, vestitus Foliis, terminatus Fructificatione.

86. Die FRUCHTBILDUNG (79), ist ein zeitweiser, der Hervorbringung gewidmeter Teil der Pflanze, eine alte [Pflanze] beendend, eine neue beginnend; sie zählt sieben Teile:

I. Der KELCH, die Rinde des Sprosses in der Fruchtbildung vertretend. [...].

II. Die KRONE, den Bast des Sprosses in der Fruchtbildung vertretend. [...].

III. Die STAUBBLÄTTER, das Innere für die Bereitung des Pollens.
   10. Der *Staubfaden*, der Teil, der [das Staubgefäß] hoch hält und anfügt.
   11. Das *Staubgefäß*, der mit Pollen schwangere Teil der Blüte, welchen er reif entläßt.
   12. der *Pollen*, das Pulver der Blüte, durch Feuchtigkeit aufbrechend, und elastische Atome ausstoßend.

IV. Der STEMPEL, das Innere, das sich der Frucht anschließt, um den Pollen zu empfangen.
   13. Der *Fruchtknoten*, die unreife Anlage der Frucht in der Blüte.
   14. Der *Griffel*, der Teil des Stempels, der die Narbe über den Fruchtknoten erhebt.
   15. Die *Narbe*, die oberste Spitze des Stempels, benetzt mit Feuchtigkeit damit der Pollen aufbricht.

V. Die FRUCHTHÜLLE, das Innere schwanger mit Samen, welchen es reif entläßt.
[...].

VI. Der SAMEN, der abfallende Teil der Pflanze, Anlage der neuen [Pflanze], durch Erregung des Pollens belebt.
[...].

VII. Der BLÜTENBODEN, die Basis, durch die die sechs Teile der Fruchtbildung verbunden.[296]

Folia transpirant & adtrahunt (uti Pulmones in Animalibus), umbramque praebent.

[296] A.a.O. §86 52-55:

86. FRUCTIFICATIO (79) vegetabilium pars temporaria, generationi dicata, antiquum terminans, novum incipiens; hujus Partes VII. numerantur:

I. CALYX, Cortex plantae in fructificatione praesens.
[..].
II. COROLLA, Liber plantae in Flore preasens.
[..].
III. STAMEN, Viscus pro Pollinis praeperatione.
   10. Filamentum pars elevans adnectensque.
   11. Anthera pars floris gravida Polline, quod matura dimittit.
   12. Pollen, pulvis Floris, humore rumpendus, atomosque elasticos ejaculans.
IV. PISTILLUM, Viscus fructui adhaerens, pro Pollinis receptione.

Jeder der hier definierten „Teile" der Pflanze ist als Organ durch seine Funktion für die Pflanze, sein Auftreten im Lebenslauf der Pflanze und durch seine räumliche Lage zu anderen Organen bestimmt. Es ergibt sich damit genau die Grundstruktur, die jeder Art- und Gattungskennzeichnung Linnés Punkt für Punkt miteinander korreliert zu Grunde liegt, solange – wie eben im Klassifikationsverfahren Linnés vorgeschrieben (s. Abschnitt 9.1; vgl. die Beispiele in Abb. 6, 9 und 10) – „die Ordnung der Beschreibung nach der Ordnung der Entstehung voranschreitet": In allen Artkennzeichnungen Linnés werden – als zuerst erscheinende – zunächst die vegetativen Organe abgehandelt, und zwar, nacheinander von „unten" nach „oben" voranschreitend, die Merkmale der Wurzel genannt, demjenigen Teil, der die ganze übrige Pflanze hervorbringt, indem er Nahrung heranzieht, dann Merkmale des Stammes und dann Merkmale der Blätter, der „Lungen" der Pflanzen, welche aus dem Stamm hervorgehen. Die *natürlichen* Gattungskennzeichnungen unterlassen die Zuordnung von Merkmalen zu den vegetativen Organen, beziehen sich aber wie die Artkennzeichnungen in der folgenden, strikt befolgten Beschreibungsreihenfolge auf die Organe der Fruchtbildung: Zunächst werden den vier Grundorganen der Blüte, nach ihrem sukzessiven Sichtbarwerden im Aufblühen von außen nach innen voranschreitend, Merkmale in jeweils besonderem Bezug auf ihre Arten und Teilorgane zugeordnet; dann, wieder von außen nach innen vorgehend, den beiden Teilorganen der Frucht, Fruchthülle und Samen, welche erst nach dem Bestäubungsakt in Erscheinung treten; und schließlich dem Blütenboden, demjenigen Organ, das die sechs ersten Teilorgane durch den Gesamtprozeß der Fruchtbildung hindurch zusammenhält. Die durchnummerierten Teilorgane und Arten der sieben Hauptorgane der Fruchtbildung machen die Elemente der einheitlichen Beschreibungsstruktur jeder Gattungskennzeichnung aus, welche die *Ratio operis* der

---

13. Germen rudimentum Fructus immaturi in flore.
14. Stylus pars Pistilli, Stigma elevans a germine.
15. Stigma summitas Pistilli, Stigma elevans a germine.
V. Pericarpium, Viscus gravidum seminibus, quae matura dimittit.
[..].
VI. SEMEN, pars vegetabilis decidua, novi rudimentum, pollinis irrigatione vivificatum.
[..].
VII. RECEPTACULUM, basis qua partes fructificationis VI connectuntur.
[..].
Die ausgelassenen Nummern 1-9 und 16-31 betreffen Teile bzw. Arten der sieben Teilorgane der Fruchtbildung, die für das weitere Verständnis meiner Argumentation nicht von Bedeutung sind.

Genera plantarum von 1737 als „Alphabet der Pflanzen" bezeichnete (s. Abschnitt 8.2).[297]

Woher nun aber die auffällige Beschränkung der *natürlichen* Gattungskennzeichnung auf die „Fruchtbildung"? Es gibt einen Unterschied zwischen den Merkmalsterminologien der vegetativen Organe und der Fruchtbildungsorgane, welcher einen Anhaltspunkt zu den Gründen für dieser wenig einsichtigen Beschränkung liefert: Während erstere die Merkmalsunterschiede einfach nur zu den jeweiligen Teilen aufzählt, gliedert sich die in den Aphorismen 92 bis 131 auseinandergesetzte Merkmalsterminologie der Fruchtbildung in drei Abschnitte. In diesen Abschnitten werden Merkmalsunterschiede jeweils „Bauweisen (structurae)" zugeordnet, welche in unterschiedlicher Weise in der Vielfalt der Pflanzen auftreten sollen:

> 92. Der Botaniker beobachtet überall die dreifache BAUWEISE der Fruchtbildung, in allen Teilen (86) derselben: die *natürlichste*, die *unterscheidende* und die *einzigartige*; und diese beschreibt er mit geschärftem Auge nach vier *Dimensionen*: Anzahl, Form, Verhältnis und Lage.
>
> 93. Die NATÜRLICHSTE Bauweise (92) der Fruchtbildung wird aus der Mehrheit der bestehenden bezogen: gemäß α. der *Zahl* (94), β. der *Form* (95), γ. dem *Verhältnis* (96), δ. der *Lage* (97).
>
> Die natürlichste [Bauweise] tritt in den meisten Pflanzen auf.
> Man beobachtet für gewöhnlich, daß der Kelch gröber und kürzer als die zarte und vergängliche Krone ist, der Stempel in der Mitte der Blüte zwischen den Staubblättern, die Staubgefäße auf Staubfäden, und die Narbe auf dem Griffel sitzen etc.
> Es unterscheiden sich alle Fruchtbildungen, und so kommen alle auch überein.[298]

---

[297] Gegenüber der Version dieses „Alphabets" in LINNÉ Gen. plant. (1737 §11) ist die Liste in der *Philosophia botanica* in einigen Punkten verändert bzw. um neu bekannt gewordene „Teile", wie dem Samen der Moose, ergänzt. Auf die durchnummerierten Definitionen des § 86 nimmt der § 167 der *Philosophia botanica* unter ausdrücklicher Verwendung der Alphabetmetapher Bezug.

[298] LINNÉ Phil. bot. (1751 §§92/93: 59):

> 92. Structuram triplicem Fructificationis, in omnibus ejusdem partibus (86), ubique observat Botanicus: Naturalissimam, Differentem & Singularem; Et has secundum quatuor Dimensiones: Numerum, Figuram, Proportionem & Situm adtento oculo describat.
>
> 93. Naturalissima Structura (92) Fructificationis a pluralitate existentium desumitur: in α Numero (94), β Figura (95), γ Proportione (96), δ Situ (97).

98. Die UNTERSCHEIDENDE Bauweise (92) der Fruchtbildung wird von den Teilen bezogen, welche sich oft bei verschiedenartigen Pflanzen unterscheiden.

Dies wird die Grundlage der Gattungen und ihrer Kennzeichnungen sein.

Je natürlicher eine Klasse, desto weniger ist diese Bauweise offenbar.

Jede einzigartige Bauweise ist eine unterscheidende, aber nicht umgekehrt.[299]

105. Die EINZIGARTIGE (92) Fruchtbildung wird aus derjenigen Bauweise bezogen, welche in äußerst wenigen Gattungen beobachtet wird.

Sie ist der natürlichen Struktur §.93. entgegengesetzt.[300]

Entscheidende Bedeutung für das Klassifikationsverfahren Linnés gewinnt diese Gliederung mit der Behauptung, daß nur die „unterscheidende" und „einzigartige" Bauweise die „Grundlage für die Gattungen und ihre Kennzeichnung" liefern können – was genau mit der Vorschrift im Aphorismus 192 zur Erstellung *natürlicher* Gattungskennzeichnungen korrespondiert, nach welcher diese „alle unterscheidenden und einzigartigen Merkmale der Fruchtbildung durchzugehen hat, welche bei den einzelnen Arten der Gattung übereinkommen" (s. Abschnitt 9.1). Die Gründe für diese Beschränkung auf Merkmale der unterscheidenden und einzigartigen Bauweise sind in den Kommentaren zu den zitierten Aphorismen benannt: Nur diese Bauweisen verhalten sich zu einer „den meisten Pflanzen" zukommenden Bauweise als Spezifikationen (§93) und untereinander als „unterscheidende

---

 Naturalissima in plerisque Plantis occurit:
 Calycem crassiorem, breviorem corolla tenera caduca.
 Pistillum in medio floris intra stamina; Antheras insidere filamentis & Stigmata stylis &c. communiter obtinet.
 Differunt omnes fructificationes, & sic etiam conveniunt omnes.

[299] A.a.O. §98: 62:

 98. DIFFERENS Structura (92) Fructificationis ab iis partibus, quae in diversis saepe differunt plantis, desumitur.
 Haec fundamentum Generum eorumque Characterum erit.
 Quo classis magis Naturalis, eo minus manifesta est haec structura.
 Singularis omnis structura est differens, sed non vice versa.

[300] A.a.O. §105: 71:

 105 SINGULARIS (92) Fructificatio ab ea structura, quae in paucissimis generibus observatur, desumitur.
 Opponitur Structurae Naturali. §. 93.

Bauweisen". Anders gesagt: Die morphologischen Merkmale der Fruchtbildung variieren nicht beliebig, sondern weichen von einem allgemeinem Typus mehr oder weniger ab. Und sie verhalten sich damit gerade so, daß sich aus der morphologischen Kennzeichnung verschiedenartiger Bauweisen das für das *Natürliche System* konstitutive Ordnungsverhältnis von Arten zu einer Gattung ergibt. „Alle Bauweisen der Fruchtbildung unterscheiden sich, und kommen so auch überein". Worin ist dieses Verhalten begründet?

Die Antwort verbirgt sich in dem oft zitierten Aphorismus 88 der *Philosophia botanica*, in dem das „Wesen (essentia)" der Pflanzen bestimmt wird, und zwar um in seiner vermittelnden Stellung zwischen dem Aphorismus 86, in dem die Organe von Blüte und Frucht im Einzelnen definiert werden, und der Merkmalsterminologie zu diesen Organen in den Aphorismen 92-131 eine ganz bestimmte Funktion zu erfüllen: Er stellt das zur Fruchtbildung zusammengefaßte Organensemble als ein Organsystem dar, dessen Elemente zur Erzeugung eines Nachkommens im Bestäubungsakt so zusammenwirken, daß die morphologische Struktur eben nicht beliebig variieren kann, ohne daß der Funktionszusammenhang gestört wird. Da der Aphorismus 88 in der bisher vorliegenden Literatur anders verstanden worden ist – und zwar so, daß er die gerade genannte Funktion grundsätzlich nicht erfüllen kann – möchte ich zum Nachweis meiner Interpretation etwas weiter ausholen, indem ich den Aphorismus 88 zunächst vollständig zitiere (d.h. mitsamt seinem bisher wenig beachteten Kommentar), die bisherige Interpretation wiedergebe und kritisiere und schließlich zeige, wie sich derselbe in der erwähnten Funktion verstehen läßt. Zunächst also zum Wortlaut des Aphorismus:

> 88. Das Wesen der BLÜTE (87) besteht in *Staubgefäß* und *Narbe* (86).
> der FRUCHT (87) im *Samen* (86).
> der FRUCHTBILDUNG (87) in *Blüte* und *Frucht*.
> der PFLANZE (78) in der *Fruchtbildung* (87).
>
> Die Definition der Teile der Pflanzen ist schwer zu ermitteln, wenn nicht zwei erste [Dinge], Pollen und Samen, angenommen werden.
>
> 1. Der POLLEN ist der Staub der Pflanze (§3), der aufbricht, wenn er durch Berührung mit einer Flüssigkeit feucht gemacht wird, und eine sinnlich nicht wahrnehmbare Substanz elastisch entläßt.
> 2. Der SAMEN ist der abfallende Teil der Pflanze, fruchtbar mit einer ersten Anlage der neuen Pflanze, und durch den Pollen belebt.
> 3. Das STAUBGEFÄß ist das Gefäß, das den *Pollen* (1) hervorbringt und entläßt.
> 4. Die FRUCHTHÜLLE ist das Gefäß, das die *Samen* (2) hervorbringt und entläßt.

Das Wesen der Pflanzen 245

5. Der STAUBFADEN ist der Fuß des *Staubgefäßes*, wodurch dieses mit der Pflanze verbunden wird.
6. Der FRUCHTKNOTEN ist die unreife, erste Anlage der *Fruchthülle* (4) und des *Samens* (2) und tritt besonders zu der Zeit hervor, in der die Staubgefäße (3) den Pollen (1) entlassen.
7. Die NARBE ist die feuchte Spitze des *Fruchtknotens* (6).
8. Der GRIFFEL ist der Fuß der *Narbe* (7), der jene mit dem *Fruchtknoten* (6) verbindet.
9. Die BLÜTENKRONE und der BLÜTENKELCH sind die Schutzhüllen der *Staubblätter* (1.3.5) und der *Stempel* (6.7.8), von denen dieser aus der *äußeren Haut* der Rinde, jene aus dem *Bast* entsteht.
10. Der BLÜTENBODEN ist das, was die vorgenannten Teile (5.6.9) verbindet.
11. Die BLÜTE geht aus *Staubgefäß* (3) und *Narbe* (7) hervor, ob die Schutzhüllen (9) vorhanden sind, oder nicht.
12. Die FRUCHT wird aus dem *Samen* (2) erkannt, ob von einer Fruchthülle bedeckt, oder nicht.
13. Jede FRUCHTBILDUNG erfreut sich eines *Staubgefäßes* (3), der *Narbe* (7) und des *Samens* (2).
14. Jede PFLANZE ist mit *Blüte* (11) und *Frucht* (12) ausgestattet; so daß diese keiner Art fehlen.[301]

---

[301] A.a.O. §88: 56:

88. Essentia FLORIS (87) in *Anthera* (86) & *Stigmate* (86) consistit.
　　　FRUCTUS (87) in *Semine* (86)
　　　FRUCTIFICATIONIS (87) in *Flore* & *Fructu*.
　　　VEGETABILIUM (78) in *Fructuficatione* (87).
Character partium plantarum difficile eruitur, nisi assumantur duo prima Pollinis & Seminis.
1. POLLEN est pulvis vegetabilium (§.3.), appropriato liquore madefactus rumpendus, & substantiam sensibus nudis imperscrutabilem elastice explodens.
2. SEMEN est pars plantae decidua, rudimento novae plantae foeta, & polline vivificata.
3. ANTHERA est vas *Pollen* (1) producens & dimittens.
4. PERICARPIUM est vasculum *Semina* (2) producens dimittensque.
5. FILAMENTUM est pes *Antherae* (3), quo vegetabili alligatur.
6. GERMEN est *Pericarpii* (4) *Seminis*ve (2) rudimentum immaturum, existens praecipue eodem tempore, quo Anthera (3) Pollen (1) dimittit.
7. STIGMA est apex Germinis (6) roridus.
8. STYLUS est pes Stigmatis (7), connectens illud cum Germine (6)
9. COROLLA & CALYX sunt tegumenta Staminum (1.3.5.) & Pistillorum (6.7.8.), quorum hic ex Epidermide corticali, illa ex libro orta est.
10. RECEPTACULUM est, quod connectit partes praedictas (5.6.9.).
11. FLOS ex *Anthera* (3) & *Stigmate* nascitur, sive tegumenta (9) adsint, sive non.

Der Aphorismus 88 ist – unter Nichtbeachtung des ausführlichen Kommentars – bisher so gelesen worden, als entspräche er dem Ergebnis einer Argumentation, die bereits von Andrea Caesalpinus in seinen *De plantis libris XVI* von 1583 vorgelegt worden sein soll: Unter der Voraussetzung, daß die „Natur (naturae)" der Pflanzen in denjenigen Tätigkeiten bestünde, in denen sich Pflanzen dem Individuum bzw. der Art nach realisieren, und daß eine Klassifikation der Pflanzen sie dieser Natur nach zu erfassen habe, gelte es, diejenigen Organe zu bestimmen, die wesentlich zur Gewährleistung der genannten Tätigkeiten beitragen, und Pflanzen dann nach Merkmalsunterschieden zu klassifizieren, die an diesen Organen bestehen. Analog hat etwa James Larson die Funktion der Wesensbestimmung bei Linné interpretiert:

> To arrive at the essential parts of plants as a basis of division, Linné used a speculative physioloy based upon Aristotelian principles similar in almost every detail to the analysis used by Caesalpino a century and a half earlier. Plants have a vegetative vital principle; that is, they carry out the function of nutrition, tending toward the preservation of the individual, and the function of reproduction, tending toward the preservation of the kind. All plant parts must be involved in one of these two functions, and analysis will reveal for each particular part its role in one of the two organic systems with which the vital functions are carried out.
>
> Within each system the relative importance of each part is calculated by means of an a priori notion of finality. Reproduction, for example, is essentially constituted by fertilization; therefore the organs of fertilization are more essential than the calyx and the corolla. The female organ, in turn, is more important than the male, for after fertilization the seed and its envelope remain, and again the former is more important than the latter [...] [Linné] insisted upon the essentiality of the system of fructification and its preeminence as an instrument of classification. He spoke of fruit and flower as the fundamentum of any method, and as the essentia of the plant. He wished to use the system of fructification as his fundamentum divisionis in order to arrive at the essence of the plant; the natural characters of his genera and the

---

12. FRUCTUS ex *Semine* (2), sive pericarpio (4) sive non tectum, dignoscitur.
13. FRUCTIFICATIO omnis gaudet *Anthera* (3), *Stigmate* (7) & *Semine* (2).
14. VEGETABILE omne *Flore* (11) & *Fructu* (12) instruitur; ut nulla species his destituta.

essential characters of his species pretend to state the essence of the definienda.".302

Ohne hier die Frage beantworten zu können, ob Larsons Interpretation Caesalpinus gerecht wird[303], läßt sich auf eine entscheidende Diskrepanz hinweisen: Anders als Larson zunächst behauptet, identifiziert Linné nicht etwa ein einzelnes Organ (etwa das „weibliche Organ") mit dem *Wesen* der Pflanzen, sondern, wie Larson zuletzt auch richtig festhält, ein ganzes System von Organen, eben die Fruchtbildung, welche in Linnés Augen nicht etwa einen „Teil" der Pflanze ausmacht, sondern die ganze Pflanze in ihrem letzten, der geschlechtlichen Reproduktion dienenden Wachstumsstadium (s. o.). Innerhalb der Fruchtbildung werden dann zwei Teilsysteme – die der Bestäubung dienende Blüte und die der Entlassung des Samens dienende Frucht – als „Wesen der Fruchtbildung" bestimmt, und innerhalb dieser Teilsysteme dann Einzelorgane als jeweiliges „Wesen" dieser Teilsysteme. Den im Kommentar aufgeführten Definitionen zufolge – und dies ist der entscheidende Punkt – machen letztere allerdings miteinander wieder ein Organsystem aus, und zwar das System, das genau diejenigen Organe umfaßt, die z u m M i n d e s t e n zur Realisation der „Fruchtbildung" im Bestäubungsakt zusammenwirken müssen: Es muß notwendig mindestens ein männ-

---

302 LARSON (1971: 146; vgl. auch pp. 51-53); ähnliche Interpretationen bei DAUDIN (1926b: 40) und CAIN (1958: 148).

303 In CAESALPINUS *De plantis* (1583 lib. I, cap. xiii/xiv: 26-30), wo sich die entsprechende Argumentation findet, ist immerhin an keiner Stelle vom „Wesen (essentia)" der Pflanze die Rede. Diese terminologische Differenz mag nichts bedeuten, zumindest fällt aber auf, daß Caesalpinus' Argumentation zweistufig angelegt ist: Zunächst versucht er „Ähnlichkeit und Unähnlichkeit (similitudo & dissimilitudo)" in denjenigen „Substanzen (substantiae)" zu identifizieren , „die [den Pflanzen] um des ersten Werks der [Pflanzen-]Seele [d.h. der Ernährung] willen verliehen wurden, darauf die, welche ihnen um des zweiten [Werks, d.h. der Fortpflanzung] willen verliehen wurden (quae primi animae operis gratia data sunt, deinde quae secundi)". An derartigen, die Substanz der Ernährungs- und Fortpflanzungsorgane betreffenden Unterschieden vermag er allerdings nur wenige zu nennen, nämlich die Unterschiede „holzig – nicht-holzig" und „mit Frucht – ohne Frucht". Soweit treffen Larsons Angaben zu. Caesalpinus argumentiert d a n n aber in einem jeweils zweiten Schritt dafür, bei der weiteren Klassifikation der Pflanzen auch „akzidentielle" Eigenschaften ("accidentia") der Organe zu berücksichtigen, welche deren „Anzahl, Lage und Gestalt (numerus, situs, figura)" betreffen, also Eigenschaften, die den Organen nicht substantiell zukommen, sondern insofern sie selbst wieder aus „Teilen" zusammengesetzt sind bzw. in Relation zu anderen Teilen stehen. Vgl. DOROLLE (1929: 73-85) und LÜTJEHARMS (1934).

liches Geschlechtsorgan (ein Staubgefäß) sein Geschlechtsprodukt (den Pollen, genauer, die in Pollenkörnern enthaltene Substanz) mit dem von wenigstens einem weiblichen Geschlechtsorgan (der Narbe) ausgeschiedenen Geschlechtsprodukt (einer „Flüssigkeit") in Berührung gebracht haben, damit in der stofflichen Interaktion dieser beiden Substanzen die erste Anlage eines Nachkommens (der befruchtete Samen) entstehen kann.[304] Und Linné macht im ersten Satz des Kommentars genau kenntlich, worum es ihm mit der Bestimmung dieses minimalen Funktionszusammenhanges geht: Es geht ihm nicht etwa darum, zu entscheiden, welche Organe die funktional wichtigsten sind, um dann die Entscheidung zu treffen, daß Pflanzen nach Merkmalen an diesen Teilen zu klassifizieren sind. Es geht ihm darum, aus dem vorausgesetzten minimalen Funktionszusammenhang Definitionen für sämtliche anderen Organe des Systems der Fruchtbildung abzuleiten. Dementsprechend wird in den zwei ersten Definitionen des Pollens und des Samens der minimale Funktionszusammenhang zunächst etabliert und in jeder der anschließenden zwölf Definitionen durch Verweise (mittels Ordnungsnummern) unmittelbar oder mittelbar Bezug auf denselben genommen. Jedes der einzelnen Teilorgane der Fruchtbildung ist damit gleichermaßen (und nicht etwa gewichtend) als in jeweils besonderer Weise mit anderen Gliedern zusammenwirkendes Glied der Fruchtbildung erfaßt.[305]

Genau hieraus ergibt sich nun die Möglichkeit, bei der Merkmalsterminologie zur Fruchtbildung nicht etwa bloß Merkmale zu einzelnen Teilen aufzulisten, sondern Merkmale in Beziehung zu Strukturen zu

---

[304] Ähnlich wird in LINNÉ *Spons. plant.* (1746/1749 §XVIII: 352/353) begründet, daß die „Blüte über die Geschlechtsorgane, die der Befruchtung dienen, zu definieren sei (florem definimus per organa genitalia plantae, fecundationi inservientia)". Dieser Paragraph endet mit einem Verweis auf den Aphorismus 88 der *Fundamenta botanica*.

[305] In diesem Sinne erläutert auch eine Randbemerkung von Linnés Hand zum § 88 in seinem persönlichen Exemplar der *Philosophia botanica* die Funktion des Aphorismus (LSL, Linn. coll. *Phil. bot.* §88):

In diesem Beweis habe ich die Meisterschaft der Kunst aufgestellt. Keiner wird vorher definiert haben, wenn nicht aus der Funktion, die hypothetisch ist. Wer definierte Mund, Nase, Ohren, wenn nicht aus dem Nutzen

In hac demonstratione posui magisterium artis. Nullus antea definerit, nisi ex usu qui hypotheticus est; quis definiat os, nasum, aures, nisi ex usu.

Der Ausdruck „Nutzen (usus)" kann in Beziehung auf den § 88 nur sinnvoll „Nutzen eines Organs für die Pflanze" also „Funktion" bedeuten.

setzen, die Spezifikationen eines allgemeinen Typus darstellen. Nach den Angaben im Kommentar zum Aphorismus 88 läßt sich die Beschreibung der „natürlichsten Bauweise" in den Aphorismen 94 bis 97 nämlich so verstehen, daß sie genau diejenige Struktur einer Fruchtbildung abbildet, in der der Funktionszusammenhang der beteiligten Organe am unkompliziertesten ablaufen kann: Welche der Fruchtbildung dienende Bauweise wäre – unter Voraussetzung des im Aphorismus 88 geschilderten Zusammenwirkens der Blüten- und Fruchtorgane bei der Fruchtbildung – „natürlicher" als eine, in der die Anzahl der Kelch- und Blütenblätter der Anzahl der Staubfäden entspricht, wenn erstere als „Schutzhüllen" der Bestäubungsorgane fungieren sollen (§94)? Welche „natürlicher" als eine, in der Staubblätter und Stempel aufrecht nebeneinander stehen sind, wenn der aus dem Staubgefäß entlassene Pollen mit der Flüssigkeit in Berührung gebracht werden soll, die aus der Narbe austritt (§95)? Und, unter derselben Voraussetzung, welche „natürlicher", als eine, in der Staubfäden und Stempel gleich lang sind (§96) und „die Staubgefäße den Staubfäden aufsitzen und die Narben der Stempel gemeinsam umgeben" (§97)? Wie „einzigartig" steht demgegenüber eine „Bauweise" da, bei der (wie bei Pflanzen der Gattung *Arum*) „der Stempel die Basis eines zu einem Knüppel ausgezogenen Blütenbodens einnimmt, die Staubblätter dagegen den oberen Teil desselben" (§111), oder bei welcher (wie bei Pflanzen der Gattungen *Paris* und *Asarum*), die Staubkammern an der Seite und nicht an der Spitze des Staubfadens befestigt sind? Und schließlich gilt der letzte Teil der Merkmalsterminologie Linnés der „üppig strotzenden Blüte", welche von einer Bauweise ist, bei der „die Hüllen der Fruchtbildung (i. e. Kelchbzw. Kronenblätter) so vermehrt sind, daß die wesentlichen Teile (i. e. die Geschlechtsorgane) zerstört sind (indem etwa Kelchblätter bei gefüllten Blüten an die Stelle von Staubblättern treten)".[306] Solange der Funktionszusammenhang der Fruchtbildung nicht in dieser Weise zerstört werden soll – wodurch die betroffenen Pflanzen schließlich als „Monster" aus

---

[306] LINNÉ *Phil. bot.* (1751 §119: 79):

> 119. Eine üppig strotzende Blüte vermehrt die Schutzhüllen der Fruchtbildung so, daß derselben wesentliche Teile zerstört werden; [..].)

> (119. LUXURIANS Flos Tegmenta fructificationis ita multiplicat, ut essentiales ejusdem partes destruantur; [..].)

> (Die Auslassung zählt verschiedene Arten „üppig strotzender Blüten" auf, zu denen in den anschließenden Aphorismen 120-127 eine Beschreibungsterminologie geliefert wird.)

dem Artzusammenhang treten[307] – kann die Struktur der Blüten- und Fruchtorgane nicht beliebig variieren. Jede Zusammenstellung von Merkmalen der unterscheidenden bzw. einzigartigen Bauweise zu einer *natürlichen* Gattungskennzeichnung wird in ihrer einheitlichen Beziehung auf den Funktionszusammenhang der Fruchtbildung – gewährleistet durch die im „Alphabet der Pflanzen" vorgegebene Grundstruktur jeder *natürlichen* Gattungskennzeichnung – zu einer der besonderen, mehr oder weniger von der „*natürlichsten* Bauweise" abweichenden Strukturen, in denen die „Fruchtbildung" ablaufen kann.[308]

9.2 Angenehme Schauspiele

Für die Beschränkung der *natürlichen* Gattungskennzeichnungen Linnés auf die *Fruchtbildung* liefern die Ergebnissen des letzten Abschnitts eine zwanglose Erklärung: An keiner Stelle gibt Linné bei der Behandlung der vegetativen Organe zu erkennen, daß er diese Organe als ein System von Organen begreifen kann, dessen Glieder – wie bei der Fruchtbildung – in jeweils besonderer Weise in Hinsicht auf eine dem Gesamtsystem zukommende Funktion zusammenwirken. Wenn die Wurzel bloß als das Organ der Pflanze bestimmt ist, das Nahrung anzieht, und die Blätter bloß als die Organe, die „ausdünsten und (Luft) anziehen wie die Lungen", so ergibt sich daraus kein Hinweis auf ein besonderes Zusammenspiel von Wurzel und Blatt, welches zu seiner Realisation nur bestimmte Strukturverhältnisse unter Wurzeln und Blättern zuließe. Nur in der Interaktion der Blüten- und Fruchtorgane tritt die Pflanze für Linné erkennbar als das hervor, was sie als Gegenstand der Botanik ist: als

---

[307] A.a.O. §150: 96.

[308] Dies bedeutet nicht, daß die Gattungskennzeichnung die Fruchtbildung ausdrücklich als einen mechanischen Vorgang beschreibt. JACOBS (1980) hebt richtig hervor, daß Linnés Gattungskennzeichnungen keine Verben kennen (wenn auch zuweilen Partizipialkonstruktionen) und begründet dies damit, daß es Linné eben auch darum ging, „dried material" zu kennzeichnen. Durch die Konstruktion der Merkmalsterminologie Linnés ist die *natürliche* Gattungskennzeichnung aber immer als eine Struktur beschrieben, in der der Prozeß der Fruchtbildung vor sich gehen kann, so daß es nicht stimmt, wenn Jacobs behauptet, daß in Linnés Gattungskennzeichnungen die Pflanze nicht „als lebendiges Geschöpf" sichtbar wird (a.a.O. 167; ähnlich wie Jacobs argumentiert FOUCAULT (1966: 149/150).

jeweils in besonderer Weise zu Zwecken ihrer Reproduktion organisierte „hydraulische Maschine".[309]

Allerdings birgt diese Erklärung auch ein epistemologisches Problem: So sehr, wie der Funktionszusammenhang der vegetativen Organe der Pflanze Linné verborgen blieb, so wenig lag auch der Funktionszusammenhang der Fortpflanzungsorgane offen zu Tage. Vielmehr müssen zwei nicht ohne weiteres realisierte Bedingungen bei der Ermittlung funktionaler Zusammenhänge erfüllt sein, noch dazu, wenn diese Ermittlung dem Zweck dienen soll, die Morphologie besonderer Pflanzen in Beziehung zu ihren Reproduktionsprozessen zu setzen: Erstens muß es sich um Beobachtungen handeln, die in der Lage sind, einzelne Zustände der Pflanzen in den zeitlichen Zusammenhang des Ablaufs ihrer Reproduktion zu bringen; und zweitens muß es sich um Beobachtungen handeln, bei denen die Reproduktionsprozesse verschiedenartiger Pflanzen unter eine vergleichende Perspektive geraten können. Schließlich hängen diese beiden Bedingungen auch noch in einem Punkt zusammen: Wenn eine vergleichende Perspektive in Hinblick auf in der Zeit ablaufende Reproduktionsprozesse verschiedenartiger Pflanzen eingenommen werden soll, so ist es nötig, dies unter gleichartigen äußeren Bedingungen zu tun, da der Ablauf der Reproduktionsprozesse von äußeren Faktoren wie Wetter oder Ernährungsbedingungen abhängig ist und somit an verschiedenen Orten nicht zeitlich korreliert sein muß. Als Beobachtungsort, der genau diese Bedingungen erfüllte, beschrieb Linné den botanischen Garten:

> Zu den wichtigsten Hilfsmitteln zur Pflege und Förderung der Botanik gehören sicherlich die botanischen Gärten, und an den meisten und besten Akademien sind sie schon eingerichtet worden. In diesen findet die studierende Jugend nämlich, wie in einer lebenden Bibliothek, höchst fremde und seltene Pflanzen, und dies in einer solchen Menge,

---

[309] Vielfach hat man in Linnés Präferenz der Blüten- und Fruchtorgane den Ausdruck pragmatischer Überlegungen gesehen: Diese Organsysteme lieferten eben die komplexeste Morphologie und damit die meisten Unterscheidungen (so etwa LARSON 1971: 146 und STAFLEU 1971: 51). Tatsächlich ist aber die Merkmalsterminologie der vegetativen Organe in der *Philosophia botanica* umfangreicher, als die der Fruchtbildung. Und Artkennzeichnungen Linnés führen vielfach auch mehr vegetative als Blüten- und Fruchtmerkmale auf. Warum Artkennzeichnungen – anders als Gattungskennzeichnungen – dies tun können, wird sich aus dem Inhalt des nächsten Kapitel ergeben: Für die Verwendung von Merkmalen in Artkennzeichnungen kannte Linné nämlich nicht nur funktionsmorphologische sondern auch fortpflanzungstheoretische Kriterien.

wie sie ohne bedeutende Kosten und Aufopferung einer ganzen Lebenszeit auf Reisen niemals untersucht werden könnte. So ist es hier gewissermaßen kostenlos erlaubt, gleichsam wie im Paradies die Werke der Flora auf einem kleinen Erdstrich eingeschlossen zu betrachten, und zugleich eine Art mit der anderen zu vergleichen, um so durch ein und dieselbe Bemühung die Unterschiede der Pflanzen gründlich zu lernen, was zuerst und vor allem die Hauptsache ist. Die Kenntnis aller Arten begründet nämlich die Gelehrsamkeit fest, und schwankt jene, so ist nichts fest und beständig. Auf *herbationes* können freilich lebende Pflanzen der Jugend gezeigt werden, aber dort geschieht es selten, daß alle Arten ganz und wiederholt untereinander verglichen werden können, obwohl eine wahre Kenntnis der Arten eine Kollation derselben und auf dieser Grundlage erfolgende Beobachtung der Unterschiede bedarf. In botanischen Gärten bietet sich uns die Möglichkeit, eine Pflanze täglich zu sehen, schon wenn sie ihr Ei verläßt, grün wird, blüht, Frucht trägt und schließlich ihre Samen sehen läßt. Hier können wir alle ihre Verwandlungen betrachten, woraufhin ihre Gestalt sich dem Geist so scharf einprägt, daß wir sie späterhin sicher erkennen. Hier erkennst Du, in welcher Weise Pflanzen, einige früher, andere später, Laub bekommen, blühen, Frucht tragen und verwelken, und so sind auch in Gärten zu diesen [Vorgängen] die besten Erfahrungsproben gemacht worden.[310]

---

[310] LINNÉ *Dem. plant.* (1753/1756 §I: 394/395):

> §.I. Inter maxima Botanices promovendae atque alendae adminicula, Horti omnino sunt Botanici, ad plerasque, & optimas quidem Academias, jam instituti. In his enim, studiosa juventus, velut Bibliotheca quadam viva, herbas maxime exoticas & raras invenit, & ea copia, ut non sine sumtu insigni, & optime fere totius aetatis jactura, peregrinationibus susceptis, investigare possent. Heic igitur, quasi gratis, opes Florae in parvulum terrae tractum, tanquam Paradisu, conclusas, intueri, & simul speciem unam cum altera conferre licet atque adeo eadem opera specierum differentias perdiscere, quod primum & praecipuum erit propositum. Cognitionem enim specierum omnis solida fundatur eruditio, qua vacillante, nihil firmum est & stabile. In Herbationibus, herbae vivae juventuti quidem demonstrantur, sed raro ibi abccidit, ut tot & saepe omnes inter se conferi possint species, quarum tamen collatione, & differentia inde observata, vera nititur specierum cognitio. In Hortis Botanicis occasio sese offert, quotidie videndi Plantam, ab ovo suo jam prodeuntem, virescentem, florescentem, fructificantem, usque dum sua tandem semina exhibeat. Hinc omnes ejus metamorphoses, und idea ejus tam arcte menti infigitur, ut certo postmodum eam agnoscamus. Hinc perspicies, quomodo herbae, quaedam maturius, quaedam tardius frondescunt, floreant, fructificent, decidant; atque ita de his optima in Hortis instituuntur experimenta.

In diesem Text wird der Unterschied hervorgehoben, der zwischen einer Beobachtung von Pflanzen in ihre natürlichen Lebensräumen – auf einer „Reise" bzw. einer „herbatio" – und ihrer Beobachtung im botanischen Garten besteht: Erst im zeitlichen und räumlichen Zusammenhang des botanischen Gartens – der „täglich" möglichen Konzentration auf verschiedenartige Pflanzen, welche auf „einen kleinen Erdstrich eingeschlossen sind" – wird es möglich, die ansonsten bestehende räumliche und zeitliche Vereinzelung der Pflanzen aufzuheben, indem deren Reproduktionsprozesse ("alle Verwandlungen einer Pflanze") unter den gleichartigen und noch dazu kontrollierten Bedingungen eines eng umgrenzten Ortes einer zeitlich dichten Beobachtungsfolge zugänglich gemacht werden und z u g l e i c h die besonderen Strukturverhältnisse verschiedenartiger Pflanzen in unterschiedlichen Vergleichskonstellationen in Augenschein genommen werden können ("auf der Grundlage der Kollation der Arten die Unterschiede beobachtet werden können"). Es wird im botanischen Garten zur Ermittlung funktionsmorphologischer Zusammenhänge also nicht etwa experimentell in die Reproduktionsprozesse der Pflanzen eingegriffen – dieses würde schließlich die dort zu gewährleistende Reproduktion von Artrepräsentanten gefährden – aber der botanische Garten setzt experimentförmige Beobachtungsbedingungen: frei konstellierbare Elemente des Gegenstandsbereichs der Botanik sind unter einheitlichen und weitgehend kontrollierten Rahmenbedingungen jederzeit beobachtbar.

Die Art- und Gattungskennzeichnungen Linnés sind nicht unmittelbar Dokumente solcher Beobachtungen: Sie beschreiben die „Fruchtbildung" nicht als Prozeß, sondern als diejenige morphologische Struktur, in der dieser Prozeß in seiner jeweils art- bzw. gattungseigentümlicher Weise ablaufen kann. Auf Spuren der für die Art- bzw. Gattungskennzeichnung gleichwohl konstitutiven Beobachtung funktionaler Zusammenhänge trifft man allerdings in der Dissertation *Sponsalia plantarum*, auf deren grundlegende Bedeutung für die Botanik Linnés ich schon im Abschnitt 4.2 eingegangen bin. Hier soll sie genutzt werden, um einen kursorischen Überblick zu den genauen Formen zu liefern, in denen der botanische Garten in der gerade beschriebenen, experimentförmigen Weise Einsichten in funktionsmorphologische Zusammenhänge lieferte.[311] Vorauszuschicken sind dem die zentralen, die Fortpflanzung der Pflanzen

---

311 Eine Zusammenstellung von Linnés Beobachtungen hinsichtlich des Bestäubungsakts findet sich auch in LINDMANN (1907: 106-114).

betreffenden Sachverhalte, um deren Beleg es Linné in den *Sponsalia plantarum* ging:

> Die Fruchtbildung enthält die Geschlechtsorgane der Pflanzen, die Blüte die zur Verrichtung der Hervorbringung, die Frucht die zur Verrichtung der Geburt.
>
> Die Staubgefäße sind die männlichen Geschlechtsorgane.
>
> Die Narben, dem Fruchtknoten immer angefügt, sind die weiblichen Geschlechtsorgane.
>
> Die Hervorbringung der Pflanzen wird mittels der Entlassung des Geschlechtsprodukts der Staubkammern auf die Narben verrichtet.[312]

Zu jeder dieser Aussagen wird eine Reihe von Beobachtungen angeführt, die zuweilen zu Pflanzen im Allgemeinen, meist jedoch zu besonderen Ordnungen, Gattungen oder Arten der Pflanzen formuliert sind und die jeweilige Aussage exemplarisch belegen sollen. Bei der Darstellung der verschiedenen Formen dieser Belege kann man sich an den Kategorien orientieren, nach denen sie in den *Sponsalia* klassifiziert werden:

1. *Tempus, Praecedentia, Decidentia* – Beobachtungen des regelhaften, zeitlichen Ablaufs von Reproduktionsprozessen:

> Zu dieser Belegklasse gehören die Beobachtungen, daß die Staubgefäße und Narben bei Pflanzen immer vor der Befruchtung erscheinen und nach erfolgter Befruchtung wieder „verwelken (decident)", daß die Staubgefäße und die Stempel „immer zur selben Zeit kräftig sind (eodem omnino tempore vigent)", daß bei männlichen Hanfpflanzen

---

[312] LINNÉ *Spons. plant.* (1746/1749) §§XVII-XXVIII: 352-373 passim):

> Fructificatio itaque continet genitalia plantae; Flos actum generationis; Fructus autem actum partum. Fund.bot. §.142.
>
> Antheras esse plantarum genitalia Masculina & earum Pollinem veram genituram, docet Essentia, Praecedens, Situs, tempus, Loculamenta, Castratio, Figura pollinis.
>
> Stigmata, germinis ubique annexa, esse genitalia feminea, probant Essentia, Praecedentia, Situs, tempus, Decidentia, Abscisso.
>
> Generationem vegetabilium fieri mediante geniturae Antherarum illapsu supra stigmate, dictitat oculis, Proportio, Locus, Tempus, Pluviae, palmicolae, Flores nutantes, submersi, Syngenesia frustranea, immo omnium Florum genuina consideratio.

Die nachgestellten Hauptwörter bezeichnen die Belegkategorien, auf die ich im Folgenden eingehen werde. „Essentia" bezieht sich auf den Aufweis der Wesentlichkeit der Bestäubungsorgane im §XVIII; s. dazu Fußn. 304.

(*Cannabis*) vor Ausbildung von Stempeln an den weiblichen Hanfpflanzen nur „äußerst wenig (minime)" Pollen entlassen wird, und daß bei Pflanzen mit getrenntgeschlechtlichen Blüten die „Blütenbildung (florescentia)" oft der „Blattbildung (foliorum exortum)" vorangeht (so daß die Blätter „die Bestäubung nicht behindern"). Daneben wird der vollständige Ablauf der Fortpflanzung bei besonderen Pflanzenarten als ein „Fortgang der Hervorbringung (processus generationis)"[313] oder – in geradezu pornographisch anmutender Weise – als ein „angenehmes Schauspiel" beschrieben:

> Wenn die Blüte aufblüht und der Pollen aus den Staubbeuteln fliegt, so zeigt der erste Anblick, daß der Pollen sich der Narbe anhängt.
> Die Blüte der DREIFARBIGEN VIOLA C. *Bauh.* zeigt dies in einem angenehmen Schauspiel: Kaum nämlich ist die Blüte aufgegangen, klafft die jungfräuliche Vulva wollüstig auf, gleich einer an der Seite geöffneten, hohlen Kugel, und dabei weiß und glänzend. Sobald aber auch ihre fünf miteinander verwandten Männer ihren Zeugungsstoff ausgestoßen haben, wirst Du beobachten, daß die ganze Vulva mit Geschlechtsstaub bedeckt und mit einer braunen Farbe bespiehen ist, obgleich die Röhre noch klar und durchsichtig ist. [...].
> Die durch den Liebesrausch erregte GRATIOLA öffnet den Stempel in der Narbe wie ein gefräßiger Drachen, und erst wenn sie durch den männlichen Staub berührt ist und den gesättigten Rachen schließt, verblüht sie und trägt befruchtet eine Frucht.[314]

---

[313] A.a.O. §XV 351 und §XXV: 368.

[314] A.a.O.: 359:

> Flore florescente & polline antherarum volitante, quod stigmati pollen inhaererat, prima front obvium est.
> VIOLAE TRICOLORIS C. *Bauh.* flos, hoc jucundo spectaculo ostendit: flore nempe vix adhuc explicato virginemam vulvam lascive hiantem, globi instar concavi, & ad latus aperti, albam & nitidam; simul ac autem genituram suam projecerunt quinque ejus inter se affines mariti, totam vulvam farina genitali repletam, colore fusco despurcatam observabis, tuba tamen existente clara pellucida. [..].
> GRATIOLA oestro venereo agitata, pistillum stigmate hiat, rapacis instar draconis, nil nihil masculinum pulverem affectans, at satiata rictum, claudit, deflorescit, fecundata fructum fert, *Hort. Cliff.* 9, & in allis aliter.

Die Auslassung berichtet von einer Art Experiment, nämlich daß sich aus der Narbe mit den Fingern vor der Befruchtung ein Flüssigkeit herausdrücken läßt. Von dem Bestäubungsakt als einem „Schauspiel" ist noch einmal am a.a.O. §XXV: 363 in Bezug auf die Bananenpalme (*Musa*) die Rede.

Solche Beobachtungen setzen eine Einheit äußerer Umstände voraus, da die beobachteten Ereignisse an gleichartigen Pflanzen, die unter verschiedenen Umständen leben, nicht zeitlich korreliert auftreten müssen, was unter Umständen dazu führen kann, daß es bei Beobachtungen an zwei verschiedenen Orten so zu sein scheint, als ginge etwa die Frucht zuweilen der Blüte voraus. Außerdem ist eine dichte zeitliche Abfolge von Beobachtungen notwendig, da es sich bei den referierten Bewegungen der Bestäubungsorgane um relativ kurzfristige Ereignisse handeln kann. Und schließlich hat sich die Beobachtung nicht an einer unabhängig von den Pflanzen bestehenden Zeitfolge, etwa dem Kalenderjahr, zu orientieren, sondern an der Zeitfolge, die in der Generationenfolge gesetzt wird: Gemessen an dieser muß der ("elterliche") Bestäubungsakt als eine Ereignisabfolge erscheinen können, die der Absonderung eines fruchtbaren Pflanzensamens (eines „Nachkommens") vorangeht. So erwähnt Linné zum Beleg der Behauptung, daß die Blüte immer der Frucht vorangehe, eine Beobachtung, die – mäße man den Ablauf am Kalenderjahr – ihr genaues Gegenteil belegen könnte: „Die Herbstzeitlose blüht bei uns im Herbst, die Frucht aber erscheint mit Stengel und Blättern erst in dem folgenden Sommer in den Monaten Mai und Juni." Klarerweise können nur Beobachtungen in botanischen Gärten diese Anforderungen an Einheit örtlicher Gegebenheiten, zeitliche Dichte und zeitliche Orientierung an der dort selbst gesetzten Generationenfolge gewährleisten.

2. *Situs, Locus, Loculamenta, Figura pollinis* – Beobachtungen von Regelhaftigkeiten und Einzigartigkeiten in den Strukturverhältnissen der Blütenorgane:

Einige Beobachtungen dieser Art betreffen Strukturverhältnisse, die in der Beschreibung der „natürlichsten Bauweise" zusammengefaßt sind: etwa, daß „die Staubblätter immer so angeordnet sind, daß ihr Pollen den Stempel berühren kann (anthera ita semper collocatur, ut ejus pollen pistillum pertingere queat)". Solche Beobachtungen illustriert eine der Dissertation beigefügte Tafel, die der allgemeinen Darstellung der Funktionszusammenhänge in den Organsystemen der Blüte und Frucht dient: in idealisierter Weise werden zwei *Mercurialis*-Pflanzen verschiedenen Geschlechts im Akt der Bestäubung gezeigt, darunter eine idealisierte Blüte eingerahmt von der Darstellung eines Querschnitts durch ein Hühnerei und eines Querschnitts durch eine Bohne (s. Abb. 16). Allerdings legen die *Sponsalia plantarum* größeres Gewicht auf Belege, die sich auf einzigartige Strukturverhältnisse beziehen.

Dabei wählt Linné zuweilen Beispiele, die zeigen, wie wichtig die vergleichende Beobachtung lebender Pflanzen im botanischen Garten für die Ermittlung des Funktionszusammenhangs der Fruchtbildung ist: Häufig werden „einzigartige" Strukturverhältnisse betrachtet, die der Bestäubung geradezu entgegenzustehen scheinen, und zwar um zu zeigen, wie sich selbst diese Strukturverhältnisse, gestützt auf eine genaue Beobachtung des in der Zeit verlaufenden Zusammenspiels der Blütenorgane, als solche erweisen lassen, in denen es zur Bestäubung kommen kann. So etwa in der folgenden Beobachtung:

> Meistens haben Staubblätter und Stempel dieselbe Höhe, daß desto leichter, mittels des Windes, der Pollen die Narbe erreicht; in welchen dieses aber nicht so ist, dort wird ein einzigartiger Fortgang der Befruchtung beobachtet.
> Bei GERANIUM *mit einblättrigen, aufrecht blühenden Kelchen und fast herzförmigen Blättern, Hort. cliff. p. 345*, wo der Stempel kürzer als die Staubblätter ist, hängen die Blüten, ehe sie aufblühen, herab, im Moment des Aufblühens aber richten sie sich auf, so daß das Pulver [i. e. der Pollen] waagerecht durch den Wind zur Narbe vordringt; aber nach vollbrachter Begattung neigen sie sich bis zur Reife der Frucht, in welchem Moment sie sich wieder aufrichten, daß die Samen leichter verstreut werden.[315]

3. *Loculamenta, Figura* – Beobachtungen des Ablaufs von Reproduktionsprozessen, die auf besondere, äußere Umständen reagieren:

Linné weist bei diesen Belegen jeweils auf ihm bekannte Umstände hin, die von behinderndem Einfluß auf den Fortpflanzungsprozeß sein sollen. So wird vom „Roggen" berichtet , daß er „blühend auf Staubfäden sitzende Staubbeutel austreibt, und wenn zu dieser Zeit Regen fällt, so wird der Pollen zusammengeballt", so daß die Bestäubung nicht erfolgen kann. Besonderen Wert legt Linné dabei auf Belege, bei denen sich zeigen läßt, welche spezifischen Vorkehrungen

---

[315] A.a.O. §XXV: 360:

> Plerumque stamina & pistilla eandem ferunt altitudinem, ut eo melius ad stigma pollen, mediante vento, accedat, in quibusdam vero non, ubi singularis observatur processus fecundationis.
> Geranium calycibus monophyllis florentibus erectis, foliis subcordatis, Hort. Cliff. 345, ubi pistillum staminibus minus est, flores ante florescentiam penduli sunt; instante vero florescentia eriguritur, ut pulvis horizontaliter, ope ventorum, ad stigma perveniat; at post peractam venerem nutant ad maturescentiam usque fructus, qua instante, sese iterum erigunt, ut semina facile dispergantur.

im Fortpflanzungsprozeß den Reproduktionserfolg auch unter ungünstigen Umständen gewährleisten, etwa daß „fast alle" Blüten bei hoher Luftfeuchtigkeit oder bei Regen die Kelch- und Kronenblätter über den Bestäubungsorganen zusammenschließen, dies aber nach erfolgter Befruchtung nicht mehr tun, oder Wasserpflanzen ihre Blüten zur Zeit des Bestäubungsaktes an die Wasseroberfläche senden.[316] Solche Beobachtungen lassen sich als „natürliche Experimente"[317] bezeichnen, da sie zumindest ebenfalls eine sehr genaue Kontrolle zeitlicher und örtlicher Gegebenheiten bei der Beobachtung erfordern, insbesondere in Hinsicht auf den später ausbleibenden bzw. sich einstellenden Reproduktionserfolg.

4. *Castratio, Abscissio* – Gezielte Eingriffe in die Strukturverhältnisse der Blüte und anschließende Beobachtung des ausbleibenden Reproduktionserfolgs.

Nur bei diesen, zahlenmäßig kaum ins Gewicht fallenden Beobachtungen handelt es sich um solche, die im eigentlichen Sinne als experimentell bezeichnet werden können. Allerdings ist auffällig, daß Linné diese nur anhand bäuerlicher Praktiken – wie dem Abpflücken männlicher (weil nicht fruchttragender) Blüten beim Hanf – exemplifiziert.[318]

Die im Vorangehenden kursorisch angeführten empirischen Belege zeigen an, wie genau sich auch die Klassifikation der Pflanzen nach ihrer Bauweise an einer Vielzahl ähnlicher Beobachtungen orientieren mußte, die nur im botanischen Garten möglich wurde: Jede *natürliche* Art- oder Gattungskennzeichnung Linnés orientiert sich bei der vergleichenden Merkmalszuschreibung strikt einheitlich an dem „Alphabet der Pflanzen" und der „Ordnung der Entstehung", so daß im Vergleich von Arten für jedes der zu kennzeichnenden Organe das zeitliche Auftreten, die Lage zu und das Zusammenwirken mit anderen Organen im Prozeß der Fruchtbildung ermittelt worden sein muß. Und dies ist – wie im obigen Zitat zur Funktion des botanischen Gartens ausgeführt – in vergleichendem Bezug auf die Vielfalt verschiedenartiger Pflanzen nur im zeitlichen und räumlichen Zusammenhang des botanischen Gartens

---

[316] A.a.O.: 363-366.

[317] Vgl. zu diesem Konzept bei Charles Darwin MCLAUGHLIN & RHEINBERGER (1982).

[318] A.a.O. §XXV: 361.

möglich. Der botanische Garten ist der Ort, in dem Pflanzen erst als Gegenstände der Botanik zur Darstellung kommen, nämlich als „Maschinen", die zu Zwecken ihrer Reproduktion organisiert sind.

9.3 Symmetrie aller Teile

Es bleibt im letzten Abschnitt dieses Kapitels noch zu fragen, was mit der erläuterten funktionsmorphologischen Kennzeichnung von Arten und Gattungen der Pflanzen im Unterschied zu anderen Kennzeichnungsmöglichkeiten für die Etablierung des *Natürlichen Systems* gewonnen ist. In den *Classes plantarum* von 1738 findet sich dazu – unter einer Reihe von Aphorismen, welche die dort aufgeführten „Bruchstücke einer natürlichen Methode" kommentieren – eine oft zitierte Aussage, die den „Maßstab" betrifft, an dem sich die Erforschung der Ordnungseinheiten des *Natürlichen Systems* zu orientieren hat:

> Es zählt hier [i. e. beim Natürlichen System] kein Maßstab a priori, weder der eine noch der andere Teil der Fruchtbildung, sondern allein die einfache Symmetrie aller Teile, welche eigentümliche Merkmale oft anzeigen.[319]

Man hat diese Aussage häufig so gelesen, als bezeichne der Ausdruck „symmetria" darin das, was Linné ansonsten auch als „habitus" oder „facies" der Pflanze bezeichnete (s. o. Abschn. 9.1). Entsprechend hat man die Aussage, daß „eigentümliche Merkmale die Symmetrie aller Teile oft anzeigen", als Verweis auf die Möglichkeit gedeutet, den ganzheitlichen Eindruck von der Gesamtgestalt der Pflanze durch Bezug auf einzelne, die Gestalt der Pflanze als Ganzes dann aber nicht mehr betreffende Einzelmerkmale auf einen präzisen, begrifflich nachvollziehbaren Punkt zu bringen.[320] Betrachtet man jedoch genauer, was Linné im Einzelnen unter „habitus" verstanden wissen wollte, so trifft man in der *Philosophia botanica* auf Merkmalszusammenhänge, die sich in Analogie zur „Fruchtbildung (fructificatio)" merkmalsanalytisch durchaus präzise zum Ausdruck bringen lassen sollten: Demnach sei unter dem „habitus"

---

[319] LINNÉ *Cl. plant.* (1738/1907 Fragm. meth. nat. §12: 487):

12. Nulla hic valet regula a priori, nec una vel altera pars fructificationis, sed solum simplex symmetria omnium partium, quam notæ sæpe propriæ indicant.

[320] DAUDIN (1926b: 44), LINDROTH (1966: 86), ERIKSSON (1983: 92), STAFLEU (1971: 131) und CAIN (1995: 101); s. jedoch die Bemerkungen in LINDMANN (1907: 58, 67) und LARSON (1971: 67/68).

„irgendeine ähnliche Gestaltung unter verwandten, einer Gattung angehörenden Pflanzen (conformitas quaedam Vegetabilium affinium & congenerum)" zu verstehen, die im Einzelnen hinsichtlich der „placentatio", oder „Anordnung der Keimblätter bei der Keimung des Samens (cotyledonum dispositio sub Seminis Germinatione)", hinsichtlich der „Bewurzelung (radicatio) oder „Anordnung des absteigenden und aufsteigenden Astes [der Wurzel] und der Wurzeläste", hinsichtlich der „Verästelung (ramificatio)" oder „Lage der Äste", hinsichtlich der „Knospung (gemmatio) oder dem „Aufbau der Knospe (gemmae constructio)", hinsichtlich der „Beblätterung (foliatio)" oder der „Zusammenwicklung von dem, was den Blättern dient und in der Knospe liegt (complicatio ea, quam servant Folia, dum intra Gemmam latent)" u.a. besteht.[321] Und in der *Philosophia botanica* werden nicht nur Merkmalsterminologien zu den genannten Kategorien erstellt, sondern im Kommentar zum oben zitierten, die „heimliche Berücksichtigung des Habitus" betreffenden Aphorismus 168 Kennzeichnungen *natürlicher* Ordnungen nach den gerade genannten Kategorien durchgeführt. Unter dem Habitus der Pflanzen verstand Linné also durchaus etwas, das sich merkmalsanalytisch adäquat zum Ausdruck bringen läßt.

Es bietet sich nach den Ergebnissen dieses Kapitels eine andere Interpretation des Aphorismus 12 in den *Classes plantarum* an: Der Ausdruck „symmetria" bezieht sich nicht auf die Gestalt einer Pflanze als Ganzes, sondern auf genau die regelhafte Struktur, die in der *natürlichen* Kennzeichnung dann zum Ausdruck kommt, wenn sie als Beschreibung von Strukturverhältnissen gelesen werden kann, in denen die Funktion der Fruchtbildung verwirklicht werden kann. Mit „eigentümlichen Merkmalen, die die Symmetrie oft anzeigen" wäre dann nichts weiter bezeichnet, als die Möglichkeit, aus dem regelhaften Zusammenhang der Merkmale in der *natürlichen* Kennzeichnung einzelne Merkmale zu isolieren, die diesen Zusammenhang insofern anzeigen, als sie ihm entstammen und damit selbst den darin eingehenden, jeweils art- bzw. gattungseigentümlichen Regelhaftigkeiten gehorchen müssen. Zumindest kennt Linné eine Art der Gattungskennzeichnung, nämlich die „wesentliche (essentialis)", die zwar (wie die „künstliche"; vgl. Abschnitt 2.3.3) bloß ein einziges Merkmal anführt, aber ein Merkmal, das im Ordnungszusammenhang des *Natürlichen Systems* (das eben nur

---

[321] LINNÉ *Phil. bot.* (1751 §163: 101-112, passim).

über *natürliche* Kennzeichnungen zu etablieren ist) als ein „höchst eigentümliches (proprissimam)" Merkmal auftritt[322].

Der Unterschied zwischen der Charakterisierung von Ordnungseinheiten des *Natürlichen System* nach dem Habitus und nach der „Symmetrie aller Teile" besteht damit in Folgendem: Während der merkmalsanalytisch zum Ausdruck gebrachte Habitus Merkmalszusammenhänge wiedergeben würde, deren Einheit bloß im intuitiv wahrgenommenen Gestaltzusammenhang besteht, stellen die in einer *natürlichen* Gattungskennzeichnung beschriebenen Strukturverhältnisse Merkmalszusammenhänge dar, die sich bei Kenntnis des zu Grunde liegenden Funktionszusammenhangs der Fruchtbildung über ihren Gestaltzusammenhang hinaus als regelhafte Strukturverhältnisse zu erkennen geben[323]: Wenn die Blütenorgane zur Befruchtung zusammenwirken sollen, so können sie eben nur in bestimmten Strukturverhältnissen zueinander stehen. Es ergibt sich damit ein inneres Kriterium für die „Natürlichkeit" eines Taxons, das über die bloß intuitive Berücksichtigung der Gestalt hinausreicht: Im Aphorismus 206 der *Philosophia botanica* erklärt Linné, daß „Klassen, ceteris paribus, umso mehr vorzuziehen sind, je natürlicher sie sind"[324]. Und oben war in den Erläuterungen zur *unterscheidenden Bauweise* im Aphorismus 98 der merkwürdigen Aussage zu begegnen, daß „diese Bauweise desto weniger offenbar ist, je natürlicher eine Klasse ist". Man kann beide Aussagen als Angabe eines „Natürlichkeitskriteriums" verstehen, wenn man sich noch einmal das konkrete Vergleichsverfahren vor Augen führt, das dem Klassifikationsverfahren Linnés zu Grunde liegt. Je nach der zu Grunde gelegten Vergleichskonstellation (bei der Gattungskennzeichnung die Menge zu Grunde gelegter Artkennzeichnungen, bei der Kennzeichnung einer *natürlichen* Ordnung die Menge zu Grunde gelegter Gattungskennzeichnungen) wird das mechanische Streichen von Merkmalsunterschieden aus der Kennzeichnung der „ersten" Art (bzw. Gattung) einen Merkmalskomplex zurücklassen, der mehr oder weniger als eine vollständige Beschreibung einer regelhaften „Symmetrie aller Teile"

---

322 A.a.O. §187: 128.

323 Als „g e s c h i c k t e s Ebenmaaß aller Glieder eines Leibes", wie ZEDLER *Univ.lexikon* (1732-1750/1993ff. vol. 41: 715) die Bedeutung des Ausdrucks „Symmetrie" in der zeitgenössischen „Naturkunde" erläutert.

324 Linné Phil. bot. (1751 §206: 137):
    206. Classes quo magis naturales, eo, ceteris paribus, praestantiores sunt.

im gerade erläuterten Sinne zu verstehen ist. Ein Taxon ist dabei umso „natürlicher", je weniger Differenzen in diesem Verfahren zu streichen sind, und je mehr damit eine Beschreibung von Strukturverhältnissen zurückbleibt, die möglichst weitgehend und vollständig in Beziehung zum inneren Funktionszusammenhang der Blüten- und Fruchtorgane, und damit zur „Weise der Hervorbringung (nascendi modo)"[325] einer jeweiligen natürlichen Gattung bzw. Ordnung der Pflanzen gesetzt werden kann.

Eine Kenntnis von regelhaften Funktionszusammenhängen ließe sich der Möglichkeit nach auch für die Merkmalszusammenhänge „placentatio", „radicatio", „foliatio", „gemmatio" etc. gewinnen, um damit *natürliche* Kennzeichnungen anderer Organsysteme als der Fruchtbildung zu etablieren. Dies ist allein eine Frage des botanischen Kenntnisstandes. Und tatsächlich unternahm Linné 1749 in der Dissertation *Gemmae arborum* zumindest den Versuch, über eine Analyse des Knospungsprozesses (*gemmatio*) und der Struktureigentümlichkeiten der Knospen zu Einsichten in das *Natürliche System* zu gelangen. Das an das Ende dieser Dissertation gestellte, ziemlich magere Ergebnis (ein 108 Gattungen umfassendes System von *natürlichen* Klassen und Ordnungen) leitete er mit den folgenden, selbstbewußten Worten ein:

> Das Natürliche System ist immer das zuerst und zuletzt Gesuchte der Botaniker gewesen. Um dieses richtig zu bilden, ist aber nicht nur eine genaueste Untersuchung der Fruchtbildung nötig, sondern auch der ganzen Pflanze und ihrer Teile, was dem scharfsinnigen Botaniker dazu verhilft, jene natürliche Kette und Ordnung zu durchschauen, in welcher der Schöpfer die Pflanzen schuf. Bei der Erstellung dieses [Natürlichen Systems] ist dem Botaniker die Berücksichtigung der Knospen von nicht geringer Bedeutung, so daß hier die Absicht besteht, eine Methode der Knospen nach ihrer Bauweise zu überliefern, so daß daraus, gleichsam aus der Zusammenfassung der Pflanze, der fleißige Erforscher der Geheimnisse der Natur die äußerst große Ähnlichkeit durchschauen kann, welche in gewissen Familien herrscht.[326]

---

[325] Die „Weise der Hervorbringung" ist eine der Kategorien, die der Kommentar zum gerade zitierten Aphorismus 206 als Kategorien benennt, in denen „Verwandte (affines)" einer natürlichen Klasse miteinander übereinstimmen*)*

[326] LINNÉ *Gemm. arb.* (1749/1787 §XVI: 196):
> Methodus Naturalis plantarum fuit primum & ultimum quaesitum Botanicorum, ad quam rite excolendam, non modo Fructificationis accuratissima inspectio necessaria est, sed & consideratio totius plantare ejusque par-

Mit dieser Aussage läßt sich verstehen, was schließlich genau mit *natürlichen* Kennzeichnungen gewonnen sein soll: Sie bringen insofern die „natürliche Kette und Ordnung" unter Pflanzen zum Ausdruck, als sie mit ihrer funktionsmorphologischen Begründung zu dem gesetzmäßigen, genealogischen Zusammenhang in Beziehung gesetzt sind, durch den sich Pflanzen selbst als Arten zueinander verhalten. Die „Ähnlichkeit" unter Pflanzen ist damit nicht nur intuitiv zur Kenntnis genommen und merkmalsanalytisch konstatiert, sondern funktionsmorphologisch „durchschaut": Jede *natürliche* Kennzeichnung einer Art oder Gattung beschreibt in sämtlichen Repräsentationsmedien der Botanik darstellbare Strukturverhältnisse, in denen sich die pflanzliche Reproduktion in jeweils besonderer Weise realisiert, und kennzeichnet in ihrer Gesamtheit damit mittelbar eine der besonderen Weisen, in denen Pflanzen sich im genealogischen Zusammenhang der Art reproduzieren – kennzeichnet jeweilige Pflanzen kurz gesagt als besondere Reproduktionsmaschinen. So verstanden müssen sich die *natürlichen* Kennzeichnungen aber auf ihren jeweiligen Systemebenen gegenseitig ausschliessen: Bei einer gegebenen, konkreten Pflanze kann es sich nicht um eine so und zugleich andersartig gebaute Maschine handeln. Die resultierende taxonomische Struktur ist zwangsläufig enkaptisch.

Das Gesagte ist nicht so mißzuverstehen, als hätte Linné morphologische Struktur und Funktionsweise der Fruchtbildung (bzw. Knospung) schon mit der Ursache der Reproduktion der Artspezifik in der Generationenfolge identifiziert. Der für die Fruchtbildung konstitutive Bestäubungsprozeß gilt ihm zwar als notwendige Voraussetzung, um die Geschlechtsprodukte zum Zwecke der Befruchtung zusammenbringen, macht aber nicht deren stoffliche Interaktion aus, durch die es erst zur Erzeugung eines artverwandten Nachkommens kommt. Die morphologi-

---

tium, quae ansam dabit sagaci Botanico perscrutandi naturalem illa catenam ordinemque, quo summus Conditor plantas creavit. In his constituto Botanico gemmarum consideratio non minimi est momenti; adeoque animus est, heic tradere methodum gemmarum secundum earum structuram, ut inde, tamquam in compendio plantae, perspicere queat industrius Naturae mysta scrutatorque summam, quae in certis familiis est, similitudinem.

LINNÉ *Phil. bot.* (1751 §206: 137) verweist bei der Diskussion der Frage, welche „Hindernisse dem Natürlichen System vor allem entgegenstehen (Methodi naturalis objecere praeprimis obstacula)" auf die „Vernachlässigung des Habitus der Pflanzen, vor allem der Bildung neuer Blätter (!), nach der Ausarbeitung der Grundlage der Fruchtbildung (Neglectus habitus plantarum, post excultum doctrinam fructificationis, praesertim foliationis novae)" .

sche Kennzeichnung ist bloß das „einmütige Symbol für die Fruchtbildung aller Arten", wie es in einer handschriftlichen Randbemerkung in Linnés eigenem Exemplar der *Philosophia botanica* heißt.[327] Worin der genealogische Zusammenhang besteht, der so „symbolisiert" wird, und wie dieser sich begründen ließ, soll Thema des nächsten und letzten Kapitels sein.

---

[327] LSL, Linn. coll., *Phil. bot.* §186:

    est unanimis omnium specierum symbolum in fructificare.

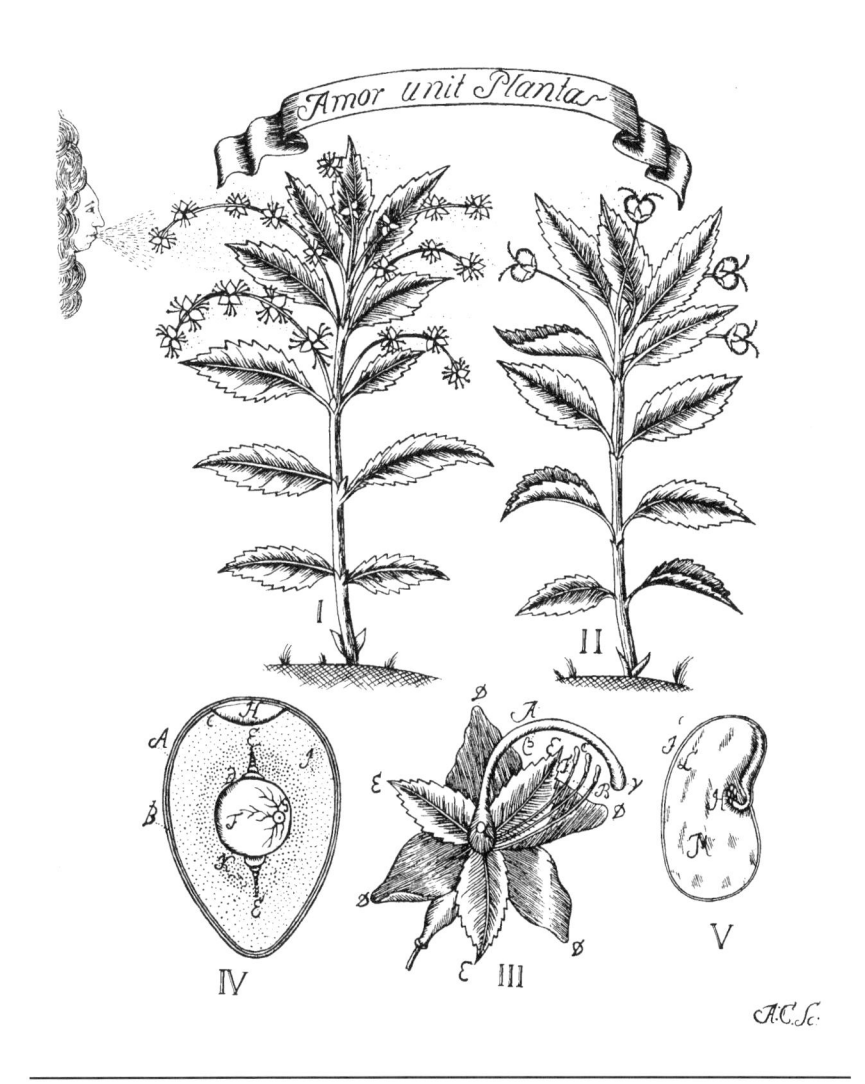

Abb. 16: Die Tafel zu den *Sponsalia plantarum* (1746). Die Überschrift bedeutet "Die Liebe vereint die Pflanzen". Darunter zwei idealisierte *Mercurialis*-Pflanzen in Blüte, links ein männliches (I), rechts ein weibliches Exemplar (II). Ganz links der Wind, der den Pollen auf die Stempel der weiblichen Pflanzen führt. Darunter (von links nach rechts) ein Querschnitt durch ein Hühnerei (IV), eine idealisierte Blüte (III) und ein Querschnitt durch eine Bohne (V). Die Buchstaben verweisen auf Teilorgane der dargestellten Organkomplexe, die die Legende benennt. Für die Blüte werden sie folgendermaßen aufgelöst: D Kelchblätter, E Kronenblätter, F Staubblätter, B Staubfäden, C Staubbeutel, A Stempel, α Fruchtknoten, β Griffel, γ Narbe.

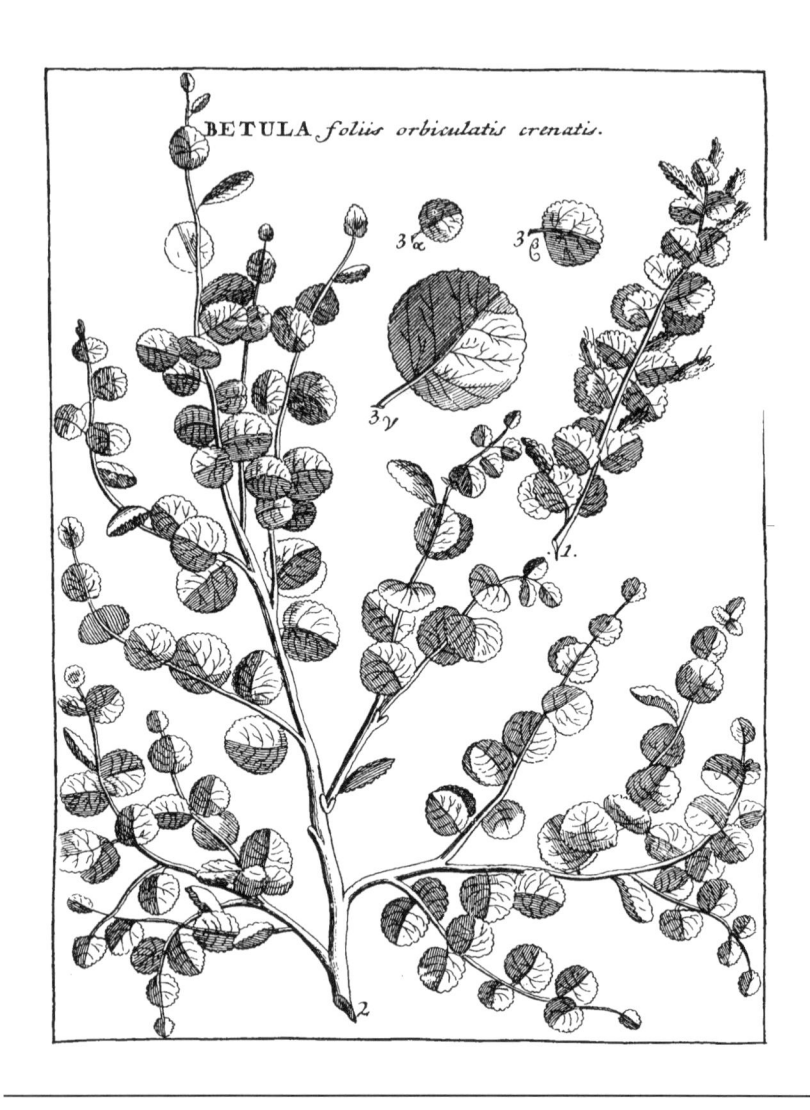

Abb. 17: Die Tafel zu der Dissertation *Betula nana* (1743). Die drei Blätter oben in der Mitte zeigen laut der Legende im Original jeweils ein Blatt, wie es Pflanzen "im Fjäll" (3α), "in Wäldern und Sümpfen" (3β) und "in Gärten" (3γ) aufweisen. Der Abbildung oben rechts (1) zeigt einen "Zweig, der aus dem lappländischen Fjäll mitgebracht wurde". Alle vorgenannten Abbildungen publizierte Linné schon 1737 in seiner *Flora lapponica*. Hinzugekommen ist demgegenüber die Darstellung eines Zweiges im unteren Teil der Tafel (2), welcher laut Legende von "einem im botanischen Garten angebauten Busch" stammt.

10. KAPITEL
DIE NATUR DER PFLANZEN

10.1. Gesetze der Hervorbringung

10.1.1. Ökonomie der Natur

Im vorangehenden Kapitel war es um die funktionsmorphologische Kennzeichnung von Arten und Gattungen gegangen, und damit noch nicht um den zweiten Aspekt des Linnéschen Art- und Gattungsbegriffs: die darin eingehende, fortpflanzungstheoretische Behauptung, daß die „Bauweise (structura)" der Pflanzen – das, was in „natürlichen Kennzeichnungen" zum Ausdruck gebracht wird – Eigengesetzlichkeiten der geschlechtlichen Fortpflanzung gehorchend in der Generationenfolge unverändert bleibt. Daß es sich hierbei keinesfalls um die Behauptung eines empirisch evidenten Sachverhalts handelt, dürfte klar sein (s. Abschnitt 8.3). Um so verwunderlicher ist es, daß die *Sponsalia plantarum* von 1746 zwar eine ganze Reihe von empirischen Belegen für die Regelhaftigkeit des Fortpflanzungsaktes bei Pflanzen besonderer Art und Gattung anführen, aber an keiner Stelle den Versuch erkennen lassen, die Behauptung von der Artkonstanz zu belegen. Die Hervorbringung von Nachkommen, die den Eltern ähnlich sind, ist den *Sponsalia* vielmehr als Zweck jeder Fortpflanzung vorausgesetzt.[328]

Dies dürfte wohl der Grund dafür sein, daß Linnés Annahme der Artkonstanz gewöhnlich als Ausfluß metaphysischer und religiöser Überzeugungen betrachtet worden ist: Mit seinen *natürlichen* Art- und

---

[328] So heißt es etwa in LINNÉ *Spons. plant.* (1746/1749 §VII: 344):

> Daß die Samen die Eier der Pflanzen sind, lehrt ihr Zweck; jedes Ei produziert nämlich den Eltern ähnlichen Nachwuchs, und so auch die Samen der Pflanzen.
>
> Semina esse plantarum ova, docet earum fines; omne enim ovum sobolem, parentibus conformem, producit, quod etiam semina vegetabilium; sunt itaque semina plantarum ova.

Gattungsdefinitionen sei es Linné darum gegangen, die „Natur" der Pflanzen im Sinne der „Ideen im Geiste des Schöpfers" (Cain), im Sinne der „durch den Schöpfer ausgesprochenen, formierenden Faktoren der Realität" (Larson), oder im Sinne der „von Gott gegebenen, wirklichen Einheit der Vielfalt" zu erfassen (Mayr).[329] Linnés Versuch, das „Wesen" besonderer Pflanzen in morphologischen Kennzeichnungen zur Darstellung zu bringen, kam dieser Interpretation zu Folge unmittelbar dem Versuch gleich, die jeweils art- bzw. gattungseigentümliche „Natur" besonderer Pflanzen zu erfassen und allein in diesem Sinne sei der Ausdruck „Natürliches System" bei Linné zu verstehen. Die Annahme von einer Artkonstanz im genealogischen Sinne erscheint so als (eigentlich überflüssige) Hypostasierung der metaphysischen Überzeugung, daß die Realität, die der Vielfalt pflanzlicher Erscheinungsformen zu Grunde liegt, in einer endlichen Zahl bestimmter Pflanzenformen bestehe.[330]

Es gibt allerdings ausdrückliche Stellungnahmen Linnés zu der Frage, was genau unter der „Natur" der Pflanzen zu verstehen sei. Und diese belegen, daß es ihm mit der Erforschung der Natur der Pflanzen um die Ermittlung von Kenntnissen ging, die weit über eine Typologie der Pflanzenformen hinausgingen, indem sie ökologische und reproduktive Beziehungen unter Individuen jeweiliger Arten betrafen. Am deutlichsten äußerte sich eine solche Stellungnahme Linnés in der Widerlegung einer Überzeugung, die zwar der Annahme einer Artkonstanz entgegenstand, aber – von heute aus gesehen – biologischer Unsinn war. Die Rede ist von der Dissertation *Transmutatio frumentorum*, in der Linné gegen die seinerzeit weit verbreitete Überzeugung antrat, daß im Getreideanbau von Aussaat zu Aussaat und in Abhängigkeit zur anbaubedingt veränderten Bodenbeschaffenheit aus Weizensamen Roggen, aus Roggensamen Gerste und aus Gerstensamen Hafer hervorgeht.[331] Linné galt diese Überzeugung als Resultat einer eklatant mangelhaften Kenntnis

---

[329] CAIN (1958: 148), LARSON (1971: 93) und MAYR (1982: 177).

[330] CAIN (1958: 155), LARSON (1971: 77), STAFLEU (1971: 68 & 125), MAYR (1982: 199/200).

[331] LINNÉ *Transm. frument.* (1757/1788 §VI: 109). Konkret richtete sich die Dissertation gegen „tausende, in den verschiedenen Provinzen Schwedens" unternommene „Versuche (experimenta)", die angenommenen Verwandlungen des Getreides durch Variation der Bodenbeschaffenheit systematisch herbeizuführen (a.a.O.; zu diesen Versuchen s. den Kommentar von T. Fredbärj in LINNÉ *Transm. frument.* 1757/1971; zur Tradition der zu Grunde liegenden Überzeugung, die bis auf die Antike zurückreicht, s. ZIRKLE 1935: 65-74).

Die Natur der Pflanzen 269

„botanischer, aus der Natur selbst entnommener Grundsätze (principiis Botanicis, ex ipsa natura petitis)"³³². Dieser Argumentationslinie entsprechend, enthält die Dissertation eine genaue Bestimmung der „verschiedenen Wege", auf denen man zu einer angemessenen Kenntnis der „Natur" der Pflanzen gelangen könne:

> Wenn jemand die Natur der Pflanzen richtig verstehen will, ist es nötig, daß er den verschiedenen Wegen durch die weitläufigen Provinzen des Reichs der Pflanzen folgt.
>
> Er muß nämlich die *Knospen* der Bäume und Pflanzen berücksichtigen, damit er weiß, welche [Pflanzen] die Heftigkeit des Winters vertragen. Er muß das *Ausschlagen* der Bäume beobachten, damit er weiß, in welcher Reihenfolge sie sich belauben. Er muß den *Kalender* der Pflanzen zur Hand haben, damit er die Zeit erkennt, zu der Pflanzen blühen, in welcher Weise die eine Blüte nach der anderen in einer gewissen Ordnung entfaltet wird. Er muß die *Uhr* der Pflanzen betrachten, damit er weiß, zu welcher Stunde des Tages die Blüten sich öffnen oder schließen. Er muß die *Standorte* der Pflanzen untersuchen, daß er weiß, an welchem Ort und in was für einem Boden die einzelnen hervorgehen. Er muß auf den *Schlaf* der Pflanzen achten, damit er deren Nachtruhe versteht. Er muß an den *Hochzeiten* der Pflanzen teilnehmen, daß er sieht, in welcher Weise die Samen in der Blüte durch das Auftragen des Pollens auf die feuchte Narbe hervorgebracht werden. Er muß den *Verwandlungen* der Pflanzen aufmerksam folgen, damit er weiß, in welcher Ordnung Blüte und Frucht entstehen. Er muß von der *Pandora* der Insekten lernen, welche Pflanzen gewissen Insekten Nahrung bieten, und vom schwedischen *Pan*, welche Pflanzen von pflanzenfressenden Säugetieren verzehrt werden und welche nicht. Er muß in die *botanische Gärten* eintreten, wo jährlich tausende, aus den entferntesten Gegenden herangeschaffte Samen ausgesät werden, und sehen, wie die einzelnen immer ihre eigene Pflanze, nicht eine andere hervorbringen. Er muß aus den *Gattungen* der Pflanzen die beständigen Kennzeichen der Fruchtbildung ergründen. Er muß von den *Arten* der Pflanzen lernen, an welchen Orten der Erde die einzelnen Pflanzen von selbst wachsen.³³³

---

332 LINNÉ *Transm. frument.* (1757/1788 §VI: 111).

333 A.a.O. §VII: 109/110:
> Qui naturam plantarum rite vult intelligere, necessum est, ut regni vegetabilis varias vias sequatur per late dissitas ejus provincias. Debet enim considerare *Gemmas* arborum & plantarum, ut sciat, quae hyemis vehementiam ferant. Debet *Vernationem* arborum observare, ut sciat, quo

Mit den kursiv gesetzten Ausdrücken nimmt dieses Zitat jeweils Bezug auf Titel von Veröffentlichungen Linnés, deren Inhalt zum größten teil über die taxonomische Formenkenntnis hinausreicht, die in den drei zuletzt bezeichneten Publikationen vermittelt wurde: dem *Hortus upsaliensis* (eine 1745 erschienene Auflistung der im botanischen Garten von Uppsala angebauten Pflanzenarten), den *Genera plantarum*, und den *Species plantarum*. In allen übrigen erwähnten Schriften wird ein Wissen zu ganz bestimmten anderen Kategorien von Ordnungsbeziehungen unter Pflanzen etabliert, nämlich:

a) mit den „Hochzeiten der Pflanzen" (*Sponsalia plantarum* 1746), den „Knospen der Bäume" (*Gemmae arborum* 1749), dem „Schlaf der Pflanzen" (*Somnus plantarum* 1755; gemeint sind Bewegungen an Blättern und Blüten, die in Abhängigkeit vom Tagesrhytmus durchlaufen werden), und den „Verwandlungen der Pflanzen" (*Metamophoses plantarum* 1755; gemeint sind Formveränderungen, die Pflanzen im individuellen Lebenszyklus durchlaufen) ein Wissen zum jeweils besonderen, jahres- und tageszeitlichen Ablauf der Reproduktionsprozesse bei Pflanzen von jeweils besonderer Art, also Kenntnisse über Ordnungsbeziehungen, die Pflanzen einer besonderen Art in der Aufeinanderfolge ihrer Lebensstadien zu sich selbst unterhalten;

b) mit dem „Ausschlagen der Bäume" (*Vernatio arborum* 1753), dem „Kalender der Pflanzen" (*Calendarium florae* 1756) und der „Uhr der

---

ordine frondescant. Debet *Calendarium* Florae ad manus habere, ut plantarum tempus florendi perspiciat; quomodo unus flos post alterum justo ordine explicetur. Debet *Horologium* Florae intueri, ut sciat, qua hora diei flores explicentur aut claudantur. Debet *Stationes* plantarum examinare, ut sciat quo in loco & qua in terra singulae proveniant. Debet *Somnum* plantarum attendere, ut intellegiat earum quietem nocturnam. Debet *Nuptias* plantarum intrare, ut videat, quomodo generentur in flore semina, pollinis illapsu supra roridum stigma. Debet *Metamorphosin* Plantarum attente sequi,, ut intellegiat, qua ratione flos & semen fiat. Debet a Pandora *insectorum* addiscere, quae plantas certis Insectibus cibum praebeant, & a *Pane* Suecico, quaenam plantae consumantur, vel non, a phytivoris mammalibus. Debet *Hortos* intrare *Academicos*, ubi millena semina, quotannis e plagis remotissimis orbis advecta, seruntur, & videre, quod singula promant suam plantam, nec aliam. Debet a *Generibus* plantarum eruere constantes fructificationis characteres. Debet a *Speciebus* plantarum intelligere, quo in loco orbis singulae plantae sponte crescant.

In LINNÉ *Syst. nat.* 12 (1766-68 vol. II, Regn. veg.: 10/11) findet sich eine ähnliche Auflistung, und zwar um Kenntnisse, die dem „wahrhaften Botaniker" eigentümlich sein sollen, von denjenigen polemisch abzugrenzen, die einige „Pflanzenliebhaber" in Bezug auf die genannten Kategorien zu besitzen meinen.

Pflanzen" (*Horologium florae*; über diese referiert der §335 der *Philosophia botanica*) ein Wissen zur jährlichen Abfolge, in der verschiedenartige Pflanzen jeweils bestimmte Reproduktionsereignisse (wie das Ausschlagen der Blätter, die Blüte oder das Abwerfen der Frucht) durchlaufen, also Kenntnisse zu Ordnungsbeziehungen, die verschiedenartige Pflanzen zueinander im Nacheinander ihrer Reproduktionsereignisse unterhalten;

c) mit den „Standorten der Pflanzen" (*Stationes plantarum* 1754) ein Wissen zur Verteilung verschiedenartiger Pflanzen auf topographisch und klimatisch bestimmte Lebensräume, also Kenntnisse zu Ordnungsbeziehungen, die verschiedenartige Pflanzen zueinander in ihrem geographischen Nebeneinander unterhalten;

d) mit der „Pandora" (*Pandora insectorum* 1758) und dem „Pan" (*Pan suecicus* 1749) ein Wissen zu den Ernährungsbeziehungen, in denen Tiere von jeweils bestimmter Art zu verschiedenartigen Pflanzen stehen, also Kenntnisse zu Ordnungsbeziehungen, die verschiedenartige Pflanzen zu bestimmten Lebewesen jeweils anderer Art unterhalten.[334]

Wie hängen nun aber diese breitgefächerten Wissensgebiete in einem Wissen von „d e r Natur" der Pflanzen zusammen? Die *Transmutatio frumentorum* liefert zumindest insoweit eine Antwort auf diese Frage, als sie an andrer Stelle genau bestimmt, was unter „Natur (natura)" zu verstehen ist:

> Die Natur ist das Gesetz Gottes, den Dingen bei der Schöpfung selbst eingegeben, nach dem sie vermehrt, erhalten und zerstört werden müssen; dieses ist gegeben vom Allmächtigen Herrscher, welcher es nicht nötig hatte, dasselbe zu widerrufen oder zu ändern.[335]

Hier wird Natur als ein Gesamt von Gesetzmäßigkeiten bestimmt, das nicht Ordnungsrelationen des lokalen Neben-, Nach- und Miteinanders betrifft – welche, im Bild gesprochen, das „Terrain" der gerade diskutierten, zur Kenntnis der Natur der Pflanzen führenden „Wege durch das Reich der Pflanzen" ausmachen –, sondern die Prozesse ("Vermehrung, Erhaltung und Zerstörung"), die für das lokale Erscheinen (bzw. Ver-

---

[334] Zu den genannten Schriften s. die Inhaltsangaben in LINDMANN (1907).

[335] LINNÉ *Transm. frument.* (1757/1788 §XI: 113):
> Natura est lex Dei, in ipsa creatione rebus indita, secundum quam multiplicari, conservari & destrui debent; data est haec ab omnipotente Imperatore, qui non opus habuit eandem revocare vel mutare.

schwinden) von individueller Naturkörper verantwortlich sind. Dabei handelt es sich um Prozeßkategorien, nach denen sich ein weiteres Werk Linnés in seinen einzelnen, jeweils den drei Naturreichen gewidmeten Abschnitten gliedert: die 1749 erschienene Dissertation *Oeconomia naturae*. Diese Schrift versucht die in der *Transmutatio frumentorum* mit „Kalender, Uhr, Standort, Schlaf, Verwandlungen, Hochzeiten, Pan, Pandora" bezeichneten Ordnungsrelationen in einen Zusammenhang zu bringen, indem es diese – jeweils exemplifiziert an bestimmten Arten und Gattungen von Naturkörpern – als Ordnungsrelationen beschreibt, die der „Vermehrung, Erhaltung, und Zerstörung" der Naturkörper einerseits zweckdienlich sind und andrerseits durch eben diese Prozesse aufrecht erhalten werden. Im einleitenden Paragraphen der *Oeconomia naturae* wird dieses Verhältnis allgemein so beschrieben:

> Unter der ÖKONOMIE DER NATUR verstehen wir die äußerst weise Anordnung, die der Schöpfer bei den Naturdingen getroffen hat, nach der diese zu gemeinsamen Zwecken und zur Hervorbringung wechselseitigen Nutzens geeignet sind.
>
> Alle Dinge, welche der Erdkreis enthält, rühmen gewissermaßen mit einem Mund die unendliche Weisheit des Schöpfers. Was immer nämlich in unsere Sinne fällt und sich unserem Geist zur Betrachtung darbietet, ist so eingerichtet, daß es zum Beweis des göttlichen Ruhms, das heißt, zur Hervorbringung des Endzwecks, zu dem Gott alle seine Werke letztlich existieren lassen wollte, zusammenläuft. Wer seine Aufmerksamkeit auf die Dinge lenkt, die auf unserer Erde vorkommen, wird zuletzt bekennen, daß es nötig ist, daß jedes Einzelne nach solcher Serie und wechselseitiger Verknüpfung geordnet ist, daß es auf denselben Endzweck hinzielt. [...]. Damit die fortgesetzte Serie der Naturdinge von Dauer ist, hat die Weisheit des Schöpfers angeordnet, daß alle Lebewesen fortgesetzt an der Vermehrung der Individuen arbeiten, und alle Naturkörper sich wechselseitig hilfreich die Hand zur Erhaltung der Art reichen, so daß das, was des einen Verzehr und Zerstörung ist, immer der Wiederherstellung des anderen dient.[336]

---

[336] LINNÉ *Oec. nat.* (1749/1787 §I: 2/3):
> Per OECONOMIAM NATURAE intellegimus Summi conditoris circa Res naturales sapientissimam dispositionem, secundum quam illae aptae sunt ad communes fines & reciprocos usus producendos.
>
> Omnia, quae hujus mundi ambitu continentur, infinitam Creatoris sapientiam pleno quasi ore celebrant. Quaecunque enim sensibus nostris observantur, quaeque menti nostrae sese consideranda sistunt, ita instructa sunt, ut ad gloriam Divinam manifestandam, id est, finem, quem omnium

Die Natur der Pflanzen

In spezifischer Hinsicht auf die beiden Reiche der Lebewesen hebt dieser Text eine Zweidimensionalität der *Ökonomie der Natur* hervor: Einerseits bilden Lebewesen eine „Serie (series)", die durch Eigengesetzlichkeiten der Fortpflanzung determiniert ist (eine Serie, in der Lebewesen „nach Anordnung des Schöpfers fortgesetzt an der Vermehrung der Individuen arbeiten"); und andrerseits verteilen sie sich in der so bewerkstelligten Vermehrung in einer Ordnung, die durch ihre jeweils arteigentümlichen Bedürfnisse an eine „Verknüpfung (nexus)" mit anderen Naturkörpern, an eine bestimmte physische Umwelt also, determiniert ist. In Linnés *Ökonomie der Natur* wird mit der „Serie" eine Dimension in den Reproduktionsprozessen der Lebewesen hervorgehoben, die rein genealogisch bestimmt ist und die übrigen Ordnungsbeziehungen in den Reichen der Lebewesen aufrecht erhält: Die autonom verlaufende Reproduktion der Art- bzw. Gattungseigentümlichkeit in der Aufeinanderfolge von Eltern und ihren Nachkommen sorgt dafür, daß individuelle Lebewesen von jeweils universell bestimmter Art in lokale Produktions- und Konsumtionsbeziehungen zu anderen Naturkörpern treten können.[337]

---

operum suorum Deus esse voluit ultimum, producendum, tandem concurrant. Qui vel maxime ad ea animum advertit, quae in globo nostro Terraqueo occurunt, is ultro fateatur, necesse est, omnia & singula ea serie & nexu inter se esse ordinata, ut ad eandem finem ultimum collineent. [..].
Ut itaque continuata serie Res naturales perdurent, sapientia Summi Numinis ordinavit, ut pro novis individuis producendis perpetuo laborarent omnia viventia, & omnia Naturalia ad cujuscunque speciei conservationem auxiliatrices sibi invicem porrigerent manus, atque demum unius interitus & destructio, alterius restitutioni semper inserviret.

Die Auslassung geht kurz darauf ein, daß dem Endzweck „eine geordnete Reihe von Mittelzwecken dient", diese in ihrer gesamten Fülle aber nicht Gegenstand der Schrift ausmachen sollen. Zu Linnés Konzeption einer Ökonomie der Natur und ihrem ideengeschichtlichen Hintergrund in der Physico-Theologie der Frühaufklärung s. MALMESTRÖM (1926), HOFSTEN (1958: 90-102), LIMOGES (1974), QUERNER (1980) und LEPENIES (1983).

[337] Dieselbe Hervorhebung der genealogischen Dimension als einer „Serie" lag auch dem Artbegriff von Linnés entschiedenstem Gegner auf dem Gebiet der Naturgeschichte zu Grunde: George Louis Leclerc Comte de Buffon (s. SLOAN 1976 und 1985). Die Tatsache, daß diese grundsätzliche Übereinstimmung den Kontrahenten selbst entgangen ist, und daß Linné Buffons Kritik nie einer öffentlichen Entgegnung für würdig befand, dürfte dafür verantwortlich sein, daß Sloan in den zitierten Arbeiten die „Serie" für ein Konzept halten kann, das allein für Buffons Position charakteristisch ist, und Linnés Position demgegenüber als eine darstellt, die „ungerührt von philosophischen Spitzfindigkeiten einem scholastischen Essentialismus verpflichtet blieb" (SLOAN 1976: 365); zu einer Kritik an

In dem obigen Zitat aus den *Transmutatio frumentorum* taucht diese genealogische Dimension in der Bemerkung auf, daß „einzelne Pflanzen immer ihre eigene Pflanze, nicht eine andere hervorbringen". Und diese Dimension ist es, auf die alle übrigen genannten Ordnungsbeziehungen gemeinsam bezogen werden können: Weil Pflanzen sich im genealogischen Zusammenhang der Art nach identisch reproduzieren und auf ihren Bedürfnissen entsprechende Lebensräume verbreiten – und nicht etwa umgekehrt, wie unter der Annahme einer „Verwandlung des Getreides", weil bestimmte Lebensraumfaktoren wie die Bodenbeschaffenheit die Hervorbringung von Pflanzen bestimmter Art bewirken – haben gesetzesartige Muster der zeitlichen Sukzession und räumlichen sowie ökologischen Verteilung der Pflanzen Bestand.[338] Linnés Art- und Gattungskennzeichnungen liefern – erstellt nach den „beständigen Kennzeichen der Fruchtbildung" – damit nicht nur Kenntnisse zur einmal geschaffenen und seither unverändert gebliebenen Formenvielfalt der Pflanzen. Sie kennzeichnen zugleich diejenigen Einheiten des Pflanzenreichs, welche die Glieder jeder lokalen Ordnungsbeziehung sind, die Pflanzen in den Prozessen ihrer „Hervorbringung, Erhaltung und Zerstörung" zu sich selbst und zu anderen Naturdingen unterhalten. Mit der Annahme einer genealogisch determinierten Artkonstanz bietet sich die Möglichkeit, allgemeine Aussagen zu formulieren, welche die Verteilung von Pflanzen jeweils bestimmter Art oder Gattung auf topographisch-klimatisch sowie jahres- und tageszeitlich gegliederte Lebensräume betreffen, und dabei zugleich von den Wirkmechanismen abzusehen, welche die Beziehung von Pflanze und Lebensraum konkret vermitteln: Man kann „v o n d e n A r t e n der Pflanzen lernen" – wie es bezeichnenderweise in der *Transmutatio frumentorum* heißt – „an welchen Orten der Erde die einzelnen Pflanzen von selbst wachsen."

Sloans Entgegensetzung s. BARSANTI 1984; zu Buffons Konzept der „Serie" s. a. RHEINBERGER 1990).

338 Sowohl LINNÉ *Vern. arb.* (1753/1907) als auch *Calend. fl.* (1756/1907) ist einleitend die Rede davon, daß es mit diesen Schriften um die Darstellung von „Gesetzen" bzw. einer „gesetzmäßigen Ordnung" in Bezug auf die jahreszeitliche Sukzession verschiedenartiger Pflanzen gehen soll. Diese stellen sich allerdings nur als tebellarische Korrelation von Arten und Lebensraumfaktoren (Jahreszeit, Wuchsort etc.) dar. Nach Gesetzen im Sinne von Kausalbeziehungen, etwa Gesetzen, die die Wirkung der jahreszeitlich variierenden Temperatur auf Pflanzen beschreiben würden, sucht man in diesen Publikationen (wie meines Wissens in Linnés Werk überhaupt) dagegen vergeblich.

Wenn dem so ist, dann verdient die Begründung der genealogischen Dimension des linnéschen Art- und (später) Gattungsbegriffs mehr Aufmerksamkeit, als sie bisher in der biologiehistoriographischen Literatur erfahren hat. Die Annahme von „Gesetzen der Hervorbringung", auf Grund derer sich Pflanzen ihrer arteigentümlichen Bauweise nach identisch reproduzieren, ist die Grundlage, auf der in der Botanik Linnés insgesamt Abstraktionsleistungen erfolgen.[339] In dieser Funktion aber bliebe der Artbegriff Linnés zu unbestimmt, wenn man die in ihn eingehende Abstraktion bloß als Resultat einer Gemengelage metaphysischer Überzeugungen und unspezifischer Alltagserfahrungen über die „Ähnlichkeit von Nachkommen zu ihren Eltern" ansähe. Als Grundlage eines so weit gefaßten Forschungsprogramm, wie es Linnés Botanik darstellte, muß die genealogische Dimension seines Artbegriffs in konkreten Erfahrungszusammenhängen begründet gewesen sein, wenn im Durchlaufen der „verschieden Wege durch die weitläufigen Provinzen des Reichs der Pflanzen" nicht beständig haltlose Aussagen produziert worden sein sollen. In dem oben angeführten Zitat aus der *Transmutatio frumentorum* wird der Ort, an dem diese Erfahrungszusammenhänge hergestellt werden konnten, präzise benannt: Wenn man „in botanische Gärten eintritt, wo jährlich tausende, aus den entferntesten Gegenden herangeschaffte Samen ausgesät werden", so heißt es dort, soll man „s e h e n wie einzelne Pflanzen immer ihre eigene Pflanze und nicht eine andere hervorbringen". In diesem Kapitel soll es um ein Verständnis dieser Funktion des botanischen Gartens gehen. Zuvor wird es jedoch nötig sein, einen genaueren Einblick in die genealogische Dimension des Linnéschen Art- bzw. Gattungsbegriffs zu gewinnen.

10.1.2 Theorie der Artkonstanz

Zu Beginn dieses Teils (s. Abschnitt 8.1) bin ich auf den Paragraphen 8 der Einleitung zu den *Genera plantarum* eingegangen, in welchem Linné die Forderung erhob, bei der Klassifikation der Pflanzen den „Grundsatz (principium)" zu berücksichtigen, daß „alle Arten und Gattungen natürlich sind". Zur Erläuterung des fortpflanzungstheoretischen Sinns dieser Aussage verweist der Paragraph 8 auf drei Textstellen: Einmal taucht der kursiv gesetzte Grundsatz, ebenfalls kursiv gesetzt, in dem Paragraphen 6 des *Ratio operis* auf, und dieser und der vorangehende Paragraph dienen seiner Erläuterung. Zum anderen sind ihm zwei Zitate aus den *Fundamenta botanica* von 1736 bzw. dem *Systema naturae* von 1735

---

[339] Vgl. dazu EGERTON (1973: 335-337), DROUIN (1991) und SPARY (1996).

beigefügt. Insgesamt wird die Behauptung, daß „alle Arten und Gattungen natürlich" sind, damit durch die folgenden Aphorismen erläutert:

> [Gen. plant.] 5. *Arten* gibt es so viele, wie das Unendliche Wesen am Anfang verschiedene Formen hervorbrachte, welche daraufhin nach hineingelegten Gesetzen der Hervorbringung mehr, aber ihnen immer ähnliche, hervorbrachten, so daß uns nun nicht mehr Arten bekannt sind, als die welche am Anfang wurden. Also sind so viele Arten, wie verschiedene Formen oder Bauweisen der Pflanzen heute existieren, diejenigen zurückgewiesen, welche der Ort oder die Umstände als nicht genug Verschiedene (Varietäten) erwiesen haben.
> 6. *Gattungen* aber gibt es so viele, wie verschiedene Arten (5) nach nächsten, gemeinsamen Eigenschaften zu Anfang geschaffen wurden; [...]. Deshalb:
> *Alle Gattungen und Arten sind natürlich.*[340]

[Syst. nat.] 1. Wenn wir Gottes Werke betrachten, wird allen mehr als genügend klar, daß einzig die Lebewesen aus dem Ei fortgepflanzt werden, und daß jedes Ei den Eltern höchst ähnlichen Nachwuchs hervorbringt. Deshalb werden heutigen Tags keine neuen Arten hervorgebracht.
2. Durch die Fortpflanzung werden die Individuen vermehrt. Deshalb ist zu diesem Zeitpunkt die Anzahl der Individuen in jeder einzelnen Art größer, als sie zuerst war.
3. Wenn wir diese Vermehrung der Individuen in jeder einzelnen Art rückwärts rechnen, in der Weise in der wir ähnlich vorwärts vermehrt (2) haben, endet die Serie letztendlich in *einem einzigen Vorfahr*, sei es, daß dieser Vorfahr aus einem einzigen Hermaphrodit (wie gewöhnlich bei den Pflanzen), sei es, daß er aus zweifachen, nämlich Männchen und Weibchen (wie meistens bei den Tieren) besteht.
4. Weil es keine neuen Arten gibt (1); da Ähnliches immer sich Ähnliches erzeugt (2); weil die Einheit in jeder Art die Ordnung nach

---

[340] LINNÉ *Gen. plant.* (1737 Rat. op. §§5/6: [2/3]):

> 5. *Species* tot sunt, quot diversas formas ab initio produxit Infinitum Ens; quæ deinde formae secundum generationis inditas leges produxere plures, at sibi semper similes, ut Species nunc nobis non sint plures, quam quæ fuere ab initio. Ergo Species tot sunt, quot diversæ formæ seu structuræ Plantarum, rejectis istis, quas locus vel casus parum differentes (Varietates) exhibuit, hodienum occurrunt.
>
> 6. *Genera* autem tot sunt, quot attributa communia proxima distinctarum specierum (5), secundum quæ in primordio creata fuere; [..]. Hinc *Omnia* Genera & Species naturalia sunt.

sich zieht (3), ist es notwendig, daß wir jene erzeugende Einheit einem gewissen Allmächtigem und Allwissendem Wesen zuschreiben, *Gott* nämlich, dessen Werk die *Schöpfung* heißt. [...].[341]

[Fund. bot.] 132. Daß zu Anfang der Dinge aus jeder Art der Lebewesen ein einziges Geschlechtspaar geschaffen worden ist, rät die Vernunft an.[342]

Auffällig ist an diesen Aphorismen zweierlei. Erstens handelt es sich es sich ganz überwiegend um Explikationsversuche, die den Begriff der „Art" betreffen – der Gattungsbegriff wird nicht fortpflanzungstheoretisch expliziert, sondern allein morphologisch; und zweitens handelt es sich bei diesen nicht etwa um Definitionen der „Art", sondern um Gesetzesbehauptungen ü b e r Arten: Angegeben werden inhärente Gesetzmäßigkeiten der Fortpflanzung ("hineingelegte Gesetze der Hervorbringung"), auf Grund derer sich Pflanzen als besondere Arten zueinander verhalten. Derartige Gesetzmäßigkeiten referieren insbesondere die ersten vier Aphorismen aus dem *Systema naturae* und mit ihrer Hilfe läßt sich ein genaueres Verständnis der Artexplikation im

---

[341] LINNÉ *Syst. nat. 1* (1735 Obs.Regn.III.Nat. §§1-4: [1]):

1. Si opera Dei intueamur, omnibus satis superque patet, viventia singula ex ovo propagari, omneque ovum producere sobolem parenti simillimam. Hinc nullæ species novæ hodienum producuntur.

2. Ex generatione multiplicantur individua. Hinc major hocce tempore numerus individuorum in unaquaque specie, quam erat primitus.

3. Si hanc individuorum mutliplicationem in unaquaque specie retrograde numeremus, modo quo multiplicavimus (2) prorsus simili, series tandem in *unico parente* definet, seu parens illo ex unico Hermaphrodito (uti communiter in Plantis) seu e duplici, Mare scilicet & Femina (ut in Animalibus plerisque) constet.

4. Quum nullæ dantur novæ species (1); cum simile parit sui simile (2); cum unitas in omni specie ordinem ducit (3), necesse est, ut unitatem illam progeneratricem, Enti cuidum Omnipotenti & Omniscio attribuamus, *Deo* nempe, cujus opus *Creatio* audit. [..].

Die Auslassung zählt, wie die in dem vorangehenden Zitat aus dem *Ratio operis*, stichwortartig Gründe für die getroffenen Behauptungen auf.

[342] LINNÉ *Fund. bot.* (1736 §132: 15):

Initio rerum, ex omni speciei viventium (3) unicum sexus par creatum fuisse, suadet ratio.

Den ebenfalls zitierten Aphorismus 157 der *Fundamenta botanica* habe ich nicht wiedergegeben, da dieser nur eine stark verkürzte Version der Artdefinition aus dem *Ratio operis* wiedergibt.

Paragraphen 5 des *Ratio operis* gewinnen: Der erste Aphorismus aus dem *Systema naturae* hält fest, daß Lebewesen (also auch Pflanzen) im Unterschied zu unbelebten Naturkörpern immer nur aus einem „Ei" hervorgehen, und dieses „Ei" immer die Vermittlungsinstanz des genealogischen Zusammenhangs von „Eltern" zu „ihnen immer ähnlichen Nachkommen" bildet. Die Aussage im Paragraphen 5 des *Ratio operis* ist also genauer so zu verstehen, daß es so viele Arten gibt, wie Gruppen von Pflanzen, die sich im genealogischen Zusammenhang reproduzieren bzw. reproduziert haben. Außerhalb dieses genealogischen Zusammenhanges gibt es keine Entstehung von Pflanzen und in diesem Sinne auch keine „neuen" Arten (oder keine anderen „Arten, als die welche zu Anfang wurden"). Bei den „Formen oder Bauweisen (formae seu structurae)" der Pflanzen ist daher auch nicht an Entitäten zu denken, die unabhängig von konkreten Pflanzenindividuen Bestand hätten. Es ist die „Bauweise" individueller, geschlechtsdifferenzierter Elternpflanzen, welche ihre eigene, identische Reproduktion in der Generationenfolge bewerkstelligt, so daß sich der erste Hauptsatz des Paragraphen 5 in den *Genera plantarum* mit Hilfe der ersten, im *Systema naturae* zum Ausdruck gebrachten Gesetzmäßigkeit folgendermaßen paraphrasieren läßt: „Arten gibt es so viele, wie zu Anfang geschaffene, ihrer Bauweise nach verschiedene Eltern nach Eigengesetzlichkeiten der geschlechtlichen Fortpflanzung mehr, aber ihnen der Bauweise nach immer ähnliche Nachkommen hervorgebracht haben." Der zweite Aphorismus im *Systema naturae* kann erläutern, was es dabei mit dem Wörtchen „mehr" auf sich hat: Jede Elterngeneration erzeugt eine Generation von Nachkommen, deren Zahl die der Eltern übersteigt. Im Laufe der Zeit wächst die Anzahl der Individuen einer Art also beständig. Kehrt man nun nach dem dritten und vierten Aphorismus diese Bewegung in Gedanken um, so gelangt man irgendwann zwangsläufig zu einem einzigen, geschlechtsdifferenzierten Paar elterlicher Individuen (bzw., bei „Hermaphroditen", zu einem einzigen Individuum), für dessen Hervorbringung im Rahmen der Gesetze der Hervorbringung nun keine Erklärungsmöglichkeit mehr bereit steht. Der genealogische Zusammenhang von Individuen einer Art, ihre „erzeugende Einheit (unitas progeneratrix)", ist in einem ursprünglich geschaffenen, individuellen Elternpaar zu hypostasieren. Dies bringt der Aphorismus 132 der *Fundamenta botanica* auf den Punkt, wenn er „der Vernunft" gemäß behauptet, daß „zu Anfang" von jeder Art Lebewesen ein einziges Paar geschaffen wurde.[343]

---

[343] Daß bei dem zu Anfang geschaffenen „Geschlechtspaar" tatsächlich an voll aus-

Die Natur der Pflanzen

Damit bedarf die fortpflanzungstheoretische Explikation des Artbegriffs allerdings einer Ergänzung: Als Pflanzenindividuen verstanden, konnten die zu Anfang geschaffenen „Formen" ihren Nährboden selbstverständlich nicht im „Geist des Schöpfers", sondern nur an ihnen angemessenen Standorten finden. Nach einer Schrift Linnés, die sich die ausführliche Kommentierung des Aphorismus 132 der *Fundamenta botanica* zur Aufgabe setzte[344], nämlich der „Rede über die Ausbreitung der bewohnbaren Erde" von 1744, sehen sich die ursprünglich geschaffenen Elternpaare dementsprechend in ein ebenfalls ursprünglich geschaffenes „Paradies (hortus paradisus)" versetzt, das aus einer am Äquator gelegenen, mit einem hohen Berg ausgestatteten Insel bestand (so daß alle topographischen Regime und Klimaregionen realisiert waren). Alle dort im Schöpfungsakt plazierten Pflanzen fanden damit schon Standorte vor, an denen sie sich fortpflanzen konnten. Die anschließende Erdgeschichte bestand in nichts anderem, als dem Absinken des Mereresspiegels, wodurch sich die einmal geschaffenen Verhältnisse auf den Umfang der heute bekannten Erde ausdehnten.[345]

Die Abstraktion, die in die Behauptung einer eigengesetzlichen Beständigkeit der Pflanzen in der Generationenfolge eingeht, macht sich damit nur in einem einzigen, allerdings entscheidenden Punkt bemerkbar: Sie erfolgt im Paragraphen 5 des *Ratio operis* dort, wo es um den Ausschluß von Bauweisen geht, die Pflanzen n i c h t der Art nach eigentümlich sein sollen, sondern als Eigentümlichkeiten ausgewiesen werden, die der V a r i e t ä t nach unter Pflanzen bestehen (d. h. der unter die Kategorie Art subsumierten Kategorie), und zwar insofern sie in

---

gewachsene Pflanzenindividuen gedacht ist, macht LINNÉ *Tell. hab. incr.* (1744 §10) deutlich:

10. Unter einem Geschlechtspaar verstehen wir ein einziges Männchen und ein einziges Weibchen bei all denjenigen Arten der Lebewesen, wo die Geschlechtsorgane in zwei Teilen in dem einen und dem anderen vorliegen.

10. Per unicum Sexus par intellegimus unicum Masculum & unicam femellam in omnibus iis viventium speciebus, ubi organa genitalia sunt in binas partes, altera alteri.

Der darauffolgende Paragraph räumt ein, daß es auch „bestimmte Klassen der Lebewesen (viventium certae classes)" gibt, bei denen die Geschlechtsorgane „vereinigt" sind. Bei diesen sei entsprechend anzunehmen, „daß zu Anfang ein einziges Individuum (individuum) geschaffen wurde".

344 A.a.O. (Widmung & §7).
345 Zu Linnés Theorie der „Ausbreitung der bewohnbaren Erde" s. FRÄNGSMYR (1983).

Abhängigkeit zur Verschiedenheit der Standortbedingungen auftreten sollen, unter die Pflanzen bei ihrer Ausbreitung auf Lebensräume geraten können (angedeutet in der erst im Folgenden verständlich werdenden Formulierung, daß es sich bei den Bauweisen der Varietäten um solche handeln soll, die sich „durch den Ort oder die Umstände als nicht genug verschieden erwiesen haben"). Die Abstraktion besteht im Ausschluß von standortbedingt variierenden Eigenschaften aus der Menge derjenigen Eigenschaften, die im Prozeß der „fortgesetzten Hervorbringung" unter allen, den Bedürfnissen einer Pflanzenart überhaupt nur angemessenen Umständen beständig bleiben und damit den genealogischen Zusammenhang einer Art kennzeichnen.

10.1.3 Artentstehung durch Hybridisierung

Mit Erscheinen der sechsten, überarbeiteten Auflage der *Genera plantarum* im Jahre 1764 hatten sich die theoretischen Grundlagen, auf denen noch 1737 die Explikation des Art- und Gattungsbegriffes erfolgt war, verändert. An die Stelle des Zitats aus dem *Systema naturae* von 1735 trat am Ende des § 8 der folgende Text:

> Nehmen wir an, daß Gott zu Anfang nur eine Art aus jeder möglichen Gattung erschaffen hat. Nehmen wir weiter an, daß diese Arten daraufhin (sei es zu Anfang, sei es mit der Zeit) von Arten anderer Gattungen befruchtet worden sind; es würde daraus folgen, daß mehr Arten entstünden, weil ja die Bauweisen ihrer Blüten einigermaßen der Mutter ähnlich hervorgegangen wären, die Bauweisen des Sprosses aber den Vätern.[346]

Es handelt sich hierbei um die gedrängte Version einer Theorie Linnés, die einen Spezialfall der geschlechtlichen Fortpflanzung betrifft, nämlich die geschlechtliche Interaktion zwischen Individuen verschiedener Art bzw. Gattung, und die Gesetzmäßigkeiten angibt, nach denen sich ursprüngliche Pflanzenarten im Laufe der Erdgeschichte zu Arten unter Gattungen differenziert haben sollen. Diese Gesetze erläutert die Dissertation *Fundamentum fructificationis*, auf die gleich im Anschluß an das obige Zitat verwiesen wird, folgendermaßen:

---

[346] LINNÉ *Gen. plant.* 6 (1764 Rat. op. §8: v):

> Supponamus D. T. O. ab initio creasse unicam tantum speciem e quovis genere. Supponamus etiam has primas Species dein (vel in primordio, vel in tempore) ab aliorum generum speciebus foecundatas; sequeretur inde quod plures orirentur Species, dum hae Floris structura evaderent quodammodo Matri similes, at herbae structura Patri.

Die Natur der Pflanzen

[W]ir fassen zusammen,
1. daß der Allmächtige Schöpfer während der Schöpfung selbst nur eine Art Pflanzen aus jeder natürlichen Ordnung machte, von den übrigen der äußeren Gestalt und Fruchtbildung nach verschieden.
2. daß diese (1) sich wechselseitig befruchtet haben: woraufhin aus deren Nachwuchs, mit etwas veränderter Fruchtbildung, so viele Gattungen der natürlichen Klasse entstanden, wie verschiedene Elternpaare; und weil dieses kaum noch geschieht, glauben wir auch, daß dieses durch die Hand des Allmächtigen unmittelbar zu Anfang gemacht wurde. So also hat jede Gattung Bestand in einer einzigen, ursprünglichen Art.
3. daß, als [in jeder natürlichen Klasse bzw. Ordnung] so viele Gattungen hervorgebracht waren, wie Individuen zu Anfang (2), diese Pflanzen danach (vielleicht in der Zeit?) von anderen Pflanzen der verschiedenen Gattungen [einer natürlichen Ordnung] befruchtet worden sind, und so die Arten hervorgingen, solange, bis so viele hervorgebracht wurden, wie jetzt existieren, bei der Geburt unverändert beharrend in der Fruchtbildung der Mutter, mit einer äußeren Gestalt des Sprosses verändert durch den Vater. [...].
4. Daß diese Arten (3) zuweilen von Angehörigen derselben Gattung, d.h. von anderen Arten derselben Gattung, befruchtet wurden, woraus Varietäten hervorgingen.
5. Wenn diese Hypothese (1. 2. 3. 4.) als wahr oder auch wahrscheinlich angenommen wird, ist sie der Grundlage der Fruchtbildung förderlich; denn aus den Gesetzen der zweiseitigen Hervorbringung folgt, daß Nachkommen der Mutter ähnlich gemacht sind in Bezug auf ihre Fruchtbildung, aber verschieden dem Sproß nach wegen dem [jeweils verschiedenen] Vater , und zwar in dem Maße, daß keine anderen Gattungen in natürliche Ordnungen treten dürfen, wenn nicht solche, die sich allein durch eine Veränderung der Fruchtbildung unterscheiden.[347]

---

[347] LINNÉ *Fund. fruct.* (1762 §XIII: 21/22):

Dictorum haec est summa: concipimus

I:mo. Quod T[er] O[ptimo] Creator in ipsa creatione fecerit ex quolibet *Ordine naturali* unicam tantum speciem plantarum, a reliquis diversam habitu & Fructificatione.

II:do. Quod has (1) invicem foecundaverit: unde ex prole earum, mutata nonnihil fructificatione, facta sint totidem Genera classium naturalium, quot diversi parentes; & cum hoc vix fiat ulterius, etiam manu ejus omnipotenti factum ponimus immediate in primordio. Sic omnia Genera primaeva & unica specie constantia.

Diese „hypothetisch (per modum hypotheseos)" vorgeschlagene Theorie zeichnet sich dadurch als historisch originell aus, daß die Hybridisierung nicht etwa in Nachkommen resultieren soll, die irgendeine Vermengung elterlicher Merkmale aufweisen[348], sondern in Nachkommen, deren Merkmalsbeziehungen zu den Eltern in ganz bestimmter Weise, nämlich nach einem „Gesetz der zweiseitigen Hervorbringung" geregelt sind: Hybride Nachkommen sind in Hinsicht auf ihre Fruchtbildung (in Hinsicht auf Blüte und Frucht) der Mutterpflanze ähnlich, in Hinsicht auf den Sproß dagegen der Vaterpflanze. Diese Überzeugung Linnés hängt eng mit seinen physiologischen Vorstellungen zur Entstehung eines neuen Lebewesen im befruchteten Ei zusammen, die im vorigen Kapitel kennenzulernen war (s. Abschn. 9.2.3): Zur Hervorbringung eines Nachkommens müssen im letzten, zu Zwecken der Bestäubung organisierten Lebensstadium einer Pflanze zwei funktional aufeinander bezogene, am Aufbau einer jeden Pflanze beteiligte Substanzen zusammengebracht werden, die „Marksubstanz (substantia medullaris)", welcher ein Wachstumsvermögen eigentümlich ist, und die „Rindensubstanz (substantia corticalis)", die das Wachstum der Marksubstanz durch Ernährung und Schutz vor äußerer Einflüssen reguliert. Keine dieser Substanzen kann für sich existieren und beide Substanzen sind zu jedem Wachstumsstadium in der Pflanze vorhanden, im Laufe des Wachstums verändert sich jedoch ihr Wechselwirkungsverhältnis, so daß die Pflanze eine „Verwandlung (metamorphosis)" durchläuft: Während in den frühen Wachstumsstadien die Rindensubstanz die

---

III:tio. Qod ortis totidem generibus, quot Individuis in primordio (2), hae plantae dein (forte in tempore?) foecundatae fuerint ab aliis diversi generis, & sic ortae Species, usque dum tot sint productae, quot nunc existant, persistente scilicet fructificatione Matris immutata in nato, cum habitu herbae mutato a Patre. [..].

IV:to. Quod hae species (3) interdum foecundatae fuerint ex congeneribus, id est ex ejusdem generis aliis Speciebus, unde exortae sint Varietates.

V:to. Si haec hypothesis (1. 2. 3. 4.) vel ut vera, vel probabilis assumitur, idea praesto est fundamenti fructificationis; nam inde ex generationis ambigenae legibus, sequitur ut proles similis facta sit matri quoad fructificationem, sed dissimilis Patre qua ipsam herbam, adeoque nulla alia genera debent intrare Ordines naturales, nisi quae sola modificatione fructificationis differunt.

Die Hinzufügungen im 3. Aphorismus ergeben sich – nach einiger Überlegung – aus dem Kontext, vgl. BREMEKAMP (1953a).

[348] Zu den zuweilen phantastisch anmutenden Vorstellungen über Hybridisierungen vor Linné s. ZIRKLE (1935).

Oberhand behält und die Gestalt der Pflanze im Sproß prägt, dominiert in den letzten Wachstumsstadien die „vervielfältigende Kraft (vis multiplicativa)" der Marksubstanz, woraufhin sich die Pflanze zu den Blüten- und Fruchtorganen entfaltet. In diesem letzten Stadium konzentriert sich die Marksubstanz im künftig zu befruchtenden Samen, die Rindensubstanz in den Pollenkörnern. Zur Entstehung eines neuen Organismus kommt es dann im Bestäubungsakt, indem die im Pollen enthaltene Rindensubstanz mit der im Samen vorhandenen Marksubstanz zusammengebracht wird, woraufhin im Samen ein neuer Lebenszyklus beginnt. Nach diesen Annahmen wird die Rindensubstanz nur vom „Vater (pater)" auf den Nachkommen übertragen, die Marksubstanz dagegen nur von der „Mutter (mater)". So wird dann der Nachkomme in Hinsicht auf Eigenschaften früher Lebenstadien (dem Sproß), welche durch die Rindensubstanz dominiert werden, immer der Vaterpflanze, in Hinsicht auf Eigenschaften des letzten, der Fortpflanzung gewidmeten Lebensstadiums (der Fruchtbildung), welches durch die Marksubstanz dominiert wird, dagegen immer der Mutterpflanze ähnlich sein. Auch das „Gesetz der zweiseitigen Hervorbringung" stellt damit eine Eigengesetzlichkeit der Reproduktion der Pflanzen dar, indem es nicht durch Umstände des Lebensraums determiniert ist, sondern in Abhängigkeit zur inneren Konstitution lebender Naturkörper steht.[349]

Nach dieser Theorie sind durch Hybridisierung zustande gekommene Pflanzen in dem Sinne von „neuer" Art, als im Nachkommen eine gesetzmäßig eintretende, allein durch den hybriden Fortpflanzungsakt unter artverschiedenen, elterlichen Individuen vermittelte Rekombination von Bauweisen erfolgt, die sich in der anschließenden Generationenfolge – nun wieder dem Gesetz der Artkonstanz unterworfen –erhält.[350] So wird allerdings eine Kombinatorik der vegetativen und reproduktiven „Bauweisen" möglich. Der fatalen Konsequenz, mit der Vielfalt der Pflanzen möglicherweise einem Produkt einer vollständigen, im Laufe der Erdgeschichte realisierten Permutation möglicher Hybridisierungen gegenüberzustehen, entkommt Linné nur, indem er eine schöpfungs- und erdgeschichtlich sukzessive Wirksamkeit von Gesetzen annimmt, die von

---

[349] LINNÉ Gen. amb. (1759/1787 §IX/X: 6/7). Zum genauen „physiologischen" Gehalt dieser Theorie s. GUÉDÈS (1969) und STEVENS & CULLEN (1990).

[350] Sie kann daher auch nicht als Vorläufer der Evolutionstheorie Darwins gelten. Als solche ist sie von GREENE (1909b) und ZIMMERMANN (1953) beschrieben worden, s. jedoch HULL (1985).

jeweils unterschiedlich weit reichender Wirkungsmacht gewesen sein sollen bzw. immer noch sind, nämlich – wie es in einer Version dieser Theorie im Anhang der *Genera plantarum* von 1764 heißt – zunächst eine Mischung von „Klassenpflanzen" und daraus hervorgehende Differenzierung zu „Gattungspflanzen" während der Schöpfung und nach „Gesetzen des Schöpfers (creatoris leges)", dann eine „Mischung" der „Gattungspflanzen einer Ordnung" und daraus hervorgehende Differenzierung der „Artpflanzen" in der Zeit und nach „Naturgesetzen der hybriden Hervorbringung (Naturae leges generationis in hybridis)" und schließlich eine gelegentliche „Mischung" von Artpflanzen einer Gattung und daraus hervorgehende Differenzierung zu Varietäten nach „Gesetzen des Menschen aus Beobachtungen im Nachhinein (Hominis leges ex observatis a posteriori)".[351]

Mit der zuletzt genannten Ebene ist eine Erscheinungsebene benannt, auf der eine reale Abstraktion von Standorteinflüssen bei der Ermittlung von „Gesetzen der Hervorbringung" möglich sein soll: Die Hybridisierung von Pflanzen verschiedener Art und daraufhin erfolgende Differenzierung zu Varietäten – welche nun wohlgemerkt nicht mehr, wie in der ursprünglichen Theorie der Artkonstanz, als Resultat spezifischer Standorteinflüsse, sondern als Resultat einer gesetzmäßigen Rekombination elterlicher „Bauweisen" gelten – soll nach Gesetzen vor sich gehen, die der Mensch selbst zu setzen vermag. Interessiert man sich für die Begründung der genealogischen Dimension der Linnéschen Arten und Gattungen, ist man daher gezwungen, sich derjenigen Kategorie des *Natürlichen Systems* zuzuwenden, für die Linné nach verbreiteter Auffassung[352] überhaupt kein wirkliches Interesse besessen haben soll und die auch in dieser Untersuchung bislang eine untergeordnete Rolle gespielt hat: der Varietät.

10.2 Varietäten auf Arten zurückführen

Bei der Behandlung der Kriterien, nach denen Linné „täuschende" und „schwankende" von „beständigen" Merkmalsunterschieden unterschied, war schon im vorangehenden Kapitel seiner Auffassung zu

---

[351] LINNÉ *Gen. plant.* 6 (1764 Ord. nat.). Zu einer Übersetzung, eingehenden Kommentierung und Interpretation dieser Textstelle s. CAIN (1993). LEPENIES (1983: 340) macht eine ähnliche „Dreifaltigkeit" der Wirkungsmacht von Gesetzen in Linnés Ökonomie der Natur aus.

[352] STAFLEU (1971: 90), MAYR (1982: 173), ERIKSSON (1983) und GUSTAFSSON (1982).

Die Natur der Pflanzen 285

hängigkeit zu Standorten variierende Eigenschaften nicht als artkonstitutive, „beständige" Merkmalsunterschiede zu gelten hätten (s. Abschnitt 9.1.2). Derart innerhalb einer Art unterschiedene Pflanzen hat er als Varietäten bezeichnet und die Ursache für das Auftreten von Varietäten mit einer Verschiedenheit der Umstände (Klima, Boden etc.) identifiziert, unter die Pflanzen einer Art an ihren jeweiligen Standorten geraten können. Die *Philosphia botanica* von 1751, bringt dies in der folgenden Explikation des Varietätsbegriffes zum Ausdruck:

> 158. Varietäten gibt es so viele, wie verschiedene Pflanzen aus dem Samen ein und derselben Art hervorgebracht worden sind.
>
> Die Varietät ist eine Pflanze die von einer äußeren Ursache verändert ist: dem Klima, dem Boden, der Wärme, dem Wind etc. Sie wird deshalb in verändertem Boden zurückgeführt.[353]

Auch der Begriff der Varietät ist demnach in Beziehung zum samenvermittelten, genealogischen Zusammenhang der Art gesetzt. Ob gegebene Pflanzen aber in diesem Sinne von derselben Art sind, ist ihnen selbst nicht unmittelbar anzusehen, so daß sich ebensowenig unmittelbar entscheiden läßt, welche Verschiedenheiten und Übereinstimmungen unter Pflanzen der Varietät nach und welche der Art nach bestehen. Es stellt sich die Frage, auf welcher sachlichen Grundlage Linné in der Generationenfolge variierende Eigenschaften von beständigen Eigenschaften abgrenzen konnte. Eine Antwort auf diese Frage dürfte sich finden lassen, wenn die Bemerkung am Schluß der zitierten Textstelle verstanden ist, in der Linné ein Kriterium für diese Abgrenzung liefert: Unterschiede, die der Varietät nach unter Pflanzen bestehen, sollen sich durch Veränderung eben dieser Umstände (durch „veränderten Boden") „zurückführen" lassen.

Die Identifikation von Varietäten nach dem Kriterium der „Zurückführung von Varietäten auf ihre Arten" hat Linné verschiedentlich als eine der Hauptaufgaben des „wahrhaften" Botanikers bezeichnet.[354] Ein

---

353 LINNÉ *Phil. bot.* (1751 §158: 100):

> 158. Varietates tot sunt, quot differentes plantae ex ejusdem speciei semine sunt productae.
>
> Varietas est Planta mutata a caussa accidentali: Climate, Solo, Calore, ventis, &c. reducitur itaque in Solo mutato."

354 So heißt es in LINNÉ *Syst. nat. 1* (1735 Obs. Regn. III. Nat. §11 [1]), daß die, welche „in unserer Wissenschaft nicht die Varietäten auf ihre eigenen Arten zurückzuführen wissen, und sich dennoch als Gelehrte in dieser Wissenschaft ausgeben, betrügen und betrogen werden (Qui in Scientia nostra Varietates ad

Verständnis dieses Kriteriums ergibt sich, wenn man sich dem neunten Kapitel der *Philosophia botanica* zuwendet, das den Varietäten gewidmet ist. Dort benennt Linné im Aphorismus 316 explizit ein Mittel zur „Untersuchung" der Varietäten:

> 316. Der Anbau ist die Mutter so vieler Varietäten, und deshalb auch die beste Untersucherin der Varietäten.
>
> Die Verbesserung der zu verkaufenden Waren im Gartenbau bringt gefüllte Blüten, Frühlingsfrüchte, Sprosse von Stengeln, gemästete Kräuter, mit einem Kopf versehen, und zarte Gemüse hervor. Sind diese aber in magerem Boden sich selbst überlassen worden, so nehmen sie eine wilde und natürliche Beschaffenheit an. [...]. Der Boden verändert die Pflanzen, woraus Varietäten hervorgehen, und ist derselbe verändert, so kehren sie wieder zurück.[355]

Und im Kommentar zum folgenden Aphorismus, der die Aufgabe formuliert, „verschiedene Varietäten unter ihrer Art zu sammeln" – also die, wie gesehen, problematische Aufgabe, Varietäten auf den genealogischen Zusammenhang der Art zu beziehen – ist dann in der folgenden Weise von einem „Zurückführen" der Varietäten die Rede:

> Die meisten Varietäten werden leicht aus einer Kollation der veränderlichen Merkmale der Varietät mit der natürlichen Pflanze entfaltet und wieder zurückgeführt; [...].[356]

> Species proprias [..] referre nesciunt, & tamen Scientiae hujus Doctores sese jactitant, fallunt & falluntur)".

[355] A.a.O. §316: 247:

> 316. Cultura tot Varietatum mater, optima quoque Varietatum examinatrix est.
>
> Horticulturae mangonium produxit flores plenos, fructus horaeos, caulium turiones, herbas altiles, capitatus, teneraque olera; Hae sibi relictae in solo macro sylvestrem induunt naturam & naturalem. [..]. Solum mutat plantas, unde varietates enascuntur &, mutato eodem, redeunt."

(Die Auslassung führt Beispiele an.)

[356] A.a.O. §317: 248:

> 317. Varietates diversas sub sua specie colligere, non minoris est, quam species sub suo genere collocare.
>
> Pleraeque varietates facillime explicantur & reducuntur ex collatione notarum variabilium varietatis cum naturali planta; [..].

Die Auslassung geht auf Varietäten ein, bei denen eine Zurückführung nach Auffassung Linnés nicht leicht durchzuführen ist. Darauf werde ich im folgenden Abschnitt noch zu sprechen kommen; vgl. Fußn. 374.

Das „Zurückführen der Varietäten" besteht also zunächst in einer Subsumption der „veränderlichen Merkmale der Varietät" unter die „natürliche Pflanze" nach morphologischen Kriterien, die sich aus einem Verfahren ergeben, das dem im vorigen Kapitel behandelten Verfahren der „Kollation der Arten" analog ist (s. Abschnitt 9.1). Darüber hinaus existiert jedoch noch ein zusätzliches Kriterium: Als „veränderlich" erweisen sich Pflanzen, so will es der vorangehende Aphorismus, unter den Bedingungen des Gartenbaus, wenn sie hortikulturell gesetzten Bedingungen nicht mehr ausgesetzt sind ("in magerem [i. e. nicht gedüngtem] Boden sich selbst überlassen worden" sind) und in diesem Fall zu ihrer „natürlichen Beschaffenheit zurückkehren". Die mit hortikulturellen Maßnahmen gesetzten Standortbedingungen sollen an Pflanzen also Veränderungen hervorrufen, die mit diesen Maßnahmen reversibel sind (durch „veränderten Boden" sowohl „entfaltet" als auch wieder „zurückgeführt" werden können), und diese Reversibilität gilt Linné offenbar als das entscheidende Kriterium, um veränderliche, der Varietät nach bestehende Merkmalsunterschiede von beständigen, der Art nach bestehenden abzugrenzen.

Die Relation des Auftretens von Varietäten zum genealogischen Zusammenhang der Pflanzen einer Art ergibt sich nun aus dem Sinn, in dem in den angeführten Zitaten von anbaubedingt reversiblen Veränderungen an e i n u n d d e n s e l b e n Pflanzen die Rede ist. Im Sinne von ein und denselben Pflanzen i n d i v i d u e n dürfte dies wohl kaum zu verstehen sein (nur selten geraten diese im Laufe ihres Lebens unter verschiedene Anbaubedingungen), sondern offenbar im Sinne von Pflanzenindividuen ein und derselben A r t . Deren genealogischer Zusammenhang kann aber im Gartenbau gesetzt werden: Von wildwachsenden (oder bereits kultivierten) Pflanzen können Samen gewonnen, ausgesät und Pflanzen daraus gezogen werden, deren Samen zum Anbau einer neuen Generation von Pflanzen dienen können. Werden dabei nun verschiedene Standortbedingungen gesetzt, so treten i n d e r G e n e r a t i o n e n f o l g e die mit Standortbedingungen reversiblen Eigenschaften n e b e n die Eigenschaften, die in der Generationenfolge unter allen Umständen erhalten bleiben. Der Anbau der Pflanzen gilt der *Philosophia botanica* daher nicht nur als Mittel zur Untersuchung der Varietäten, sondern auch als das geeignete Mittel, um die morphologische Beständigkeit artspezifischer Merkmale festzustellen. So heißt es im Kommentar zum Aphorismus 283, demzufolge „man sich überall davor hüten soll, daß nicht Varietäten für Arten gehalten werden":

Die Beständigkeit bei den von den Varietäten zu unterscheidenden Arten decken auf:
der Anbau in verschiedensten Böden;
die sehr aufmerksame Untersuchung aller Teile [der Pflanzen].[357]

Dieser Verweis auf den „Anbau in verschiedensten Böden" könnte dazu veranlassen, in Linnés Differenzierung von standortunabhängig beständigen (und damit arteigentümlichen), und standortbedingt reversiblen (und damit Varietäten eigentümlichen) Merkmalen den unmittelbaren Niederschlag eines hortikulturell gewonnenen Erfahrungswissen zu sehen; schließlich war Linné selbst beständig in den Anbau von Pflanzen involviert, nämlich im botanischen Garten der Universität Uppsala.[358] Gegen diese Vermutung spricht allerdings, daß Linné in der *Philosophia botanica* den *Botaniker* ausdrücklich dazu aufrief, sich n i c h t um die hortikulturell erzeugten, „unbedeutenden Varietäten zu kümmern"[359]. Und so war auch schon im vorigen Teil meiner Untersuchung zu erfahren, daß Linné hortikulturelles Erfahrungswissen aus der *Botanik* ausschloß, und daß dieser Ausschluß seine Begründung darin fand, daß

---

[357] A.a.O. §283: 285:

283. Ne varietas (158) loco speciei (157) sumatur, ubique cavendum est.
[..]
Certitudinem detegunt in speciebus, a varietatibus distinguendis:
Cultura in diversissimo & vario solo.
Partium plantae omnium examen attentissimum.

[358] Zur gärtnerischen Tätigkeit Linnés als Verwalter des botanischen Gartens in Uppsala s. SERNANDER (1931) und BROBERG ET AL. (1983).

[359] Linné Phil. bot. (1751 §310: 240):

310. Varietates levissimas non curat Botanicus.

Wie der Kommentar zu diesem Aphorismus deutlich macht, bezieht sich diese Aussage konkret auf die von Blumenzüchtern ("Anthophili") hergestellte Varietäten. Sie kann dennoch auf Varietäten überhaupt verallgemeinert werden, da es a.a.O. §306: 239 heißt:

Der Nutzen der Varietäten in der Haushaltung, der Küche, der Medizin machte ihre Kenntnis im Gemeinleben notwendig; im Übrigen stehen Varietäten aber nicht mit Botanikern in Beziehung, wenn nicht bloß insofern, als Botaniker Sorge tragen, daß sie nicht die Arten vermehren oder durcheinanderbringen.

Usus varietatum in Oeconomia, Culina, Medicina necessariam reddidit earum cognitionem in vita communi; ad Botanicos caeteroquin non spectant varietates, nisi quatenus Botanici curam gerant, ne Species multiplicentur aut confundantur.

Die Natur der Pflanzen

die „Lehre der Gärtner unendlich" sei, insofern sie sich ausschließlich für die Erzeugung von Varietäten durch spezifische, gärtnerische Maßnahmen (insbesondere „Düngung") interessiere (vgl. Abschnitt 5.2.2). In der Tat kann eine so verstandene Gartenbaulehre auch kein Erfahrungswissen über die R e v e r s i b i l i t ä t standortbedingter Veränderungen liefern. Sie führt Varietäten nicht zurück, sondern stellt sie her.

Linnés 1739 erschienener Aufsatz zum „Gartenbau, gegründet auf die Natur" (an Hand dessen im Abschnitt 5.2.2 seine Kritik an der „Lehre der Gärtner" kennenzulernen war) setzt sich in einer Weise fort, die zu erkennen gibt, in welchen spezifischen, in den üblichen Praktiken der Hortikultur nicht realisierten Operationen Linné die sachliche Grundlage zum Nachweis der Reversibilität standortbedingt variierender Unterschiede unter Pflanzen gelegt sah. Mit seinem Aufsatz will Linné „Gesetze (lagar)" zum Gartenbau an die Hand liefern, die nicht einen Beitrag zur Anlage kommerziell genutzten Gärten (in Gestalt der Anlage von Obstgärten, Äckern, Orangerien etc.), sondern einen Beitrag zur Anlage eines „Paradiesgartens (hortus paradisus)" darstellen sollen – ein bildlicher Ausdruck mit dem der botanische Garten bezeichnet ist.[360] Das „Gesetz", das er dann im Paragraphen 10 seines Aufsatzes referiert, lautet folgendermaßen:

> Alle Pflanzen wachsen hier und da wild in der Welt, so daß alle unsere Gartenpflanzen in dem einen oder anderen Land sich wohl fühlen und von selbst vermehren, ohne Beihilfe des Menschen[361]

---

[360] LINNÉ *Växt. plant.* (1739 §6: 6):

> Fördenskuld är jag sinnad här framgifwa några lagar wid Wäxternas Plantering, så at om någon Trädgårds-Mästare dem efterfölja wil, skal det honom sällan eller aldrig mißlyckas. Påminner likwist derjemte, at under detta mitt skärskådande intet kommer någon Hortus Tantalus, Hesperis, Semiramis, Ceres, Viridarium, Monotrophaeum, Anthotheatrum &c. utan endaßt Adonis och Paradisus.

Die bildlich bezeichneten Gartensorten – Hortus Tantalus etc. – erläutert LINNÉ *Hort. acad.* (1754/1759: 211/212) im angegebenen Sinne, wobei der „Garten des Adonis" Treibhäuser in botanischen Gärten bezeichnet.

[361] LINNÉ *Växt. plant.* (1739 §10: 7):

> Alla Plantor wäxa wildt här och der i werlden, så at alla wåra Trädgårds-Wäxter i et eller annat främmande Land trifwas och af sig sielfwan ökas, utan Menniskors tilhielp.

Vgl. hierzu WIJNANDS (1986).

Dieses Gesetz expliziert die eigengesetzliche, genealogische Dimension der Fortpflanzungstheorie Linnés, in der Pflanzen sich „von selbst vermehren", soweit sie nur ihnen entsprechende Lebensräume vorfinden. Berücksichtige man dieses Gesetz, so fährt der Text dann fort, so bestünde die „Theorie der Gärtnergeschicklichkeit" – wohlgemerkt derjenigen Geschicklichkeit, die sich auf die Anlage eines botanischen Garten richtet – im Folgenden:

> Die wild wachsenden Pflanzen geben uns die Theorie in der Gärtnergeschicklichkeit zur Hand; denn da, wo die Pflanze wild wächst, ist das Klima oder der Himmel und das, was sie weiterhin zu ihrer Vervollkommnung bedarf, so bestellt, wie sie es an sich selbst liebt. Wenn nun eine Erfindung ein ähnliches Klima erreichen oder nachäffen könnte, so sollte die Pflanze sich bei uns derselben Fülle erfreuen wie an anderen Orten; ansonsten nicht.[362]

Das, was hier als „Theorie" bezeichnet wird, kann als solche nur sinnvoll in Anschlag zu bringen sein, wenn es bei der Anlage botanischer Gärten (im Unterschied zur Anlage kommerziell genutzter Gärten) darum geht, wild wachsende und „sich selbst vermehrende" Pflanzen mit hortikulturellen Mitteln ihrerseits identisch zu reproduzieren (so zu reproduzieren, daß sie „sich derselben Fülle erfreuen wie an anderen Orten"). Und das Mittel, das Linné zur Erreichung dieses unterstellten Zieles nennt, ist eine Imitation der Standortbedingungen, unter denen Pflanzen an ihren natürlichen Standorten „von selbst zur Fülle" gelangen sollen. Die für dieser Imitation nötigen Informationen zu den Bedingungen natürlicher Standorte lassen sich – so ist den Paragraphen zu entnehmen, die der Formulierung des „Gesetzes" vorangehen – aus drei Textsorten gewinnen, welche im vorigen Teil als Produkte der *Sammler* unter den Botanikern kennenzulernen waren (s. Abschnitte 6.1.1 bis 6.1.4): Floren, die „Listen von Pflanzen, die in einem bestimmten Land wachsen" enthalten, und von denen „die neueren und vernünftigeren die Räume und Orte (rum och stellen) genannt haben, an denen jede

---

[362] LINNÉ *Växt. plant.* (1739 §11: 7):

> 11. De wildt wäxande (10.) Plantor gifwa os wid handen Theorien uti Trägårds-Mästere snillet: ty der örten wäxer wildt, är Climatet eller des Himmel och hwad ytterligare til des förkofring tarfwas så sat, som wäxten i sig sielf älskar. Om nu en påfund kunde åstadkomma eller efterapa ett lika Climat, så skulle Plantan trifwas i samma fullhet hos oß som annorstädes; men eljest inte.

Vgl. LINNÉ *Phil. bot* (1751 §334); dazu GREENE (1909b: 24).

einzelne Pflanze zu finden ist"; „Reiseberichte", welche für die „seltensten und nützlichsten Pflanzen" die „Räume" angeben, an denen ihre „ersten Entdecker" sie antrafen; und schließlich Kataloge zu bestimmten botanischen Gärten, welche entsprechende Informationen zu den dort wachsenden Pflanzen anführen – und zwar „so weit deren rechte Heimstatt dem Verfasser selbst, oder ihm vertrauenswert erscheinenden Verfassern zur Kenntnis gekommen ist".[363]

Die auf der Grundlage der gerade genannten Informationen errichtete *Theorie der Gärtnergeschicklichkeit* – welche im Einzelnen a) aus einer Fülle von gesetzesartig formulierten Relationen bestünde, in denen besondere Arten von Pflanzen zu besonderen, ihrer identischen Reproduktion dienlichen Lebensraumfaktoren stehen und b) aus einer Fülle von Anweisungen, wie sich eben diese Lebensraumfaktoren zu Zwecken der identischen Reproduktion von Pflanzen jeweils besonderer Art herstellen lassen[364] – stellt in ihrer oben zitierten, allgemeinen Formulierung nun allerdings eine weitgehende Idealisierung dar: Im Normalfall wird es nicht gelingen, „durch eine Erfindung" ein gerade so „ähnliches Klima nachzuäffen", daß sich die reproduzierte Pflanze „derselben Fülle erfreut wie an anderen Orten" – und dies vor allen Dingen, wenn sich ein botanischer Garten in einem so rauhem Klima wie dem Schwedens befindet.[365] Im Versuch der Imitation von Lebensraumbedingungen zu Zwecken ihrer identischen Reproduktion werden Pflanzen immer nur in

---

[363] LINNÉ *Växt. plant.* (1739 §§7-9: 7).

[364] Es folgt a.a.O. im Anschluß an den § 11 eine Reihe solcher Vorschriften zur Pflege besonderer Arten und Gattungen der Pflanzen. Diese ruhen auf der impliziten Voraussetzung, daß Verallgemeinerungen hinsichtlich derjenigen Bedingungen möglich sind, die Pflanzen derselben *natürlichen* Art oder Gattung „an sich selbst lieben" – und zwar o h n e die konkreten Wirkungen von Lebensraumfaktoren auf die jeweiligen Pflanzenarten zu kennen; s. dazu STEARN (1976: 29).

[365] So stellt Linné in einer von ihm selbst verfaßten Rezension zur Dissertation *Horticultura academica* (1754) die folgende allgemeine Regel auf (zit. n. LINNÉ 1921: 201):

Je weiter derartige [i. e. botanische] Gärten vom Süden entfernt liegen, desto mehr und desto größeren Veränderungen sind die Pflanzen unterworfen.

(Ju längre dylika Trädgårdar äro belägna från söder, ju flere och större förändringar äro wäxter underkastade.)

Im Folgenden wird zu sehen sein, daß gerade die exponierte geographische Lage des Gartens von Uppsala von besonderem Vorteil bei der „Zurückführung von Varietäten" war.

bestimmten Hinsichten identisch zu reproduzieren sein, in anderen Hinsichten wird dagegen der Fall eintreten, den die „Theorie der Gärtnergeschicklichkeit" nur in den Worten „ansonsten nicht" andeutet: Die im botanischen Garten reproduzierte Pflanze wird sich unter den dort in Anschlag gebrachten, spezifischen Anbaubedingungen nicht „derselben Fülle erfreuen wie an anderen Orten". Im Vergleich zu Pflanzen der angebauten Art, die an natürlichen Standorten auftreten, werden damit aber immer gerade solche Merkmalsunterschiede zu Tage treten, um deren Ausschluß aus der Menge artspezifischer Merkmale es Linné mit dem Ausschluß der Varietäten geht, nämlich Unterschiede, die einem Wechsel des Standorts zu schulden sind. Es fragt sich bloß noch, wie diese Unterschiede als Unterschiede zu identifizieren sind, die im genealogischen Zusammenhang von Individuen einer Art bestehen, um in der (wohlgemerkt unfreiwilligen) Erzeugung dieser Unterschiede die Bedingung für die Abstraktion von Standorteinflüssen in der Behauptung einer Artkonstanz zu sehen.

Eine Antwort auf diese Frage ist leicht zu geben: Wenn Botaniker in Reiseberichten und Floren über die Standorte und Lebensräume Rechenschaft gaben, an denen sie auf Exemplare einer Pflanzenart getroffen waren, so brachten sie von diesen Reisen gewöhnlich auch Samen oder lebende Exemplare dieser Pflanzenart zurück, um diese als Repräsentanten der angetroffenen Art im heimischen, botanischen Garten anzubauen (s. Abschnitt 6.1.4). Die dann unter Umständen eintretenden Merkmalsunterschiede zwischen Exemplaren an natürlichen Standorten (über deren Eigenschaften Reisenotizen, Abbildungen oder mitgebrachten Herbarexemplare Auskunft geben konnten) und Exemplaren, die im Garten als Artrepräsentanten reproduziert wurden, konnten damit auf die Veränderung des Standorts zurückgeführt werden, die bestehen gebliebenen Identitäten dagegen auf den genealogischen Zusammenhang – letzteres die einzige Identitätsbeziehung zwischen dem Artrepräsentanten im Garten und den zurückgebliebenen Exemplaren, die vom Transport prinzipiell unberührt geblieben war, weil sie durch den Transport selbst gesetzt war.

Ein Beispiel für diese Praxis liefert Linné selbst: Seine 1737 erschienene *Flora lapponica* enthielt (nach eigenen Angaben[366]) eine erste Beschreibung und Abbildung der Zwergbirke (*Betula nana*), und 1743 veröffent-

---

[366] LINNÉ *Fl. lapp.* (1737: 266).

Die Natur der Pflanzen

lichte Linné in Form einer Dissertation eine ausführliche Beschreibung dieser Art. Folgendes Vergleichsmaterial hatte ihm dabei vorgelegen:

- Einige Zweige dieser Pflanze, die er von seiner 1732 unternommenen Reise nach Lappland aus verschiedenen Regionen (Norland, Lappland etc.) und verschiedenen Lebensräumen ("Bergen" und „Sümpfen") mitgebracht hatte und die Eingang in sein Herbarium gefunden hatten;
- Ein Exemplar, das spätestens noch 1737 im Garten von Olaus Celsius, Theologieprofessor in Uppsala, wuchs;
- Ein Exemplar, das er selbst nach seiner Rückkehr aus Holland (also frühestens 1739 und damit nach Publikation der *Flora lapponica*) „aus einem Tagelmyra genannten Sumpf in Småland herbeigeholt" und im botanischen Garten der Universität Uppsala angepflanzt hatte;[367]
- Schließlich ließ Linné für die *Flora Lapponica* schon 1737 eine Abbildung von dem aus Lappland mitgebrachten Herbarmaterial erstellen; diese Abbildung ergänzte er in der Dissertation von 1743 um die Abbildung eines blühenden Zweiges von dem Exemplar, das er in den botanischen Garten von Uppsala eingebracht hatte (s. Abb. 17). Auf diese Abbildungen beziehen sich die beiden im folgenden zitierten Texte.

In der *Flora lapponica* findet sich nun folgende Diskussion der Merkmalsunterschiede unter Zwergbirken, welche bloß der Varietät nach, nicht aber der Art nach bestehen sollen:

Diese Pflanze variiert sehr:

a. In den lappländischen Bergen erreicht sie kaum eine Größe von zwei Spannen, sondern kriecht von dort an und besitzt äußerst kleine Blätter, von der Art, wie sie nämlich in der Abbildung gezeigt werden, und von derselben Größe, wie sie auf Taf. IV, Abb. a. zu sehen ist.

b. In den Wäldern Lapplands, Norlands, und Smålands, wo sie in Sümpfen wächst, trägt sie größere Blätter und sendet sich neigende Stämme von der Länge eines Menschen aus; die natürliche Gestalt und Größe der Blätter zeigen wir in Taf. VI, Abb. b.

c. In seinen Garten hat dieselbe der Hochberühmte Doktor der Theologie Celsius gebracht, wo sie, wenngleich an einem trockenen

---

[367] Diese Angaben folgen den nachfolgend zitierte Textstellen und den Legenden zu den Abbildungen in LINNÉ *Fl. lapp.* (1737) und LINNÉ *Bet. nana* (1743/1749).

Ort, glücklich wuchs und Blätter von der Größe und Gestalt hervorbrachte, welche in Taf. VI, Abb. c abgebildet sind.[368]

In dieser Diskussion von „Varietäten" der „Art" *Betula nana* dokumentiert sich noch keine wirkliche Abstraktion von Standorteinflüssen: Linné hat allein Unterschiede beobachten können, die unter *Betula nana*-Pflanzen in jeweils verschiedenen Lebensräumen bestehen ("Berge", „Sümpfe" in den „Wäldern Lapplands, Norlands, und Smålands", sowie „Gärten"). Für den reproduktiven Zusammenhang der jeweiligen „Varietäten" kann daher allenfalls die Einheit der von ihnen bewohnten Lebensräume sprechen. In der Einheit des jeweiligen Lebensraums ist aber auch keine nennenswerte Variabilität mehr unter den dort lebenden Pflanzen zu verzeichnen. Es könnte sich daher ebensogut um verschiedene Arten handeln, die sich in ihren Bedürfnissen entsprechenden Lebensräumen reproduzieren und durch ihnen eigentümliche Merkmale (eben die Blattgröße und Wuchsform betreffend) auszeichnen. Lebensraum und genealogischer Zusammenhang sind für die Beobachtung unauflöslich miteinander verflochten, so daß eine Isolation der genealogischen Komponente und gleichzeitige Beobachtung eines standortbedingten bzw. standortunabhängigen Auftretens von Merkmalen in der Generationenfolge unmöglich ist.

In der 1743 erschienenen Dissertation *Betula nana* Linnés hat sich diese Situation geändert: Nun nimmt die Diskussion standortbedingt variierender Merkmale Bezug auf wenigstens ein Pflanzenexemplar, das Linné selbst aus einer an einem natürlichen Standort ("einem Tagelmyra genannten Sumpf in Småland") lebenden Population isoliert und in seinen Garten überführt hat. Unter der Überschrift „Locus" heißt es nun zu den mit Standortbedingungen variierenden Merkmalen der Zwergbirke:

> Bemerkenswert ist auch, welchem Ausmaß an Verwandlung diese unsere [Pflanze, i. e. *Betula nana*] nach der Ordnung und Beschaffenheit ihrer Geburtsorte unterliegt; sie erreicht in den Bergen nämlich wachsend kaum ein Fuß Höhe, hat sehr kleine Blätter und kriecht; dagegen hat sie außerhalb der Berge wachsend fast drei Ellen lange Stämme und doppelt so große Blätter; schließlich zeigt sie in Gärten angebaut noch größere Blätter und wächst gleichsam zu kleinen Bäumchen aus, selten bringt sie dort jedoch Blüten und Frucht, wenn sie nicht an einen etwas sumpfigeren Ort gesetzt worden ist.[369]

---

[368] LINNÉ *Fl. lapp.* (1737: 267); zum Originaltext s. Abb. 9.

[369] LINNÉ *Bet. nana* (1743/1749: 344):

Die Natur der Pflanzen 295

Das in diesem Beispiel zum Ausdruck kommende Abstraktionsverfahren entbehrt nicht einer gewissen Ironie: Erst der zu Zwecken i d e n - t i s c h e r Reproduktion durchgeführte Transport von Pflanzenexemplaren in einen botanischen Garten läßt standortbedingte D i f f e - r e n z e n in eindeutiger Beziehung zur Generationenfolge hervortreten. Und diese experimentförmige Bewegung bleibt auch noch ein singuläres Ereignis: Im botanischen Garten werden in der Generationenfolge, die an die einmal eingebrachte Pflanze angeschlossen wird, nicht etwa weitere Varietäten durch systematische Variation von Standortbedingungen erzeugt, sondern kleine Pflanzenpopulationen bzw. Einzelexemplare unter gegebenenfalls noch zu ermittelnden, aber spätestens dann standardisierten Anbaubedingungen identisch reproduziert. Auf lange Sicht verschwinden damit aber sämtliche standortbedingten Unterschiede in der Generationenfolge der einmal in den botanischen Garten gebrachten Pflanzen. Die Reversibilität standortbedingter Variabilität unter Pflanzen einer Generationenfolge erweist sich im botanischen Garten nur n e g a t i v im A u s s c h l u ß der Variabilität, die außerhalb des Gartens in der Vielfalt hortikulturell gesetzter und natürlicher Standorte „entfaltet" ist, und dieser Ausschluß nimmt seine konkrete Gestalt in einer erst im Garten erzeugten und ausschließlich dort reproduzierten Varietät an. Die Differenzierung zwischen standortbedingt veränderlichen und gesetzmäßig beständigen und damit arteigentümlichen Eigenschaften wurde auf der Grundlage einer Praxis möglich, die Anbaubedingungen nicht etwa systematisch variierte, um experimentell zu Einsichten darüber zu gelangen, wie Standorteinflüsse Varietäten erzeugen, sondern auf der Grundlage einer Praxis, die eine Produktion von Varietäten systematisch zu Gunsten einzelner Varietäten zu vermeiden suchte.

Eine effektive Abstraktion von Standorteinflüssen scheint soweit aber nur im beschränkten Sinne einer Standardisierung zustandegekommen zu sein: Sie scheint bei der „Zurückführung von Varietäten auf ihre Arten" nur insofern zu erfolgen, als einzelne genealogische Linien jeweils standardisierten, höchst idiosynkratischen Bedingungen unterworfen werden, um sie als in der Generationenfolge beständige Artrepräsentan-

---

Memorabile etiam est, quantam mutationem subeat haec Nostra pro ratione & qualitate loci natalis; in Alpibus enim crescens altitudinem pedis vix attingit, & folia habet minima, serpitque; extra Alpes vero nascens, caulibus gaudet tres fere ulnas longis, duploque majoribus foliis; in hortis denique culta, majora adhuc exhibet folia, & instar arbusculae excrescit; raro tamen flores & fructum edit, nisi in loco quodam palustri collocata fuerit.

ten erscheinen zu lassen. Was konnte unter diesen Umständen dazu veranlassen, im botanischen Garten von Uppsala eben nicht nur den artifiziellen Standort idiosynkratischer Varietäten zu sehen, sondern eine (wenn auch verzerrte) Projektion des „Paradiesgartens"[370]? Das Problem läßt sich auch anders formulieren: Wenn das Kriterium für Varietäten in dem Nachweis der R e v e r s i b i l i t ä t standortbedingter Variabilität bestehen sollte, war es dann nicht nötig, Nachkommen der einmal in einen botanische Garten gebrachten Pflanzen wieder aus dem Garten heraus und unter eine Variation von Standorteinflüssen zu bringen?

Tatsächlich verließen die im botanischen Garten angebauten Pflanzen diesen wieder, und zwar – wie im zweiten Teil zu erfahren war (s. Abschn. 6.1.4) – im A u s t a u s c h von Pflanzensamen unter botanischen Gärten. Man könnte an einer Fülle von Belegstellen aus dem Briefwechsel Linnés zeigen, wie der wechselseitige Tausch von Pflanzensamen immer von der brieflichen Diskussion der artspezifischen Merkmale und Herkunft der zugesandten Pflanzensamen, sowie der hortikulturellen Maßnahmen begleitet wurde, mit denen die zugesandten Samen erfolgreich aufzuziehen sein sollten.[371] So konnten in der Tat standortbedingt auftretende Differenzen und standortunabhängig beständige Identitäten in der Herstellung genealogischer Beziehungen

---

[370] In einer Rede zum „Nutzen und Ziel der Naturaliensammlungen" bezeichnete Linné in Umkehrung der von ihm sonst verwendeten Metaphorik das Paradies als die „vollkommenste Naturaliensammlung" ("allerfullkomligaste Naturalie-Samling"; LINNÉ Nat. saml. 1754/1964: 63).

[371] Ich nenne nur ein einziges Beispiel aus der Korrespondenz Linnés: Michel Adanson sandte Linné nach seiner Rückkehr von einer Forschungsreise nach Senegal am 28. 06. 1754 eine Kollektion von Pflanzensamen zu, die von mitgebrachten und im botanischen Garten von Paris angebauten Pflanzen stammten, Pflanzen, die laut dem beigefügten Brief „niemandem vorher bekannt" geworden waren, und mit denen er Linné bekannt machen wollte, bevor er über diese publizierte. Die Samen waren durchnummeriert, und der Brief nennt zu den Nummern ihre Art-"namen", d. h. spezifischen Differenzen. Linné antwortet am 01. 10. 1754 mit der Bemerkung, daß von den ausgesäten Samen einige Pflanzen „gut wuchsen", unter anderem auch „eine Art der *Acacia* mit weißer Rinde (Acaciae species cortice albo)". „So kannte ich dich", heißt es daran anschließend, „aus Deinen Werken, bevor irgend einer über Dich geschrieben hatte." Die Vertrauenswürdigkeit Adansons war dadurch hergestellt, daß eine von ihm als „neu" beurteilte, durch das Merkmal „weiße Rinde" von anderen Arten der Gattung *Acacia* unterschiedene Pflanze sich im Garten Linnés (also unter vollkommen anderen Standortbedingungen als im Pariser Garten, geschweige denn in Senegal) mit eben diesem Unterscheidungsmerkmal reproduzieren ließ (LINNÉ *Brev* 1916: 1-3).

und unter kontrolliert variierten Standortbedingungen auseinandertreten. Ich möchte mich im nächsten Abschnitt der konkreten Form dieser experimentförmigen Bewegung allerdings über einen Umweg nähern: Ich will an Beispielen ins Auge fassen, wie in botanischen Gärten mit „beständigen Varietäten" Erscheinungen in der Generationenfolge auftraten, die gegen die Behauptung einer Artkonstanz sprachen und entsprechend von besonderer Evidenz gewesen sein mußten, um sich gegen diese ursprüngliche Behauptung durchsetzen zu können.

10.3 Verfremdungen und Deformationen

Es ist hinlänglich untersucht, wie Linné 1742 in den Besitz eines in freier Natur angetroffenen Pflanzenexemplars gelangte, das ihn erstmals öffentlich die Gültigkeit seiner Behauptung von der Artkonstanz in Frage stellen ließ. Dabei handelte es sich der Sache nach um ein Exemplar der Gattung *Linaria* (Leinkraut), dessen Blüten einer heute als Pelorismus bekannte Mutation unterworfen waren: Statt von bilateralsymmetrischem Bau waren sie von fünfzähligem, radial-symmetrischen Bau. Die Tatsache, daß derartige, der Blütensymmetrie nach morphologisch distinkte, in allen übrigen Eigenschaften aber mit gewöhnlichen *Linaria*-Pflanzen übereinstimmende Pflanzenexemplare gemeinsam mit gewöhnlichen Exemplaren an einem eng umgrenzten, natürlichen Standort auftraten, veranlaßte Linné zu der Vermutung, daß die pelorischen *Linaria*-Exemplare unbeeinflußt durch Standortbedingungen und im genealogischen Zusammenhang mit gewöhnlichen *Linaria*-Pflanzen entstanden sein mußten, und zwar in Folge einer Hybridisierung gewöhnlicher *Linaria*-Pflanzen mit einer noch unbekannten Pflanzenart. Linné gestand in diesem Falle also die Möglichkeit einer hybriden Entstehung „neuer", weil ihrerseits morphologisch distinkter und sich identisch reproduzierender „Arten" ein und belegte die pelorischen *Linaria*-Pflanzen konsequenter Weise mit einem eigenen Gattungsnamen: *Peloria*, abgeleitet aus einem griechischen Wort für „Ungeheuer".[372]

Ich möchte mich hier nicht noch einmal mit der Frage befassen, was so „ungeheuerlich" an *Peloria* war, daß sie das genannte Eingeständnis provozieren mußte. Bis 1762 sollte *Peloria* ohnehin nicht mehr Gegenstand der fortpflanzungstheoretischen Schriften Linnés werden. Viel interessanter ist der merkwürdige Sachverhalt, daß Linné in späteren

---

[372] Zu den Einzelheiten im „Fall Peloria" s. LINELL (1953), LARSON (1971: 90-103), und GUSTAFFSON (1978).

fortpflanzungstheoretischen Schriften bei der Annahme einer Entstehung neuer, morphologisch und genealogisch distinkter Pflanzenarten durch Hybridisierungen blieb – und zwar meines Wissens o h n e noch einmal auf natürlich vorkommende Pflanzenexemplare getroffen zu sein, die ähnliche Verhältnisse aufgewiesen hätten wie *Peloria* im Vergleich zu *Linaria* .[373] Um einzusehen, daß dies in der Tat merkwürdig ist, muß man sich vor Augen halten, daß Linné durchaus über eine Erklärungsalternative für das Auftreten morphologisch distinkter und über mehrere Generationen hinweg beständiger Varietäten verfügte, auf die ich bisher noch nicht eingegangen bin: Wie sich an zahlreichen Stellen seines 1737 erschienen *Hortus cliffortianus* belegen läßt, vertrat auch Linné die seinerzeit weitverbreitete Ansicht, daß Lebewesen sich in der Generationenfolge verändern, wenn sie über sehr lange Zeiträume unter gleichbleibende klimatische (bzw. kulturelle) Bedingungen geraten, und daß diese Veränderungen an Nachkommen für eine gewisse Zeit auch dann noch bestehen bleiben, wenn sie unter andere klimatische Bedingungen geraten.[374] Was mag Linné unter diesen Umständen dazu bewogen haben, nach der singulär bleibenden Entdeckung morphologisch distinkter Pflanzenexemplare inmitten einer eng umgrenzten Population nicht nur weiterhin die Möglichkeit einer gelegentlichen Entstehung „neuer" Arten durch Hybridisierung einzuräumen, sondern dies Eingeständnis mit seiner Hybridisierungstheorie noch zur Behauptung eines allgemeinen Mechanismus der Differenzierung von Arten unter Gattungen im Laufe der Erdgeschichte auszuweiten (s. o. 10.1.3)?

---

[373] Zu einer einzigen Ausnahme, zu der Linné aber meines Wissens nie in Publikationen Stellung bezog, s. MABBERLEY (1995: 8).

[374] Dies haben GREENE (1909b) und RAMSBOTTOM (1938: 200-203) umfangreich belegt. Daß derartige Vorstellungen zur Zeit Linnés und schon lange vor Linné weit verbreitet war, hat ZIRKLE (1946) nachgewiesen. In LINNÉ *Crit. bot.* (1737 §316: 255), wird das wohl prominenteste Beispiel angeführt, um davor zu warnen, daß es eben nicht leicht sei, die Entscheidung über den Status einer morphologisch distinkten Pflanze (Varietät oder Art?) über die Aussaat von Samen in verschiedenen Böden herbeizuführen: „Wer verneint, daß der Äthiopier von derselben Art sei, wie wir Menschen; dennoch bringt der Äthiopier in unseren Ländern schwarze Kinder hervor. (Quis neget Aethiopies esse ejusdem species ac nos homines; tamen Aetiops nigros procreat infantes in nostra terra.)" Auf der Grundlage der Annahme einer klimatisch bedingten Veränderlichkeit der Pflanzen war Linné sogar in aufwendige Projekte involviert, in denen er versuchte, exotische Pflanzen wie Tee und Maulbeerbäume an die klimatischen Bedingungen Schwedens zu gewöhnen (s. KÖRNER 1994).

Die Natur der Pflanzen 299

In der *Philosophia botanica* von 1751 läßt Linné erstmals seit Veröffentlichung der Dissertation *Peloria* wieder Zweifel an seiner ursprünglichen Auffassung laut werden, daß „keine neuen Arten entstehen" und er verweist dabei nicht nur auf seine Dissertation *Peloria*, sondern noch auf zwei Arbeiten anderer Botaniker, nämlich auf einen 1721 von Jean Marchant publizierten Aufsatz und eine 1749 erschienene Rede von Johann Georg Gmelin.[375] Was hatten diese zu berichten gehabt, das Linné als vergleichbar mit der Entdeckung pelorischer Exemplare in einer *Linaria*-Population galt? In beiden Fällen durchaus vergleichbares, bloß zu Pflanzen anderer Art und von einem zwar ebenfalls eng umgrenzten, allerdings sehr spezifischem Ort: dem Beet eines botanischen Gartens. Marchant war auf dem Beet seines eigenen botanischen Gartens, auf dem er Bingelkraut (*Mercurialis*) anpflanzte, in einem Jahr auf zwei morphologisch distinkte Varietäten getroffen, die bei der Reproduktion der *Mercurialis*-Repräsentanten in den folgenden vier Jahren immer wieder nebeneinander auftauchten.[376] Und Gmelin hatte im Botanischen Garten von St. Petersburg Samen zweier Rittersporn-Arten (*Delphinium*) auf einem Beet ausgesät, die er von einer Forschungsreise nach Sibirien mitgebracht hatte, und beobachtete zu seiner Überraschung, daß auf diesem Beet späterhin nicht nur Pflanzen von zweierlei Art, sondern insgesamt „fünf bis sechs", ihm dort nicht bekannt gewordene Varietäten über Jahre hinweg auftraten.[377] Marchant und Gmelin waren also offen-

---

[375] LINNÉ *Phil. bot.* (1751 §157: 99).

[376] MARCHANT *Obs. nouv. esp.* (1721: 57):

> Au mois de julliet 1715, M. Marchant apperçut dans son Jardin une Plante, qu´il ne connaissoit point [..]. L´ anné suivante au mois d´Avril dans le méme endroit où avoit été cette Plante, il en vit paroitre 6 autres, dont 4 étoient toutes sémblables à l´ancienne, & deux autres assez différentes pour faire une autre espéce de Mercuriale [..]. Ces deux Plantes nouvelles se sont multipliées depuis dans l´éspace de 7 ou 8 pied de terrain, [..]

> Mit der letzten Auslassung beginnt eine Diskussion der Herkunft der „neuen" Pflanzenarten, in der diese ebenfalls als Hybridisierungsprodukte gedeutet werden. Zu den Einzelheiten dieser Diskussion, die von (retrospektiv) fehlerhaften Annahmen über die „Geschlechterverhältnisse" bei Pflanzen ausgeht, s. ZIRKLE (1935: 121-123).

[377] GMELIN *Nov. Veg. exort.* (1749: 80/81):

> Dem berühmten Linné habe ich selbst vorgeschlagen, die *sibirischen Delphinium-Pflanzen* als Beispiel [für die Entstehung neuer Arten durch Hybridisierung] zu nehmen, von denen sicher nie mehr als zwei unterschiedene Arten beobachtet werden. In meinem Gärtchen, welches ich

bar beide dabei gewesen, routinemäßig Pflanzen von jeweils bestimmter Art auf einem Beet ihrer jeweiligen Gärten zu reproduzieren – und so in genau das Unternehmen verwickelt, das Linné als „Zurückführung von Varietäten auf ihre Arten" bezeichnete. Und dabei waren sie unvermutet auf ein Phänomen getroffen, daß demjenigen ähnlich war, das für Linné mit *Peloria* auf den Plan getreten war: In der Generationenfolge traten an einem eng umgrenzten Standort offenbar spontan morphologisch distinkte und dann in der Generationenfolge beständig reproduzierte „Varietäten" ("neue Arten"?) auf.

Angesichts dessen stellt sich nun eine Frage, der ähnlich am Ende des letzten Abschnitts zu begegnen war: Warum konnte Linné – im deutlichen Unterschied zu dem in der *Transmutatio frumentorum* diskutierten Phänomen der „Umwandlung des Getreides" – in den von Marchant und Gmelin berichteten Fällen pauschal von spezifischen Standorteinflüssen (in diesem speziellen Fall etwa gärtnerischen Unachtsamkeiten) absehen, welche doch durchaus für das idiosynkratische Auftreten der „Varietäten" in Marchants und Gmelins Gärten hätten verantwortlich sein können? Eine Antwort auf diese Frage erhält man, wenn man beachtet, wie Linné die „Zurückführung von Varietäten" auf ihre Arten in der 1755 publizierten Dissertation „Veränderungen der Pflanzen (*Metamorphoses plantarum*)" allgemein als das Verfahren charakterisierte, durch welches Botaniker in der Generationenfolge auf Prozesse gestoßen waren, die Linné als „Verfremdungen (alienationes)" bezeichnete und als Hybridisierungen interpretierte. Diese „Verfremdungen" bestanden im Auftauchen „beständiger Varietäten (varietates constantes)" in der Generationenfolge, und als *beständig* sollten sich diese in der folgenden Weise erwiesen haben:

> Als Botaniker Pflanzen derselben Art in verschiedenem Klima und Boden variieren sahen, machten sie aus diesen zunächst neue Arten; was bewirkte, daß die Zahl der Arten derart übermäßig vermehrt wurde, daß keine Grenzen waren. Die neueren Botaniker haben deshalb begonnen, die Varietäten auf ihre Arten zurückzuführen, um die Wesen

---

in Petersburg pflege, habe ich aber bis zu fünf oder sechs Arten gezählt, während ich dort, von wo sie hergebracht wurden, diese geradezu nicht kenne [..].

Cel. Linnaeo ipse ego suggesi exemplum de *delphiniis Sibiricis*, quorum certe nunquam plures, quam duas distinctas species observari. Verum in hortulo meo. quem Petropoli alui, ad quinque & sex species numeravi, quum, unde allatae fuerint, prorsus ignorem, [..].

S. auch zu diesem Fall ZIRKLE (1935: 157-159).

nicht ohne Notwendigkeit zu vervielfältigen. Die Botaniker, die sahen, daß Himmel und Erde so viele Varietäten machen konnten, verstanden daher auch, daß der Himmel und die Erde diese zurückführen, weswegen die Botaniker sie in botanischen Gärten aussäten; allein, als sie sahen, daß einige [Varietäten] in ein und demselben Boden und Klima gleichwohl beständig blieben, behaupteten einige, daß diese nicht für Varietäten sondern für unterschiedene Arten zu halten seien, und dies selbst dann, wenn diese zwei Pflanzen einander in hohem Grad ähnlich waren und den übrigen derselben Gattung sehr unähnlich, wie die *Fumaria mit hohler, zwiebeliger Wurzel* und die *mit nicht hohler*.[378]

Während sich die „Zurückführung der Varietäten" im vorigen Abschnitt nur als idiosynkratisch betriebenes Standardisierungsverfahren dargestellt hatte, so wird sie hier als ein Verfahren beschrieben, in das Botaniker kollektiv, über historische Zeiträume hinweg und zu einem gemeinsamen Zweck (die „Wesen nicht übermäßig zu vermehren") involviert waren. Varietäten wurden also nicht einfach nur unter im Einzelnen standardisierte Bedingungen gebracht, sondern dies diente Botanikern i m A u s t a u s c h m i t e i n a n d e r dazu, Pflanzen als Angehörige besonderer Arten auszuweisen. Und dabei tauchten Phänomene auf, die sich den Botanikern zur Zeit Linnés als eine Klasse von Erscheinungen darboten, in denen das Verfahren der „Zurückführung von Varietäten auf ihre Arten" auf Widerstände stieß.

Über diese im Austausch bewerkstelligte „Zurückführung von Varietäten" lassen sich nach den bisherigen Ergebnissen schon Angaben machen: In botanischen Gärten war es jeweiligen Botanikern möglich, Merkmalsunterschiede im unmittelbaren Vergleich dort angebauter Artrepräsentanten hervorzuheben und für andere Botaniker in Art-"namen" zu dokumentieren (wie im vorangehenden Zitat „*Fumaria mit hohler,*

---

[378] LINNÉ *Metam. plant.* (1755/1788 cap. IV: 380):

> Cum botanici vidissent eandem speciem in diverso climate vel solo, variare, primum ex illis novas species constituerunt; quo accidit, ut numerus plantarum nimis augeretur, nulli dum limites essent. Recentiores itaque botanici varietates ad species suas reducere coeperunt, ne entia praeter necessitatem multiplicarentur. Botanici, qui videbant solum & coelum tam multas fecisse varietates, intelligebant quoque, quod solum & coelum eas reducerent, quam ob caussam in hortis botanicis eas seminabant; at, cum viderent nonnullas in uno eodemque solo & climate, aeque constantes esse, contendebant aliqui, eas non pro varietatibus, sed distinctis speciebus habendas esse, licet duae plantae admodum similes, & ceterae ex eodem genere multum dissimiles, ut Fumaria bulbosa radice cava & non cava, & multae aliae.

zwiebeliger Wurzel und Fumaria *mit nicht hohler"*). In der Zirkulation von Repräsentanten unter botanischen Gärten (vermittelt durch Samen) hatten sich diese Unterschiede allerdings unter wechselnden Standortbedingungen als wirklich „beständig" zu bewähren. Traf man nun auf morphologisch distinkte Pflanzen, die im reproduktiven Zusammenhang auftauchten, aber dennoch im Austausch „beständig" blieben, so handelte es sich in diesen Fällen um merkwürdige Zwitterwesen, die sich offenbar einer „Zurückführung von Varietäten auf ihre Arten" widersetzten und damit ihre widerspruchsvolle Realität als „beständige Varietäten" oder „neue Arten" zu erkennen gaben. Im Folgenden möchte ich dies an zwei Beispielen auseinandersetzen: anhand der Diskrepanz im Wiederauftauchen der Pflanzen Marchants und Gmelins in Linnés *Plantae hybridae* von 1751, eine Schrift die nicht weniger als 101 angeblich hybride Pflanzen auflistete; und anhand des einzigen, 1757 von Linné durchgeführten Kreuzungsexperiments.

In der Einleitung zu den *Plantae hybridae* findet sich zunächst einmal die folgende Passage, die allgemein zu kennzeichnen versucht, welcher Art empirische Belege für Hybridisierungen sprechen:

> Das Hauptargument für die Behauptung hybrider Pflanzen scheint jedoch a posteriori erhärtet zu werden. Es steht nämlich für alle fest, daß Botaniker wie vor allem Tournefort, Boerhaave, Michel, Pontedera, Helwing und andere zum Schluß des letzten Jahrhunderts und sicherlich in diesem Jahrhundert zu Zeiten des hochberühmten Praeses [i. e. Linné] unzählige neue europäische Pflanzen gesammelt haben, die den Alten unbekannt waren, aber daß zu beobachten war, daß diese den Pflanzen der Alten zu einem großen Teil so ähnlich waren, daß sie kaum durch Abbildungen unterschieden werden konnten. Weil in diesen Pflanzen hinreichende Kennzeichnungen fehlten, konnte der Praeses [i. e. Linné] nicht anders, als diejenigen unter diesen Pflanzen unter dem Namen der VARIETÄTEN auf ihre Mütter zurückführen, welche *der Farbe, dem Geruch, dem Geschmack, der Größe, der Zeit, der Bedornung* usw. nach verschieden waren, was nach ihm auch die aufmerksamsten Botaniker wie *Jussieu, Royen, Gronovius, Haller, Gmelin, Guettard, Dalibard, Wachendorff, Gorter, Büttner* usw. bestätigten und fortsetzten. Freilich ist gesagt worden, daß diese Varietäten aus *dem Boden, dem Ort* und *dem Klima* hervorgebracht sind, so daß sie einzig und allein den Umständen zu schulden sind. Inzwischen sind jedoch verschiedene Varietäten jener Reformation [i. e. der *Zurückführung von Varietäten auf ihre Arten*] unterworfen worden, welche viele Botaniker in Unruhe darüber versetzten, wie [ihre] Arten zu bestimmen, oder auch auf welche Art diese mit Recht zurückzuführen seien, wenn diese

nämlich zwei [anderen Arten] so ähnlich waren, daß nicht ein einziges Merkmal der in Frage stehenden Pflanze – auch wenn dies überaus deutlich und höchst einzigartig [war] – gefunden wurde, daß nicht auch in einer der beiden anderen auftrat. Es wachsen diese Hybride auch mit den beiden anderen im selben Boden und sind doch nicht von den Alten beobachtet worden. Dies hat uns zuerst zu dem Problem geführt, ob zwei verschiedene Pflanzen eine dritte hervorgebracht hätten, oder ob sie als Hybride anzusehen seien, denn Botaniker haben erst zu dieser Zeit die Hervorbringung der Pflanzen kennengelernt, und solcherart Veränderungen bei Pflanzen daraus abgeleitet, wie sie beim Kohl und anderen zu beobachten waren.[379]

Der hier bezeichnete, kollektive und historische Prozeß, in dem Evidenzen für die Realität von Hybridisierungen durch Botaniker zu Tage gefördert worden sein sollen, ist als zweistufiger Prozeß charakterisiert: In einer ersten Phase kam es zur Identifikation derjenigen Merkmale unter Pflanzen, die sie unter allen Umständen in den Repräsentationsmedien der Botanik (verwiesen wird auf „Abbildungen") als unterschieden kennzeichnen konnten. Benannt ist der Prozeß, der schon

---

[379] LINNÉ *Pl. hybr.* (1751/1764: 32):

> Cardo argumenti pro statuendis plantis hybridis, videtur tamen a posteriori corroborari. Constat enim omnibus, Botanicos, utpote Tournefortium, Boerhavium, Mitchelium, Pontederam, Helwingium cum reliquis sub finem prioris seculi, & quidem ad tempora Cl. Praesidis, hujus seculi, innumeras collegisse novas plantas Europaeas, veteribus ignotas; sed quod observandum, qua maximam partem similes veterum, ut vix figuris distingui potuerint. Cum itaque characteres sufficienter defecerint in hisce plantis, non potuit non Cl. D. Praeses has referre ad matres suas, sub nomine VARIETATUM, quae *colore, odore, sapore, magnitudine, tempore, pubescentia* &c. differebant, quod acutissimi quoque Botanici, ut *Jussieus, Royenus, Gronovius, Hallerus, Gmelinus, Guettardus, Dalibardus, Wachendorffius, Gorterus, Bütnerus* &c. post illum approbarunt & continuarunt. Dictum quidem est has varietates ex *solo, loco, climate* ortas esse, ideoque tantummodo accidentales; Interea tamen huic reformationis variae subjectae sunt, quae Botanicos plurimum sollicitabant in determinandis speciebus, ad quam scilicet speciem merito referendae essent, quando duabus similes erant, & quidem ita, ut ne unica nota in planta quaestionis, etiamsi distinctissima, & maxime singularis inveniatur, quae non in alerutra ambarum occurit. Crescuitque haec hybrida in eodem solo cum ambabus & tamen a veteribus non observata. Haec primum nos ad hoc Problema deduxerunt, utrum duae diversae plantae tertiam produxissent, an ut hybridae considerandae essent, cum Botanici his primum temporibus generationem plantarum optime norint, & quales mutationes in plantis hinc deducantur, observarint in Brassica aliisque.

im letzten Kapitel kennenzulernen war, nämlich die Konstitution von Merkmalsunterschieden in der „Kollation der Arten", und die damit einhergehende Aussonderung von Merkmalskategorien, die zur Kennzeichnung der Artverschiedenheit nicht „hinreichen" ("Farbe, Geruch, Geschmack, Größe, Bedornung" etc.). Diese Aussonderung fand ihre theoretische Entsprechung in einer globalen Begründung artspezifischer Merkmalsidentitäten in der Beziehung, die sachlich unter verschiedenen botanischen Gärten bestand, insofern sie im Austausch von Pflanzensamen selbst gesetzt war: der genealogische Zusammenhang unter Artrepräsentanten (ihrer gemeinsamen Beziehung auf eine „Mutter"). Nicht-*beständige* Merkmale wurden dagegen global zur Verschiedenheit äußerer Umstände ("Boden, Ort und Klima") in Beziehung gesetzt, unter die Artrepräsentanten in jeweiligen Gärten gerieten. Dabei tauchten nun allerdings in einer zweiten Phase „Varietäten" auf, deren „Zurückführung" Probleme bereitete, und zwar in zweierlei Hinsicht: E i n e r s e i t s traf man auf Pflanzen, die zwar durch ihnen eigentümliche, beständige Merkmale ("überaus deutliche und einzigartige Merkmale") ausgezeichnet waren, von denen aber keines allein die in Frage stehende Pflanze von zwei anderen, ihr ähnlichen Pflanzenarten zugleich und eindeutig unterschieden hätte (die Pflanze also kein Merkmal besaß, das sie in jeder Vergleichskonstellation eindeutig ausgezeichnet hätte). Artspezifische Merkmalsidentitäten schienen in diesen Fällen unter drei verschiedenen Pflanzen zu bestehen, was für ihren genealogischen Zusammenhang in einer Art sprach, dem allerdings wiederum die Distinktheit und Beständigkeit der Merkmale widersprach. A n d r e r s e i t s waren derart unterschiedene Pflanzen unter gleichartigen, äußeren Umständen ("im selben Boden") anzutreffen, was für ihre Artverschiedenheit sprach (da gleichartige äußere Umstände ein Verschwinden von der Varietät nach bestehender Unterschiede bewirken sollten), dem allerdings wiederum die auf einen reproduktiven Zusammenhang hindeutende Einheit des Standortes widersprach. Diese komplexen Widersprüchlichkeiten – die anschließende Liste von nicht weniger als 101 angeblich hybriden Pflanzenarten gliedert sich durch Überschriften wie „Deformierte (deformatae)", „Dunkle (obscurae)" u. ä.[380] – sollen, so schließt die zitierte Passage, schließlich nur unter der Annahme aufzulösen gewesen sein, daß im genealogischen Zusammenhang „zwei verschiedene Pflanzen eine dritte hervorgebracht hatten": Wenn schon nicht eigentümliche Standortbedingungen für das Auftauchen *beständiger*

---

[380] Eine genauere Diskussion dieser Liste findet sich in MÜLLER-WILLE (1996).

Varietäten verantwortlich zu machen waren (dem stand das in Anschlag gebrachte Verfahren der „Zurückführung von Varietäten" gerade entgegen), so doch immerhin ungewöhnliche Kombinationen im Bestäubungsakt, dem Akt also, durch den die Generationenfolge vermittelt wurde.

Marchants und Gmelins „hybride" Pflanzen tauchen nun in der an die Einleitung der *Plantae hybridae* anschließenden Liste von 101 gemutmaßten Pflanzenhybriden mit einer deutlichen Diskrepanz auf. Von Gmelins Pflanze wird Folgendes berichtet: Sie sei nicht nur „im botanischen Garten von St. Petersburg hervorgegangen", sondern „von dort zum Garten in Uppsala geschickt worden, wo sie heute bestens aus Samen fortgepflanzt wird"[381] – ihre erfolgreich realisierte Eingliederung in das System von Austauschbeziehungen unter botanischen Gärten konnte sie für Linné eindeutig als genealogisch-morphologisch distinkte, aber eben (soweit Gmelins Angaben nur zu trauen war) erst im Garten von St. Petersburg „neu" entstandene Art ausweisen. Marchants Pflanze dagegen findet nur außerhalb der Auflistung hybrider Pflanzen Erwähnung, und zwar in der Zusammenfassung am Ende der *Plantae hybrida* und ergänzt durch die lapidare Bemerkung, daß „sie verlorengegangen sei (quae periit)" – sie existierte in keinem botanischen Garten mehr, und war damit als Beleg für die hybride Entstehung einer Art verloren gegangen.[382] Die Realität „beständiger Varietäten" bzw. „neuer Arten" erwies sich in ihrem spontanen Auftauchen im Reproduktionszusammenhang von Artrepräsentanten auf einzelnen Beeten botanischer Gärten und ihrer erfolgreichen Eingliederung in das System von Austauschbeziehungen unter botanischen Gärten.

---

[381] LINNÉ *Pl. hybr.* (1751/1764: 37):

> Haec [i.e. Gmelins Delphinium-Varietät] exorta [..] in horto Petropoloitano, unde in hortum Upsaliensem missam est, ubi hodie optime ex seminibus propagatur.

[382] A.a.O.: 60. Genau aus diesem Grunde dürfte sich schließlich auch *Peloria* nicht unter den hybriden Pflanzen von 1751 aufgeführt finden, denn ihr Anbau gelang Linné zunächst nicht (LINNÉ *Peloria* 1744/1787: 60). Erst in LINNÉ *Fund. fruct.* (1762 §VII: 13) wird sie wieder erwähnt, und zwar als Beispiel für eine „beständige Varietät (varietas constans)" und mit dem entscheidenden Hinweis, „daß sie ein Jahrzehnt lang in unserem botanischen Garten üppig wuchs (Famosa Peloria, quae per decennium luxuriavit in Horto nostro Academico)" (vgl. LINELL 1953).

Wenn auch damit deutlich wird, daß Linné zu seinen Aussagen über Hybridisierungen nicht auf experimenteller Grundlage kam, sondern auf der Grundlage einer naturhistorischen Praxis, die in botanischen Gärten genealogisch-morphologisch distinkte Arten darzustellen und zu reproduzieren suchte, so war die experimentelle Methode Linné doch nicht fremd. Vielmehr hob er ausdrücklich hervor, daß es im botanischen Garten auch leicht sei, „Versuche (experimenta)" hinsichtlich der Reproduktionsprozesse der Pflanzen durchzuführen und schlug vor, solche auch in Hinsicht auf Hybridisierungen durchzuführen.[383] Tatsächlich veranstaltete er selbst 1757 ein Bastardisierungsexperiment mittels künstlicher Bestäubung, und diesem möchte ich mich zum Abschluß dieses Teils meiner Untersuchung zuwenden. Sein bekanntester Bericht über dieses Experiment findet sich in der Schrift *Disquisitio de Sexu plantarum* von 1760, mit der Linné eine von der Petersburger Akademie gestellte Preisaufgabe – „mit neuen Beweisen und Experimenten die Lehre von dem Geschlecht der Pflanzen entweder zu widerlegen oder zu bekräftigen" – beantwortete:

> Vor zwei Jahren erhielt ich im Herbst auf einem kleinen Beet des Gartens, wo ich *Tragopon pratense* und *Tragopon porrifolium* [zwei Bocksbart-Arten] gepflanzt hatte, *Tragopon hybridum*, aber der folgende Winter zerstörte die Samen [der letzteren]. Letztes Jahr, als dann *Tragopon pratense* blühte, strich ich frühmorgens ihren Pollen ab und gegen acht Uhr besprengte ich die Narbe [von *Tragopon pratense*] mit dem Pollen von *Tragopon porrifolium* und markierte die Kelche mit einem darumgewickelten Faden. Die reifen Samen sammelte ich daraufhin und säte sie im Herbst auf einem abgetrennten Platz, wo sie keimten, und dieses Jahr, 1759, rote Blüten, gelb an der Basis, gaben, deren Samen ich nun schicke.[384]

---

[383] LINNÉ *Dem. plant.* (1753/1756: 395), LINNÉ *Pl. hybr.* (1751/1764: 31), LINNÉ *De Sexu* (1760/1790: 129) und LINNÉ *Fund. fruct.* (1762 §X: 17).

[384] LINNÉ *De Sexu* (1760/1790: 127):
> Tragopon hybridum ante duos annos nactus sum circa autumnum in areola horti, ubi Tragopon pratense & Tragopon porrifolium plantaveram, sed hyems superveniens destruxit semina. Proxime praeterito anno dum Tragopon pratense florebat, primo mane abradebam pollen, & circa octavam matutinam adspergebam pistilla polline e Tragopone porrifolio, & filo circumligato notabam calyces. Matura inde semina collegi, circa autumnum ea in loco seperato sevi, quae germinabant, & hoc anno 1759 dabant flores purpureos, basi luteos, cujus semina nunc mitto.

Dieser Bericht kann nicht anders gelesen werden, als ein Bericht über ein Kreuzungsexperiment: Durch die genaue Beachtung und Kontrolle zeitlicher, (stand)örtlicher und genealogischer Verhältnisse wird gesichert, daß das Auftreten bestimmter Eigenschaften in einer durch manuelle Bestäubung erzeugten Generationenfolge beobachtbar wird. Interessanter als dies (schließlich blieb es, wie in Abschnitt 8.3 schon erwähnt, das einzige, von Linné durchgeführte Experiment dieser Art) sind aber der Ausgangs- und Endpunkt des Experiments. Den Ausgangspunkt bildet wieder die Beobachtung des spontanen Auftretens einer Pflanze auf einem einzelnen Beet des botanischen Gartens, die sich von zwei anderen, auf eben diesem Beet reproduzierten und eng verwandten Pflanzen unterschied, obwohl sie mit diesen derselben Elterngeneration entstammte. Der Versuch, „Varietäten auf ihre Art zu reduzieren" schien auf diesem Beet also auf Probleme gestoßen zu sein (es war – wohlgemerkt unbeabsichtigt – eine Varietät produziert worden). Und den Endpunkt des Experiments bildet die Eingliederung des experimentell hergestellten Hybrids in das System von Austauschbeziehungen zu anderen botanischen Gärten, um so den Nachweis zu führen, daß in dem Experiment in der Tat eine genealogisch-morphologisch distinkte Art hergestellt worden war, die sich als solche auch im Wechsel von einem botanischen Garten zum anderen verhielt.[385] Interessant ist dies, weil es schließlich noch einmal in aller Deutlichkeit zeigt, daß Linnés Behauptungen über ein eigengesetzliches Auftreten von Eigenschaften in der Generationenfolge von Pflanzen zwar nicht einem experimentellen Forschungsprogramm entsprangen – wie es unmittelbar nach Erscheinen der *Disquisitio de Sexu* von Joseph Gottlieb Kölreuter aus der Taufe gehoben und in Mendels Vererbungsforschungen fortgesetzt werden sollte – aber gleichwohl ihre Möglichkeit einem Beobachtungskontext verdankten, der – im

---

Die Erwähnung der Uhrzeit erfolgt, um zu versichern, daß kein Pollen beim „Abstreichen" unabsichtlich auf die zu bestäubende Pflanze traf: „Frühmorgens" ist der Pollen durch Tau verklebt. Ein ähnlicher, etwas kürzerer Bericht über dasselbe Experiment findet sich schon in LINNÉ *Gen. amb.* (1759/1763 §XVI: 12). Die Formulierung der Petersburger Preisfrage ist in LINNÉ *De Sexu* (1760/1908: 129) wiedergegeben.

[385] Tatsächlich hat Joseph Gottlieb Kölreuter aus diesen Samen im botanischen Garten von St. Petersburg Pflanzen gezogen (MAYR 1986: 152). In LINNÉ *Fund. fruct.* (1762 §VIII: 15) findet *Tragopon hybridum* noch einmal Erwähnung: „Jene Tragopon, die der ehrenwerte Praeses [i.e. Linné] mit Kunst hervorbrachte, und in der Petersburger Preisfrage beschrieb, wird jährlich durch Samen fortgepflanzt (illud Tragopon quod N.D. Praeses arte produxit, & in questione Petropolitanae descripsit, quotannis propagatur seminibus)."

Gegensatz zu einer Gemengelage aus vorgeblich jahrtausendealten, religiösen und metaphysischen Dogmen und Alltagserfahrungen – von spezifischer, experimentförmiger Natur war: dem Kontext botanischer Gärten, welche von Botanikern genutzt wurden, um Pflanzen aus aller Welt als universell artverschieden darzustellen.

SCHLUSS

BOTANIK UND WELTWEITER HANDEL

> *Wo wir eine Eiche in der Kraft ihres Stammes und in der Ausbreitung ihrer Äste und den Massen ihrer Belaubung zu sehen wünschen, sind wir nicht zufrieden, wenn uns an Stelle dieser eine Eichel gezeigt wird. So ist die Wissenschaft, die Krone einer Welt des Geistes, nicht in ihrem Anfange vollendet. Der Anfang des neuen Geistes ist das Produkt einer weitläufigen Umwälzung von mannigfachen Bildungsformen, der Preis eines vielfach verschlungenen Weges und ebenso vielfacher Anstrengung und Bemühung.*
>
> G. W. F. Hegel Phänomenologie des Geistes 1807

Das Ende des letzten Teils ist offen geblieben, und dies hat seinen Grund. Ausgangspunkt dieser Untersuchung war die Frage gewesen, wie es im Kontext der Botanik Linnés zur Begründung eines *Natürlichen Systems* kommen konnte, in dem die Mannigfaltigkeit der Pflanzen ihr Abbild in einer bestimmten, nämlich enkaptischen Ordnungsstruktur fand (s. Abschnitt 1.3). Nach den Ergebnissen meiner Untersuchung läßt sich auf diese Frage zumindest die negative Antwort geben, daß diese Struktur weder in einer Tradition metaphysischer Überzeugungen zur Ordnung der Natur und ihrer Intelligibilität, noch in intuitiv erworbenen und intersubjektiv geteilten Vorstellungen über Ordnungsbeziehungen unter Pflanzen, noch in einer Merkmalsregistratur und -kombiantorik begründet war. Eine positive Antwort zu geben, fällt jedoch ungleich schwerer, denn die Ergebnisse zeigen, daß Linnés *Natürliches System*, oder, besser und genauer, seine *natürlichen* Arten, Gattungen und Ordnungen ihre Begründung in einer spezifischen Forschungspraxis fanden, die von grundsätzlich unabgeschlossener Natur war. So besehen stellte das *Natürliche System* der Pflanzen nicht den unverrückbaren Gegenstand passiver Kontemplation dar, den es nur abzubilden galt. Es bildete vielmehr die Grenze zwischen dem ab, was in botanischen Gärten durch spezifische Operationen („Kollation" und die „Zurückführung von Varietäten") über Ordnungsbeziehungen unter Pflanzen schon ermittelt und dem, was in der Ausweitung der genannten Operationen auf ein beständig wachsendes, unvorwegnehmbares Erfahrungsmaterial hierzu noch in Erfahrung zu bringen war. In der institutionellen Gestalt botanischer Gärten schob sich so ein immer komplexer und umfangreicher werdendes Repräsentationssystem zwischen die „in freier Natur" jeweils nur vor Ort und zu gegebener Zeit erfahrbare pflanzliche Wirklichkeit und die wissenschaftliche Gemeinschaft der Botaniker. Wollte man daher angeben, was denn nun „das" *Natürliche System* Linnés „eigentlich" war, so hätte man für einen gegebenen Zeitpunkt genau anzugeben, in welchen Vergleichsoperationen unter welchem und in welcher Form requiriertem Vergleichsmaterial es konkret begründet worden war.

Dies hat wichtige Konsequenzen sowohl für die Vorgeschichte wie für die Nachgeschichte des Linnéschen *Natürlichen Systems*, die in dieser Untersuchung nicht zur Sprache kommen konnten: Für die Vorgeschichte bedeutet es, daß diese in der durchaus heterogenen Entstehung und Akkumulation der Repräsentationsmittel zu suchen sein dürfte, die Linné in seiner botanischen Forschungspraxis zusammenführte. Kein Bestandteil der Botanik Linnés war für sich genommen historisch originell, originell war allein die spezifische institutionelle Gestalt, die Linné der Botanik als einem eigenständig verfahrenden Zweig wissenschaftlicher Forschung gab.[386] Und für die Nachgeschichte bedeutet es, daß das Linnésche *Natürliche System* nur insoweit Erkenntnisgegenstand der Botanik blieb, wie botanische Gärten als Forschungsinstitution der Botanik in ihrer Eigenart erhalten blieben, bzw. insoweit semantische Verschiebungen erfahren mußte, wie sich Verwerfungen in dieser Institution einstellten. In letzterer Hinsicht zeichnet sich eine entscheidende, biologiehistorisch bedeutsame Bewegung schon bei Linné ab: Es war zu sehen, wie sich mit dem Auftauchen „beständiger Varietäten" bzw. „neuer Arten" in botanischen Gärten Ereignisse einstellten, die historisch irreversibel waren und den im *Natürlichen System* repräsentierten Ordnungseinheiten eine historische Dimension verlieh. Der vielbeschworene Übergang von der Naturgeschichte zur Geschichte der Natur dürfte sich nicht so sehr in den Köpfen, sondern vielmehr unter den Händen der Naturhistoriker abgespielt haben.[387]

Auch wenn das *Natürliche System* Linnés demnach grundsätzlich als Resultat eines unabschließbaren Forschungsprozesses anzusehen ist, so lassen sich dennoch allgemeine Aussagen zu Charakteristika machen, die diesen Forschungsprozeß und sein Ergebnis auszeichneten. Zum einen sollte deutlich geworden sein, daß Linnés *Natürliches System* das Ergebnis einer spezifischen Abstraktionsleistung darstellte: Als genealogische Einheiten waren *natürliche* Arten und Gattungen auf ihren jeweiligen Systemebenen nach Äquivalenzrelationen voneinander unterschieden, die sie universell, d.h. jeden Orts, ganz gleich welchen lokalen Lebensbedingungen sie dort unterworfen wurden, voneinander unter-

---

[386] Vgl. schon SACHS (1875: 85-87).

[387] Vgl. dagegen FOUCAULT (1966: 150), LEPENIES (1978) und SLOAN (1987).

schieden. In zwei wichtigen Hinsichten läßt sich dies konkretisieren: Pflanzen gehörten nicht insofern ein und derselben *natürlichen* Art oder Gattung an, weil sie jeweils einen bestimmten, ihnen eigentümlichen, „natürlichen" Ort in der Vielfalt der Lebensräume einnahmen, unter dessen Bedingungen sich ihre Artspezifik formierte. Pflanzen gehörten vielmehr ein und derselben *natürlichen* Art bzw. Gattung an, insofern sie sich an jedem ihrer Standorte als Angehörige reproduktiver Einheiten von Angehörigen anderer reproduktiver Einheiten unterscheiden sollten. Und Pflanzen waren nicht deshalb von verschiedener *natürlicher* Art und Gattung, weil sie sich in gegebener Konstellation hinsichtlich bestimmter Merkmale unterscheiden ließen. Sie waren in jeder beliebigen Konstellation unterschieden, insofern ihr Körperbau jeweils Strukturverhältnisse aufwies, welche ihrer eigengesetzlichen Reproduktion zweckdienlich waren. Aus beiden Verhältnissen ergab sich die charakteristische, enkaptische Struktur des Linnéschen *Natürlichen Systems*.

Beide Aspekte hob Linné in der Dissertation *Politia naturae* von 1760 in einer ökonomischen Metapher hervor. Demnach verhalten sich Pflanzen in den komplexen und vielfältigen Beziehungen, die sie wie Menschen auf einem „Wochenmarkt" zueinander und zu anderen Naturdingen unterhalten, als gleich- bzw. verschiedenartige Glieder solcher Beziehungen, insofern sie jeweils einem ihnen eigentümlichen, auf dem „Wochenmarkt" selbst nicht sichtbaren, gewissermaßen ganz privaten, reproduktiven Zusammenhang angehören, nämlich der „Wohnstätte, von der jeder gekommen ist und zu der jeder zurückstrebt":

> Wenn irgendein Mensch, nackt wie bei der Erschaffung der Welt, aber im besten Alter und mit vollem Urteilsvermögen, auf diese Erde (wie wir uns ja wenigstens einbilden können) herabfiele, und mit aufmerksamen Sinnen seine neue Heimstatt, unseren Erdball, betrachtete, so würde er beobachten, daß die Erde mit unzähligen, höchst verschiedenen, in größter Unordnung untereinander vermischten Pflanzen bekleidet ist, welche von Würmern, Insekten, Fischen, Amphibien, Vögeln und Säugetieren in der erbärmlichsten Weise mißhandelt werden; [...].
> Wenn er sich dann nach einer Weile auf dieser Erde eingerichtet hat, wird er allmählich einige Glieder einer Ordnung und in der scheinbar größten Unordnung schließlich die höchste Ordnung bemerken, und diese so vortrefflich eingerichtet, daß er bewundernd bekennen muß, daß unter den göttlichen Werken nur schwer, wenn nicht sogar vergebens Anfang und Ende zu ermitteln sind. In einem Kreis laufen nämlich alle Dinge. So nicht weniger auf einem Wochenmarkt: Auf den ersten Blick erkennt man bloß, wie eine große Menge von Menschen

sich hierhin und dorthin verstreut, während doch jeder von ihnen seinen eigene Wohnstätte hat, von der er gekommen ist und zu der er zurückstrebt.[388]

Man kann diese Metapher noch auf einer zweiten Ebene lesen, nämlich auf der Ebene derjenigen Bewegungen, durch die für den fiktiven Beobachter „allmählich einige Glieder einer Ordnung" in der vorgeblich chaotisch über die Erde verstreuten Vielfalt von Pflanzen erkennbar werden. Dem gewählten Bild nach befindet sich dieser Beobachter nämlich in einer beneidenswerten Lage: Er sieht sich in die Lage versetzt, zu „erkennen", wie Pflanzen – wohlgemerkt Lebewesen, deren Reproduktion gewöhnlich nur an und in unmittelbarer Wechselwirkung mit einem ganz bestimmten, lebenslang beibehaltenen Standort verläuft – wie Pflanzen also aus ihrem reproduktiven Zusammenhang (ihrer „Wohnstätte") zunächst heraustreten, d a n n in Beziehungen zu andersartigen Naturkörpern eintreten und schließlich wieder in ihren reproduktiven Zusammenhang zurücktreten. Allgemeiner gesprochen: Er kann die genealogische Dimension (die Dimension, in der Pflanzen „in einem Kreis laufen") von der Dimension des Stoffwechsels in unvermittelter Beobachtung abtrennen.

Setzt man an die Stelle des idealisierten Beobachters die wissenschaftliche Gemeinschaft der Botaniker, wie sie ihrer Tätigkeit und Struktur nach im zweiten Teil meiner Untersuchung kennenzulernen war, so gibt sich die Realität zu erkennen, die hinter diesem Bild steht. In gewisser Weise realisierten Botaniker nämlich selbst die im Bild vom „Wochen-

---

[388] LINNÉ Polit. nat. (1760/1962 §I: 60/62):

> Si homo quispiam, nudus quidem ut in creatione vel prima nativitate, sed optima tamen aetate & maturo judicio, in hunc orbem, quod fingere saltem possumus, delapsus, intentis sensibus singulis globum terraqueum, vel ut novum hospitium, contemplaretur, observaret tellurem innumeris, iisque diversissimis, vestitam vegetabilibus, quae, maxime inter se confusione commixtae, a vermibus, insectis, piscibus, amphibiis, avibus, mammalibus, miserandum in modum tractentur; [..].
>
> In hoc, inquam, orbe aliquantisper moratus, nonullos sensim ordinis articulos, & maximum tandem in summa confusione animadverteret ordinem, eumque adeo eximium, ut in operibus divinis tam initium, quam finem, difficulter, immo frustra, quaeri admirabundus profiteretur; circulo enim haec volvuntur omnia. Haud secus atque in nundinis, ubimagna hominum multitudo, huc atque illuc diffusa, primo intuitu, cernitur, cum tamen quisque illorum proprium habeat domicilium, unde accesserit & quo pergat.

markt" angesprochenen Bewegungen von Pflanzen, indem sie diese unter botanischen Gärten zirkulieren ließen. In dieser Bewegung mochten sich unter den wechselnden Produktionsbedingungen der jeweiligen Gärten – abhängig von der klimatischen Situation, den Techniken und Fertigkeiten der dort angestellten Gärtner und schließlich der Ökonomie des Gartens im Ganzen, die im 18. Jahrhundert meist auch Teil des Privathaushalts des Garteneigners bzw. -vorstehers war – Merkmalsunterschiede entfalten und verschwinden. Als Substanz dieser flüchtigen Unterschiede blieb in jedem Fall der Identitätszusammenhang unter Pflanzen gewahrt, der in eben dieser Bewegung gesetzt war, und in dem Linnés sein *Natürliches System* in letzter Instanz und unter konsequenter Abstraktion von der lokalen Produktion der Pflanzen begründet sehen wollte: der genealogische Zusammenhang. Kein Wunder also, das seiner Botanik das eigentlich produktive Element im „Reich der Pflanzen" - das „Geschlecht", oder genauer, die weiblich konnotierte „Marksubstanz", mit ihrem „gänzlich bewundernswerten Talent (indolis) sich unbegrenzt zu vermehren und zu wachsen - immer ein „Geheimnis (mysterium)" bleiben mußte.[389] Die Begründung von Linnés *Natürlichen System* erfolgte demnach nicht, wie in den experimentellen Lebenswissenschaften, in einer Simulation von Bewegungen der Produktionssphäre (etwa der Düngung und Bewässerung oder der Destillation), die der theoretischen Fixierung derjenigen Entitäten hätten dienen können, die universell auf und in Pflanzen wirken. Dies war vielmehr die Seite von der sie systematisch abstrahierte. Die Begründung des *Natürlichen Systems* fand in einer Simulation von Bewegungen der Zirkulationssphäre statt und fixierte damit nicht Kausal- sondern Äquivalenzbeziehungen, in denen sich Pflanzen universell als gleich- und verschiedenartige gegenüberstehen. Pflanzen wurden in Bewegungen gesetzt, in denen sie sich – im Bild des „Wochenmarkts" gesprochen – in Gestalt ihrer selbst zueinander als verschieden- oder gleichartige, warenförmige d.h. im Wesentlichen austauschbare Produkte verhielten.

So wird schließlich auch verständlich, warum Linné in der Aussage, die dieser Untersuchung zum Motto dient, ausgerechnet „weltweite Handelsbeziehungen" als unabdingbare Voraussetzung botanischer Tätigkeit bezeichnen konnte. Man könnte dies oberflächlich als Verweis auf die sicherlich kaum zu leugnende Tatsache verstehen, daß der Unterhalt botanischer Gärten das Bestehen weiträumiger Handelsbeziehungen voraussetzte, um verschiedenartige Pflanzen requirieren, akkumulieren

---

[389] LINNÉ *Gen. amb.* (1759/1787 §IX).

und zirkulieren zu können. Soweit handelt es sich aber bloß um technische Vorraussetzungen, deren konkrete Form sich keinesfalls unmittelbar und notwendig den Forschungsergebnissen aufprägte. Und in der Tat zeigt die „Ökonomie" der Linnéschen Botanik nur wenig strukturelle Übereinstimmung mit gleichzeitigen ökonomischen Formen. Weder kannte sie ein allgemeines, quantitativ bemessbares Äquivalent wie Geld, noch war jeder „Kauf" auch ein „Verkauf". Der Austausch botanischen Materials folgte vielmehr den archaischen Regeln des reziproken Tauschs.[390] Ebensowenig spiegelt sich in den ökonomischen Metaphern, deren sich Linné in seiner Botanik bediente, irgendeine der herrschenden ökonomischen Lehren des 18. Jahrhunderts wieder. Linnés ökonomisches Denken, wie es in diesen Metaphern durchscheint, läßt sich vielmehr als durchaus krude Mischung hausväterlichen, physiokratischen und merkantilistischen Gedankenguts beschreiben.[391] In einem tieferen Sinne gibt die Aussage zum Voraussetzungscharakter „weltweiter Handelsbeziehungen" dann auch zu verstehen, daß diese weder die bloß technische noch eine ideologische, sondern vielmehr die epistemologische Voraussetzung der Linnéschen Botanik bildeten. Eingebunden in eine „Ökonomie" der Botanik, die Bibliotheken, Gärten, Gewächshäuser, Gärtner und Bücher umfaßte, erlaubten sie spezifische Operationen, in denen sich Pflanzen überhaupt erst als Angehörige „verschiedener, über alle Welt verstreuter Familien" ausmachen ließen:

> Ich habe gesagt, daß Botanik äußerst schwer ist, insbesondere in Hinsicht auf exotische Pflanzen. Sie ist aber auch äußerst kostspielig, denn die Erde bringt nicht überall alles hervor und die verschiedenen Familien der Pflanzen sind über alle Welt verstreut. Zu den weit entfernten indischen Ländern zu eilen, sich den Kopf an den Grenzen der Erde zu stoßen, die nicht untergehende Sonne zu sehen, dies ist alles nicht für das Leben oder die Geldbörse eines einzigen Botanikers [erreichbar] und seine Kräfte werden in diesen Unternehmungen versiegen. Dem Botaniker sind weltweite Handelsbeziehungen nötig, eine Bibliothek mit fast allen Büchern, die über Pflanzen herausgegeben worden sind, Gärten, Gewächshäuser und Gärtner; und darüber hinaus fortwährender Fleiß und unermüdliche Sorgfalt.[392]

---

[390] MAUSS (1925).

[391] Vgl. KÖRNER (1996).

[392] LINNÉ *Hort. Cliff.* (1737 Dedic. [3]):
> Difficillimam dixi Botanicen, ad exotica quæ spectat præcipue, immo & pretiosissimam, cum non omnis ferat omnia tellus, cum innumeræ istæ

Unter der Oberfläche dieser Worte verrät sich auch ein Gesicht Linnés, das in dieser Untersuchung nicht nachgezeichnet werden konnte: Es wird deutlich, daß zu den persönlichen Qualitäten eines „wahrhaften" Botanikers auch eine gehörige Portion Gier nach neuem Material, ein ausgeprägtes Bewußtsein um die Macht, welche dieses Material gewährte, und nicht zuletzt Geiz um das eingetragene Material gehörte. Das letzte Wort soll daher nicht Linné, sondern einer seiner zahllosen Korrespondenten haben: Peter Collinson, ein englischer Kaufmann, dem Linné die meisten seiner nordamerikanischen Pflanzenexemplare zu verdanken hatte[393]:

> My good friend, I must tell You freely, though my Love is universal in Natural History, you have been in my Museum & seen my Little Collection & yet You have not sent Mee the Least Specimen of Either Fossil, Animal, or Vegetable. Seeds & Specimens I have sent you from year to year, but not the least returns. It is a General Complaint that Dr Linnaeus Receives all & Returns nothing. This I tell you as a Friend, and as Such I hope you'll receive It in Great Friendship. As I love & Admire you, I must tell you Honestly what the World sayes.
>
> I am yours,   P. Collinson

---

  plantarum familiæ per totum distributæ sint orbem. Ultimos excurrere ad Indos; novum orbem intrare; caput ferire ultimæ terræ; inoccidum adspicere solem non unius Botanici est vitæ, nec crumenæ, viresque intercepta cadent. Botanico necessaria sunt Commercia per totum orbem; Bibliotheca fere omnium Librorum, de plantis editorum, Horti, Hybernaculae, Hypocausta, Hortulani.

[393] Eine Reinschrift der Briefe von Collinson an Linné ist mir dankenswerter Weise von Alan W. Armstrong überlassen worden, welcher den Briefwechsel Collinsons ediert. Das Zitat stammt aus dem Brief Collinson an Linné vom 27.03.1748.

LITERATURVERZEICHNIS

Im laufenden Text sind Literaturhinweise bei Sekundärliteratur mit Autor und Erscheinungsjahr angegeben, bei Primärliteratur ist diesen Angaben eine Abkürzung des Titels eingefügt. Spätere Wiederausgaben eines Werkes sind mit dem Erscheinungsjahr der Erstausgabe und der verwendeten Wiederausgabe angegeben, getrennt durch einen Schrägstrich. Manuskriptmaterial wird mit einem Kürzel für die aufbewahrende Institution und der Signatur zitiert. Neben den Seitenzahlen am Ende des jeweiligen Zitats ist für die Primärliteratur immer auch Kapitel, Abschnitt u.ä. angegeben.

In der Literaturliste beginnen die Zitate mit dem Autor (anonyme Autoren in eckigen Klammern) und dem Erscheinungsjahr. Bei den Disseratationen Linnés erfolgt nach ihrem Titel in eckigen Klammern die Angabe des Respondenten. Bei gleichem Erscheinungsjahr ist Primärliteratur nach den Anfangsbuchstaben des Titels angeordnet. Bibliographische Angaben zu Herausgebern, Übersetzern, Schriftenreihe etc. sind dem Publikationstitel in runden Klammern nachgestellt.

1. Bibliographische Hilfsmittel

HALLER, ALBRECHT V. (1771-1772): *Bibliotheca botanica qua scripta ad rem herbariam fecientia a rerum initiis recensentur.*- 2 Bde; Tiguri (Orell, Gessner, Fuessli, et socc.)

[HEIMANN, W.] (1957): *A catalogue of the Works of Linnaeus issued in commemoration of the 250th anniversary of Carolus Linnaeus 1707-1778.*- (Sandbergs antiquariatsförteckning Nr. 12); Stockholm (Sanbergs Bokhandel)

[SOULSBY, B. H.] (1933): *A catalogue of the works of Linnaeus (and publications more immediately relating thereto) preserved in the libraries of the British Museum (Bloomsbury) and the British Museum (Natural History) (South Kensington).*- London (British Museum)

STAFLEU, FRANS (1967ff): *Taxonomic Literature.*- (Regnum vegetabile); Utrecht (A. Osthoeck)

2. Nicht publizierte Schriften

UUB/D75:d *[Föreläsn. öf.] Fundamenta botanica.*- Uppsala Universitets Bibliothek, handskriftsavdelningen: D75:d

[Mitschrift zu einer Vorlesung Linnés, gehalten nicht vor 1748]

UUB/D75 *Caroli Linnaei Arch. et Equ. Praelectiones Publicae in Philosophiam Botanicam. habitae Upsaliae 1758 et 1759.*- Uppsala Universitets Bibliotek, , handskriftsavdelningen: D75

[Abschrift einer in St. Petersburg aufbewahrten Mitschrift zu einer Vorlesung Linnés, gehalten 1758/59]

LSL, Linn. coll., Phil. bot.: Philosophia botanica. Annotated copy.- Linnaean Society London. Linnaean collection.

LSL, Linn. herb.: Linnaean herbarium. Linnaean Society London. Linnaean collection

3. Publizierte Schriften

ADELMANN, H. B. (1966): *Marcello Malpighi and the evolution of embryology.*- 5 Bde; Ithaca/N.Y. (Cornell Univ. Pr.)

AGARDH, J. G. (1885): *Linnés lära om i naturen bestämda och bestående arter hos vexterne efter Linnés skrifter framstäld, och med motsvarande åsigter hos Darwin jämförd.*- (Bihang til Kunglig Svenska Vetenskapsakademiens Handlingar, band 10, N:o 12); Stockholm (P. A. Nordström)

ALBURY, W. R. & OLDROYD, D. R. (1977): From Renaissance Mineral Studies to Historical Geology, in the Light of Michel Foucault´s The Order of Things.- *British Journal for the History of Science* 10(36), pp. 187-215

ALMQUIST, E. (1917): Linnés Vererbungsforschungen.- *Botanische Jahrbücher* 55(1), pp. 1-18

ANDREE, CHRISTIAN (1980): Quaenam est differentia inter vegetabilia et animalia? Über das Verhältnis zwischen Tier- und Pflanzenreich in der Auffassung des 218. Jahrhunderts an Hand des bisher unveröffentlichten Briefwechsels von Linnaeus mit dem schottischen Arzt David Skene.- in: *Carl von Linné. Beiträge über zeitgeist, Werk und Wirkungsgeschichte gehalten auf dem Linné-Symposion in Hamburg am 21. und 22. Oktober 1978.*- (Veröffentlichungen der Joachim-Jungius-Gesellschaft der Wissenschaften Hamburg 43), pp. 51-76; Göttingen (Vandenhoek & Ruprecht)

ARBER, AGNES (1912): *Herbals. Their Origin and Evolution. A Chapter in the History of Botany 1470-1670.*- Cambridge (Cambridge Univ. Pr.)

ARBER, AGNES (1942): Nehemiah Grew and Marcello Malpighi.- *Proceedings of the Linnean Society of London* 153, pp. 218-237

ATRAN, SCOTT (1990): *Cognitive Foundations of Natural History: towards an Anthropology of Science.*- Cambridge/Mass. (Cambridge Univ. Pr.)

BACHELARD, GASTON (1938/1984): *Die Bildung des wissenschaftlichen Geistes. Beitrag zu einer Psychoanalyse der objektiven Erkenntnis.*- (2. Aufl.; übers. v. M. Bischoff, eingel. v. M. Bischoff; Frankfurt a. M. (Suhrkamp: Weißes Programm)

BACON, FRANCIS (1857-1874): *The Works of Francis Bacon.*- 14 Bde; London (Longman et al.)

BALME, DAVID M. (1987): Aristotle's use of division and differentiae.- in: *Philosophical Issues in Aristotle's Biology.*- (hrsgg. v. Gotthelf, A. & Lennox, J. G.), pp. 65-89; Cambridge etc. (Cambridge Univ. Pr.)

BARON, WALTER (1966): Der Sinn der Ausdrücke Botanik, Zoologie und Biologie.- in: *Medizingeschichte im Spektrum. Festschrift zum fünfundsechszigsten Geburtstag von Johannes Steudel.*- (hrsgg. v. Rath, G. & Schipperges, H.; Sudhoffs Archiv Beihefte, Heft 7), pp. 1-10; Wiesbaden (Franz Steiner)

BARSANTI, G. (1984): Linne et Buffon: Deux visions differentes de la nature et de l'histoire naturelle.- *Revue de Synthese* 105, pp. 83-111

BECKNER, MORTON (1959): *The biological way of thought.*- New York (Columbia Univ. Pr.)

BELLONI, LUIGI (1975): Marcello Malpighi and the founding of anatomical microscopy.- in:*Reason, experiment, and mysticism in the scientific revolution.*- (hrsgg. v. Righini Bonelli, M. L. & Shea, W. R.), pp. 95-110; New York (Science History)

BERETTA, MARCO (1993): *The Enlightment of Matter. The Definition of Chemistry from Agricola to Lavoisier.*- (Uppsala studies in history of science 15); Canton/MA (Science History Publications)

BERLIN, BRENT (1992): *Ethnobiological Classification. Principles of Categorization of Plants and Animals in Traditional Societies.*- Princeton/N.J. (Princeton Univ. Pr.)

BOERHAAVE, HERMANN (1731): *Historia plantarum, quae in horto academico Lugduni-Batavorum crescunt cum earum characteribus & medicinalibus virtitibus.*- 2. Aufl.; London (Knebel & Knapton)

BOERHAAVE, HERMANN (1732): *Elementa Chemiae, quae anniversario labore docuit, in publicis, privatisque, scholis.*- 2 Bde; Lugduni Batavorum (Isaacum Severinum)

BOERHAAVE, HERMANN (1734): *Institutiones Medicae in usus annuae exercitationis domesticos.*- 5. Aufl.; Lugduni Batavorum et Rotterdamae (T. Haak, S. Luchmanns, J. & H. Verbeek, J.D. Berman)

BÖHME, GERNOT & VAN DEN DAELE, WOLFGANG (1977): Erfahrung als Programm. Über Strukturen vorparadigmatischer Wissenschaft.- in: *Experimentelle Philosophie. Ursprünge autonomer Wissenschaftsentwicklung.*- (hrsgg. v. Böhme, G., et al.), pp. 185-236; Frankfurt/M. (Suhrkamp: stw)

BOURGOUET, MARIE-NOELLE (1996): Voyage, collecte, collections. Le catalogue de la nature (fin 17e – début 19e siècles).- in: *Terre à decouvrir, terres à parcourir.*- (hrsgg. v. Lecoq, D.; Publications de l´Université Paris VII); Paris (Deris)

BOWLER, PETER J. (1989): *Mendelian Revolution: the emergence of hereditarian concepts in modern science and society.*- Baltimore (John Hopkins Univ. Pr.)

BREMEKAMP, C. E. B. (1953a): Linné's Views on the Hierarchy of the Taxonomic Groups.- *Acta Botanica Neerlandica* 2(2), pp. 241-253

BREMEKAMP, C.E.B. (1953b): Linnés significance for the development of phytography.- *Taxon* 2, pp. 47-54

BREMEKAMP, C. E. B. (1956): *The Various Aspects of Biology. Essays by a Botanist on the Classification and Main Contents of the Principal Branches of Biology.*- (Verhandl. Koninkl. Nederl. Akad. Wetensch., Afd. Natuurkunde, 2. Reihe, 54/2); Amsterdam (Noord-Hollandsche Uitgevers)

BROBERG, GUNNAR (1975): *Homo sapiens L. Studier i Carl von Linnés naturuppfattning och människolära.*- (Lychnos-Bibliotek 28. Studier och källskrifter utgivna av Lärdomshistoriska Samfundet); Uppsala (Almquist & Wiksell)

BROBERG, GUNNAR, ET AL. (1983): *Linnaeus and His Garden.*- Uppsala (Swedish Linnean Society)

[BROWALL, JOHAN] (1739): *Examen Epicriseos in Systema plantarum Sexuale Cl. Linnaei Anno 1737 Petropoli evulgatae, Auctoore Jo. Georgio Siegesbeck [...] Jussu Amicorum institutum a J. B.*- Aboae (Joh. Kiaempe)

BUCHWALD, JED Z. (1992): Kinds and the Wave Theory of Light.- *Studies in History and Philosophy of Science* 23/1, p. 39-75

Burke, J. G. (1966): *The Science of Crystals.*- Berkeley – Los Angeles (Univ. of California Pr.)

BUFFON, GEORGE LOUIS LECLERC COMTE DE (1981): *From Natural History to the History of Nature: Readings from Buffon and his Critics.*- (edited, translated, and with an introduction by John Lyon and Phillip R. Sloan); Notre Dame – London (Univ. of Notre Dame Pr.)

BYLEBYL, JEROME J. (1990): The Medical Meaning of 'Physica'.- *Osiris, 2nd series* 6, pp. 16-41

CAESALPINUS, ANDREA (1583): *De plantis libri XVI.*- Florentiae (Georgius Marescotius)

CAIN, ARTHUR J. (1958): Logic and memory in Linnaeus' system of taxonomy.- *Proceedings of the Linnean Society London* 169, pp. 144-163

CAIN, ARTHUR J. (1992): The „Methodus" of Linnaeus.- *Archives of Natural History* 19, pp. 231-250

CAIN, ARTHUR J. (1993): Linnaeus's „Ordines naturales".- *Archives of Natural History* 20, pp. 405-415

CAIN, ARTHUR J. (1994): „Numerus, figura, proportio, situs": Linnaeus's definitory attributes.- *Archives of Natural History* 21, pp. 17-36

CAIN, ARTHUR J. (1995): Linnaeus's natural and artificial arrangements of plants.- *Botanical Journal of the Linnean Society* 117, pp. 73-133

CALLOT, ÉMILE (1965): *La philosophie de la vie au XVIIIe siècle.*- Paris (Marcel Rivière: Bibliothèque philosophique)

CAMERARIUS, RUDOLPH JACOB (1694): *Epistola de sexu plantarum.*- Tubingae (Erhardt)

CANDOLLE, AUGUSTIN-PYRAMUS DE (1819): *Théorie élémentaire de la botanique, ou exposition des principes de la classification naturelle et de l'art de décrire et d'etudier les végétaux.*- Paris (Deterville)

CANGUILHEM, GEORGES (1976/1978): Die Rolle der Epistemologie in der heutigen Historiographie der Wissenschaften.- in: *Georges Canguilhem. Wissenschaftsgeschichte und Epistemologie. Gesammelte Aufsätze.*- (hrsgg. v. W. Lepenies), pp. 38-58; Frankfurt/M. (Suhrkamp: stw)

CARON, JOSEPH A. (1988): 'Biology' in the Life Sciences: A Historiographical Contribution.- *History of Science* 26, pp. 223-268

CARUS, J. VICTOR (1875): *Geschichte der Zoologie bis auf Joh. Müller und Charl. Darwin.*- (Geschichte der Wissenschaften in Deutschland, Neuere Zeit, Bd 12; hrsgg. durch die Historische Commission bei der Königl. Academie der Wissenschaften); München (R. Oldenbourg)

CASSIRER, ERNST (1957/1973): *Das Erkenntnisproblem in der Philosophie und Wissenschaft der neueren Zeit.*- 4 Bde; Darmstadt (Wissenschaftliche Buchgesellschaft)

CHOMEL, JEAN-BAPTISTE (1712): *Abrégé de l'histoire des plantes usuelles.*- Paris

COLE, F. J. (1930): *Early theories of sexual generation.*- Oxford (Clarendon Pr.)

CONDORCET, MARIE-JEAN-ANTOINE-NICOLAS DE CARITAT (1781/1847): Eloge de M. Linné.- in: *Oevres de Condorcet.*- (publièes par A. Condorcet O'Connor & M. F. Arago), Bd. 2, pp. 332-357; Paris (Firmin Didot)

COOK, HAROLD J. (1991): Physick and natural history in the seventeenth century.- in: *Revolution and Continuity: Essays in the History of Philosophy of Early Modern Science.*- (hrsgg. v. Barker, P. & Ariew, R.; Studies in Philosophy and the History of Philosophy 24), pp. 63-80; Washington D.C. (The Catholic Univ. of America Pr.)

COOK, HAROLD J. (1996): Physicians and natural History.- in: *Cultures of Natural History.*- (hrag. v. Jardine, N., Secord, J.A., Spary, E.C.), pp. 91-105; Cambridge etc. (Cambridge Univ. Pr.)

CRONQUIST, ARTHUR (1981): *An Integrated System of Classification of Flowering Plants.*- New York (Columbia Univ. Pr.)

[CRONSTEDT, AXEL FREDERIK] (1758): *Försök til Mineralogie, eller mineralrikets upställning.*- Stockholm (Wild)

CUNNINGHAM, ANDREW (1996): The Culture of Gardens.- in: *Cultures of Natural History.*- (hrsgg. v. Jardine, N., Secord, J.A., Spary, E.C.), pp. 38-56; Cambridge etc. (Cambridge Univ. Pr.)

CUVIER, GEORGES (1817): *Le Régne Animal distribué d'après son organisation, pour servir de base a l'histoire naturelle des animaux et d'introduction a l'anatomie comparée.*- Paris (Deterville)

DAMEROW, PETER & LEFÈVRE, WOLFGANG (1981): Arbeitsmittel der Wissenschaft.- in: *Rechenstein, Experiment, Sprache. Historische Fallstudien zur Entstehung der exakten Wissenschaften.*- (hrag. v. Damerow, P. & Lefèvre, W.), pp. 223-233; Stuttgart (Klett-Cotta)

DARWIN, CHARLES (1859/o.J.): *The Origin of Species by Means of Natural Selection or the Preservation of Favored Races in the Struggle for Life [Reprint der Originalaufl.].*- New York (The Modern Library)

DAUDIN, HENRI (1926a): *Cuvier et Lamarck: les classes zoologiques et l'idée de série animale.*- 2 Bde; Paris (Alcan)

DAUDIN, HENRI (1926b): *De Linné à Jussieu: methodes de la classification et idée de série en botanique et zoologie (1740-1790).*- Paris (Alcan)

DELAPORTE, FRANÇOIS (1983): *Das zweite Naturreich. Über die Fragen des Vegetabilischen im XVIII. Jahrhundert.*- Frankfurt/M. etc. (Ullstein: Ullstein Materialien)

[DIDEROT, DENIS & D'ALEMBERT, JEAN] (1751 - 1780): *Encyclopédie ou dictionnaire raisonné des sciences, des arts et des métiers. Par une société de gens de lettres. Mis en ordre et publié par Mr. *** [Reprint der Erstausg.].*- 21 Bde; Stuttgart (Frommann-Holzboog)

DI MEO, ANTONIO (1995): Il concetto di 'circolazione'. Storia di una rivoluzione transdisciplinare.- in: Cimino, G. & Fantini, B. (Hrsg.): *Le rivoluzioni nelle scienze della vita.*- (Biblioteca di Physis 3), pp. 31-84; Firenze (Leo S. Olschki)

DIECKMANN, ANNETTE (1992): *Klassifikation – System – 'scala naturae'. das Ordnen der Objekte in Naturwissenschaft und Pharmazie zwischen 1700 und 1850.*- (Quellen und

Studien zur Geschichte der Pharmazie 64; hrsgg. v. R. Schmitz und F. Krafft); Stuttgart (Wissenschaftliche Verlagsgesellschaft)

DOROLLE, MAURICE (1929): La philosophie et l´oeuvre d´André Césalpin.- in: *Césalpin. Questionnes Péripatéticiennes.*- (eingel., komm. u. übers. v. M. Dorolle; Textes et traductiones pour servir a l´histoire de la pensée moderne. Collection dirigée par A. Rey), pp. 1-92; Paris (Felix Alcan)

DROUIN, JEAN-MARC (1989): De Linné à Darwin: les voyageurs naturalistes.- in: *Éléments d´histoire des sciences.*- (hrsgg. v. Serres, M.), pp. 321-335; Paris (Boras: Cultures)

DROUIN, JEAN-MARC (1991): Linné et l´economie de la nature.- in: *Science, Techniques & Encyclopédies.*- (hrsgg. v. Hue, D.), pp. 147-158; Paris (Association Diderot, lÉncyclopédisme & autres)

DUHEM, PIERRE (1906/1978): *Ziel und Struktur der physikalischen Theorien.-* (nachdr. d. Aufl. von 1908. Mit einer Einleitung hrsgg. von L. Schäfer); Hamburg (Felix Meiner)

DURIS, PASCAL (1995): *Linné et la France (1780-1850).-* Genève (Droz: Histoire des idées et critique littéraire)

EGERTON, FRANK N. (1973): Changing Concepts of the Balance of nature.- *The Quarterly Review of Biology* 48, pp. 322-350

ENGEL, HENDRIK (1953): The Species Concept of Linnaeus.- *Archives Internationales d´histoire des sciences* 16 *(Nouvelle Série d´Archeion* 32*)*, pp. 249-259

ENGELHARDT, W. VON (1980): Carl von Linné und das Reich der Steine.- in: *Carl von Linné. Beiträge über zeitgeist, Werk und Wirkungsgeschichte gehalten auf dem Linné-Symposion in Hamburg am 21. und 22. Oktober 1978.-* (Veröffentlichungen der Joachim-Jungius-Gesellschaft der Wissenschaften Hamburg 43), pp. 81-96; Göttingen (Vandenhoek & Ruprecht)

ENGLER, A. (1964): *Syllabus der Pflanzenfamilien.-* 12. Aufl. (hrsgg. v. H. Melchior), 2 Bde; Berlin (Bornträger)

ENGLER, A. & PRANTL, K. (1931): *Die natürlichen Pflanzenfamilien nebst ihren Gattungen und wichtigen Arten, insbesondere den Nutzpflanzen.-* 2. Aufl. (hrsgg. v. A. Engler, fortges. v. H. Harms); Leipzig (Wilhelm Engelmann)

ERIKSSON, GUNNAR (1979): The Botanical Success of Linnaeus. The Aspect of Organization and Publicity.- *Svenska Linné-Sällskapets Årsskrift* 1978, pp. 57-66

ERIKSSON, GUNNAR (1983): Linnaeus the Botanist.- in: *Linnaeus. The Man and His Work.*- (hrsgg. v. Frängsmyr, T.), pp. 63-109; Berkeley etc. (Univ. of California Pr.)

FELDMANN, B. (1732): *Dissertatio physico-medica inauguralis sistens comparationem plantarum et animalium.-* Lugduni Batavorum (Conradum Wishoff)

FOUCAULT, MICHEL (1966): *Les mots et les choses. Une archéologie des sciences humaines.-* o.O. (Galimard)

FOUCAULT, MICHEL (1966/1978): *Die Ordnung der Dinge. Eine Archäologie der Humanwissenschaften.-* Frankfurt/M. (Suhrkamp: stw)

FRÄNGSMYR, TORE (1983): Linnaeus as a Geologist.- in: ders. (Hrsg.): *Linnaeus: The man and his work.-* pp.110-155; Berkeley (Univ. California Press)

FRÄNGSMYR, TORE (1985): Linnaeus in his Swedish Context.- in: *Contemporary Perspectives on Linnaeus*.- (hrsgg. v. Weinstock, J.); pp. 183-193; Lanham etc. (University Pr. of America)

FRÄNGSMYR, TORE (1988): Revolution and Evolution. How to Describe Changes in Scientific Thought.- in: *Revolutions in Science*.- (hragg. v. Shea, W. R.; International Union for the History and Philosophy of Science Conference 7), pp. 164-173; Canton (Science History Publ.)

FRANZÉN, OLE (1964): Hur Linnébilden formades.- *Svenska Linné-Sällskapets Årsskrift* **46 (1963)**, pp. 5-41

FRIES, R. E. (1951): De linneanska 'apostlernas' resor. Kommentar til en karta.- *Svenska Linné-Sällskapets Arsskrift* **33-34**, pp. 31-40

FRIES, THOMAS MAGNUS (1878): Tal.- in: *Festen till Carl von Linnés minne i Uppsala den 10 Januari 1878*.- pp. 5-47; Upsala (Lundequistska)

FRIES, THOMAS MAGNUS (1903): *Linné. Lefnadsteckning*.- 2 Bde; Stockholm (Fahlcrantz)

GASKING, ELIZABETH (1967): *Investigations into Generation 1651-1828*.- London (Hutchinson)

GILLESPIE, NEAL C.: Natural History, Natural Theology, and Social Order: *John Ray and the Newtonian 'Ideology'*.- *Journal of the History of Biology* **20(1)**, pp. 1-49

GILMOUR, G. S. L. (1940): Taxonomy and Philosophy.- in: *The New Systematics*.- (hrsgg. v. Huxley, J. S.); pp. 461-474; Oxford (Oxford Univ. Pr.)

GMELIN, JOHAN GEORG (1749): *De Novorum Vegetabilium post creationem divinam exortu*.- Tubingae (Erhardt)

GRABOSCH, ULRICH (1985): *Studien zur deutschen Rußlandkunde im 18. Jahrjundert*.- (Wissenschaftliche Beiträge der Martin-Luther-Universität Halle-Wittenberg 33 (C35), Schriftenreihe des Wissenschaftsbereichs Geschichte der UdSSR an der Sektion Geschichte/Staatsbürgerkunde, Beiträge zur Geschichte der UdSSR 12, hrsgg. v. E. Donnert); Halle/Wittenberg (Martin-Luther-Universität Halle-Wittenberg)

GREENE, EDWARD LEE (1909a): Landmarks of botanical history. A Study of Certain Epochs in the Development of the Science of Botany. Part I. – Prior to 1562 A.D.- *Smithsonian Miscellaneous Collecting* **54(1)**,

GREENE, EDWARD LEE (1909b): Linnaeus as an Evolutionist.- *Proceedings of the Washington Academy of Science* **11**, pp. 17-26

GREENE, J. REYNOLDS (1914): *A History of Botany in the United Kingdom from the Earliest Times to the End of the 19th Century*.- London etc. (J.M. Dent)

GREENE, JOHN C. (1971): The Kuhnian Paradigm and the Darwinian Revolution in Natural History.- in: Roller, D. H. D. (Hrsg.): *Perspectives in the History of Science and Technology*.- pp. 3-25; Norman/Oklahoma (Oklahoma Univ. Pr.)

GREGG, J. R. (1954): *The language of taxonomy*.- New York (Columbia Univ. Pr.)

GREW, NEHEMIAH (1682/1965): *The Anatomy of Plants. With an Idea of a Philosophical History of Plants and Several Other Lectures Read Before the Royal Society [Reprint der Erstausg.]*.- (eingel. v. C. Zirkle); New York – London (Johnson Reprint Corp.)

GRUNER, HANS-ECKHARD (1980): Einführung.- in: *Lehrbuch der Speziellen Zoologie*.- (hrsgg. v. Gruner, H.-E.); Bd. 1/1, pp. 15-156; Stuttgart (Gustav Fischer)

GUÉDÉS, M. (1969): La théorie de la métamorphose en morphologie végétale: Des origines à Goethe et Batsch.- *Revue d´histoire des sciences et de leurs applications* 22, pp. 321-363

GUSTAFSSON, ÅKE (1978): Linnés Peloria: ett monstrums historia.- in: *Utur stubbotan rot*.- (Essäer till 200-årsminnet av Carl von Linnés död utgivna av Kungl. Vetenskapsakademien under redaktion av R. Granit), pp. 81-98; Stockholm (P. A. Norstedt)

GUSTAFSSON, LARS (1982): Carl von Linné und seine Nemesis Divina aus philosophischer Sicht.- in: *Carl von Linné. Nemesis Divina*.- (Nach der schwedischen Ausgabe von E. Malmeström und T. Fredbärj herausgegeben von W. Lepenies und L. Gustafsson), pp. 293-320; Frankfurt/M. (Ullstein: Ullstein Materialien)

GUYÉNOT, E. (1941): *L´évolution de la pensée scientifique dans les sciences de la vie aux XVIIe et XVIIIe siècles*.- Paris (Albin Michel: L´evolution de l´humanité)

HACKING, IAN (1983): *Representing and intervening: introductory topics in the philosophy of natural science*.- Cambridge etc. (Cambridge University Pr.)

HAGBERG, KNUT (1940): *Carl Linnaeus. Ein großes Leben aus dem Barock*.- Hamburg (H. Goverts)

HAGBERG, KNUT (1951): Carl Linnaeus. Den Linnéanska traditionen.- Stockholm (Natur och Kultur)

HALES, STEPHEN (1727/1969): *Vegetable Staticks, or an Account of some Statical Experiments on the Sap in Vegetables: Being an Essay towards a Natural History of Vegetation. Also, a Specimen of An Attempt to Analyse the Air, By a great Variety of Chymio-Statical Experiments; Which were read at several Meetings before the Royal Society [Reprint der Erstausg.]*.- (History of Science Library; with an introduction by M. A. Hoskin); London – New York (MacDonald & American Elsevier)

HECKSCHER, ELI F. (1942): Linnés resor – den ekonomiska bakgrunden.- *Svenska Linné-Sällskapets Årsskrift* 25, pp. 1-11

HELLER, JOHN L. (1983): *Studies in Linnean method and nomenclature*.- (Marburger Schriften zur Medizingeschichte); Frankfurt/M. (Lang)

HELLER, JOHN L. & STEARN, W. T. (1959): Appendix.- in: *Carl Linnaeus. Species Plantarum. A facsimile of the first edition 1753*.- Bd. 2, pp. 1-104; London (Ray Society)

HEMPLE, CARL C. (1952): *Fundamentals of Concept Formation in Empirical Science*.- (International Encyclopedia of Unified Science. Vol. I and II Foundations of the Unity of Science. Vol. II, Nr. 7));

HENIGER, J. (1971): Some botanical activities of Hermann Boerhaave, professor of botany and director of the botanic garden at Leiden.- *Janus* 58 , pp. 1-78

HENNIG, WILLI (1950): *Grundzüge einer Theorie der Phylogenetischen Systematik*.- Berlin (Deutscher Zentralverlag)

HEYWOOD, VERNON H. (1980): The impact of Linnaeus on Botanical Txonomy – Past, Present and Future.- in: *Carl von Linné. Beiträge über zeitgeist, Werk und*

Wirkungsgeschichte gehalten auf dem Linné-Symposion in Hamburg am 21. und 22. Oktober 1978.- (Veröffentlichungen der Joachim-Jungius-Gesellschaft der Wissenschaften Hamburg 43), pp. 97-115; Göttingen (Vandenhoek & Ruprecht)

HEYWOOD, VERNON H. (1985): Linnaeus – the Conflict between Science and Scholasticism.- in: *Contemporary Perspectives on Linnaeus*.- (hrsgg. v. Weinstock, J.); pp. 1-15; Lanham etc. (University Press of America)

HJELT, OTTO E. A. (1907): Carl von Linné såsom läkare och medicinsk författare.- in: *Carl von Linnés betydelse såsom naturforskare och läkare*.- (Skildringar utgifna af Kungl. Svenska Vetenskapsakademien i Anledning af Tvåhundraårsdagen af Linnés födelse), pp. I: 1-244; Uppsala (Almqvist & Wiksell)

HOFSTEN, NILS VON (1936): Ideas of Creation and Spontaneous generation prior to Darwin.- *Isis* 25(1), pp. 80-94

HOFSTEN, NILS VON (1958): Linnaeus' Conception of Nature.- *Kungl. Vetenskapssocietetens Årsbok* 1957, pp. 65-105

HOFSTEN, NILS VON (1960): Linnés djursystem.- *Svenska Linné-Sällskapets Årsskrift* 42, pp. 9-51

HOLMES, FREDERIC L. (1971): Analysis by Fire and Solvent Extractions: The Metamorphosis of a Tradition.- *Isis* 62(2 (No. 212)), pp. 129-148

HOPPE, BRIGITTE (1976): *Biologie. Wissenschaft von der belebten Materie von der Antike bis zur Neuzeit. Biologische Methodologie und Lehren von der stofflichen Zusammensetzung der Organismen*.- (Sudhoffs Archiv, Beihefte 17); Wiesbaden (Franz Steiner)

HOPPE, BRIGITTE (1978): Der Ursprung der Diagnosen in der botanischen und zoologischen Systematik.- *Sudhoffs Archiv* 62, pp. 105-130

HULL, DAVID L. (1965): The Effect of Essentialism on Taxonomy – Two Thousand Years of Stasis (I).- *The British Journal for the Philosophy of Science* 15(60), pp. 314-326

HULL, DAVID L. (1985): Linné as an Aristotelian.- in: *Contemporary Perspectives on Linnaeus*.- (hrsgg. v. Weinstock, J.); pp. 37-54; Lanham etc. (University Pr. of America)

HUMBERT, H. (1957): Tournefort voyageur-naturaliste.- in: *Tournefort*.- (Les Grandes naturalistes français); Paris (Muséum National d´Histoire Naturelle)

JACOB, FRANCOIS (1970a): *Die Logik des Lebendigen. Von der Urzeugung zum genetischen Code*.- (übers. v. J. & K. Scherrer); Frankfurt/M. (S. Fischer)

JACOB, FRANÇOIS (1970b): *La logique du vivant*.- Paris (Gallimard)

JACOBS, M. (1980): Revolutions in Plant Description.- in: *Liber gratulatorius in honorem H. C. D. De Wit*.- (hrsgg. v. Arends, J. C., et al.; Landbouwhogeschool Wageningen, Miscellaneous Papers 19), pp. 155-181; Wageningen (Veenman)

JAHN, ILSE & SENGLAUB, KONRAD (1978): *Carl von Linne*.- Leipzig (Teubner)

JAHN, ILSE, ET AL. (ed. 1982): *Geschichte der Biologie. Theorien, Methoden, Institutionen, Kurzbiographien*.- Jena (Gustav Fischer)

JAMES, PETER J. (1985): Stephen Hales' „statical way".- *History and Philosophy of the Life Sciences* 7, pp. 287-299

JARDINE, NICHOLAS (1991): *The Scenes of Inquiry. On the Reality of Questions in the Sciences.* Oxford (Clarendon Pr.)

JARDINE, NICHOLAS, SECORD, J. A. & SPARY, E. C. (ed. 1996): *Cultures of Natural History.*- Cambridge etc. (Cambridge Univ. Pr.)

JESPERSEN, H. (1948): Linnés artbegreb. En forelobig oversigt.- *Svenska Linné-Sällskapets Årsskrift* 31, pp. 49-56

JESSEN, KARL F. W. (1864): *Botanik der Gegenwart und Vorzeit in culturhistorischer Entwicklung. Ein Beitrag zur Geschichte der abendländischen Völker.*- Leipzig (Brockhaus)

JUEL, H. O. (1919): *Hortus Linneanus. An enumeration of Plants Cultivated in the Botanical Garden of Upsala During the Linnean Period.*- (Skrifter utgivna av Svenska Linné-Sällskapet 1); Uppsala – Stockholm (Almqvist & Wiksell)

JUNGIUS, JOACHIM (1678): *Isagoge phytoscopica ab ipso privatis in collegiis auditoribus solita fuit.-* (ex recensione et distinctione Martini Fogelii et Ioh. Vagetii cvm eorvndem annotationibvs); Coburgi (Otto)

JUSSIEU, ANTOINE-LAURENT DE (1789): *Genera plantarum secundum ordines naturales disposita : juxta methodum in horto Regio Parisiensi exaratum anno M.DCC.LXIV.*- Parisiis (Herissant)

JUSSIEU, ANTOINE-LAURENT DE (1824): Méthode naturelle des végétaux.- in: *Dictionnaire des Sciences Naturelles, dans lequel on traite methodiquement des differens êtres de la nature.*- Bd. 30, pp. 426-468; Strasbourg – Paris (Levroult)

KERKKONEN, MARTTI (1959): *Peter Kalm's North American Journey. Its Ideological Background and Results.*- (Studia Historica. Published by the Finnish Historical Society); Helsinki (Finnish Historical Society)

KLEIN, URSULA (1994): *Verbindung und Affinität. Die Grundlegung der neuzeitlichen Chemie an der Wende vom 17. zum 18. Jahrhundert.*- (Science Networks – Historical Studies 14; hrsgg. v. E. Hiebert und H. Wussing); Basel etc. (Birkhäuser)

KNAUT, CHRISTOPHER (1716): *Methodus plantarum genuina, qua nota characteristicae seu differentia generica tam summae, quam subalternae ordine digeruntur.*- Lipsiae & Halae (Sell)

KÖRNER, LISBETH (1994): Linnaeus´s Floral Transplants.- *Representations* 47, pp. 144-169

KÖRNER, LISBETH (1995): Women and Utility in Enlightment Science.- *Configurations* 2, pp. 233-255

KÖRNER, LISBETH (1996): Carl Linnaeus in his time and place.- in: *Cultures of Natural History.*- (hrsgg. v. Jardine, N., et al.), pp. 145-162; Cambridge etc. (Cambridge Univ. Pr.)

KRAMER, JOHANN GEORG HEINRICH (1728): *Tentamen Botanicum sive Methodus Rivino-Tournefortiana herbas, Frutices, Arbores omnes facillime, absque antegressa ulla alia informatione, cognoscendi, ex flore, & fructu, florisque situ, figura primaria vel secundaria, tempore & loco florendi.*- Dresdae (Johan Wilhelm Harpeter)

KROHN, WOLFGANG (1979): 'Intern – extern´, ´sozial – kognitiv´. Zur Solidität einiger Grundbegriffe der Wissenschaftsforschung.- in: *Grundlegung der historischen*

Wissenschaftsforschung.- (hrsgg. v. Burrichter, C.), pp. 123-148; Basel – Stuttgart (Schwabe)

KROHN, WOLFGANG (1987): *Francis Bacon.-* München (C. H. Beck: Beck´sche Reihe Große Denker)

KUHN, THOMAS S. (1970): *The Structure of Scientific Revolutions.-* (International Encyclopedia of Unified Science. Vol. I and II Foundations of the Unity of Science. Vol. II, Nr. 2. Second edition, enlarged); Chicago (Univ. of Chicago Pr.)

LARSON, JAMES L. (1968): The species concept of Linnaeus.- *Isis* 59, pp. 291-299

LARSON, JAMES L. (1971): *Reason and Experience. The Representation of Natural Order in the Work of Carl Linnaeus.-* Berkeley etc. (Univ. of California Pr.)

LARSON, JAMES L. (1994): *Interpreting Nature. The Science of Living Form from Linnaeus to Kant.-* Baltimore- London (John Hopkins Univ. Pr.)

LATOUR, BRUNO (1987): *Science in Action. How to follow scientists and engineers through society.-* Canbridge/Mass. (Harvard Univ. Pr.)

LATOUR, BRUNO (1988): Drawing things together.- in: *Representation in Scientific Practice.-* (Lynch, M. W., S.), pp. 19-68; Cambridge/Mass. – London (The MIT Pr.)

LATOUR, BRUNO (1992): One More Turn after the Social Turn.- in: *The Social Dimensions of Science.-* (hrsgg. v. McMullin, E.; Studies in Science and the Humanities from the Reilly Center for Science, Technology, and Values 3), pp. 272-294; Notre Dame/Ind. (Univ. of Notre dame Pr.)

LAUREMBERGIUS, PETRUS (o.J. (1631)): *Horticultura, Libris II comprehensa; huic nostro coelo & solo accomodata; Regulis Observationibus, Experimentis, & Figuris novis instructa: in qua quicquid ad hortum proficue colendum, et eleganter instruendum facit, explicatur.-* Francofurti ad Moenam (Merian)

LECOQ, DANIELLE (ed. 1996): Terre à decouvrir, terres à parcourir.- (Publications de l´Université Paris VII); Paris (Deris)

LEFANU, WILLIAM (1990): *Nehemia Grew M.D., F.R.S. A Study and Bibliography of his Writings.-* Winchester (St Paul´s Bibliographies)

LEFÈVRE, WOLFGANG (1984): *Die Entstehung der biologischen Evolutionstheorie.-* Frankfurt/M. (Ullstein: Ullstein Materialien)

LEIKOLA, ANTO (1987): The development of the species concept in the thinking of Linnaeus.- in: *Histoire du concept d'espece dans les sciences de la vie.-* (Colloque international (mai 1985) organisé par la Fondation Singer-Polignac), pp. 45-59; Paris (Fondation Singer-Polignac)

LEPENIES, WOLF (1978): *Das Ende der Naturgeschichte. Wandel kultureller Selbstverständlichkeiten in den Wissenschaften des 18. und 19. Jahrhunderts.-* Frankfurt/M. (Suhrkamp: stw)

LEPENIES, WOLF (1983): Eine Moral aus irdischer Vorliebe: Linnés Nemesis Divina.- in: *Carl von Linné. Nemesis Divina.-* (nach der schwedischen Ausgabe von E. Malmeström und T. Fredbärj hrsgg. v. W. Lepenies und L. Gustafsson), pp. 321-372; Frankfurt/M. (Ullstein: Ullstein Materialien)

LEROY, J.F. (1957): Tournefort et la classification végétale.- in: *Tournefort*.- (Les grandes naturalistes français. Collection dirigée par Roger Heim), pp. 187-206; Paris (Muséum Nationale d´histoire naturelle)

LESCH, JOHN E. (1984): *Science and medicine in France: The emergence of experimental physiology 1790-1855*.- Cambridge/Mass. (Hervard Univ. Pr.)

LESCH, JOHN E. (1990): Systematics and the Geometrical Spirit.- in: *The Quantifying Spirit in the Eighteenth Century*.- (hrsgg. v. Frängsmyr, T., et al.), pp. 73-111; Berkeley etc. (Univ. of California Pr.)

LIMOGES, CAMILLE (1974): Économie de la nature et idéologie juridique chez Linné.- in: *Actes XIIIe Cong. Int. Hist. Sci (1971)*.- Bd. 9 (Istorija biolog. nauk), pp. 25-30; Moskva (Izd. Nauka)

LINDMANN, C. A. M. (1907): Carl von Linné såsom botanist.- in: *Carl von Linnés betydelse såsom naturforskare och läkare*.- (Skildringar utgifna af Kungl. Svenska Vetenskapsakademien i Anledning af Tvåhundraårsdagen af Linnés födelse), pp. III: 1-116; Uppsala (Almqvist & Wiksell)

deutsch in: *Carl von Linné als botanischer Forscher und Schriftsteller*.- Jena (Fischer)

LINDROTH, STEN (1966a): Linné – legend och verklighet.- *Lychnos* 1965-1966, pp. 56-122

LINDROTH, STEN (1966b): Linnéforskning under tvåhundra år.- *Annales Academiae Regiae Scientiarum Upsaliensis* 9/10 (1965-66), pp. 64-83

LINDROTH, STEN (1983): The Two Faces of Linnaeus.- in: Frängsmyr, T. (Hrsg.): *Linnaeus . The Man and His Work*.- pp. 1-62; Berkeley etc. (Univ. of California Pr.)

LINDROTH, STEN (1989): *Svensk Lärdomshistoria*.- 2. Aufl.; 4 Bde; Motala (Norstedts)

LINELL, T. (1953): Några ord om Linnés Peloria och dess locus classicus.- *Svenska Linné-Sällskapets Årsskrift* 35((1952)), pp. 62-70

LINNÉ, CARL VON (1735): *Systema Naturae, sive Regna Tria Naturae systematice proposita per classes, ordines, genera, & species*.- Lugduni Batavorum (de Groot)

LINNÉ, CARL VON (1735/1740): *Systema Naturae, sive Regna Tria Naturae systematice proposita per classes, ordines, genera, & species*.- (in die Deutsche Sprache übersetzt und mit einer Vorrede hrsgg. von J. J. Langen); Halle (Gebauer)

LINNÉ, CARL VON (1736/1747): *Bibliotheca botanica recensens libros plus mille de plantis huc usque editos secundum systema auctorum naturale in classes ordines, genera et species dispositos [...]. Fundamentorum Botanicorum Pars I*.- 3. Aufl.; Halae Salicae (Bierwirth)

LINNÉ, CARL VON (1736): *Fundamenta Botanica quae Majorum Operum Prodromi instar Theoriam Scientiae Botanices per breves Aphorismos tradunt*.- Amstelodami (Solmon Schouten)

LINNÉ, CARL VON (1736): *Methodus Juxta quam Physiologus accurate & feliciter concinnare potest Historiam cujuscunque Naturalis Subjecti*.- Lugduni Batavorum (Angelus Sylvius)

LINNÉ, CARL VON (1737): *Corollarium Genera Plantarum, exhibens genera plantarum sexaginta, addenda prioribus characteribus, expositis in Generis Plantarum. Accedit Methodus Sexualis*.- Lugduni Batavorum (Wishoff)

LINNÉ, CARL VON (1737): *Critica botanica in quo nomina plantarum generica, specifica, & variantia examini subjicuntur, selectiora confirmantur, indigna rejicintur; simulque doctrina circa denominationem plantarum traditur. Seu Fundamentorum Botanicorum pars 4.*- Lugduni Batavorum (Wishoff)

LINNÉ, CARL VON (1737): *Flora Lapponica Exhibens Plantas Per Lapponiam Crescentes, secundum Systema Sexuale Collectas in Itinere Impensis Soc. Reg. Litter. et Scient. Sveciae A. 1732 Instituto. Additis Synonymis, & Locis Natalibus Omnium, Descriptionibus & Figuris Rariorum, Viribus Medicatis & Oeconomicis Plurimarum.*- Amstelaedami (Salomon Schouten)

LINNÉ, CARL VON (1737): *Genera plantarum Eorumque characters naturales Secundum numerum, figuram, situm, proportionem Omnium fructificationis Partium.*- Lugduni Batavorum (Wishoff)

LINNÉ, CARL VON (1737): *Hortus Cliffortianus Plantas exhibens quas In Hortis tam Vivis quam Siccis, Hartecampi in Hollandia, coluit Vir nobillissimus & generosissimus Georgius Clifford [...] Reductis Varietatibus ad Species, Speciebus ad genera, generibus ad Classes, Adjectis Locis Plantarum natalibus Differentiisque Specierum.*- Amstelædami (o. Verl.)

LINNÉ, CARL VON (1738/1907): Classes plantarum seu Systemata Plantarum omnia a fructificatione desumta, quorum XVI Universalia & XIII Partialia compendiose proposita Secundum classes, ordines et nomina generica cum clave cujusvis methodi et synonymis genericis [Reprint der Erstausg.].- in: *Skrifter af Carl von Linné.-* (utgifna av Kungl. Svenska Vetenskapsakademien), Bd. 3, pp. 1-656; Uppsala (Almquist & Wiksell)

LINNÉ, CARL VON (1739): Rön om växters plantering grundat på Naturen.- *Kungl. Swenska Wetenskaps-Akademiens Handlinger* 1 (1739-40), pp. 5-24

LINNÉ, CARL VON (1740): *Systema Naturae in quo Naturae Regna Tria, secundum classes, ordines, genera, species systematice proponuntur.*- (Editio Secunda, Auctior); Stockholmiae (Gottfr. Kiesewetter)

LINNÉ, CARL VON (1740): Tanckar om grunden til oeconomien genom naturkunnogheten ock physiquen.- *Kungl. Swenska Wetenskaps-Akademiens Handlinger* 1 (1739-40), pp. 411-429

LINNÉ, CARL VON (1743/1749): Betula nana [Diss., Resp. L. M. Klase].- in: *Caroli Linnaei Ammoenitates academicae, seu Dissertationes variae Physicae, Medicae, Botanicae antehac seorsim editae.-* Bd. 1, pp. 333-352; Lugduni Batavorum (Cornelius Haak)

LINNÉ, CARL VON (1744): *Oratio de Telluris habitabilis incremento.*- Lugduni Batavorum (Cornelius Haak)

LINNÉ, CARL VON (1744/1749): Ficus [Diss., Resp. C. Hegardt.- in: *Caroli Linnaei Ammoenitates academicae, seu Dissertationes variae Physicae, Medicae, Botanicae antehac seorsim editae.-* Bd. 1, pp. 213-243; Lugduni Batavorum (Cornelius Haak)

LINNÉ, CARL VON (1744/1749): Peloria [Diss., Resp. D. Rudberg].- in: *Caroli Linnaei Ammoenitates academicae, seu Dissertationes variae Physicae, Medicae, Botanicae antehac seorsim editae.-* Bd. 1, pp. 55-73; Holmiae et Lipsiae (Godofredus Kiesewetter)

LINNÉ, CARL VON (1744/1787): Peloria [Diss., Resp. D. Rudberg].- in: *Caroli Linnaei Ammoenitates academicae, seu Dissertationes variae Physicae, Medicae, Botanicae antehac seorsim editae.-* Bd. 1, pp. 55-73; Erlangae (Jo. Jacobus Palm)

LINNÉ, CARL VON (1745/1749): Hortus Upsaliensis [Diss., Resp. S. Nauclér].- in: *Caroli Linnaei Ammoenitates academicae, seu Dissertationes variae Physicae, Medicae, Botanicae antehac seorsim editae.*- Bd. 1, pp. 20-60; Holmiae et Lipsiae (Godofredus Kiesewetter)

LINNÉ, CARL VON (1746): *Fauna svecica, sistens Animalia Sveciae Regni: qvadrupedia, aves, amphibia, pisces, insecta, vermes, distributa per classes & ordines, genera & species cum Differentiis Specierum, Synonymis Autorum, Nominibus Incolarum, Locis Habitationum, Descriptionibus Insectorum.*- Lugduni Batavorum (Conradus Wishoff et Georg. Jac.. Wishoff)

LINNÉ, CARL VON (1746/1749): Sponsalia plantarum [Diss., Resp. J. G. Wahlbom].- in: *Caroli Linnaei Ammoenitates academicae, seu Dissertationes variae Physicae, Medicae, Botanicae antehac seorsim editae.*- Bd. 1, pp. 327-380; Holmiae et Lipsiae (Godofredus Kiesewetter)

LINNÉ, CARL VON (1746/1750): *Sponsalia plantarum eller Blomstrens Biläger [Diss., Resp. J. G. Wahlbom].*- (übers. v. J. G. Wahlbom); Stockholm (Lars Salvius)

LINNÉ, CARL VON (1747/1749): Vires plantarum [Diss., Resp. F. Hasselquist].- in: *Caroli Linnaei Ammoenitates academicae, seu Dissertationes variae Physicae, Medicae, Botanicae antehac seorsim editae.*- pp. 389-428; Lugduni Batavorum (Cornelium Haak)

LINNÉ, CARL VON (1747/1970): *Växternas krafter (Vires plantarum). Akademisk avhandling under Linnés presidium Uppsala 1747.*- (Valda Avhandlingar av Carl von Linné i översättning utgivna av Svenska Linné-Sällskapet. N:r 57; übers. u. komm. v. T. Fredbärj & A. Boermann); Uppsala (Svenska Linné-Sällskapet)

LINNÉ, CARL VON (1748/1962): Curiositatis naturalis [Diss., Resp. P. Söderberg].- in: *Om undran för naturen och andra latinska skrifter.*- (Originaltexter jämte svensk översättning; inledning och urval av K. Hagberg), pp. 12-59; Stockholm (Natur och Kultur)

LINNÉ, CARL VON (1748): *Systema naturae sistens Regna tria naturae in classes et ordines genera et species redacta tabulisque aeneis illustrata.*- (secundum sextam Stockholmiensem emendatam & auctam editionem); Lipsiae (Godofr. Kiesewetter)

LINNÉ, CARL VON (1749/1787): Gemmae arborum. [Diss., Resp. P. Löfling].- in: *Caroli Linnaei Ammoenitates academicae, seu Dissertationes variae Physicae, Medicae, Botanicae antehac seorsim editae.*- Bd. 2, pp. 182-224; Erlangae (Jo. Jacobus Palm)

LINNÉ, CARL VON (1749/1787): Oeconomia naturae [Diss., Resp. I. J. Biberg].- in: *Caroli Linnaei Ammoenitates academicae, seu Dissertationes variae Physicae, Medicae, Botanicae antehac seorsim editae.*- (Editio tertia curante D. Jo. Christiano Daniele Schrebero), Bd. 2, pp. 2-58; Erlangae (Jo. Jacobus Palm)

LINNÉ, CARL VON (1751): *Philosophia botanica in qua explicantur Fundamenta Botanica cum definitionibus partium, exemplis terminorum, observationibus rariorum [...].*- Stockholmiae (Kiesewetter)

LINNÉ, CARL VON (1751/1764): Plantae Hybridae [Diss., Resp. J. J. Haartmann].- in: *Caroli Linnaei Ammoenitates academicae, seu Dissertationes variae Physicae, Medicae, Botanicae antehac seorsim editae.*- Bd. 3, pp. 28-62; Holmiae (Salvius)

LINNÉ, CARL VON (1753/1756): Demonstrationes Plantarum [Diss., Resp. J. C. Höjer].- in: *Caroli Linnaei Ammoenitates academicae, seu Dissertationes variae Physicae, Medicae, Botanicae antehac seorsim editae.*- Bd. 3, pp. 394-424; Holmiae (Salvius)

LINNÉ, CARL VON (1753): *Species plantarum, exhibentes Plantes rite cognitas, ad genera relatas, cum differentiis specificis, nominis trivialibus, synonymis selectis, locis natalibus, secundum Systema Sexuale digestas.*- 2 Bde; Holmiae (Salvius)

LINNÉ, CARL VON (1753/1908): Vernatio arborum eller Trädens och buskernas löfsprickningstider.- in: *Skrifter af Carl von Linné.*- (hrsgg. u. übers. v. Th. M. Fries), Bd. 4, pp. 187-204; Upsala (Almquist & Wiksell)

LINNÉ, CARL VON (1754/1759): Horticultura academica [Diss., Resp. J. G. Wollrath].- in: *Caroli Linnaei Ammoenitates academicae, seu Dissertationes variae Physicae, Medicae, Botanicae antehac seorsim editae.*- Bd. 4, pp. 210-229; Holmiae (Laurentius Salvius)

LINNÉ, CARL VON (1754/1964): Naturaliesamlingars ändamål och nytta. Företal till arbetet Museum Regis Adolphi Friderici, Stockholm 1754.- in: *Carl von Linné. Fyra Skrifter.*- (lat.-schwed.; ausgew. u. komm. v. A. H. Uggla), pp. 42-85;

LINNÉ, CARL VON (1754/1759): Stationes plantarum [Diss., Resp. A. Hedenberg].- in: *Caroli Linnaei Ammoenitates academicae, seu Dissertationes variae Physicae, Medicae, Botanicae antehac seorsim editae.*- pp. 64-87; Holmiae (Salvius)

LINNÉ, CARL VON (1755/1788): Metamorphoses plantarum [Diss., Resp. N. E. Dahlberg].- in: *Caroli Linnaei Ammoenitates academicae, seu Dissertationes variae Physicae, Medicae, Botanicae antehac seorsim editae.*- (Editio secunda curante D. Jo. Christiano Daniele Schrebero), Bd. 4, pp. 367-386; Erlangae (Jo. Jacobus Palm)

LINNÉ, CARL VON (1756/1908): Calendarium florae eller Blomster-Almanack.- in: *Skrifter af Carl von Linné.*- (hrsgg. u. übers. v. Th. M. Fries), Bd. 4, pp. 205-242; Upsala (Almquist & Wiksell)

LINNÉ, CARL VON (1758-59): *Systema naturae per Regna tria naturae in classes, ordines, genera, species cum characteribus, differentiis, synonymis, locis.*- (Editio Decima, Reformata), 2 Bde; Holmiae (Laurentius Salvius)

LINNÉ, CARL VON (1757/1788): Transmutatio Frumentorum [Diss., Resp. B. Hornborg].- in: *Caroli Linnaei Ammoenitates academicae, seu Dissertationes variae Physicae, Medicae, Botanicae antehac seorsim editae.*- (Editio secunda curante D. Jo. Christiano Daniele Schrebero), Bd. 5, pp. 106-119; Erlangae (Jo. Jacobus Palm)

LINNÉ, CARL VON (1757/1971): *Sädesslagens Förvandling (Transmutatio frumentorum). Akademisk avhandling under Linnés presidium Uppsala 1757.*- (Valda Avhandlingar av Carl von Linné i översättning utgivna av Svenska Linné-Sällskapet. N:r 57; übers. u. komm. v. T. Fredbärj); Uppsala

LINNÉ, CARL VON (1759/1763): Generatio ambigena [Diss., Resp. C. L. Ramström].- in: *Caroli Linnaei Ammoenitates academicae, seu Dissertationes variae Physicae, Medicae, Botanicae antehac seorsim editae.*- Bd. 6, pp. 1-16; Holmiae (Laurentius Salvius)

LINNÉ, CARL VON (1759/1760): Instructio Peregrinatorum.- in: *Ammoenitates academicae.*- Bd. 5, pp. 298-313; Holmiae (Laurentius Salvius)

LINNÉ, CARL VON (1760/1790): Disquisitio de sexu plantarum.- in: *Caroli Linnaei Ammoenitates academicae, seu Dissertationes variae Physicae, Medicae, Botanicae antehac seorsim editae*.- (Editio secunda curante D. Jo. Christiano Daniele Schrebero), Bd. 10, pp. 100-131; Erlangae (Jo. Jacobus Palm)

LINNÉ, CARL VON (1760/1908): Nya bevis för sexualitet hos växterna.- in: *Skrifter af Carl von Linné*.- (hrsgg. u. übers. v. Th. M. Fries), Bd. 4, pp. 1109-132; Upsala (Almquist & Wiksell)

LINNÉ, CARL VON (1760/1962): Politia naturae [Diss., Resp. H. C. D. Wilcke].- in: *Om undran för naturen och andra latinska skrifter*.- (lat.-schwed.; ausgew. u. eingel. v. K. Hagberg), pp. 61-109; Stockholm (Natur och Kultur)

LINNÉ, CARL VON (1760/1789): Prolepsis plantarum. [Diss., Resp. H. Ullmark].- in: *Caroli Linnaei Ammoenitates academicae, seu Dissertationes variae Physicae, Medicae, Botanicae antehac seorsim editae*.- (Editio secunda curante D. Jo. Christiano Daniele Schrebero), Bd. 6, pp. 324-341; Erlangae (Jo. Jacobus Palm)

LINNÉ, CARL VON (1762): *Fundamentum Fructificationis [Diss., Resp. J. M. Gråberg]*.- Upsaliae ([o. Verl.])

LINNÉ, CARL VON (1764): *Genera plantarum Eorumque characters naturales Secundum numerum, figuram, situm, proportionem Omnium fructificationis Partium*.- (Editio sexta ab auctore reformata et aucta); Holmiae (Laurentius Salvius)

LINNÉ, CARL VON (1764/1775): *Gattungen der Pflanzen und ihre natürliche Merkmale, nach der Anzahl, Gestalt, Lage und Verhältnis aller Blumentheile*.- (Nach der sechsten Ausgabe und der ersten und zweyten Mantisse übers. v. J. J. Planer); Gotha (Karl Wilhelm Ettinger)

LINNÉ, CARL VON (1764/1787): *The Families of Plants with their Natural Characters according to the number, figure, situation, and proportion of all parts of the fructification*.- (Translated from the last edition (as published by Dr Reichard) of the Genera Plantarum [...]. By a Botanical Society at Lichfield), 2 Bde; Lichfield (John Jackson)

LINNÉ, CARL VON (1766/1907): Clavis medicinae duplex, exterior & interior.- in: *Carl von Linné såsom naturforskare och läkare. Skildringar utgifna af Kungl. Svenska Vetenskapsakademien i Anledning af Tvåhundraårsdagen af Linnés födelse*.- (Reprint der Originalausg.; eingel. und komm. v. Otto E.A. Hjelt), pp. I: 153-242; Uppsala (Almqvist & Wiksell)

LINNÉ, CARL VON (1766-68): *Systema naturae per Regna tria naturae in classes, ordines, genera, species cum characteribus, differentiis, synonymis, locis*.- (Editio Duodecima, reformata), 3 Bde; Holmiae (Laurentius Salvius)

LINNÉ, CARL VON (1792): *Praelectiones in ordines naturales plantarum*.- (E proprio et Jo. Chr. Fabricii, Prof. Kil. manuscripto edidit Paulus Diet. Giseke); Hamburgi (Benj. Gottl. Hoffmann)

LINNÉ, CARL VON (1821): *A selection of the correspondence of Linnaeus and other naturalists from the original manuscripts*.- 2 Bde; London

LINNÉ, CARL VON (1907): *Beskrifning öfwer stenriket*.- (hrsg. v. C. Benedicks); Uppsala (Almqvist & Wiksell)

LINNÉ, CARL VON (1907): *Skrifter af Carl von Linné utgifna af Kungl. Svenska Vetenskapsakademien*.- 6 Bde; Uppsala (Almqvist & Wiksell)

LINNÉ, CARL VON (1916): *Bref och skrifvelser af och til Carl von Linné.Andra Afdelningen. Utländska Brefväxlingen. Del I. Adanson – Brünnich.-* Upsala – Berlin (Akademiska Bokhandlen)

LINNÉ, CARL VON (1921): *Linnés Disputationer.-* (hrsgg. v. G. Drake af Hagelsrum, Apotekare); Nässjö (Nässjö-Tryckeriet) [enthält Linnés anonym erschienene Rezensionen zu den Dissertationen, die unter seinem Praesidium herausgegeben wurden]

LINNÉ, CARL VON (1952): *Herbationes Upsaliensis. Protokoll över Linnés exkursioner i Uppsalatrakten. I. Herbationerna 1747.-* (utgivna av Svenska Linnésällskapet; redigerade och med noter fölrsedda av Åke Berg; med en inledning av Arvid Hj. Uggla); Uppsala (Almqvist & Wiksell)

LINNÉ, CARL VON (1957): *Lapplands resa år 1732.-* (Redigerad av Magnus van Platen och Carl Otto von Sydow); Stockholm (Wahlström och Widstrand)

LINNÉ, CARL VON (1957): *Vita Caroli Linnaei. Carl von Linnés självbiografier.-* (på uppdrag av Uppsala Universitet utgivna av E. Malmeström och A. H. Uggla); Stockholm (Almqvist & Wiksell)

LÖNNBERG, EINAR & AURIVILIUS, CHR. (1907): Carl von Linné såsom zoolog.- in: *Carl von Linnés betydelse såsom naturforskare och läkare.-* (Skildringar utgifna af Kungl. Svenska Vetenskapsakademien i Anledning af Tvåhundraårsdagen af Linnés födelse), pp. II: 1-80; Uppsala (Almqvist & Wiksell)

LÓPEZ PIÑERO, J. M. & LÓPEZ-TERRADA, M. L. (1996): La influencia española en la introduction en Europa de las planatas americanas (1493-1623).- Valencia (Instituto de Estudios Documentales e Historicos sobre la Ciencia)

LÖTHER, ROLF (1972): *Beherrschung der Mannigfaltigkeit. Philosophische Grundlagen der Taxonomie.-* Jena (VEB G. Fischer)

LUDWIG, C. G. (1738): *Aphorismi Botanici in usum Auditorium conscripti.-* Lipsiae (Langenheim)

LUDWIG, C. G. (1742): *Institutiones historico-physicae Regni Vegetabilis praelectionibus academicis accomodatae.-* Lipsiae (Gleditsch)

MABBERLEY, DAVID J. (1995): *Plants and Prejudice.-* Leiden (Rijks Universiteit Leiden)

MALMESTRÖM, ELIS (1926): *Carl von Linnés religiösa åskådning.-* Stockholm (Svenska Kyrkans Diakonistyrelse Bokförlag)

MALMESTRÖM, ELIS (1961): *Linnaei väg till vetenskaplig klarhet.-* Malmö (Allhems)

MALMESTRÖM, ELIS (1964): *Carl von Linné. Geniets kamp för klarhet.-* Stockholm (Bonniers)

MALPIGHI, MARCELLO (1686): Anatome plantarum.- in: *Marcelli Malpighi [...] e regia societate opera omnia.-* Bd. 1, Londini (Robertus Scott & Georgius Wells)

[MARCHANT, JEAN] (1721): Sur la production de nouvelles éspèces de plantes.- *Histoire de l'Academie Royale des Sciences* 1719, pp. 57/58

MAUSS, MARCEL (1925): Essai sur le don- *Anné sociologique Nouv. ser.* 1

MAYR, ERNST (1957): *Species Concepts and Definitions.-* (American Association for the Advancement of Science, Publ. No 50); Washington D.C.

MAYR, ERNST (1968): Theory of Biological Classification.- *Nature* 220, pp. 545-548

MAYR, ERNST (1969/1977): *Grundlagen der zoologischen Systematik.*- Hamburg – Berlin (Paul Parey)

MAYR, ERNST (1982): *The Growth of Biological Thought. Diversity, Evolution and Inheritance.*- Cambridge/Mass. (Belknap Pr.)

MAYR, ERNST (1982/1984): *Die Entwicklung der biologischen Gedankenwelt: Vielfalt, Evolution und Vererbung.*- (übers. v. K. de Sousa Ferreira); Berlin etc. (Springer)

MAYR, ERNST (1986): Joseph Gottlieb Koelreuter's Contributions to Biology.- *Osiris. 2nd Series* 2, pp. 135-176

MCLAUGHLIN, PETER (1990): Kant's Critique of Teleology in Biological Explanation.- (Studies in the History of Philosophy 16); Lewiston etc. (Edwin Mellen)

MCLAUGHLIN, PETER (1994): *Spontaneous vs. Equivocal generation in Early Modern Science.*- (Max-Planck-Institute for the History of Science Preprint 8); Berlin

MCLAUGHLIN, PETER & RHEINBERGER, HANS-JÖRG (1982): Darwin und das Experiment.- in: *Darwin und die Evolutionstheorie.*- (hrsgg. v. Bayertz, K.; Dialektik. Beiträge zu Philosophie und Wissenschaften 5), pp. 27-43; Köln (Pahl-Rugenstein)

MCOUAT, GORDON R. (1996): Species, Rules and Meaning: The Politics of Language and the Ends of Definitions in 19th Century Natural History.- *Studies in History and Philosophy of Science* 27(4), pp. 473-519

METZGER, HELENE (1930): *Newton, Stahl, Boerhaave et la doctrine chimique.*- Paris (Albert Blanchard: Libraire scientifique et technique)

MILLER, PHILLIP (1731): *The Gardener's Dictionary.*- London (Rivngton)

MILLER, DAVID PHILIP & REILL, PETER HANNS (ed. 1996): *Visions of empire: voyages, botany, and representations of nature.*- Cambridge (Cambridge Univ. Pr.)

MIKULINSKI, S. R. (1978): Scheinkontroversen und reale Probleme der Theorie von der Entwicklung der Wissenschaft.- *Sowjetwissenschaft. Gesellschaftswissenschaftliche Beiträge* 1978(7), pp. 756-775

MÜLLER-WILLE, STAFFAN (1996): *„Varietäten auf ihre Arten zurückführen". Zu Carl von Linnés Stellung in der Vorgeschichte der Genetik.*- (Max-Planck-Institut für Wissenschaftsgeschichte Preprint 49); Berlin

NAGEL, ERNEST (1961): *The Structure of Science.*- New York

NATHORST, A. G. (1907): *Carl von Linné såsom Geolog.*- (Skildringar utgifna af Kungl. Svenska Vetenskapsakademien i anledning af tvåhundraårsdagen af Linnés födelse); Uppsala (Almqvist & Wiksell)

NORDENSKIÖLD, ERIK (1923): En blick på Linnés allmänna naturuppfattning och dess källor.- *Svenska Linné Sällskapets Årsskrift* 6, pp. 19-28

OGILVIE, BRIAN (1997): Travel and Natural History in the Sixteenth Century.- in: *Sammeln in der frühen Neuzeit.*- (Max-Planck-Institut für Wissenschaftsgeschichte Preprint 50); Berlin

OLBY, R.C. (1966): *Origins of Mendelism.*- London (Constable)

OLMI, GIUSEPPE (1993): From the marvellous to the commonplace: notes on natural history museums (16th -18th centuries).- in: *Non-Verbal Communication in Science prior to 1900*.- (hrsgg. v. Mazzolini, R. G.; Biblioteca di Nuncius Studi e Testi XI), Firenze (Leo S. Olschki)

OUTRAM, DORINDA (1998): On being Perseus: New Knowledge, Dislocation, and Enlightment Exploration.- In: *Geography and Enlightenment*.- (hrsgg. v. Livingstone, D. & Withers, C. W.); Chicago (Chicago Univ. Pr.)

PAGEL, WALTER (1967): *William Harvey´s Biological Ideas. Selected Aspects and Historical Background*.- Basel – New York (S. Karger)

PELLEGRIN, PIERRE (1982): *Les classification des animaux chez Aristote. Statut de la biologie et unité de l´aristotélisme*.- (Collection d´études anciennes, ed. Association Guillaume Budé); Paris (Societé d´édition „Les Belles Lettres")

PENNELL, F.W. (1930): Genotypes of the Scrophulariaceae in the first edition of the Species Plantarum.- *Proceedings of the Academy of Natural Sciences Philadelphia* 82, pp. 9-26

POLHEM, CHRISTOPHER (1740): Om de så kallade Elementernes Formon och Wärkan i Mechaniquen.- *Kungl. Swenska Wetenskaps-Akademiens Handlinger* 2, pp. 395-410

PRATT, VERNON (1985): System-Building in the Eighteenth Century.- in: North, J. D. & Roche, J. J. (Hrsg.): *The Light of Nature. Essays in the History and Philosophy of Science presented to A.C. Crombie*.- (International Archives for the History of Ideas 110), pp. 421-431; Dordrecht etc. (Martinus Nijhoff)

PRATT, M. L. (1992): *Imperial Eyes: Travel Writing and Transculturation*.- London – New York (Routledge)

PREMUDA, LORIS (1970): Beobachtungen und kritische Betrachtungen über die methodologische Grundlage von Hermann Boerhaave.- in: *Boerhaave and his Time. Papers read at the International Symposium in Commemoration of the Tercentenary of Boerhaave´s Birth. Leiden, 15-16 November 1968*.- (hrsgg. v. Lindeboom, G. A.), pp. 40-59; Leiden (E.J. Brill)

PREST, JOHN (1988): *The Garden of Eden: the botanic garden and the re-creation of paradise*.- New Haven (Yale Univ. Pr.)

QUERNER, HANS (1980): das teleologische Weltbild Linnés – Observationes, Oeconomia, Politia.- in: *Carl von Linné. Beiträge über zeitgeist, Werk und Wirkungsgeschichte gehalten auf dem Linné-Symposion in Hamburg am 21. und 22. Oktober 1978*.- (Veröffentlichungen der Joachim-Jungius-Gesellschaft der Wissenschaften Hamburg 43), pp. 25-49; Göttingen (Vandenhoek & Ruprecht)

RAMSBOTTOM, J. (1938): Linnaeus and the Species Concept.- *Proceedings of the Linnean Society London* 150, pp. 192-219

RAY, JOHN (1696): *De Variis Plantarum Methodis Dissertatio Brevis*.- Londini (S. Smith & B. Walford)

RAY, JOHN (1686): *Historia plantarum [...] in qua agitur primo de Plantis in genere [...] deinde Genera omnia [...], Methodo Naturae vestigiis insistente disponuntur*.- 3 Bde; Londini (Clark & Faithorne)

RAY, JOHN (1682): *Methodus Plantarum nova, Brevitatis & Perspicuatis causa Synoptice in Tabulis Exhibita; Cum notis Generum tum summorum tum subalternum Characteristicis,*

Observationibus nonnullis de seminibus Plantarum & Indice Copioso.- Londini (Faithborne & Kersey)

RAY, JOHN (1724/1973): Synopsis methodica stirpium Britannicarum.- in: *John Ray: Synopsis methodica stirpium Britannicarum, editio tertia (1724). Carl Linnaeus: Flora Anglica (1754 & 1759).*- (Facsimiles with introd. by William T. Stearn), pp. 1-481; London (Ray Society)

REEDS, KAREN M. (1976): Renaissance Humanism and Botany.- *Annals of Science* 33, pp. 519-542

REY, ROSALINE (1989): Génération et hérédité au 18e siecle.- in: *L´ordre des caractères. Aspects de l´hérédité dans l´histoire des sciences de l´homme.*- (hrsgg. v. Bénichou, C.), pp. 7-41; Paris (Sciences en situation)

RHEINBERGER, HANS-JÖRG (1986): Aspekte des Bedeutungswandels im Begriff organismischer Ähnlichkeit vom 18. zum 19. Jahrhundert.- *History and Philosophy of the Life Sciences* 8, pp. 237-250

RHEINBERGER, HANS-JÖRG (1990): Buffon: Zeit, Veränderung und Geschichte.- *History and Philosophy of the Life Sciences* 12, pp. 203-223

RHEINBERGER, HANS-JÖRG (1995): From Microsomes to Ribosomes: „Strategies" of „Representation".- *Journal of the History of Biology* 28, pp. 49-89

RHEINBERGER, HANS-JÖRG & HAGNER, MICHAEL (1997): Plädoyer für eine Wissenschaftsgeschichte des Experiments.- *Thory of Biosciences* 116, pp.11-31

RHODES, DENNIS E. (1984): The Botanical Garden of Padua: the first hundred years.- *Journal of Garden History* 4, pp. 327-331

RITTERBUSH, PHILIP C. (1964): *Overtures to Biology. The Speculations of Eighteenth Century Naturalists.*- New Haven & London (Yale Univ. Pr.)

ROBERTS, H. F. (1929): *Plant Hybridization before Mendel.*- New York – London (Hafner)

ROGER, JAQUES (1963/1993): *Les sciences de la vie dans la pensée française du XVIIIe siècle.*- (Collection „L´évolution de l´humanité" fondée par Henri Berr; préface de Claire Salomon-Bayet); Paris (Albin Michel: Biblioth`que de synthèse historique)

ROTHSCHUH (1968): *Physiologie. Der Wandel ihrer Konzepte, Probleme und Methoden vom 16. bis 19. Jahrhundert.*- Freiburg – München (Karl Alber)

ROYEN, ADRIAAN VAN (1740): *Florae Leydensis Prodromus exhibens Plantas, quae in Horto Academico Lugduno-Batavo aluntur.*- Leyden

SACHS, JULIUS (1875): *Geschichte der Botanik.*- (Geschichte der Wissenschaften in Deutschland, Neuere Zeit, Bd 15; hrsgg. durch die Historische Commission bei der Königl. Academie der Wissenschaften); München (Oldenbourg)

SAINT-LAGER (1886): Histoire des herbiers.- *Annales de la Société Botanique de Lyon. Notes et Mémoires* 13, pp. 1-120

SCHUSTER, JULIUS (1928): *Linné und Fabricius. Zu ihrem Leben und Werk. Drei Faksimiles zu Linnés 150. Todestag mit einem Nachwort über das Natürliche System.* (Münchner Beiträge zur Geschichte und Literatur der naturwissenschaften und Medizin, hrsgg. v. E. Darmstaedter, IV. Sonderheft); München (Münchener Drucke)

SERNANDER, RUTGER (1931): Linnaeus och Rudbeckarnes Hortus Botanicus.- *Svenska Linné-Sällskapets Årsskrift* 14, pp. 126-157

SIEGESBECK, JOHANNES GEORG (1737): *Botanosophia verioris brevis Sciagraphia in usum discentium adornata: accedit ob argumenti analogiam Epicrisis in clar. Linnaei nuperrime evulgatum Systema plantarum sexuale, et huic superstructum methodum botanicum.*- Petropoli (Typis Academiae)

SIMPSON, GEORGE GAYLORD (1961): *Principles of Animal Taxonomy.*- New York (Columbia Univ. Pr.)

SJÖGREN, HJ. (1907): Carl von Linné såsom mineralog.- in: *Carl von Linnés betydelse såsom naturforskare och läkare.*- (Skildringar utgifna af Kungl. Svenska vetenskapsakademien i anledning af tvåhundraårsdagen af Linnés födelse), pp. V: 1-38; Uppsala (Almqvist & Wiksell)

SLAUGHTER, MARY M. (1982): *Universal languages and scientific taxonomy in the seventeenth century.*- Cambridge etc. (Cambridge Univ. Pr.)

SLOAN, PHILLIP R. (1972): John Locke, John Ray, and the Problem of the Natural System.- *Journal of the History of Biology* 5(1), pp. 1-55

SLOAN, PHILLIP R. (1976): The Buffon-Linnaeus controversy.- *Isis* 67, pp. 356-375

SLOAN, PHILLIP R. (1987): From logical universals to historical individuals: Buffon´s ideas of a biological species.- in: *Histoire du concept d'espece dans les sciences de la vie.*- (Colloque international (mai 1985) organisé par la Fondation Singer-Polignac), pp. 101-139; Paris (Fondation Singer-Polignac)

SLOAN, PHILLIP R. (1995): The Gaze of Natural History.- in: *Inventing Human Science. Eighteenth-Century Domains.*- (hrsgg. v. Fox, C., et al.), pp. 112-151; Berkeley etc. (Univ. of California Pr.)

SMITH, J. E. (1791): Introductory discourse on the rise and progress of natural history.- *Transactions of the Linnean Society of London* 1, pp. 1-55

SNEATH, P. H. A.; & SOKAL, R. R. (1973): *Numerical Taxonomy. The principles and practice of numerical classification.*- San Francisco (Freeman)

SOHN-RETHEL, ALFRED (1985): *Soziologische Theorie der Erkenntnis.*- Frankfurt/M. (Suhrkamp)

SPARY, EMMA C. (1993): *Making the Natural Order. The Paris Jardin du Roi, 1730-1795.*- (Unpubl. Thesis); Cambridge (Cambridge Univ.)

SPARY, EMMA C. (1996): Political, natural and bodily economics.- in: *Cultures of Natural History.*- (hrsgg. v. Jardine, N., et al.), pp. 38-56; Cambridge etc. (Cambridge Univ. Pr.)

STAFLEU, FRANS (1971): *Linnaeus and the Linneans. The spreading of their ideas in systematic botany, 1735-1789.*- Utrecht (A. Oosthoek for the International Association for Plant Taxonomy)

STANNARD, JERRY (1985): Linnaeus, Nomenclator historicusque neoclassicus.- in: *Contemporary Perspectives on Linnaeus.*- (hrsgg. v. Weinstock, J.); pp. 17-35; Lanham etc. (University Pr. of America)

STEARN, WILLIAM T. (1953): Linnaeus ´Species plantarum´ and the Language of Botany.- *Proceedings of the Linnaen Society of London* 165(2), pp. 158-164

STEARN, WILLIAM T. (1957): [Introduction].- in: *Carl Linnaeus. Species plantarum. A Facsimile of the first edition 1753*.- Bd. 1, pp. 1-176; London (Ray Society)

STEARN, WILLIAM T. (1958): Botanical Exploration to the Time of Linnaeus.- *Proceedings of the Linnean Society London* 169(1956-1957), pp. 173-196

STEARN, WILLIAM (1959): The Background of Linnaeus´s Contributions to the Nomenclature and Methods of Systematic Biology.- *Systematic Zoology* 8(1-4), pp. 4-22

STEARN, WILLIAM T. (1962): The Influence of Leyden on Botany in the Seventeenth and Eighteenth Centuries.- *The British Journal for the History of Science* 1(II,2), pp. 137-159

STEARN, WILLIAM T. (1976): Carl Linnaeus and the Theory and Practice of Horticulture.- *Taxon* 25(1), pp. 21-31

STEARN, WILLIAM T. (1988): Carl Linnaeus's acquaintance with tropical plants.- *Taxon* 37, pp. 776-781

STEGMÜLLER, WOLFGANG (1970): *Probleme und Resultate der Wissenschaftstheorie und Analytischen Philosophie. Band II. Theorie und Erfahrung*.- Berlin etc. (Springer)

STEMMERDING, DIRK (1991): *Plants, Animals And Formulae. Natural History in the light of Latour´s Science in Action and Foucault´s The Order of Things*.- Twente (Universiteit Twente: WMW-publikatie)

STEMMERDING, DIRK (1993): How to make Oneself Nature´s Spokesman? A Latourian Account of Classification in Eighteenth- and Early Nineteenth-Century natural History.- *Biology & Philosophy* 8(2), pp. 193-223

STEVENS, PETER F. (1994): *The Development of Systematics: Antoine-Laurent de Jussieu, Nature and the Natural System*.- New York (Columbia Univ. Pr.)

STEVENS, PETER F & CULLEN, S. P (1990): Linnaeus, the cortex-medulla theory, and the key to his understanding of plant form and natural relationships.- *Journal of the Arnold Arboretum* 71, pp. 179-220

STICHWEH, RUDOLF (1984): *Zur Enstehung des modernen Systems wissenschaftlicher Disziplinen: Physik in Deutschland 1740-1890*.- Frankfurt/M. (Suhrkamp)

STUBBE, HANS (1965): *Kurze Geschichte der Genetik bis zur Wiederentdeckung der Vererbungsregeln Gregor Mendels*.- 2. Aufl.; Jena (VEB Fischer)

SUDHAUS, WALTER & REHFELD, KLAUS (1992): *Einführung in die Phylogenetik und Systematik*.- Stuttgart etc. (Gustav Fischer)

SUPPE, F. (1974): *Some philosophical problems in biological speciation and taxonomy*.- (Proceedings of the Ottawa Conference on the Conceptual Basis of the Classification of Knowledge October 1st to 5th, 1971); Pullach/München (Dokumentation)

SUTTER, A. (1988): *Göttliche Maschinen. Die Automaten für Lebendiges bei Descartes, Leibniz, La Mettrie und Kant*.- Frankfurt/M. (Athenäum)

SVEDMARK, EUGÈNE (1878): Om Linné såsom mineralog.- in: *Festen till Carl von Linnés Minne i Uppsala den 10 Januari 1878*.- pp. 142-157; Uppsala (Lundequistska Bokhandeln)

SVENSSON, HENRY K. (1945): On the Descriptive Method of Linnaeus.- *Rhodora. Journal of the New England Botanical Club* 47, pp. 273-302, 363-388

SVENSSON, HENRY K. (1953): Linnaeus and the Species Problem.- *Taxon* 2, pp. 55-58

THEOPHRAST (1968): *Enquiry into Plants and Minor Works on Odours and Weather Signs. With an English translation by Sir A. Hort.-* 2 Bde; Cambridge/Mass. (Harvard Univ. Pr.: Loeb Classical Library)

TOURNEFORT, JOSEPH PITTON DE (1694/1797): *Élémens de Botanique, ou méthode pour connaitre les plantes.-* (2de edition, ed. A. de Jussieu); Lyon (Bernuset)

TOURNEFORT, JOSEPH PITTON DE (1700): *Institutiones rei herbariae, sive Elementa botanices, ex gallico latine versa ab auctore, et aucta.-* 3 Bde; Parisiis (Typographia Regia)

TOURNEFORT, JOSEPH PITTON DE (o.J. (1697)): *De optima methodo instituenda in re herbaria Ad Sapientem virum Guilhelmum Sherardium generosum Anglum, Rei Herbariae peritissimum, Epistola. In qua respondetur Dissertationi D. Raii de variis plantarum methodis.-* o.O. [London]

TOURNFORT, JOSEPH PITTON DE (1698): *Histoire des plantes qui naissent aux environs de Paris.-* Paris (De l´imprimerie royale)

UEBERSCHLAG, GEORGES (1977): Les disciples de Linne: Voyageurs, savants et penseurs.- in: *Modeles et moyens de la reflexion politique au XVIIIe siecle.-* (Actes du Colloque organisé par l´Université lilloise des Lettres, Sciences Humaimnes et Arts, du 16 au 19 octobre 1973), Bd. 1, pp. 137-151; Lille (Univ. de Lille III)

VAILLANT, SEBASTIEN (1718): *Discours sur la structure de fleurs, leur differences et l´usage de leurs parties.-* (frz.-lat.); Leide (Pierre van der Aa)

VALENTINI, CHRISTOPH BERNHARD (1715): *Tournefortius contractus, sub forma tabellarum sistens Institutiones Rei Herbariae juxta methodum modernorum cum Laboratorio Parisiensi ejusdem Autoris. Accedit Materia Medica a Paulo hermanno in certas classes characteristicas redacta, cum duplici schematismo excursionibus Botanicis et herbariis vivis conficiendis inserviente.-* Francofurti ad Moenam (J.P. Andreae)

VICQ -D´AZYR, FÉLIX (1780/1805): Linné (Charles).- in: *Éloges historiques par Vicq-d´Azyr.-* (recueillis et publiés avec des notes par J. L. Moreau), Bd. 1, pp. 169-208; Paris (L. Duprat-Duverger)

WAHLENBERG, GÖRAN (1822): Linné och hans vetenskap. Ett bidrag til fäderneslandets vetenskaps-historia- *Svea* 1822, pp.69-130

WHEWELL, WILLIAM (1857): *History of the Inductive Sciences from the Earliest to the Present Time.-* 3. Aufl.; 3 Bde; London (John W. Parker)

WIJNANDS, D. ONNO (1986): Linnaeus' attitude towards cultivated plants.- *Acta Horticulturae* 182 , pp. 67-78

WIJNANDS, D. ONNO (1986): Hortus auriaci: the gardens of Orange and their place in late 17-th century botany and horticulture.- Journal of Garden History 8, pp. 61-86, 271-304

WIJNANDS, D. ONNO & HENIGER, JOHANNES (1991): The origins of Clifford's herbarium.- *Botanical Journal of the Linnean Society* 106, pp. 129-146

WIKMAN, K. ROB. (1970): *Lachesis and Nemesis. Four Chapters on the Human Condition in the Writings of Carl Linnaeus.-* Stockholm (Almqvist & Wiksell)

WILEY, E.O. (1981): *Phylogenetics. The Theory and Practice of Phylogenetic Systematics.*- New York etc. (John Wiley)

WINSOR, MARY P. (1976): The Development of Linnean Insect Classification.- *Taxon* 25(1), pp. 57-67

WOLFF, MICHAEL (1981a): Über den methodologischen Unterschied zwischen „äußerer" und „innerer" Wissenschaftsgeschichte.- in: Bayertz, K. (Hrsg.): *Wissenschaftsgeschichte und wissenschaftliche Revolutionen.*- pp. 58-71; Köln (Pahl-Rugenstein: Studien zur Dialektik)

ZEDLER, JOHANN (1732-1750/1993ff.): *Großes vollständiges Universallexikon aller Wissenschaften und Künste [Repprint der Erstausg.].*- Graz (Akademische Druck- und Verl.-Anst.)

ZIMMERMANN, W. (1953): *Evolution: Die Geschichte ihrer Probleme und Erkenntnisse.*- Freiburg (Karl Alber)

ZIRKLE, CONWAY (1935): *The Beginnings of Plant Hybridization.*- (Morris Arboretum Monographs 1); Philadelphia (Univ. of Pennsylvania Pr.)

ZIRKLE, CONWAY (1946): The Early History of the Idea of the Inheritance of Aquired Characters and of Pangenesis.- *Transactions of the American Philosophical Society. New Series* 35(2), pp. 91-151

ZIRKLE, CONWAY (1959): Species before Darwin.- *Proceedings of the American Philosophical Society* 103(5), pp. 636-644

Namensindex

Adanson 27, 52, 208, 296
Aristoteles 53, 196
Bachelard 26
Bacon 95, 177
Bauhin 162, 165, 168
Beckner 29, 35
Boerhaave 64, 66f., 113f., 116, 118, 122, 138, 173, 177, 199f., 204f., 303
Browall 128
Brunfels 160
Buffon 136, 273f.
Burser 186
Caesalpinus 49, 61, 66, 150, 181, 203, 205, 246f., 268
Cain 15, 40, 48, 82, 86, 101, 161, 182, 229, 236, 247, 259, 284
Camerarius 178
Candolle 30, 40, 196
Canguilhem 25,
Cassirer 40, 43, 47,
Celsius 293
Chomel 141
Clifford 164, 189, 191
Clusius 170, 186
Collinson 317
Condorcet 30
Cronstedt 119
Cuvier 30, 43, 196
d'Alembert 106, 113
Darwin 12, 42, 258
Daudin 14, 42, 47ff., 81, 182, 229, 232, 247, 259
Diderot 106, 113
Dillen 67, 200
Feldmann 153
Foucault 11, 17, 43, 92, 102, 121, 196, 208, 216, 218, 250, 312
Fuchs 160
Geoffroy 140
Gessner 203
Ghini 168

Giseke 91, 93
Gmelin 299, 303, 305
Goethe 196
Grew 150ff., 178, 239
Hales 121, 150f., 154f.
Haller 303
Harvey 120
Hennig 34f.
Hermann 205
Hernandez 170
Jacob 12, 43, 102, 127, 196, 216, 218
Jungius 116, 232
Jussieu 30, 39, 303
Kalm 188
Kämpfer 170
Kant 43
Knaut 66, 72, 205
Kölreuter 307
Kramer 72
Kuhn 13
Larson 33, 42f., 47-53, 50, 74, 81, 90, 97, 101, 128, 209, 219, 225, 229, 246f., 251, 259, 268, 297
Laurembergius 149
Lindroth 15, 30, 33, 47, 81, 111, 150, 214, 221, 259
Ludwig 66f., 116, 138
Malmeström 47, 55, 73, 96f., 103, 113, 167, 178, 209, 219f., 273
Malpighi 150ff., 239
Marchant 299, 305
Mauss 316
Mayr 12, 28, 30, 33ff., 40, 47, 49, 52, 102, 150, 195f., 208ff., 268, 284, 307
Mill 35
Miller 147
Morison 181, 203
Plumier 67, 200
Polhem 109f., 214
Pontedera 303
Popper 97

Namensindex

Rauwolf 170
Ray 61, 66, 72, 106, 149, 162, 165, 175, 205, 208, 232
Rivinus 61, 73, 175, 205
Royen 82, 303
Rudbeck d. Ä. 165, 171
Sachs 15, 30, 40, 47, 49, 101f., 121, 150, 182, 220f., 312
Siegesbeck 128
Simpson 29, 34f., 38
Smith 30,
Sohn-Rethel 17f.,
Spiegel 168
Stearn 14, 29f., 41, 47, 74, 82, 96, 148, 163f., 170f., 186, 209, 219, 225, 291

Stegmüller 13, 23
Suppe 29, 35,
Tauvry 140
Theophrast 53
Tournefort 61ff., 67f., 73, 130, 138, 140, 143, 170, 175, 181, 199f., 203, 205, 208, 211ff., 303
Vaillant 178f.
Valentini 73
Vicq-d´Azyr 30,
Wahlbom 178f.
Whewell 40
Wolff 113f.
Zedler 106, 181, 227, 261

Stellenindex

Beskrifning öfver Stenriket 124f., 129
Betula nana 1743 114, 292
Bibliotheca botanica 1736 84, 135
  cap. X 174; cap. XIII 150
Calendarium florae 1756 270, 274
Classes plantarum 1738 54, 157
  Praef. 81; Fragm. meth. nat. §12 259
Clavis medicina duplex 1766 122
Corollarium generum plantarum 1737 55, 79, 78
Critica botanica 1737
  §213 136; §224 91; §254 83; §259 207; §282 235; §284 137; §316 298
Crystallorum generatio 1747 117
Curiositatis naturalis 1748 112, 126, 131
Demonstrationes plantarum 1753 306
  §I 167, 169, 252
Disquisitio de Sexu 1760 306f.
Fauna suecica 1746 Praef. 113, 126
Ficus 1744 114
Flora Lapponica 1737 55, 64, 77, 292ff.
Fundamenta botanica 1736 84, 102, 156, 176f.
  §§15-16 165; §77 81; §86/87 203; §132 277; §142 204; §157 277; §162 54; §186 68; §238 188; §§257-58 74; §§289-90 77; §§326-27 77
Fundamentum fructificationis 1762 §VII 305; §VIII 307; §X 306; §XIII 281
Gemmae arborum 1749 150, 238f., 270
Genera plantarum 1737 55, 67, 82ff, 157, 190
  Rat. op. §§5-6 276; §7 203; §8 64, 177, 199, 201ff.; § 9 205; §10 211;
§11 68, 199, 212f., 242; §13 215; §15 68; §16 72, 94; §17 72; §18 68, 79; §24 191; §31 191; §32 188; Clavis class. 65
Genera plantarum 1764
  Rat. op. §8 280; Ord. nat. 87, 284
Generatio ambigena 1759
  §§IX-X 283, 315; §XVI 262f.; §XVI 307
Horticultura academica 1754 146, 148, 289, 291
Hortus cliffortianus 1737 55, 63, 67, 78, 162, 168, 191
  Praef. 188; Dedic. 189, 316
Hortus upsaliensis 1745 166, 168, 186
Instructio peregrinatorum 1759 171
Iter lapponicum 188
Metamorphoses plantarum 1755 270, 301
Methodus 1736 161
Naturaliesamlingars ändamål 1754 296
Oeconomiae naturae 1749 118, 130, 175
  §I 272
Pan suecicus 1749 271
Pandora insectorum 1758 271
Peloria 1744 114, 297, 305
Philosophia botanica 1751 28, 84, 102, 139, 161, 176, 229ff., 235
  §1 105; §2 108, 113; §§3-4 96f., 138, 122, 127; §5 133; §§6-7 134, 156; §8 157; §§9-10 158; §11 158; §12 160; §§13-14 162; §§15-16 165; §17 169; §18 173; §19 174; §§20-23 154, 175; §24-26 180; §38 180; §44 153; §45 145; §46-47 139; §48 145; §49 144; §52 134; §77 83, 91, 94f.; §79 237; §§80-81 239; §86 240; §88 245f., 248; §§92-93 242f.; §§94-97 249;

§98 243; §101 230; §105 243; §111 249; §119 249; §150 250; §151 102; §152 181; §153 91; §155 90; §158 285; §157 299; §163 260; §§165-166 224f.; §167 224; §168 228; §169-172 89; §186 264; §187 261; §188 80; §189 224; §190 79; §§192-193 225; §206 261ff.; §§211-219 29; §257 29; §258 78, 79; §§260-82 233f.; §283 288; §306 288; §310 288; §316-317 286; §325 161; §§326-328 223ff.§332 160; §335 271; §336 139; Herbarium 163; Herbatio 167; Peregrinatio 171
Plantae hybridae 1751 303ff., 306
Politia naturae 1760 314
Praelectiones ordines naturales 1792 93
Somnus plantarum 1755 270
Species plantarum 1753 28, 55, 63
    Lect. 164, 188
Sponsalia plantarum 1746 127f., 150, 270
    §I-II 120; §IV 121; V 123f., 128; §VI 267; §§V-XIV 127; §XIII 127f.; §XV 255; §§XXVII-XVIII 248, 254; §XX 147; §XV 255, 257f.; §§XXXVI-XL 147
Stationes plantarum 1754 271
Systema naturae 1735 54ff, 67, 81
    Obs. Regn. III. Nat. §§1-4 277; §11 285; Clavis syst. sex. 55-59; Regn. veg. 55, 59-64; Obs. Regn. Veg. §6 56; §12 54
Systema naturae 1748 156, 161
    Obs. Regn. III. Nat. §6-7 107; §9 110; Obs. Regn. Lap. §2 117
Systema naturae 1758-60 116
    Vol. I: Rat. op. 188; Imp. nat. 112; Regn. Anim. 131
Systema naturae 1766-68
    Vol. I: Imp. Nat. 126; Regn. Anim. 122; Vol. II: Regn. veg. 271; Vol. III: Regn. Lap. 119, 129
Tanckar om grunden til oeconomien 1740
    §§ 1-7 109; §31 111

Telluris habitabilis incremento 1744
    §X 279
Transmutatio frumentorum 1757
    §VI 268f.; §VII 269; §XI 271
Växternas plantering 1739 146ff.
    §§1-2 146; §§3-5 148; §6 289; §§7-9 291; §10 289; §11 290f.
Vernatio arborum 270, 274
Vires plantarum 1747 139ff.
    §Iγ 140f.; §Iδ 143ff.; §§II-IV 145; §VIII 144; §§X-XLII 144
Vita 1957 30, 172, 176, 188, 199

Wortindex

academia 186, 252
actus
   a. generationis 204, 254; a. partus 204, 254
adonides 165, 189
adumbratio 159, 161
aër 113
Aethiops 298
affines 136, 260, 262
affinitas 91, 93
Africa 186, 189, 228
alimentum 239
Alpes 228, 294f.
alphabetum 213, 242
America 159, 189, 228
anatomicus 150ff.
anatomia 121
analyse destructiva 119
antherum 213, 241ff., 254ff., 270
anthophili 208, 288
aphoristice 176
appositio particularum 117, 125, 130
   a. interna 127; a. externa 129
a prori 259
a posteriori 284
aqua 113
argumentatio a generibus ad
   species 124
argumentum 303
ars 146, 201, 248, 307
   a. chymici 140; a. divina 105; a.
   opus 54
artificium 126, 159
Asia 189, 228
astrologus 139
atomus elasticus 240
attributum 135f.
   a. communia proxima 276
axioma 136, 174
bella systematica 175
bibliotheca 317

b. botanica 133, 135; b. viva 167, 252
biologus 134
botanice (*botanique*) 109, 114, 116, 174, 176, 208, 316; s. a. scientia
botanicus 174, 176, 201, 252, 262, 288, 301, 303, 317
   b. consummatissimus 225; b. excercitatus 228; b. verus 134, 151, 159, 270
botanophilus 134f.
botano-systematicus 139, 143f.
calor 141, 285
calendarium 270
canon 175
   c. fundamentalis 201
castratio 254
catena naturalis 263
ceteris paribus 224, 261
caussa accidentali 285
character 68, 83, 89, 136, 161, 212f., 225
   c. certus & fixus 212; c. constantes fructificationis 270; c. classius 223; c. essentialis 68, 70, 80, 83, 166, 260; c. factitius 68, 69ff, 80; c. genericus 211; c. naturalis 68ff., 79, 80, 224f.; c. naturalis generis 224; c. naturalis speciei 224; c. partium 245
chemia 141
   c. physica 111
chemici o. chymici 139 ff.
circulatio 117
   c. sanguinis 120
circulus 314
classis 54, 58, 143, 161, 181, 201, 279
   c. magis naturalis 243, 261; c. naturalis 281
clavis 70

c. classium 61, 82; c. systematis sexualis 55
clima (*climat*) 111, 148, 233, 285, 290, 301, 303
coelestia 107
cohaerentia partium externa 125
cohors notarum characteristicarum 228
collatio
    c. specierum 167, 252; collatio varietatis 286
collectores 156f., 172
color 233, 302
combinatio 65, 83
commentatores 159
commercia 317
commixtio confusa 123
complicatio 260
conceptus 83, 201
conclusio 141, 176
conformitas 260
confusio 201, 208, 314
congeneres 76f., 163, 280
conjunctio 181
conservatio 273
controversia 201
corpus 107
    c. artificiose compositum 124; c. humanum 139; c. organicum 111, 122, 130, 150
correspondencer 172
cortex 237f., 245
creatio 107, 271, 277, 281, 314
    c. nova 238
crystallum 117
culina 288
cultura 111, 233, 286, 288
    c. opus 54
curiosi (*curieuse*) 162, 172
definitio 68, 83, 120
demonstratio 166, 174, 248
denominatio 102, 137, 172
descriptio 77ff., 215, 224f.
    d. speciei 74, 78; d. perfecta 78, 79, 224
descriptores 160
destructio 273

Deus (*und Umschreibungen*) 109, 201, 213, 263, 271f., 276f., 280f.
diaetetici 139, 144
diagnosis 87
dichotomia 70
differentia 161, 201, 232, 234, 252
    d. ipsa planta inscripta 74; d. specifica 79, 201
dimensiones 242
dispositio 102, 157, 172, 272
    d. practica 181; d. theoretica 181, 224
diversitas 130
divisio 83, 181
    d. leges 65; d. naturalis 131
docentus 201
docimastae (*prober-konst*) 111, 137
doctor 286
doctrina fructificationis 263
domicilium 314
elementa (*elementer*) 109ff., 113, 125
    e. ubique obvolitantia 107; e. simplicia 105
empirici 143
eristici 174
essentia 245, 254; s. a. character und nomen
    e. floris 56, 245; e. staminum 238
etymologia 161
Europa 167, 189, 303
examen 286, 288
experientia 174, 228
experimenta 252, 268, 306
explicatio 65, 77
fabrica 124
facies 161, 212
    f. externa 228
facultas 141
familia 130, 228, 263, 317
fecundatio 248
femina, femella 254, 277, 279
fibra 121, 238
figura 68, 77, 159, 215, 224, 234, 236, 242, 254, 302
finis 267, 314
    f. ultimus 272f.
floristae 165

florescentia 257
folia 234, 238, 240, 250, 294f.
foliatio 260, 263
forma 276
    f. scientiae 174
forum botanicum 137
fructificatio 68, 77, 144, 157, 159, 163, 201, 225, 234, 238ff., 254, 262, 281; s. a. pars und fundamentum f. doctrina 263; f. mysterium 212
fundamentum (*grund*) 78, 110, 136, 156f., 174, 201
    f. botanices 102; f. dispositionis 144; f. fructificationis 180, 203f., 212, 280ff.; f. generum eorumque characterum 243
gemma 238, 260, 269
gemmatio 260
generalia 201
generatio 93, 127, 240, 254, 277, 303; s. a. *lex, actus u. processus*
    g. aequivoca 123f.; g. continuata 238; g. crystallorum 117; g. lapidum 117; g. univoca
genesis lapidum 119
genitalia 204, 248, 254, 279
    g. masculina 254f.; g. feminea 254
genitura 254f.
genus 54, 62, 67, 78, 89, 93, 124, 136, 143, 163, 165, 181, 212, 215, 228, 269, 301
    g. intermedium 90; g. naturalium 65, 180, 201, 211, 276; g. novum detegendum 79, 212; g. per generationem facta 93; g. primaevum 281; g. propositum 79; g. proximum 90; g. summum 90
germinatione 260
globus terraqueus (*jordklotet*) 110, 273, 314
gloria divina 272
habitus 212, 228, 259f., 281f.
herba 237, 239
herbarium 163, 234f.; s. a. hortus siccus
herbatio 166, 252

historia 102, 114, 161, 189
historica 163
horologium 270
horticultura 286
hortulani 145, 201, 317
hortus (*trädgård*) 165, 167, 172, 294f., 305f., 317
    h. academicus 169, 186, 270; h. botanicus 146, 186, 252, 301; h. paradisus 289
hortus siccus s. *herbarium*
hybernacula 317
hypothesis 126, 282; s. a. *usu und principiums*
humor pistilli 238
ichniographi 158
icones 158, 163, 215, 234f.
ignis (eld) 113, 141f.
India 148, 186, 317
individuum 90, 273, 277, 281
indolis 315
initio 276ff., 314
institutor 174f.
institutum 186
integumenta 237
intellectus 72, 215
intuitus 74, 228, 314
inventori 201
iter 1676
judicio 314
lex (*lag*) 179, 274,
    l. Dei 271, 284; l. divisionis 65, 201; l. generationis 107, 179, 276, 284; l. generationis ambigenae 282; l. hominis 284; l. hydralicae 151; l. naturae 284; l. vegetationis 153, 175; *l. wid wäxternas plantering* 289
liber 166
limes 211
liquor 245
litteraria 161
litterae
    l. linguarum 213; l. plantarum 213
locus 133, 161, 165, 233, 254, 269, 303
    l. natalis 233, 295

Studien zur Theorie der Biologie

Herausgegeben von

Olaf Breidbach & Michael Weingarten

Band 1

Mathias Gutmann
DIE EVOLUTIONSTHEORIE UND IHR GEGENSTAND
Beitrag der Methodischen Philosophie zu einer
konstruktiven Theorie der Evolution
332 Seiten • 1996 • ISBN 3-86135-045-9

in Vorbereitung

Band 2

Gerhard Schlosser & Michael Weingarten (Hg.)
FORMEN DER ERKLÄRUNG IN DER BIOLOGIE
ISBN 3-86135-049-1
erscheint 1999

VWB – Verlag für Wissenschaft und Bildung, Amand Aglaster
Postfach 11 03 68 • 10833 Berlin • Besselstr. 13 • 10969 Berlin
Tel. 030 - 251 04 15 • Fax 030 - 251 11 36

JAHRBUCH FÜR GESCHICHTE UND THEORIE DER BIOLOGIE

Herausgegeben von
Hans-Jörg Rheinberger & Michael Weingarten
in Verbindung mit
der Deutschen Gesellschaft für Geschichte und Theorie der Biologie

Vol. 1/1994 • 212 S. • ISBN 3-86135-360-1

Vol. 2/1995 • 220 S. • ISBN 3-86135-361-X

Vol. 3/1996 • 202 S. • ISBN 3-86135-362-8

Wolfgang Alt, Andreas Deutsch, Andrea Kamphuis, Jürgen Lenz & Beate Pfistner: Zur Entwicklung der Theoretischen Biologie: Aspekte der Modellbildung und Mathematisierung • *Olaf Breidbach & Klaus Holthausen:* Interne Repräsentation – Zur Analyse der Dynamik parallelverarbeitender Systeme • *Gerhard Schlosser:* Der Organismus – eine Fiktion? • *Christine Hertler & Immanuel Stieb:* Experimentalsysteme, Postmoderne Körper und der Apparat der körperlichen Produktion • *Mathias Gutmann & Michael Weingarten:* Form als Reflexionsbegriff • *Gerd von Wahlert:* Evolution als die Geschichte der belebten Erde: eine ergänzende Perspektive • *Lilian Al-Chueyr Pereira Martins & Roberto de Andrade Martins:* Lamarck's Method and Metaphysics

Vol. 4/1997 • 218 S. • ISBN 3-86135-363-6

Wolf Singer: Für und wider die Natur? • *Axel Ziemke & Simone Cardoso de Oliveira:* Braucht die Hirnforschung eine neue Ethik? Zur Begründung eines normativen Wissenschaftsverständnisses in den Neurowissenschaften • *Thorsten Galert:* Mitleidsethik und der Status der Tiere • *Susanne Lijmbach:* Heidegger versus contemporary animal ethics • *Christian Monnerjahn:* Brauchen Biologen eine Standesethik? • *Wolfgang Fr. Gutmann:* Autonomie und Autodestruktion der Organismen • *Gerhard Wagenitz:* Die „Scala naturae" in der Naturgeschichte des 18. Jahrhunderts und ihre Kritiker • *Annette Barkhaus:* Vom „Mängelwesen" zum Herrscher über Mensch und Tier eine Analyse der Athropologie Buffons

Vol. 5/1998 • 240 S. • ISBN 3-86135-365-2

Peter Beurton: Darwins Notebooks und die Ausbildung der Selektionstheorie • *Christine Hertler:* Funktion und Entwicklung in der Morphologie. Zur Rolle des Organismus in Darwins Evolutionstheorie • *Kristian Köchy:* Der „Grundwiderspruch der Naturwissenschaften" mit umgekehrtem Vorzeichen: Fechners Kritik an Darwin als Fallbeispiel für den verschlungenen Entwicklungsgang der biologischen Theorien • *Detlev Weinich:* Konrad Lorenz – Ein Darwinist? Zum Theoriebegriff der 'Zivilisationspathologie' • *Uwe Hoßfeld:* Dobzhansky's Buch "Genetics and the Origin of Species" (1937) und sein Einfluß auf die deutschsprachige Evolutionsbiologie • *Hildemar Scholz:* Grundzüge des Generationswechsels und Sprosswechsels bei Samenpflanzen • *Otto Kraus & Uwe Hoßfeld:* 40 Jahre „Phylogenetisches Symposium" (1956-1997): eine Übersicht • *Ursula Wolf:* Anmerkungen zu Th. Galert „Mitleidsethik und der moralische Status der Tiere"

**VWB – Verlag für Wissenschaft und Bildung, Amand Aglaster
Postfach 11 03 68 • 10833 Berlin • Besselstr. 13 • 10969 Berlin**